Ane Gucanin

Total Quality Management mit dem EFQM-Modell

Ane Gucanin

Total Quality Management mit dem EFQM-Modell

Verbesserungspotenziale erkennen und für den Unternehmenserfolg nutzen

uni-edition

Die Deutsche Bibliothek – CIP-Einheitsaufnahme

Autor: Ane Gucanin
Total Quality Management mit dem EFQM-Modell
Verbesserungspotenziale erkennen und für den Unternehmenserfolg nutzen
Ane Gucanin – Berlin: uni-edition, 2003
ISBN 3-937151-07-9

Gedruckt auf holz- und säurefreiem Papier, 100% chlorfrei gebleicht
Erhältlich im Buchhandel oder im Internet-Buchshop des Verlags (www.uni-edition.de)

Zehrensdorfer Str. 11, D-12277 Berlin

Herstellung: Schaltungsdienst Lange, Berlin
Printed in Germany
ISBN 3-937151-07-9

Informationen über den Verlag und das aktuelle Buchangebot finden Sie
im Internet unter http://www.uni-edition.de

INHALTSVERZEICHNIS

ABBILDUNGS- UND TABELLENVERZEICHNIS

1 Das Qualitätsmanagement-Modell der EFQM

1.1 Ausgangslage der Analyse

Die Diskussion betriebswirtschaftlicher Problemstellungen ist in den vergangenen Jahren zunehmend durch Schlagworte bestimmt worden. Begriffe wie Total Quality Management, Unternehmenskultur, Lean Management, Six Sigma oder Business Reengineering haben sowohl die wissenschaftlichen als auch die populärwissenschaftlichen Diskussionsbeiträge geprägt[1]. Über mögliche Erfolgsfaktoren zur Steigerung der Wettbewerbsfähigkeit von Unternehmen liegt mittlerweile eine nahezu unüberschaubare Fülle an Literatur vor[2]. Die Gemeinsamkeit zwischen diesen Ansätzen besteht darin, dass sie Verbesserungspotentiale aufzeigen, mit denen Unternehmen der zunehmenden Wettbewerbsdichte auf den internationalen Märkten und dem immer stärker werdenden Konkurrenzdruck begegnen können. Wettbewerbsvorteile entstehen somit für diejenigen Unternehmen, die in der Lage sind, die jeweilige Konzeption zu implementieren[3].

Total Quality Management (TQM) stellt dabei einen Ansatz dar, der verschiedene Konzeptionen zu einer umfassenden Qualitätsstrategie verbindet[4] und keine isolierten Problemlösungen anstrebt, sondern übergeordnet das gesamte Unternehmensfeld einbeziehende Qualitäts- und Produktivitätssteigerungen zielgerichtet verfolgt[5]. Die Übernahme bestimmter Einzelkonzepte allein reicht nicht mehr aus; vielmehr besteht die Notwendigkeit, eine auf den speziellen Einzelfall abgestimmte Gesamtkonzeption von Maßnahmen zu verwenden, welche die bekannten Einzelmaßnahmen wie Just-in-time, Simultaneous Engineering etc. einschließt, um eine qualitätsorientierte und anforderungsgerechte Unternehmensgesamtleistung zu verwirklichen[6].

Während in Japan und den USA das TQM teilweise bereits schon seit Jahrzehnten in die betriebliche Praxis umgesetzt wird, findet es in Europa nur partiell Berücksichtigung[7]. Um dieses Konzept stärker in Europa zu etablieren und die Unternehmen damit an die Anforderungen des Weltmarktes anzupassen, wurde im Jahre 1988 die *European Foundation for Quality Management (EFQM)* gegründet. Diese hat sich zum Ziel gesetzt, durch die Ausschreibung von Qualitätspreisen die europäische Industrie zu stärken, indem das unternehmerische Qualitätsmanagement verbessert und intensiviert werden soll[8]. Aufgrund der starken Umsetzungsdefizite in der betrieblichen Praxis wurde von der *EFQM* analog zu den japanischen und amerikanischen Qualitätspreisen[9] ein Rahmenmodell – das *EFQM-Modell für Umfassendes Qualitätsmanagement* – zur Implementierung von Total Quality Management für alle Arten von Organisationen entwickelt, das Unternehmen zu „Spitzenleistungen“[10] führen soll[11]. Studien des *European Centre for TQM* haben gezeigt, dass das EFQM-Modell mittlerweile das beliebteste Modell für die unternehmerische Selbstbewertung in Europa sei[12]. Gleichzeitig weist aber das *Fraunhofer-Institut für Arbeitswissenschaft und Organisation* darauf hin, dass sich das EFQM-Modell vor allem in Deutschland noch nicht als akzeptiertes Instrument für strategisches Qualitätsmanagement durchgesetzt habe[13].

Das EFQM-Modell wird nicht als statisches Konstrukt verstanden, sondern soll den Änderungen des marktlichen Umfelds kontinuierlich angepasst werden. Nachdem das Modell seit seiner Gründung nahezu zehn Jahre lang unverändert blieb, wurde im Jahr 1999 ein verbessertes Modell vorgestellt – das *EFQM-Modell für Excellence* –, das für die Bewerbung um den Qualitätspreis und die Selbstbewertung von Unternehmungen seit dem Jahr 2000 und auch aktuell noch gültig ist.

Die theoretische Durchdringung des TQM-Konzepts sowie der daraus entwickelten Qualitätsmodelle ist in der betriebswirtschaftlichen Literatur noch nicht in dem Umfang erfolgt, wie dies angesichts der dadurch erzielbaren Erfolge notwendig erscheint[14]. Dabei ist kritisch anzumerken, dass ein großer Teil der Diskussionsbeiträge, auch diejenigen mit einem weiter gefassten theoretischen Anspruch, in einem hohen Maße deskriptiv bleiben[15] und damit die vielfach plausibilitätsgestützten populärwissenschaftlichen Beiträge ergänzen. Anhand von empirischen Untersuchungen, die durch zahlreiche Implementierungsunterstützungen gekennzeichnet sind, werden häufig theorielose, allgemeingültige Aussagen abgeleitet[16]. Die Literatur zur Problematik des Total Quality Management ist oft durch eine Anthologie auf einfache und mehrdeutige Prinzipien reduzierter Vorstellungen der „richtigen Richtung“[17] gekennzeichnet, die sodann als Erfolgsvariablen ausgewiesen werden. Diesen häufig in plakativen Schlagworten ausgedrückten Kriterien fehlen präzise Beschreibungen, insbesondere des Umsetzungsprozesses und der Wirkungszusammenhänge, so dass ein immenser Interpretationsspielraum geboten wird[18].

Das EFQM-Modell wurde auf der Grundlage des Total Quality Management ohne Einfluss der Wissenschaft entwickelt und entstammt – wie das ihm zugrunde liegende Konzept – im Wesentlichen aus der betrieblichen Praxis und Beratung.[19] Bislang konnte noch kein wissenschaftlicher Nachweis erbracht werden, dass anhand des EFQM-Modells in seiner ursprünglichen und weiterentwickelten Variante ein Nutzen in Form von Qualitäts- und Produktivitätssteigerungen sowie positiven finanziellen Geschäftsergebnissen generiert werden kann, bzw. dass eine Kausalbeziehung zwischen der Anwendung des EFQM-Modells und tatsächlich erzielten positiven Ergebnissen besteht.[20] Die Literatur zum EFQM-Modell vernachlässigt diesen Aspekt und beschränkt sich vielfach auf die Darstellung des Modells und das Aufzeigen exemplarischer Einzelfälle. Zudem gibt es eine überraschend geringe Anzahl kritischer Beiträge zum EFQM-Modell[21].

Vor dem Hintergrund der vorgetragenen Kritikpunkte lässt sich das Ziel der vorliegenden Analyse konkretisieren. Im Gegensatz zu der herkömmlichen betriebswirtschaftlichen Diskussion dieser Problematik[22] soll mit Hilfe eines soziologischen theoretischen Modells – auf der Ebene der Modellbildung basierend auf der Theorie Allgemeiner Handlungssysteme von *Talcott Parsons*[23] – das Kriterienraster der beiden Versionen des EFQM-Modells analysiert werden. Das hier herangezogene theoretische Modell wurde als Weiterführung des allgemeinen Bezugsrahmens von *Parsons* durch *Aretz* auf Wirtschaftsorganisationen spezifiziert und auf betriebswirtschaftliche Belange übertragen[24]. Das auf die Ebene von erwerbswirtschaftlichen Organisationen spezifizierte Vierfunktionenschema wird in der von *Aretz* verwendeten, neo-funktionalistischen Variante als soziologische Kontrastfolie zum EFQM-Modell aufgespannt. Mit Hilfe dieses weiter gefassten theoretischen Bezugsrahmens, der durch ein hohes Abstraktionsniveau gekennzeichnet ist, wird das AGIL-Schema dicht an die detaillierten Rahmenmodelle herangeführt, die als Leitlinie zur Anwendung von Total Quality Management beim Implementierungsprozess dienen sollen.

Systemische Ansätze unterschiedlichster Variationen haben innerhalb der Organisationsforschung mittlerweile zwar einen renommierten und populären Status erlangt[25], ihre Anwendung auf traditionell betriebswirtschaftliche Problemfelder – insbesondere im Hinblick auf die Thematik des Total Quality Management – ist allerdings noch verhältnismäßig neu und ungebräuchlich. Mit Hilfe des hier verwendeten theoretischen Ansatzes soll zunächst herausgearbeitet werden, auf welche notwendigen Bedingungen ein Total Quality Management angewiesen ist, um auf Basis dieser Grundüberlegungen die Konzeption der beiden EFQM-Modelle systematisch zu analysieren. Die Untersuchung dient somit auch der Überprüfung der Zusammenhänge innerhalb der europäischen Rahmenmodelle, aus der Erkenntnisse darüber hervorgehen sollen, ob die in den Europäischen TQM-Modellen beschriebenen Handlungsprinzipien tatsächlich zu verbesserten Geschäftsergebnissen führen (können). Im Hinblick auf dieses Untersuchungsziel werden die beiden EFQM-Modelle – *das EFQM-Modell für Business Excellence* und sein seit 2000 gültiger Nachfolger, das *EFQM-Modell für Excellence,* – miteinander verglichen. Dabei soll festgestellt werden, ob und inwiefern die Anregungen der Praxis, die zu den Veränderungen innerhalb des EFQM-Modells geführt haben, dazu beitragen, dessen Kausalzusammenhänge zu verbessern bzw. zu erklären.

1.2 Ziel und Aufbau der Untersuchung

Zunächst wird die Notwendigkeit einer ganzheitlichen Betrachtung von Organisationen aufgegriffen, welche die sog. „harten" und „weichen" Faktoren, auf die das Konzept des TQM angewiesen ist[26], systematisch erfassen und beschreiben kann. Durch die Konsistenz des Umfassenden Qualitätsmanagements wird zur Beschreibung und Erklärung dieses Konzepts ein theoretischer Bezugsrahmen benötigt, der a priori eine multidimensionale Perspektive von Organisationsstrukturen umfasst und sich nicht auf bestimmte Faktoren beschränkt. Diese Diskussion wird bewusst kurz geführt. Ziel ist es herauszustellen, dass eine Organisationstheorie derart beschaffen sein muss, dass sie sämtliche Aspekte des TQM systematisch in einen analytischen Bezugsrahmen zu integrieren vermag, somit weder empirische Verallgemeinerungen enthält, noch bestimmte notwendige Aspekte vernachlässigt. Die begriffliche Abgrenzung des Total Quality Management-Konzepts schafft die Voraussetzung für die weitere Vorgehensweise, indem die grundlegende Konzeption und die immanente Auffassung des Qualitätsverständnisses dargelegt werden.

Gegenstand des dritten Kapitels ist die Darstellung des theoretischen Bezugsrahmens, der in seinen Grundannahmen erläutert wird. Die Theorie Allgemeiner Handlungssysteme von *Talcott Parsons* wird nur so weit skizziert, wie es für den Argumentationsaufbau notwendig erscheint. Diese Einführung bezieht sich auf konstitutive Elemente der umfassenden Theorie, die an dieser Stelle zu Gunsten einer praxisnahen Ausgestaltung des Erklärungsmusters weder ausführlich noch umfassend diskutiert werden sollen, sondern selektiv bestimmte Aspekte dieses Theorieprogramms herausgreifen[27]. Innerhalb des AGIL-Schemas wird die Unternehmung als ganzheitlich offenes, soziales System im ökonomischen Subsystem des gesamtgesellschaftlichen Kontextes verortet. Eine Organisation wird dabei als ein funktionales Subsystem begriffen, das sich wiederum aus differenzierbaren Subsystemen zusammensetzt, die sowohl nach außen als auch nach innen in einer bestimmten analytischen Ordnung stehen und miteinander verbunden sind[28]. Die Ausführungen in diesem Teil der Analyse konzentrieren sich auf Basis des AGIL-Schemas auf tiefenstrukturelle Arrangements einer Organisation. Als Grundlage dient hier die von *Aretz* ausgearbeitete Spezifizierung auf Wirtschaftsorganisationen, die auf organisationale Bedingungen von Innovationen angewendet wurde[29]. An dieser Stelle wird diese Systematik auf das Total Quality Management spezifiziert und als Ausgangspunkt zur Untersuchung der beiden EFQM-Modelle herangezogen.

Innerhalb des vierten Kapitels wird zunächst die Konzeption des *EFQM-Modells für Business Excellence*, das für die Bewerbung um die Qualitätsauszeichnung bis 1999 gültig war, vorgestellt. Der grundsätzliche Aufbau sowie die darin enthaltenen Wirkungszusammenhänge haben sich gegenüber dem aktuellen Modell nicht geändert und sollen hier demnach für beide Modelle gelten. Anschließend werden im Vergleich dazu die Änderungen im *EFQM-Modell für Excellence* dargestellt. Dem gegenüber wird das spezifizierte AGIL-Schema als soziologische Hintergrundfolie aufgespannt, anhand derer eruiert werden soll, ob und auf welche Weise der Anspruch eines ganzheitlichen Rahmenmodells durch die *EFQM* eingehalten werden kann.

Vor dem Hintergrund dieser grundlegenden Überlegungen wird nachfolgend im fünften Kapitel die Konsistenz der beiden EFQM-Modelle einer detaillierten Analyse unterzogen. Basis sind die in 32 Unterpunkten operationalisierten neun Kriterien des europäischen TQM-Modells. Die *EFQM* greift bei der Konzeption des Kriterienkatalogs auf verschiedene Prinzipien des TQM zurück, die zunächst in die Logik des AGIL-Schemas, das nach funktionalen Erfordernissen einer Organisation differenziert ist, transformiert werden müssen. Die Vorgehensweise vollzieht sich sukzessiv anhand des von der *EFQM* veröffentlichten Kriterienkatalogs und der darin beschriebenen Maßnahmen bzw. Orientierungspunkte, die vor dem

Hintergrund des zuvor ausgearbeiteten Bezugsrahmen hin analysiert und in das Vierfunktionenschema überführt werden sollen[30]. Dazu werden die einzelnen Unterkriterien des Vorgängermodells für *Business Excellence* beschrieben und analysiert und den jeweiligen Veränderungen im *EFQM-Modell für Excellence* gegenübergestellt. Bei der Analyse wird aufgrund der knappen inhaltlichen Erläuterungen zur Umsetzung der Kriterien eng auf die Bewertungsvorschläge der *EFQM* und auf die einschlägige betriebswirtschaftliche und TQM-spezifische Literatur zurückgegriffen. Das Ziel besteht darin festzustellen, inwieweit die Modifikationen im EFQM-Modell dazu beigetragen haben, die Stichhaltigkeit der Kausalzusammenhänge nachzuweisen und damit die ganzheitliche Implementierung von TQM zu fördern. Dabei wird lediglich auf die festgestellten Unterschiede zum Vorgängermodell sowie auf die von der *EFQM* vorgenommenen Ergänzungen eingegangen.

Im Anschluss daran wird im sechsten Kapitel zusammenfassend dargestellt, auf welche Weise das EFQM-Modell das TQM-Konzept in ein Rahmenmodell für die betriebliche Praxis übersetzt und ob die angegebenen Wirkungsrelationen innerhalb des Modells zu den angestrebten Zielen führen können. Dazu werden die beiden Versionen des EFQM-Modells einer zusammenfassenden qualitativen und quantitativen Analyse unterzogen, welche die von der *EFQM* gesetzten Schwerpunkte, aber auch die vorgefundenen Probleme aus der hier angewendeten Theorieperspektive darlegen soll.

2 Total Quality Management als umfassendes Managementkonzept

2.1 Notwendigkeit ganzheitlicher organisationstheoretischer Ansätze für das Qualitätsmanagement in Organisationen

Total Quality Management – in der Literatur auch als „Umfassendes Qualitätsmanagement" übersetzt[31] – wird zunehmend als Wettbewerbsfaktor unternehmerischen Handelns angesehen, um dem schärferen Wettbewerb und den gesellschaftlichen Unsicherheiten begegnen zu können. Dieser Anspruch kann nach Meinung vieler Autoren mit herkömmlichen Unternehmensführungskonzepten nicht mehr geleistet werden[32]. Hierdurch soll erreicht werden, den geforderten Anspruch der Kunden an das Unternehmen und dessen Marktleistung zu sichern, Nachteile gegenüber Konkurrenten zu vermeiden und sich aus Kundensicht gegenüber Wettbewerbern positiv abzugrenzen[33]. Infolgedessen kann ein Unternehmen nur dann bestehen, wenn es in der Lage ist, Qualitätssteigerungen bei gleichzeitigen Zeitreduzierungen und Kosteneinsparungen durchzuführen[34]. Da der Wettbewerb zwischen Unternehmen auf nationaler und internationaler Ebene zugenommen hat[35], ist neben dem Preiswettbewerb möglichst über günstige Kostenstrukturen auch dem Qualitätswettbewerb standzuhalten. Dieser Aspekt schafft zugleich den Ansatzpunkt, einem harten Preis- und Kostenwettbewerb zumindest teilweise zu entgehen; vorwiegend dann, wenn es den Unternehmen gelingt, den spezifischen Kundennutzen von Produkten und Dienstleistungen durch eine umfassende Befriedigung der Kundenbedürfnisse zu erhöhen und damit die aus Sicht des Kunden geforderte Qualität sicherzustellen.[36]

Mit den dynamischen Umweltbedingungen ist auch ein Wandel der bisherigen Methoden und Praktiken der Unternehmen verbunden. Die Anforderungen eines Total Quality Management implizieren organisationsübergreifende Veränderungen von Unternehmen, um langfristig am Markt bestehen und sich im Wettbewerb behaupten zu können. Es geht nicht mehr nur um die Sicherung der Produktqualität am Ende des Herstellungsprozesses, so dass zudem der traditionelle, ausschließlich auf die Qualität der Produkte oder Dienstleistungen beschränkte Qualitätsbegriff durch ein umfassenderes Qualitätsverständnis abgelöst wird[37]. Das dem EFQM-Modell zugrunde liegende TQM-Konzept beinhaltet einen „ganzheitlichen" Qualitätsbegriff, der sämtliche Organisationsbereiche sowie deren Außenbeziehungen umfasst. Somit wird dem Qualitätsverständnis ein multidimensionaler Bezugspunkt gegenüberstellt, der nicht nur die Qualität der Erzeugnisse und Dienstleistungen meint, sondern unternehmensübergreifend als umfassendes Konzept betrieblichen Qualitätsmanagements versteht[38]. Die einzelnen Definitionselemente des Qualitätsverständnisses existieren nicht unabhängig voneinander, sondern beeinflussen sich gegenseitig. Diese Interdependenzen sollen durch die Ausschreibungskriterien der Qualitätspreise innerhalb des in der hier vorliegenden Arbeit zu analysierenden EFQM-Modells berücksichtigt und somit der Mehrdimensionalität des Qualitätsbegriffes Rechnung getragen werden[39].

Dieser Sachverhalt erfordert eine ganzheitliche Betrachtung von Organisationen, die neben den sog. „harten" auch die „weichen" Faktoren, welche zunehmend als kritische Erfolgsfaktoren angesehen werden, berücksichtigen. Ein großer Teil der Organisationsforschung konzentriert sich allerdings nur auf „die 'klassischen' Probleme der Effizienz und Effektivität"[40], wobei Aspekte wie Kontinuität oder Integration der Teile ausgeblendet werden bzw. Nebenerscheinungen darstellen. Neuere Managementkonzepte, so z.B. der St. Gallener Managementansatz[41], betonen die Notwendigkeit einer organisationsumfassenden Perspektive und die Einbindung „weicher" Faktoren[42]. Kennzeichnend für diese Entwicklung, die sich nicht allein auf die Steuerung „harter" Faktoren im Management verlassen will, sondern eine Ergänzung durch „weiche" Faktoren anstrebt, ist das „7-S-Konzept" von *Peters* und *Waterman*, die durch ihr Konzept sowohl Variablen wie „Strategie", „Struktur" als auch „Stil der Führung" oder „Selbstverständnis" integrieren[43]. Damit werden Aspekte erfasst, die in der traditionellen Managementliteratur bis dahin nicht oder zumindest nicht in dem Maße berücksichtigt wurden[44]. Durch die Tendenz zur Entwicklung „weicher" Managementinstrumente gewannen Aspekte der Rahmengestaltung für die Entwicklung durch menschliches Verhalten zusätzlich zu der technokratischen Lenkung von Organisation, wie z.B. Human Resources Management, Unternehmenskultur, Intrapreneurship etc., immer mehr an Bedeutung[45]. Dabei zeigt sich eine langfristige Tendenz zur Erkenntnis und Betonung der sozial-personalen Problemlösungskompetenz des Managements[46]. Nach *Bleicher* verbirgt sich dahinter der Trend eines sich stärker an technokratischen Vorstellungen orientierenden hin zu einer sozio-ökonomischen Unternehmensführung, die eine „ausbalancierte Synthese von 'harten' und 'weichen' Faktoren anstrebt."[47] Der erstrebenswerte Weg zeigt sich nach Auffassung von *Ulrich* und *Probst* in der Richtung eines ganzheitlichen Denkens, das der Vernetzung der Probleme und Beziehungen in sozialen Systemen gerecht zu werden hat[48]:

> „In dieser Situation [Anfang der 80er Jahre; d. Verf.] zeigte sich, ‘daß mit den Rezepten der Vergangenheit die Probleme der Gegenwart und Zukunft nicht mehr zu lösen sind’ [..]; die Grenzen selbst einer hochentwickelten strategischen Planung traten zutage und lenkten das Interesse auf die Gestaltung der menschlichen Beziehungen im Betrieb [..].“[49]

Für Konzepte wie TQM ist die alleinige Betrachtung der „weichen“ Aspekte jedoch nicht hinreichend. Auch hier wird die Wichtigkeit rational-instrumentalistischer, direkt steuerbarer Faktoren betont, so dass eine adäquate Organisationstheorie nicht ohne die Berücksichtigung all dieser Elemente auskommt, wenn strukturelle Probleme ganzheitlich und umfänglich erfasst werden sollen. Das Problem besteht hierbei nicht darin, einzelne Einflussgrößen empirisch zu konstatieren, sondern diese vielmehr konsistent in einen analytischen Bezugsrahmen zu integrieren, der keine empirischen Beschreibungen oder Verallgemeinerungen enthält, sondern durch eine in sich geschlossene und konsistente Realitätsperspektive eine bestimmte Sicht auf mögliche Tatsachen erlaubt. Hierdurch lassen sich mögliche Implikationen der empirisch-analytischen Kategorien aufdecken und den Blick auf Zusammenhänge lenken, die der empirischen Beobachtung zunächst verdeckt bleiben[50].

Die hier angewandte Theorieperspektive grenzt sich von einer konkurrierenden Konzeption autopoietischer Systeme[51] vor allem dadurch ab, dass sie von ganzheitlich offenen und eben nicht von operativ geschlossenen Systemen ausgeht, welche ausschließlich durch ihren eigenen Code determiniert sind und nur code-spezifisch auf ihre Umwelt reagieren können. Dabei werden auf einer anderen Ebene der Analyse die „Programmebene“ und die über die wechselseitigen systemischen Austauschbeziehungen erzeugten Modifikationen in den Systemoperationen viel stärker in den Vordergrund gestellt. Durch die Unterscheidung zwischen analytischen und empirischen Systemen im Theorieaufbau wird hier davon ausgegangen, dass Organisationen nicht ausschließlich durch ihren systemischen Primärcode determiniert werden, sondern die Soziallogiken der internen Umweltsysteme als Sekundärcodierungen eingebunden werden. Somit können *gleichzeitig* Effizienz, Effektivität, Konsistenz und

Stabilität von Organisationen erfasst und eine mehrdimensionale Sichtweise ermöglicht werden, die eine Vielzahl von Systemanforderungen gegenübergestellt. Durch diese komplexere Programmebene kommen sowohl den „weichen" als auch den „harten" Faktoren sowie einer organisationalen Dynamik und Stabilität ein systematischer Stellenwert zu.[52]

Die Notwendigkeit der Gegenüberstellung einer Vielzahl von Systemerfordernissen zeigt sich insbesondere beim Umfassenden Qualitätsmanagement in Organisationen, da es hierbei nicht nur um die Auswahl von Entscheidungen, Durchsetzung von Strategien und Kostenreduktionen geht. Das TQM ist vielmehr auf alle materiellen und immateriellen Leistungen[53] des gesamten Unternehmens auszudehnen[54], so dass letztendlich die gesamte „Unternehmensqualität" den Kaufentscheid beeinflusst[55]. Dabei werden ebenso Probleme der Effizienz und Effektivität problematisiert als auch Stabilität und Konsistenz gewährende Aspekte explizit einbezogen. Die Leistung, die der Kunde letztendlich wahrnimmt, stellt sich dabei als das Resultat einer Kette innerbetrieblicher Abfolgen dar, welche von den Organisationsmitgliedern kollektiv erzeugt werden[56]. Innerhalb des TQM wird davon ausgegangen, dass fast jede Tätigkeit im Unternehmen eine direkte oder indirekte Auswirkung auf den Käufer hat[57], so dass die hier beschriebenen Aspekte von einer Organisationstheorie a priori berücksichtigt werden müssen, um ein Umfassendes Qualitätsmanagement systematisch erfassen und die einzelnen Bestandteile in einen konsistenten Bezugsrahmen integrieren zu können.

2.2 Das Konzept des Total Quality Management

In Anlehnung an die Erfolge japanischer Unternehmen entwickelte sich in den 70er Jahren eine Diskussion um das Begriffsverständnis von Qualität. Im Gegensatz zu herkömmlichen Auffassungen wurde gefordert, Qualität – da sie am Markt bzw. den Kunden orientiert sei – mehrdimensional zu verstehen und nicht alleine am Produkt zu messen, sondern die gesamte Marktleistung in die Betrachtung einzubeziehen[58]. Etymologisch lässt sich der Qualitätsbegriff aus dem lateinischen Wort „qualitas" herleiten und bedeutet „Beschaffenheit" oder „Eigenschaft"[59]. Dabei handelt es sich um einen oft verwendeten Alltagsbegriff für eine Vielzahl von Vorstellungsinhalten, der einen objektiven Anspruch beinhaltet, jedoch gleichzeitig durch subjektive Wahrnehmung geprägt ist[60]. In der Literatur lässt sich eine

Vielzahl von möglichen Besetzungen der Terminologie finden, so dass eine eindeutige Definition schwierig erscheint[61]. Qualität wird dabei als ein relationaler Begriff verstanden, der nicht nur auf Produkte angewendet wird, sondern je nach Kontext variiert[62], so dass Qualität nicht mit „Perfektion“[63] gleichzusetzen ist, sondern nur in Zusammenhang mit einer bestimmten Qualitätsvorstellung existiert[64], die wiederum aus verschiedenen Blickwinkeln betrachtet werden kann.[65]

Für ein Total Quality Management ist der klassische und eindimensionale Begriff der Qualität – der zumeist die technische Produktqualität durch eine nachgelagerte Qualitätskontrolle meint[66] – zwar wichtig, aber er greift zu eng[67]. Mit dem Wandel im Begriffsverständnis waren auch entsprechende Veränderungen im betrieblichen Qualitätswesen verbunden, dessen am höchsten entwickelte Form eines Qualitätsmanagement-Systems das TQM darstellt[68]. Dieses stellt eine vollständige Umorientierung von einem reaktiven zu einem proaktiven Qualitätsmanagement dar. Mit einer Ausdehnung des Qualitätsdenkens auf alle Unternehmensbereiche wurde die Bezeichnung TQM geprägt. Dieses Konzept beinhaltet einen „ganzheitlichen“ Qualitätsbegriff, der sämtliche Organisationsbereiche sowie deren Außenbeziehungen umfasst. Somit wird dem Qualitätsverständnis ein multidimensionaler Bezugspunkt gegenüberstellt, der nicht nur die Qualität der Erzeugnisse und Dienstleistungen meint, sondern unternehmensübergreifend – also auch organisationsintern – als umfassendes Konzept betrieblichen Qualitätsmanagements versteht[69]. Der Begriff der Kundenorientierung erfährt dabei eine Erweiterung des traditionellen Verständnisses vom Endkunden; die hier zugrunde gelegte Begriffsbestimmung versteht auch die Schnittstellen *innerhalb* eines Unternehmens als Kunden-Lieferanten-Beziehung[70]. Interne Kunden können also beliebige Abteilungen, Bereiche oder Personen(gruppen) sein, die eine Dienstleistung oder ein Produkt in vereinbarter Qualität zum richtigen Zeitpunkt geliefert bekommen[71]. Damit wird deutlich, dass Qualität auch im TQM-Konzept von der angesteuerten Zielgruppe und von ihren subjektiven Erwartungen und Anforderungen abhängig ist, ohne deren Spezifizierung es keine Qualität geben kann. Insbesondere vor deren Leistungswahrnehmung wird eine Interpretation vorgenommen und dem Begriff ein hinreichender Sinn verliehen, so dass die Zufriedenheit des Kunden als wesentliches Definitionselement für Qualität formuliert werden kann: „Qualität ist die

Erfüllung von (vereinbarten) Anforderungen zur dauerhaften Kundenzufriedenheit“[72].

Die in dieser Kundenorientierung ausgedrückte Haltung wirft zudem Fragen der Unternehmenskultur auf[73], so dass ein derart beschriebenes Verständnis von Qualität ein umfassendes und organisationsübergreifendes Qualitätsmanagement fordert, wie es idealtypisch als Total Quality Management beschrieben wird. Ziel des TQM-Konzeptes ist die Verbesserung der Kundenorientierung, sowohl durch ständigen Kontakt mit externen Kunden, aber auch durch interne Kunden-Lieferanten-Beziehungen, so dass beide Kundengruppen die Qualitätsspezifikationen definieren, die von den Lieferanten eingehalten werden müssen[74]. Hierbei wird bereits deutlich, dass *alle* Unternehmensbereiche in den Qualitätsprozess einbezogen sind. Auch der interne Kunde des Unternehmens und seine Anforderungen werden in die Betrachtung eines umfassenden Qualitätsmanagement-Ansatzes integriert. Nicht allein die Qualität der Produkte, sondern die Qualität des gesamten Unternehmens ist dabei für den Kunden entscheidend und wird auch von diesem wahrgenommen und beurteilt[75]. Somit ist das TQM-Konzept der erste Ansatz im Bereich des Qualitätswesens, der eine strategische Ausrichtung besitzt, da er explizit das Anliegen verfolgt, Qualität als Unternehmensziel zu etablieren, und hierfür qualitätsfördernde und gleichzeitig kostensenkende Realisationsinstrumente zur Verfügung stellt[76].

TQM[77] ist somit ein „ganzheitlicher Ansatz“ mit dem Ziel, *alle* Aktivitäten und Abläufe eines Unternehmens kundenorientiert auszurichten und zu optimieren[78]. *Kirstein* weist daraufhin, die Komplexität des Begriffes bringe es mit sich, dass Versuche, TQM zu beschreiben, mit zunehmender Detaillierung eher schwieriger werden, weshalb eine Vereinfachung oft mehr aussage[79]. Erstmalig wurde der Begriff ‘Total Quality Management’ im DIN ISO 8402-Normenentwurf definiert:

> „Auf der Mitwirkung aller ihrer Mitglieder beruhende Führungsmethode einer Organisation, die Qualität in den Mittelpunkt stellt und durch Zufriedenstellung der Kunden auf langfristigen Geschäftserfolg sowie auf Nutzen für die Mitglieder der Organisation und für die Gesellschaft zielt.“[80]

Die Kernaussagen des TQM lassen sich auch anhand der drei Anfangsbuchstaben beschreiben (Abb. 2-1).

Der Unternehmenserfolg im Hinblick auf die vielschichtigen und schnellen Veränderungen der Gesellschaft und ihrer Märkte hängt demnach wesentlich davon ab, dass an Kundenanforderungen ausgerichtete hochwertige Produkte und Dienstleistungen zu wettbewerbsfähigen Preisen zum richtigen Zeitpunkt auf den Markt gebracht werden. Der sorgsame Umgang mit Ressourcen und die Einbeziehung aller Mitarbeiter in den Umgestaltungsprozess führen zudem zu einem positiven Erscheinungsbild des Unternehmens, dessen qualitätsorientierte Führung auf einer intensiven Kundenorientierung und entsprechenden Philosophie beruht[81]. Die Entscheidung, TQM im Unternehmen einzuführen, muss in der Regel eine grundlegende Veränderung der Organisationsstruktur und Führungsphilosophie nach sich ziehen, um eine tatsächliche Implementation in allen Organisationsbereichen zu erzielen, da die Qualität im Mittelpunkt des Unternehmens stehen soll, sich auf alle Managementziele bezieht und „Spitzenleistungen" nicht ausschließlich durch die Änderung eines Funktionsbereichs zu erreichen sind, so dass TQM vielfach zu einem neuen Managementverständnis und zur Veränderung traditioneller Denkmuster führt[82]. Der Unterschied zu den bisherigen, betriebswirtschaftlich definierten Führungsmodellen bestehe, so *Malorny*, darin, dass traditionelle Führungsmodelle Qualität als ein – wenn gleich auch wichtiges – Zielkriterium unter vielen anderen ansehen und zudem auf operativer anstatt auf strategischer Ebene ansiedeln[83].

Abbildung 2-1 Total Quality Management[84]

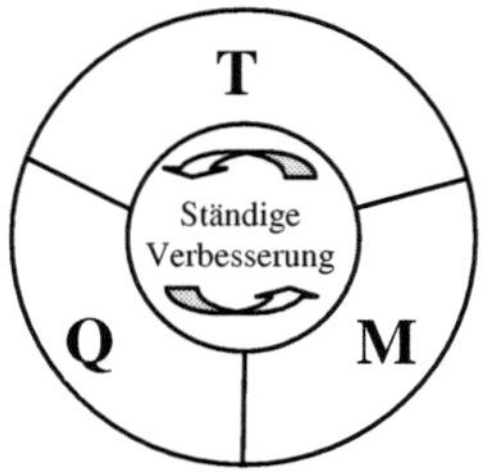

Total Einbeziehung aller Mitarbeiter, Bereiche, Produkte und Dienstleistungen über die gesamte Wertschöpfungskette hinweg – ganzheitliches Denken:

- Bereichs- und funktionsübergreifend
- Partnerschaftliche Kommunikation mit dem Kunden (*Kundenorientierung*)
- Dialog- und mitwirkungsorientierte Öffentlichkeitsarbeit (*Gesellschaftsorientierung*)
- Einbezug aller Unternehmensangehörigen (*Mitarbeiterorientierung*)

Quality Erfüllung der Kundenerwartungen, fehlerfreie Produkte und Dienstleistungen und kontinuierliche Verbesserung von Prozessen und Leistungen:

- Qualität der Arbeit
- Qualität der Prozesse
- Qualität der Produkte und Dienstleistungen
- Qualität des Unternehmens

Management Zielsetzung durch Unternehmensführung, konsistentes und abgestimmtes Vorgehen, Orientierung an Spitzenleistungen, Initiative und

- Führungsaufgabe Qualität (*sinnorientiertes Handeln*)
- Führungsqualität (*Vorbildfunktion*)
  - Team- und Lernfähigkeit
  - Beharrlichkeit

Der Kerngedanke des TQM basiert auf der Annahme, dass die konsequente Implementierung aller Qualitätsprinzipien zum Unternehmenserfolg führt[85]. Qualitätsorientierte Mitarbeiterführung bildet dabei die unmittelbare Quelle für Qualität, unter der man die Arbeitsqualität jedes einzelnen und daraus folgend die Prozess- und Unternehmensqualität versteht, woraus „wie selbstverständlich“[86] die Produktqualität entstehe. Zusätzliche Kosten fallen dabei nicht an, vielmehr werden Kosten durch höhere Produktivität und geringeren Fehlleistungsaufwand bei größerem Markterfolg eingespart[87]. Ziel des TQM ist die Steigerung der Qualität bei fortlaufender Senkung der

Kosten und die Erschließung bislang brachliegender Produktivitätspotentiale. Dabei werden im TQM die bekannten Einzelmaßnahmen wie etwa Just-in-Time, Simultaneous Engineering, Prozessorientierung der Organisation usw. systematisch gebündelt und in einem Konzept zusammengefasst.[88]

3 Das AGIL-Schema als theoretischer Bezugsrahmen

3.1 Talcott Parsons' Theorie Allgemeiner Handlungssysteme

3.1.1 Grundannahmen der Handlungstheorie

Das Werk *Talcott Parsons*' gehört nach vorherrschender Meinung in die Reihe der „modernen Klassiker" des soziologischen Denkens[89]. Die Entwicklung seines theoretischen Programms ist auf die Synthese unterschiedlicher Theorielinien sowie auf einen interdisziplinären Diskurs angelegt und überdies durch eine außerordentliche Komplexität und gesellschaftstheoretischen Reichweite gekennzeichnet[90]. Das ursprüngliche Ziel *Parsons'* war die Formulierung einer fachuniversellen, umfassenden Theorie menschlichen Handelns, die er im Anschluss an die vier Klassiker *Max Weber*, *Emile Durkheim*, *Vilfredo Pareto* und *Thomas H. Marshall* in seinem „action frame of reference" herausgearbeitet hat[91]. *Parsons* entwickelte diesen Bezugsrahmen als Überwindung der verkürzten Handlungstheorie, die der utilitaristischen bzw. positivistischen Denktradition zugrunde lag und die damals vor allem in den Wirtschaftswissenschaften Eingang gefunden hatte[92]. Auf der anderen Seite grenzte er sein Theorieprogramm aber auch gegen idealistische Handlungstheorien ab[93]. Zentraler Ausgangspunkt dieser Auseinandersetzung war das von *Hobbes* formulierte Problem der sozialen Ordnung[94], d.h. die soziologische Grundfrage, inwiefern ein Zusammenhang von Handelnden zu einer stabilen Ordnung integriert wird[95]. Nach *Parsons* ist eine Lösung des *Hobbesschen* Ordnungsproblems im Rahmen eines utilitaristischen Handlungsmodells nicht möglich, da innerhalb dessen angenommen wird, dass die Individuen ihre Handlungen jeweils zu Gunsten der eigenen Nutzenmaximierung an privaten Wertsystemen ausrichten. Demzufolge werden keine gemeinsamen Zwecke und Ziele der Gemeinschaft postuliert; Ordnung verleihen die Akteure ihrem Handeln also durch Orientierung an der Effizienz der Mittelwahl[96].

Das ökonomische Handlungsmodell sieht Handeln als rationale Wahl und ist demzufolge Maximierung subjektiven Nutzens. Worin dieser Nutzen eines Akteurs im Einzelfall besteht, wird von der utilitaristischen Handlungstheorie als faktisch gegeben und aufgrund der Vielfalt individuellen Wollens als nicht theoriefähig hingenommen[97]: „Welche inhaltlichen Präferenzen beispielsweise Konsumenten haben, kann die

Wirtschaftswissenschaft nur als empirisches Datum konstatieren."[98] Soziales Handeln wird somit vom Utilitarismus auf eine einzige „soziale Logik" dezimiert, wodurch andere Handlungslogiken und normative Dimensionen vernachlässigt werden[99].

Auf der anderen Seite grenzt *Parsons* seine Lösung des Ordnungsproblems auch gegenüber der idealistischen Handlungstheorie ab, die seiner Meinung nach nur ideelle Ordnungen erklären kann. Er gelangt durch die Konvergenz der vier genannten Klassiker zu dem Punkt, dass die Ziele des Handelns durch übergreifende normative Orientierungen geprägt sind, die die Mitglieder einer Gemeinschaft teilen. Allein normative Orientierungen, die das Wollen der Akteure hinreichend einschränken, können den von *Hobbes* beschriebenen Naturzustand weitreichender wechselseitiger Erwartungsunsicherheit hinreichend überwinden[100]. Ohne solche normativen Orientierungen wüssten die Akteure schlechthin nicht, was sie vom jeweiligen Gegenüber zu erwarten haben: „What we can derive from these examples is that actors must share common rules of exchange, competition, solidarity, and communication in order to keep their actions predictable."[101]

Parsons formuliert eine voluntaristische Lösung, in der sich Handeln als das Zusammenwirken zweier Determinationspole darstellt, somit zugleich konditional *und* normativ ist. Soziale Ordnung ist demnach nur durch die Existenz einer kategorischen Selektionsregel möglich, welche die Grenzen für das zweckrationale Handeln bestimmt und die für alle Akteure verbindlich und gleichermaßen gilt. Die Verpflichtung aller Akteure auf die Einhaltung der Normen, die prinzipiell als selbstverständlich erwartet wird, ergibt die Konstanz der Wahl der Handlungen – unabhängig von bestimmten Situationen. Soziale Ordnung kann aber auch nicht allein durch etablierte normative Orientierungen entstehen, sie braucht die dynamisierenden Kräfte des zweckrationalen, eigennützlichen Handelns, und erst durch die gegenseitige Durchdringung dieser beiden Dimensionen kann es zu einer faktischen, konkreten Ordnung kommen. Dabei wird das Handeln innerhalb der festgelegten Grenzen durch Nutzenerwägungen motiviert und ist dementsprechend variabel.[102]

Damit gelangt *Parsons* zu der Konzeption des „unit act" als kleinster sinnvoller Handlungseinheit, die als analytische Grundeinheit einer soziologischen Handlungstheorie die Bedingungen der Möglichkeit sozialen Handelns enthält. Diese besagt erstens, dass es einen Akteur gibt, zweitens muss dieser ein Ziel verfolgen, da menschliches Verhalten zielgerichtet ist und sich an antizipierten Erfüllungszuständen orientiert. Drittens findet die Zielverfolgung in einer Situation statt, die dem Akteur einerseits die Mittel an die Hand gibt, über die der Akteur ein gewisses Maß an Kontrolle hat, und die ihm andererseits Einschränkungen im Sinne von objektiven Bedingungen des Handelns auferlegt, da der Akteur keine Kontrolle über sie ausüben kann. Handeln erfordert damit einen bestimmten Aufwand an Energie oder „Motivation". Zu dieser Handlungssituation gehören physikalische, soziale und kulturelle Objekte. Viertens, und hier bewegt *Parsons* sich über den Utilitarismus hinaus, besteht der „unit act" aus einem Selektionsstandard, über den die Situation (einschließlich ihrer Bedingungen) des Akteurs mit seinen Zielen und den sich daraus ergebenden Konsequenzen in Beziehung gesetzt wird.[103] Diese Selektionsstandards erfüllen die entscheidenden selektiven Funktionen, sie steuern das Welterleben und Handeln des Menschen und sind gleichsam Klassifikations- und Entscheidungsregeln; „Schablonen", die auf Situationen projiziert werden und die Dinge in bestimmte Relationen zueinander stellen. Der Sinn und die Möglichkeiten des Handelns wären unbestimmt, wenn nicht normative Selektionsmechanismen, die Orientierungsstandards für das Handeln bilden, einbezogen würden.[104] Da Ziele und Mittel stets normativ bewertet werden, werden bestimmte Alternativen von vornherein ausgeschlossen und anderen eine Priorität verliehen. Es handelt sich hierbei somit um allgemeine Handlungsprinzipien, die einer „Vielzahl und Vielfalt von Absichten und Handlungen ihren gemeinsamen Richtungssinn verleihen"[105]. Erst diese Ausrichtung an situationsübergreifenden Normen, und nicht schon die Verfolgung situationsspezifischer Ziele, gibt dem Handeln in *Parsons'* Sicht einen zielgerichteten Charakter[106].

3.1.2 Das Vierfunktionenschema

Anfangs – in *The Structure of Social Action* – arbeitete *Parsons* noch mit einer dualen Differenzierung des Handlungssystems, indem er dieses in eine Dimension des zweckrationalen Handelns und in eine der kategorisch-normativen Verpflichtung aufschlüsselte. Die Verbindung dieser gegensätzlichen Sphären durchzieht kontinuierlich *Parsons'* Theorieprogramm, jedoch verfeinerte er im Laufe seiner Theorieentwicklung seine Technik der analytischen Differenzierung von Subsystemen des Handelns und ihren gegenseitigen Austauschbeziehungen und führte in *Working Papers in the*

Theory of Action, das er zusammen mit *Bales* und *Shils* verfasste[107], das Vierfunktionenschema ein[108].

Ausgangspunkt zur Entwicklung des AGIL-Schemas war *Bales'* Kategorisierung von Systemproblemen, wobei experimentelle Kleingruppen dabei beobachtet wurden, wie sie vorgegebene Probleme bearbeiteten. *Parsons*, *Bales* und *Shils* generalisierten diese empirischen Beobachtungen und gelangten zu einer Unterscheidung von vier Systemproblemen. Sie fanden heraus, dass alle untersuchten Gruppen vier grundlegende Phasen durchlaufen, um das gestellte Aufgabenziel zu erreichen. Daraus abgeleitet werden vier funktionale Erfordernisse benannt, die in jeder Art von Handlungssystemen auftreten. Der Geltungsbereich des Schemas erstreckt sich somit von einer Dyade über Kleingruppen und Organisationen bis hin zu gesellschaftlichen Teilbereichen und ganzen Gesellschaften:[109]

A **Adaptation (Anpassung):** Ein Handlungssystem muss sich so an seine Umwelt anpassen, dass es aus dieser Ressourcen als Basis der Zielrealisierung mobilisieren kann.

G **Goal attainment (Zielerreichung):** Ein Handlungssystem muss in spezifischen Entscheidungssituationen selbst gesetzte kollektive Ziele hierarchisieren, verfolgen und erreichen.

I **Integration:** Ein Handlungssystem muss, um Ziele verfolgen und erreichen zu können, intern seine Strukturen und Prozesse beständig entsprechend untereinander abstimmen. Es muss die Einheiten eines Systems aneinander binden, in einem sozialen System erfordert Integration die Solidarität der Akteure.

L **Latent pattern maintenance (Bewahrung latenter Strukturen):** Ein Handlungssystem muss zur dauerhaften Gewährleistung seiner inneren Ordnung generalisierte und unhinterfragte Ordnungsmuster ausbilden und diese Grundstruktur beständig aufrecht erhalten, was die Fähigkeit der Anpassung an veränderte Bedingungen im Rahmen der Grundstruktur beinhaltet.

Die deduktive Konstruktion des AGIL-Schemas geht zum einen davon aus, dass Handlungssysteme als umweltoffene Systeme sowohl ihre äußere Beziehung zur Umwelt als auch ihr inneres Verhältnis zu sich selbst so gestalten müssen, dass die Systemreproduktion gewährleistet ist. Zum anderen müssen Handlungssysteme als zielorientierte Systeme sowohl zukunftsbezogen die Mittel ihrer Zielverfolgung beschaffen und einsetzen als auch gegenwartsbezogen Ziele erreichen, um daraus unmittelbare Befriedigung ziehen zu können. Durch die Verbindung der Systemprobleme mit *Parsons'* Orientierungsalternativen[110] wurden vier Grundfunktionen abstrahiert, für deren Differenzierung *Parsons* zwei Achsen der Handlungsorientierung als Klassifikationsbasis einführte: die Achse der internen oder externen Orientierung des Handelns und die Achse der instrumentellen oder konsumatorischen Orientierung[111]. Ein Handeln ist dann „extern", wenn es durch äußere Bedingungen gesteuert wird. Die externe Handlungsorientierung ist somit darauf spezialisiert, die Beziehungen zwischen dem System und seiner externen Situation zu vermitteln. Von einer intern gesteuerten Handlung wird gesprochen, wenn sie durch innere normative Orientierungen bestimmt wird. Die interne Orientierung bezieht sich auf die Erhaltung der Strukturstabilität der Elemente und ihrer gegenseitigen integrativen Anpassung. Die Differenzierungsachse der instrumentell-konsumatorischen Orientierung entspricht der gängigen Unterscheidung zwischen Mitteln und Zwecken: Als 'konsumatorisch' wird eine Handlungsorientierung bezeichnet, die einen Zielzustand um seiner selbst willen sucht; die 'instrumentelle' Orientierung dagegen bedeutet, dass ein Handeln als Mittel für weitere Ziele gewählt wird.

Abbildung 3-1 Die funktionalen Hauptprobleme eines Handlungssystems[112]

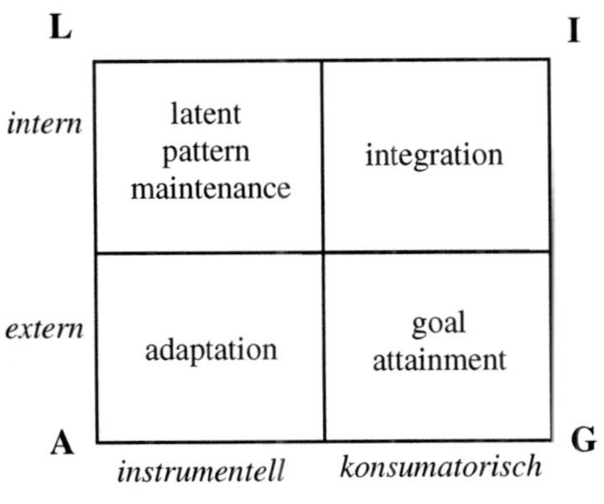

Münch macht darauf aufmerksam, dass in den beiden Achsen der Handlungsorientierung des AGIL-Schemas eine Parallele zu den Grundannahmen des allgemeinen Bezugsrahmens der Theorie Allgemeiner Handlungssysteme gesehen werden kann:[113] Die Achse der konsumatorischen oder instrumentellen Orientierung entspricht der Differenzierung von Zielen und Mitteln, die Achse der internen oder externen Handlungsorientierung der Abgrenzung von Normen und Bedingungen. Durch Kreuztabellierung der beiden Achsen lässt sich ein Koordinatensystem mit einer externen/internen Handlungsorientierung und einer instrumentellen/konsumatorischen Orientierung des Handelns konstruieren, das von vier Extrempunkten begrenzt wird und innerhalb dessen der Handlungsraum aufgespannt wird (Abb. 3-1). Mit dem so konstruierten AGIL-Schema vermag *Parsons* plausibel zu machen, dass und warum genau diese vier funktionalen Erfordernisse erfüllt sein müssen, damit sich ein Handlungssystem dauerhaft reproduzieren kann[114].

Das AGIL-Schema ist in der weiteren Entwicklung über seine ursprüngliche Konzeption hinaus generalisiert worden, so dass „[a]ny system of action can be described and its processes analysed in terms of these four fundamental categories.“[115] Die Handlungstheorie wird systemtheoretisch erweitert, wenn innerhalb des so konstruierten Handlungsraums nach den vier Handlungsfeldern die funktional differenzierten Subsysteme und ihre jeweiligen Umwelten unterschieden werden, d.h. der Handlungsraum selbst kann auf verschiedenen Systemebenen angewendet werden; der anthropologischen *Ebene der Conditio humana*, der *Ebene des allgemeinen Handlungssystems* und auf der *Ebene des sozialen Systems*[116] (Abb. 3-2).
Die analytische Differenzierung von Subsystemen des Handelns, ihrer Umwelt und deren „makroskopisch-mikroskopischer Anordnung“ ergab zunächst diese drei grundlegenden Analyseebenen, diese können jedoch – nach der inhärenten Logik des AGIL-Schemas – intern immer weiter „in eine Hierarchie von makroskopisch-mikroskopisch angeordneten Differenzierungen zerlegt werden [..].“[117] Diese Technik der analytischen Differenzierung von Subsystemen wird im Folgenden dazu genutzt, um auf einer mikroskopischen Ebene das AGIL-Schema auf Organisationen zu übertragen.

Abbildung 3-2 Die Systemebenen der Theorie Allgemeiner Handlungssysteme[118]

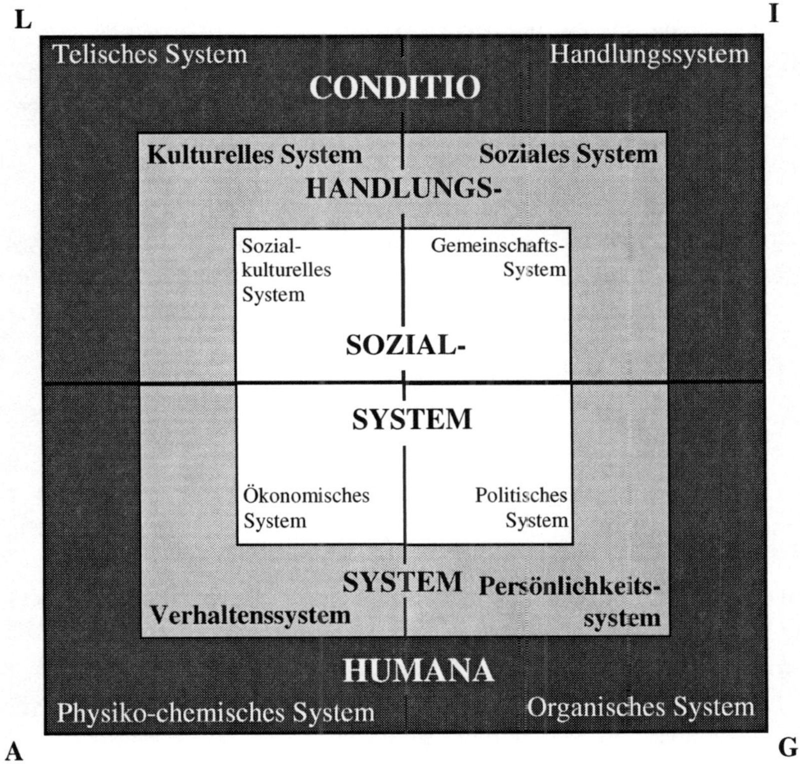

3.2 Das AGIL-Schema auf organisationaler Ebene

3.2.1 Die Unternehmung im Kontext des ökonomischen Systems

Die analytische Differenzierung des Vierfunktionenschemas ist derart aufgebaut, dass durch weitere Kreuztabellierungen eine immer tiefere Analyse vollzogen werden kann, „... bis zur Verortung eines spezifischen, analytisch herausgetrennten Aspektes der Realität in dem gesamten Systemaufbau."[119] Das übergreifende Prinzip dieser Technik ist, dass jedes soziale System zu einer derartigen Differenzierung nach den vier Funktionserfordernissen tendiert, deren Bedeutung in jedem System konstant ist. Jedoch ist der Inhalt („content") der differenzierten Subsysteme in Erfüllung ihrer jeweiligen

Funktion von seiner Lage in dem jeweilig größeren System abhängig. Charakterisiert man nun die funktionale Differenzierung eines bestimmten Systems, so gelten die generellen funktionalen Probleme, die in jedem System gleich sind. Sie erhalten aber dadurch unterschiedliche Bedeutungen, dass sie sich auf verschiedenen Systemebenen befinden und somit nicht nur von dem Primärcode des übergeordneten Systems beeinflusst werden, sondern auch von dem jeweils spezifischen eigenen Primärcode, der sich durch die Bestimmung seiner Lage auf den beiden Achsen der Handlungsorientierungen ergibt.[120] Dementsprechend kann durch die mehrmalige Kreuztabellierung der beiden Achsen im Sozialsystem als eines seiner Subsysteme das ökonomische System identifiziert werden, das durch seine Lage im A-Feld die Anpassungsfunktion des sozialen Systems erfüllt:

> „... the economy is that sub-system of a society which is differentiated with primary reference to the *adaptive* function of the society as a whole. [...] It is what we mean by the assertion that an economy is a *functional* sub-system of a society. [...] According to the general theory, the goal of the differentiated sub-systems 'contributes' to the functioning of its larger system. We have defined the economy's contribution as specialization in the solution [..] of the adaptive problem of the larger system.“[121]

Von der Ebene der Gesellschaft ausgehend, bildet das ökonomische System eine funktionale Einheit entlang der adaptiven Dimension. Auf der nächst niedrigeren analytischen Ebene wird das ökonomische Subsystem selbst zu einem „ganzen“ System mit vier ausdifferenzierten Einheiten, die „representing solutions to *its* system problems“[122].

Abbildung 3-3 Die Unternehmung im Kontext des ökonomischen Systems[123]

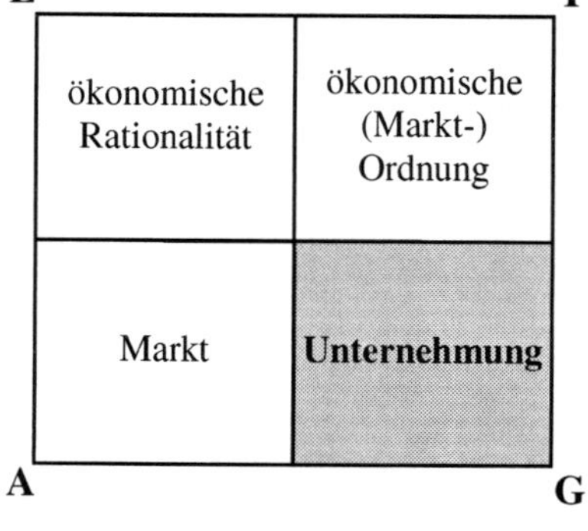

Durch diese Differenzierung der Subsysteme wird in dem Schema erkennbar, inwiefern ein bestimmter Aspekt durch die Beiträge unterschiedlicher Subsysteme auf verschiedenen Ebenen bestimmt wird und in welchen Beziehungen sie zueinander stehen[124]. Das ökonomische System wird als funktionales Subsystem einer Gesellschaft aufgefasst, das im Hinblick auf die Produktion und Allokation leicht verfügbarer Ressourcen innerhalb des sozialen Systems differenziert ist. Wirtschaft vollzieht sich nach *Parsons* als Kombination der Produktionsfaktoren[125] Arbeit, Boden, Kapital und Organisation[126], um die zwei primären Output-Kategorien, Güter und Dienstleistungen, zu produzieren. Der eigentliche Kombinationsprozess, die ökonomische Produktion, wird in „zielorientierten Organisationseinheiten", d.h. in Unternehmungen, erstellt. Die Unternehmung als solche dient der Erreichung spezifischer Ziele der Gesellschaft oder relevanter Subkollektive, so dass sie als Subsystem des ökonomischen Systems in dessen G-Feld verortet wird.[127]

Daraus ergeben sich zwei Betrachtungsebenen: Einerseits kann das System der Unternehmung als Teil eines größeren Ganzen mitsamt seiner Austauschbeziehungen zu anderen Systemen betrachtet werden[128]. Andererseits – diese Vorgehensweise wird im Folgenden dargestellt – bildet das soziale System einer Organisation für sich genommen ein Ganzes mit seinen vier differenzierbaren Subsystemen. Mit Hilfe dieser Methode können „ideale Muster" von Organisationen entworfen werden, nach denen sich Unternehmungen aus Subsystemen zusammensetzen, die sowohl nach außen als auch nach innen in einer bestimmten analytischen Ordnung stehen und miteinander verbunden sind[129].

Bezieht man nun die in Kapitel 3.1 dargestellten Aspekte der Theorie Allgemeiner Handlungssysteme auf die Ebene von Organisationen, so stellt sie gleichermaßen einen allgemeinen theoretischen Bezugsrahmen für die Analyse von Organisationen dar, die auf dieser speziellen Ebene Unternehmen als soziale Systeme betrachtet, die aufgrund ihres Strukturniveaus an der Erreichung kollektiver Unternehmensziele orientiert sind. Durch die Verbindung unterschiedlicher theoretischer Ansätze vermag *Parsons'* Theorieprogramm zwei gegensätzliche organisationstheoretische Strömungen zu integrieren, da es sowohl das „Natural Systems", dem u.a. die systemischen Ansätze und das St. Gallener Modell entstammen, als auch das „rationalistische" Paradigma, aus dem u.a. die klassischen Organisationstheorien und ökonomischen Ansätze hervorgegangen sind, in sich vereint und somit

eine ganzheitliche Betrachtung von Organisationen ermöglicht, die sich theoretischen Einseitigkeiten und gängigen Dichotomisierungen, wie Mikro-/Makrosoziologie, Handlungs- und Systemtheorie, entzieht[130]. Diese Sichtweise ermöglicht es, die „‘klassischen’ Probleme der Effizienz und Effektivität“[131], also die konditionalen Elemente, mit den normativen in Einklang zu bringen, ohne a priori auf eine dieser Dimensionen zu verzichten. Somit werden die Voraussetzungen dafür geschaffen, Unternehmungen als soziale Gebilde zu begreifen, in denen die Akteure nicht ausschließlich rational ihre gesetzten Ziele zu verwirklichen und ihren Gewinn zu maximieren suchen. Diese Aspekte sind zwar bei erwerbswirtschaftlichen Unternehmungen wichtig, jedoch lassen sie sich als soziale Systeme nicht uneingeschränkt darauf reduzieren; das Handeln in ihnen geschieht nicht stets nur aus nutzenmaximierenden Kalkül heraus, denn es wird u.a. auch stets normativ bewertet und ist dem oben beschrieben Selektionsstandard unterworfen, der bestimmte Ziele und Mittel von vornherein ausschließt, so dass die Außerachtlassung einer dieser Sphären zu einem unvollständigen Bild von Unternehmungen führt, welche an die Interpenetration des Normativen und Konditionalen gebunden sind.[132]
Parsons befasste sich zwar intensiv mit Aspekten des ökonomischen Systems, unter anderem auch mit formalen Organisationen[133], jedoch geschah diese Auseinandersetzung nicht durch die ausschließliche Betrachtung der vier Funktionserfordernisse einer Unternehmung und ihren gegenseitigen, innersystemischen Austauschbeziehungen. Die theoretischen Anlagen und Instrumentarien dazu sind bereits von *Parsons* ausgearbeitet worden, und die analytische Konstruktion des Modells lässt eine Betrachtung von sozialen Systemen jeder Art, auch auf mikroskopischer Ebene, zu.

Die Anwendung des AGIL-Schemas und das Herunterbrechen auf die Unternehmensebene sowie die umfassende Darstellung eines organisationstheoretischen Modells auf den hier besprochenen Grundlagen wurde in der hier vorliegenden Variante von *Aretz* durchgeführt. Es hat zwar bereits vorher Versuche gegeben, das AGIL-Schema auf Organisationen anzuwenden, im Folgenden soll jedoch *Aretz'* Studie organisatorischen Innovations-Managements auf Basis des Vierfunktionenschemas – das *Parsons'* Ausführungen auf dieser speziellen analytischen Ebene neofunktionalistisch weiterführt – als Grundlage dazu dienen, den theoretischen Bezugsrahmen für Organisationen als soziale Systeme abzustecken. Dabei sollen lediglich die Grundannahmen beschrieben werden.

Auf eine umfassende Darstellung und kritische Würdigung dieses Werks soll hier verzichtet werden[134].

3.2.2 Organisationen als umweltoffene Systeme

Organisationen als soziale Systeme zeigen die gleichen charakteristischen konstitutiven Merkmale wie die großen gesellschaftlichen Teilsysteme (Politik, Wirtschaft, Kunst usw.). Ihre Einheiten bestehen aus den Interaktionen der Akteure, da soziale Systeme als Konstellationen miteinander Agierender angesehen werden. Mit ihren äußeren und inneren Umweltsystemen stehen soziale Systeme in vielfältigen Austauschbeziehungen: Keine Organisation ist autark, d.h. aus sich selbst heraus und ohne ihre Umwelt lebensfähig; sie ist in ihrem Überleben von den Beziehungen abhängig, die sie zu den anderen Systemen, deren Teil sie ist, herstellt[135].

Die Notwendigkeit des Absatzes von Produkten und Dienstleistungen verdeutlicht, dass eine Unternehmung auf ihre Kunden, die zur Umwelt des Systems gehören, zur Bestandserhaltung und Zielverwirklichung angewiesen ist, und dass eine Organisation in einem Austauschverhältnis mit ihren Umwelten steht. Organisationen sind zur Steigerung ihrer Leistungsfähigkeit aber auch darauf angewiesen, gesellschaftliche Komplexität in Bezug auf eine effektive Entscheidungsfindung und -durchsetzung zu reduzieren. Um ihrer komplexen, kontingenten und differenzierten Umwelt begegnen zu können, müssen Unternehmen ebenfalls ein gewisses Maß an systemeigener Komplexität erzeugen. Da Systembildung immer selektiv erfolgt und sich durch eine kontingente Auswahl von Ereignismöglichkeiten konstituiert, ist die eigene Systemkomplexität auch immer geringer als die Komplexität der durch das System konstituierten Systemumwelt. Die Umwelt enthält aus der Sicht des Systems immer mehr Ereignismöglichkeiten, als jemals im System abgebildet werden könnten[136].

Die Komplexitätsreduktion, und damit der Aufbau von Eigenkomplexität, erfolgt zunächst durch eine interne funktionale Differenzierung. Daraus resultiert, dass eine Organisation auch ihre internen differenzierten Subsysteme aufeinander abstimmen und die Systemerhaltung sicherstellen muss, um auf ihre äußeren Umwelten adäquat reagieren und letztendlich ihre Ziele erreichen zu können. Wenn ein Organisationssystem in einer relativ einfach strukturierten, gut überschaubaren und stabilen Umwelt existiert, ist es in der Lage, entsprechend wenig komplexe eigene Strukturen herauszubilden. Es kann sich eine eindeutige Hierarchie, klare Kompetenzabgrenzungen und den Verzicht auf permanentes Infragestellen der gegeben Strukturen leisten. Dies gilt etwa für ein Großunternehmen, das einen Markt weitgehend monopolistisch beherrscht. Anders verhält es sich bei Unternehmen, die auf einem polypolistischen Markt mit einer Vielzahl von Wettbewerbern agieren und immer wieder mit neuen abrupten Veränderungen der Kundenbedürfnisse und häufigen Technologiesprüngen konfrontiert werden[137]. Für eine solche Organisation ist seine Umwelt ein „turbulent field“[138], dessen Komplexität nur noch durch entsprechend eigene komplexe Strukturen bewältigt werden kann, u.a. professionell geschultes und selbständig agierendes Personal, dezentrale Entscheidungsstrukturen und wechselnde Projektteams[139].

Organisationen werden somit als soziale, umweltoffene[140] Systeme betrachtet, die grenzerhaltend kontinuierlichen Einwirkungen aus ihrer Umwelt unterliegen und auch selbst in diese hineinwirken[141]. Ein erfolgreiches Agieren in solchen Märkten setzt voraus, dass sowohl die internen als auch die externen Austauschprozesse mit der Umwelt aufrechterhalten und dabei gleichermaßen stabile wie auch flexible Verhältnisse aufgebaut werden. Nur so können sich diese Unternehmen die wechselnden Anforderungen der Umwelt anpassen, um die eigene Überlebensfähigkeit langfristig zu sichern und die Ziele, auch unter veränderten Bedingungen, zu erreichen. Die funktionalen Probleme einer Organisation beziehen sich auf die Bedingungen der Erhaltung und/oder der Entwicklung von Austauschprozessen mit Umweltsystemen. Diese Sichtweise sichert u.a. die Beachtung aller Austauschbeziehungen, z.B. sozialer, wirtschaftlicher oder rechtlicher Natur, die ein Unternehmen mit seinem Umfeld verbinden und die sich mit der Zeit dynamisch und unvorhersehbar verändern können. Das vorrangige Ziel ist dabei nicht die Erreichung festgesetzter Ziele, sondern in erster Linie muss eine Organisation sich den gegebenen und veränderlichen Umständen anpassen, um ihn ihnen zu überleben, d.h. das übergeordnete Ziel ist die Sicherung ihres Fortbestands, „... und dieses Bestreben kann auch dann noch anhalten, wenn die erklärten Ziele erreicht und erfüllt sind. Der Drang, fortleben zu wollen, kann gelegentlich sogar dazu führen, dass die Ziele der Organisation vernachlässigt oder deformiert werden.“[142] Um sich auf ihre Umwelt besser einstellen zu können, ist es sogar oft notwendig, Ziele zu modifizieren, bspw. wenn aufgrund der Wettbewerbssituation durch veränderte Strategien neue Märkte erschlossen werden sollen. Die

Orientierung an der Erreichung eines spezifischen Zielsystems im ökonomischen Teilsystem ist jedoch das bestimmende Merkmal, das die erwerbswirtschaftliche Unternehmung von anderen Organisationen unterscheidet. Dies hat seine Ursache zum einen in der Lage verschiedener Organisationstypen im übergeordneten Funktionssystem und zum anderen in den jeweilig zu erfüllenden primären gesellschaftlichen Funktionen sowohl der Funktions- als auch der Organisationssysteme[143].

3.2.3 Die ausdifferenzierten Subsysteme einer Organisation

Die bisherigen Ausführungen haben gezeigt, dass Organisationen als umweltoffene Systeme zum einen sowohl ihr äußeres Verhältnis zur Umwelt als auch ihr vielfältig interdependentes Verhältnis zu sich selbst so gestalten müssen, dass die Systemreproduktion gewährleistet ist. Zum anderen müssen sie als zielorientierte Systeme sowohl materielle und immaterielle Mittel bereitstellen, die von den anderen Subsystemen konsumiert werden, um einen möglichst optimalen gesamtsystemischen Output zu erzeugen. Die Kreuztabellierung dieser beiden Achsen – externe/interne und instrumentelle/konsumatorische Orientierung – ergeben die vier Subsysteme einer Organisation mit den jeweiligen funktionalen Erfordernissen (Abb. 3-4).

Diese Differenzierung ist zunächst analytisch zu verstehen. Man kann allerdings davon ausgehen, dass bei einer gewissen Größe der Organisation diese differenzierten Handlungsfelder auch empirisch zu beobachten sind. Die analytischen Dimensionen einer Organisation können dabei empirisch in unterschiedlicher Weise zusammengesetzt sein, so dass sie sich hinsichtlich ihrer Beziehung zueinander und in dem Grad ihrer Ausprägung unterscheiden können. Grundsätzlich lässt sich jedoch jede Organisation in diese vier Subsysteme mit ihren jeweiligen funktionalen Erfordernissen differenzieren.

Abbildung 3-4 Die funktional differenzierten Subsysteme einer Organisation[144]

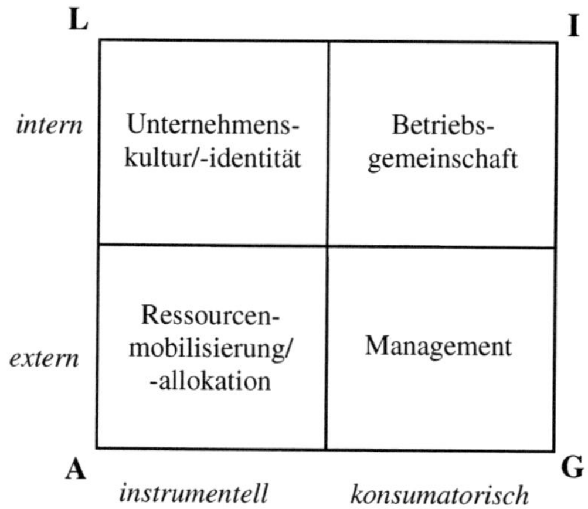

Analog zur Technik der analytischen Differenzierung des AGIL-Schemas lassen sich für die so entstandenen vier Subsysteme einer Unternehmung folgende funktionale Aufgaben formulieren:

A Die **Anpassung** (adaptation) an die externe Umwelt mit einer extern-instrumentellen Handlungsorientierung wird durch das Subsystem der **Ressourcenmobilisierung und -allokation** erfüllt, das bestimmte Mittel – wie z.B. Kapital, Personal, externe Dienstleistungen, Werkstoffe etc. – aus der Systemumwelt beschafft und bereitstellt. Diese Ressourcen werden von den anderen Subsystemen zur weiteren Leistungserbringung für den System-Output verwertet.

G Das für die **Zielverwirklichung** (goal attainment) gegenüber einer komplexen und kontingenten Umwelt zuständige Subsystem mit einer extern-konsumatorischen Handlungsorientierung ist das Feld des **Managements**, das den gesamtsystemischen Output durch Nutzung innersystemischer Leistungen organisiert.

I Die Funktion der **Integration** systemeigener Elemente mit einer intern-konsumatorischen Handlungsorientierung wird durch das Subsystem der **Betriebsgemeinschaft** bedient. In der *Sozialdimension* werden die Organisationsmitglieder in eine affektuell fundierte Gemeinschaft integriert. In der *Sachdimension* werden die unterschiedlichen Arbeitsprozesse miteinander und zu einem komplexen Gesamtablauf verbunden.

L Die **Bewahrung latenter Strukturen** (latent pattern maintenance) erfolgt durch das Subsystem der **Unternehmenskultur/-identität** und gewährt eine beständige Identität der Unternehmung trotz organisationaler Veränderungen und unterschiedlicher Zielsetzungen mit einer intern-instrumentellen Handlungsorientierung. Es erlaubt die Anpassung an neue Bedingungen durch das Zulassen von Variationsmöglichkeiten, ohne seine Grundstruktur zu verändern und stellt für das Gesamtsystem symbolische Ressourcen – wie z.B. Unternehmensphilosophie, -identität, -vision – bereit.

Hierbei wird deutlich, dass Organisationen als soziale Systeme einer Vielzahl von Erfordernissen gerecht werden müssen, unter denen die Verfolgung der gesetzten Ziele und die effiziente Mittelverwendung lediglich zwei sind[145].

Aufgrund der analytischen Konstruktion von *Parsons'* Theorieprogramm lassen sich elementare gesellschaftliche Belange auf organisationale Erfordernisse übertragen: Maßgebliche organisationale Regelungen müssen nicht nur an Nutzenkalkulationen und Präferenzen der Akteure anschließen, sondern überdies mit Hilfe von Macht realisiert und bewahrt werden, um Rahmenbedingungen und eine gewisse Ordnung des Handelns gewährleisten zu können. Solche grundlegenden Normen müssen darüber hinaus als kollektive Tradition in der Betriebsgemeinschaft auf einer affektiven Basis konsolidiert und in eine gewisse Selbstverständlichkeit überführt sein, um eine gleich bleibende Verbindlichkeit gegenüber situationalen Modifikationen zu schaffen. Die konstitutiven normativen Regelungen müssen überdies hinsichtlich ihrer Konsistenz mit den fundamentalen Ideen der Organisation examiniert und argumentativ gerechtfertigt werden, denn hierdurch kann eine Organisation trotz der Vielfältigkeit und der organisationalen Veränderungen der Sinn-Spezifikationen ihre gleich bleibende Identität bewahren. Das bedeutet, dass die Akteure sich notwendigerweise an den Handlungsprinzipien der jeweiligen Subsysteme orientieren müssen, wenn der Bestand und Erfolg des Unternehmens nicht gefährdet werden soll. So würde eine Organisation ihre Anpassungsfunktion und Effizienz des wirtschaftlichen Agierens verlieren, wenn sie die Mittel nicht effizient mobilisiert und verteilt. Die effektive Verfolgung spezifischer Ziele eines Unternehmens im Kontext des gesamten Marktes ist in starkem Maße abhängig von der Spezifikation als auch der internen und externen Durchsetzung dieser Zielsetzungen. Produzierte Güter und Dienstleistungen sind generell das Ergebnis *kollektiv* organisierter Prozesse und nicht das Werk eines Einzelnen. Es müssen daher stets leitende und koordinierende Funktionen wahrgenommen werden, die den systemischen Output über die Vielfalt der sozialen Beziehungen mit Konsumenten, Lieferanten, Arbeitern etc. organisieren[146]. Überdies wäre ohne integrativer Leistungen in der Sachdimension kein aufeinander abgestimmter Gesamtprozess denkbar, so dass dieser in unkoordinierte einzelne Arbeitsabläufe zerfallen würde. Eine Desintegration in der Sozialdimension würde den Zusammenhalt innerhalb des Unternehmens riskieren und „chaotischen Tendenzen" aussetzen. Die Herausbildung einer übergreifenden, aber individuellen Unternehmensidentität und -kultur grenzt die Organisation von ihrer externen Umwelt und anderen Organisationen ab und verhindert eine Substituierung mit diesen durch eine eigene, wieder erkennbare Identität, was insbesondere im Dienstleistungssektor – aufgrund der Austauschbarkeit der Produkte und Dienstleistungen – und im globalen Wettbewerb unabdingbar ist. Durch die zusätzliche Entwicklung von Leitbildern und Visionen wird den Mitarbeitern ein Identifikationspotential sowie eine spezifische Sinnorientierung eröffnet, über die sie gegenüber der Unternehmung eine motivationale Verbindlichkeit erfahren.

An dieser Stelle sei nochmals erwähnt, dass eine umfassende Organisationsanalyse a priori auf die oben beschriebenen Handlungsdimensionen nicht verzichten kann, denn Organisationen lassen sich in ihrer Gesamtheit nicht ausschließlich durch Effizienz- und Effektivitätsaspekte beschreiben, wie dies z.B. in ökonomischen Verhaltensmodellen der Fall ist[147]. Aus der Perspektive des theoretischen Bezugsrahmens von *Parsons* lässt sich vielmehr zeigen, dass diese Faktoren nur einen Teil eines multidimensionalen Phänomens darstellen[148]. Dieses ergibt sich aus der Synthese der oben differenzierten Handlungsbereiche und -prinzipien, so dass innerhalb einer Organisation ein „strukturelles Spannungsverhältnis"[149] gebildet wird, dessen spezifischer Gestalt und Anordnung es obliegt, die daraus entstehenden zusammenwirkenden Kräfte in Hinsicht auf ein unternehmensübergreifendes Qualitätsmanagement zu nutzen.

3.3 Umfassendes Qualitätsmanagement im AGIL-Schema

3.3.1 Einbindung der organisationalen Subsysteme

An dieser Stelle wird es notwendig, das Konzept des TQM in die Logik des AGIL-Schemas einzubinden und dessen grundlegenden Annahmen in Bezug auf TQM zu spezifizieren. Um ein umfassendes Qualitätsmanagement einführen und sicherstellen zu können, kann Qualität nicht ausschließlich auf die Optimierung von Zeiten und Kosten reduziert werden, sondern bedarf einer ganzheitlichen Betrachtungsweise von Unternehmen, in der neben den „harten" auch die „weichen" Faktoren berücksichtigt werden[150]. Die Organisation wird hier als ein sich selbst erhaltendes System gesehen, das einerseits beständig diversen inneren Anforderungen entsprechen und gleichzeitig mit den von außen kommenden Einwirkungen umgehen muss. Jede Organisation muss demnach Strukturen entwickeln, die es ihr ermöglichen, sich an komplexe und veränderliche Umweltbedingungen anzupassen, und sie muss die Ressourcen mobilisieren, die erforderlich sind, um sie auf Dauer funktionsfähig zu erhalten.

Im Qualitätsmanagement bedeutet dies u.a. eine konsequente Ausrichtung an die sich ständig ändernden Kundenwünsche und die Bedürfnisse anderer Stakeholder, um im relevanten Markt bestehen und sich gegen den Wettbewerb durch eine offensive Qualitätsstrategie behaupten zu können[151]. Um auf die globale Ausweitung der Absatzmärkte und den Konkurrenzdruck reagieren zu können, sind Unternehmen auf diese Anpassungsleistung in hohem Maße angewiesen. Die zu mobilisierenden Mittel umfassen nicht nur Informationen über die Kundenanforderungen, sondern u.a. materielle Ressourcen, die zwecks innersystemischer Weiterverarbeitung zur Leistungserstellung bereitgestellt werden müssen, oder auch qualifiziertes, serviceorientiertes Personal, das den Anforderungen entspricht und in die Unternehmenskultur der Organisation passt. Des Weiteren müssen kollektiv verbindliche Ziele gesetzt und anschließend implementiert werden. Im Rahmen der Qualitätspolitik werden dazu vis-à-vis der externen Umwelt bestimmte Qualitätsstrategien formuliert, die in ein Zielsystem und die dazu notwendigen Maßnahmen spezifiziert werden[152]. Die Unternehmensführung, und somit das Managementsystem, hat hierbei nicht nur die Aufgabe, Qualitätsvorgaben zu setzen, sondern muss diese auch durchsetzen, in ihrer Ausführung kontrollieren und den gesamtsystemischen Output koordinieren, um das Ziel, eine möglichst hohe Kundenzufriedenheit und somit durch Erhöhung der Marktanteile Umsatz und Gewinn zu generieren, erreichen zu können. Die Unternehmung ist eine auf Dauer angelegte soziale Organisation und muss daher die einzelnen Mitglieder ihrer Belegschaft zur Loyalität verpflichten und Kooperation anhalten, da unkoordiniertes Verhalten der Einzelpersonen oder -gruppen zu suboptimalen Ergebnissen führt. Damit eine unternehmensweite Qualitätsorientierung langfristig verankert werden kann, ist eine Unternehmung auf die Beiträge der einzelnen Mitarbeiter angewiesen. Da TQM auf der Einbeziehung sämtlicher Mitarbeiter eines Unternehmens basiert, muss die gegenseitige Anpassung der innersystemischen Einheiten derart integriert werden, dass sie unter dem Aspekt ihrer einzelnen Beiträge zum effektiven Funktionieren des Systems als Ganzem beitragen[153]. Die systematische Orientierung am Kundennutzen innerhalb des TQM wird auf die innerbetrieblichen Kooperations- und Arbeitszusammenhänge übertragen, so dass sich aus der Vielzahl der internen Kunden-Lieferanten-Beziehungen ein integriertes „Ganzes" ergibt, dessen einzelne Elemente voneinander abhängig sind und in vielfältigen Wechselbeziehungen zueinander stehen[154]. Dies schließt nicht nur die Mitarbeiter, verschiedene Abteilungen oder Arbeitsgruppen ein, sondern zudem müssen die verschiedenen Aktivitäten und Arbeitsabläufe ihrer Segmente koordiniert werden: So kann ein optimaler Qualitätsoutput für den Kunden nur dann sichergestellt werden, wenn z.B. der Vertrieb und die Betreuer „vor Ort" von den zentralen Produkt- und Abwicklungsbereichen durch die indirekten Funktionen unterstützt werden[155], so dass einzelne Prozessteile in ihrem Gesamtablauf über alle beteiligten Bereiche hinweg zu einer ganzheitlichen Kundenorientierung im gesamten Prozess führen.

Zur Sicherstellung eines „ganzheitliche[n] Wirtschaftens", werden die Qualitätsbeziehungen im TQM um die internen Kunden-Lieferanten-Beziehungen erweitert, so dass jede interne Stelle oder Abteilung zugleich als Kunde und Lieferant betrachtet wird; der einzelne Aufgabenträger ist im Prozessablauf auch immer zugleich Kunde des vorgelagerten und Lieferant des nachgelagerten Aufgabenträgers. Erst durch die Integration der einzelnen Komponenten und ihre Kooperation kann ein einheitlicher, qualitätsorientierter Leistungserstellungsprozess ohne Schnittstellen erzeugt werden, der den Kundenanforderungen genügt[156]. Die konsequente Kundenorientierung im TQM bedeutet die Überwindung funktionsorientierter Organisationsstrukturen durch prozessorientierte Reorganisation, die nicht

an den Grenzen traditioneller Organisationsstrukturen (Abteilungen, Unternehmen etc.) Halt macht. Objekte der Unternehmens- und Arbeitsorganisation werden nicht als einzelne betriebliche oder abteilungsbezogene Arbeitsabläufe betrachtet, sondern bilden komplette Leistungserstellungsprozesse aus Kundensicht. Die integrative und ganzheitliche Perspektive von Prozessabläufen verfolgt das Ziel, dieses Flusssystem nach gegebenen Zielvorstellungen zu optimieren, geht über einen einzelbetrieblichen Bereich hinaus und erfordert den Einbezug aller prozessrelevanten Parameter, so z.B. Personal, Material, Produktionsanlagen, Information und aller Randbedingungen, die den Prozess entgegen der Zielrichtung beeinträchtigen können[157]. Da Prozesse oftmals abteilungsübergreifend sind, müssen sie ganzheitlich und umfassend betrachtet werden; das Fehlen einzelner Segmente würde die Abfolge des Gesamtablaufs und somit auch die Prozessqualität (und letztendlich die Kundenzufriedenheit) erheblich verschlechtern[158].
TQM muss außerdem fester Bestandteil der Unternehmenskultur sein, um langfristig eine nach außen und innen kommunizierte, konsistente Identität sicherzustellen, an der sich nicht nur die externen Kunden, sondern auch die Betriebsgemeinschaft orientieren. Dazu müssen Mechanismen zur Bewältigung von Latenzproblemen und zur Beförderung des Konsenses über die Werte geschaffen werden, die den Output und die Systemziele definieren und legitimieren. Die Unternehmenskultur liefert Schemata, mittels derer das unternehmerische Geschehen einen Sinn erhält, und durch diese erst ermöglicht wird, sich „sinnvoll" in konkreten Situationen zu orientieren und Selektionen zu treffen[159]. Die in der Unternehmenskultur verankerten Leitbilder, Visionen etc. tragen in entscheidendem Maße dazu bei, die gesamte Unternehmung dem Qualitätsmanagement und der Kundenorientierung zu verschreiben und den Mitarbeitern die Antwort auf die Frage „*Warum* sollen wir es tun?" zu geben[160].

Ebenso muss ein im Unternehmen umgesetztes TQM-Konzept nach außen kommuniziert werden, soll eine umfassende Qualitätsorientierung und Kundenausrichtung von der anvisierten Zielgruppe als solche und als signifikantes Unterscheidungsmerkmal von anderen Unternehmen erkannt werden. Die externen Kunden einer Organisation orientieren sich stark an der nach außen getragenen Unternehmensidentität, von der in maßgeblicher Weise der Kaufentscheid abhängig ist.

Ein konsistentes Erscheinungsbild drückt den Sinn der Organisation aus, begründet, warum sie überhaupt besteht und kommuniziert damit den Nutzen für Kunden, Markt und Gesellschaft.[161]

3.3.2 Soziallogiken, Strukturprinzipien und analytische Gesetzmäßigkeiten

Die vier differenzierten Dimensionen einer Unternehmung sind entsprechenden analytischen Gesetzmäßigkeiten unterworfen. Zu jedem System lassen sich allgemeine Handlungsprinzipien formulieren, die innerhalb des Systems als Primär-Codes verankert sind und als eine „spezielle Soziallogik der Akteure"[162] wirken. Diese Soziallogiken bestimmen den Charakter einer jeweilig dazugehörigen sozialen Rationalität des Handelns eines jeden Subsystems und stehen mit spezifischen Strukturprinzipien in Verbindung, nach denen die wechselseitigen Austauschbeziehungen der Akteure zueinander festgesetzt sind (Abb. 3-5):

A Das Subsystem der Ressourcenmobilisierung und -allokation wird durch das **Nutzenprinzip** in ein *instrumentelles* Handlungsfeld[163] geleitet. Die *effiziente* Wahl der Mittel zur Zielerreichung steht hierbei im Vordergrund und gehorcht einer *ökonomischen Rationalität*, wobei der Handlungserfolg unter dem Aspekt der Wirtschaftlichkeit betrachtet wird. Die Identifizierung und der Einsatz der Mittel zur Erreichung der hierarchisierten Ziele einer Unternehmung werden unter der Ertrags-/Aufwandsrelation abgeglichen, um einen optimalen Nutzen zu bewirken. Demnach ist das Strukturprinzip **kompetitiv** und **nach außen offen**, damit möglichst viele potentielle Ressourcen einbezogen und unter dem Effizienzkriterium gegeneinander abgewogen werden. Um ihre Anpassungsleistung nicht zu verlieren, ist eine Organisation in maßgeblicher Weise davon abhängig, ihre Umwelt im Hinblick auf geeignete Ressourcen „abzuscannen", um im Markt nicht nur weiterhin zu bestehen, sondern sich gegen den zunehmenden Wettbewerb („Verdrängungsmarkt") durch optimale Kundenorientierung durchzusetzen, so dass eine Unternehmung Strukturen entwickeln muss, die es ihr ermöglichen, sich laufend an diese Bedingungen durch eine effiziente Ressourcenmobilisierung anzupassen. Je mehr in dem A-System das **analytische Gesetz der Beschleunigung** wirksam wird, umso mehr wird eine Öffnung gegenüber der Umwelt und eine hochgradige Anpassung an externe, sich situativ ändernde Umstände und Bedingungen erzielt.

Zu den relevanten Ressourcen im TQM zählen vor allem Informationen über Kundenanforderungen, die stets erhoben und erfüllt werden müssen, um ihnen gerecht werden zu können. Durch ein vielfältiges Angebot am Markt konfrontiert, steigen die Anforderungen der Abnehmer und wechseln laufend, so dass der Kunde zu einem „bewegten Ziel“ wird, das durch eine hohe Anpassungsgeschwindigkeit „getroffen“ werden muss[164]. Des Weiteren ermöglichen Konkurrenzbeobachtungen und die Auswahl geeigneter Lieferanten nicht nur Wissensvorteile, sondern vor allem auch gegenüber den Wettbewerbern Zeit- und Kostenvorsprünge. Konkrete Ansatzpunkte für strategische und qualitätsorientierte Stoßrichtungen geben demnach u.a. detaillierte Erkenntnisse über die kaufentscheidenden Qualitätskriterien und ihre Erfüllung im Vergleich zum Wettbewerb. Als bestimmendes Merkmal für ein erfolgreiches Qualitätsmanagement wird die Qualifikation der Mitarbeiter genannt, die in entscheidendem Maße dazu beitragen, die Ziele der Unternehmung dauerhaft umzusetzen[165]. Das A-System stellt u.a. diese Humanressourcen in der richtigen Qualifikation zur richtigen Zeit bereit, die von den anderen Subsystemen im Hinblick auf die Zielerreichung in den Leistungserstellungsprozessen genutzt werden.

G Das Managementsystem ist durch das **Effektivitätsprinzip** gekennzeichnet, da hier die Frage nach geeigneten Mitteln nachrangig ist und die Orientierung primär an der Zielverwirklichung („ggf. einerlei mit welchen Mitteln“[166]) ausgerichtet ist. Dieses *strategische* Handlungsfeld[167] ist für die tatsächliche Durchsetzung der Ziele mittels einer *politische Rationalität* zuständig. Dazu wird ein gewisses Ausmaß an Macht erforderlich, um Widerständen (hauptsächlich denen anderer sozialer Akteure) begegnen und die Ziele de facto durchsetzen zu können. Das Strukturprinzip ist **hierarchisch** und **nach außen geschlossen**: Ein strikt eingehaltener Top-Down-Befehlsweg wäre optimal, um Entscheidungen möglichst effektiv und schnell durchsetzen zu können, so dass Anweisungen unhinterfragt auf jeder Stufe befolgt würden. Die Leistungsfähigkeit von Unternehmen mit stark hierarchischen Strukturen ist jedoch nach Auffassung von *Braun* äußerst begrenzt, da sie einer strukturbedingten Starrheit und Trägheit unterliegen[168]. Dieser Machtanspruch kann sich aber nur auf einen nach außen geschlossenen Akteurkreis beziehen, da er innerhalb der externen Umwelt diese Geltung nicht beanspruchen kann. Weiterhin befände sich durch die Ausweitung des Akteurkreises die Stabilität der Hierarchie in Gefahr, da diese womöglich durch einfordernde Machtansprüche neu gestaltet und durch neue Akteure umgestaltet würde. Im G-System steht die Zielerreichung im Vordergrund, und je mehr es durch das hier geltende **analytische Gesetz der Spezifikation** durchdrungen wird, umso mehr werden fixe Ziele zur *effektiven* Durchsetzung spezifiziert und realisiert.

Abbildung 3-5 Die Organisation als soziales System[169]

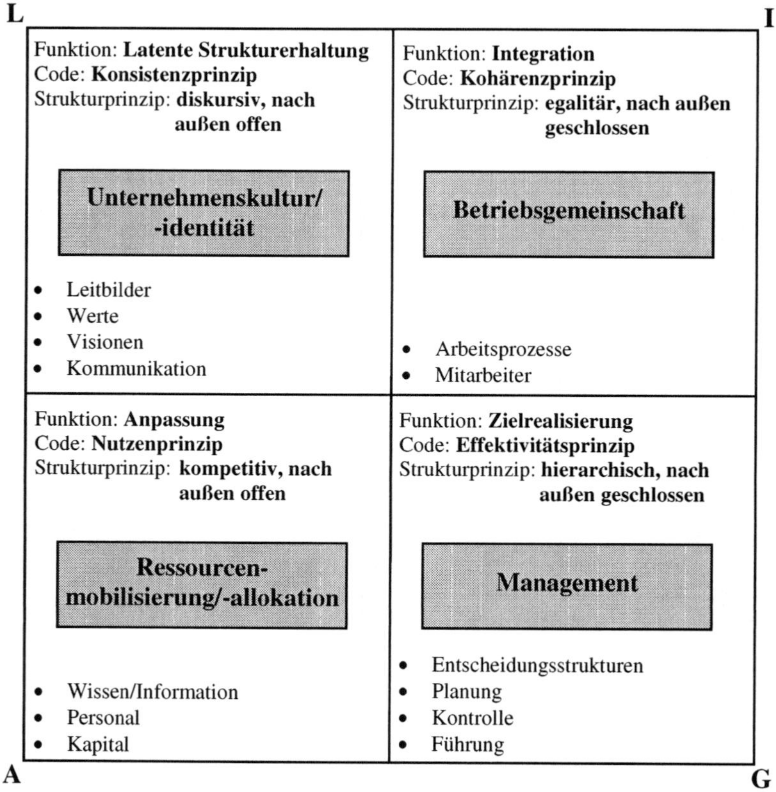

Der Hierarchieproblematik wird in der modernen Organisationsgestaltung eine Schlüsselposition zugesprochen, in der sich der Leitsatz einer Abflachung von Hierarchien zur Flexibilisierung und Beschleunigung von Austauschbeziehungen herauskristallisiert. Zuweilen wird sogar an der Notwendigkeit der Hierarchie überhaupt gezweifelt und der Übergang zu anderen Strukturformen propagiert. Hierbei wird jedoch übersehen, dass absolute Hierarchiefreiheit zwangsweise zu einem unproduktiven Anstieg der Zahl an Abstimmungsprozessen führt, die eine fast unlösbare Bewältigung der Eigenkomplexität und der Entscheidungs- und Durchsetzungsstärke von Unternehmen zur Folge haben[170]. Dehierarchisierung kann unter bestimmten Bedingungen strukturelle Probleme lösen, jedoch kann keine Organisation auf Hierarchien verzichten, da die Führbarkeit von Unternehmen und deren Teilen nicht aufrechterhalten werden kann. Koordination, als Planung, Führung und Gestaltung von Vorgängen und Arbeitsabläufen etc., ist überall dort erforderlich, wo hochdifferenzierte Organisationen, wie etwa moderne Wirtschaftsunternehmen, existieren, die im Ganzen ebenso wie in ihren Teilen beweglich bleiben sollen, um zu einer ganzheitlichen Verwirklichung der angestrebten Ziele zu kommen[171]. Die Implementierung des TQM ist maßgeblich von der strategischen Entscheidung eines Unternehmens abhängig[172]; Auslöser dieses Veränderungsprozesses können verschiedene Quellen sein, z.B. ein erkannter Veränderungsbedarf aus Marktbeobachtungen oder veränderten Kundenanforderungen oder der Rat eines externen Beraters. Der tatsächliche Entschluss zum unternehmensweiten Qualitätsmanagement wird jedoch vom Management getroffen, das diesen mit Hilfe von Macht durchsetzen muss. Um die Umsetzung strategischer, langfristiger und grundsätzlicher „Korridore" sicherzustellen, müssen diese in operationale Ziele, die für bestimmte Bezugsgruppen gelten, abgeleitet und in konkrete Maßnahmen spezifiziert werden[173].

I Das Gemeinschaftssystem wird durch das **Kohärenzprinzip** charakterisiert, das die verschiedenen Akteure als 'Gleichgestellte' in ein miteinander affektuell verklammertes Kollektiv integriert und Handlungen an einem umfassenden Gefüge orientiert. In der *Sozialdimension* ist die Handlungsorientierung an einer *prosozialen Rationalität* ausgerichtet, d.h. an der konformen Befolgung der entsprechenden Gruppennorm als Ausdruck eines kollektiven Zusammengehörigkeitsgefühls und einer Abgrenzung gegenüber anderen Gruppen und Gemeinschaften. In der *Sachdimension* macht sich dies analog in der Anpassung der verschiedenen Einzelarbeitsabläufe an den umfassenden Gesamtprozess bemerkbar. Dadurch ergibt sich das Strukturprinzip **egalitär** und **nach außen geschlossen**. Das I-System ist durch das **analytische Gesetz der Beharrung** gekennzeichnet, und je mehr dieses wirksam wird, umso mehr wird – auf der Sozialdimension – die affektuell miteinander verbundene Gemeinschaft und – auf der Sachdimension – der komplexe, aufeinander abgestimmte Arbeitsprozess institutionalisiert und in eine organisatorische, weitgehend unhinterfragte Selbstverständlichkeit, „kollektive Tradition"[174] und Routine überführt, die dann der Tendenz einer sozialen Erstarrung unterliegt. Der Erfolg des Handelns wird in der Sozialdimension von der Intensität des sozialen Konsens, der zwischen den Akteuren erzeugt wird, bestimmt, und in der Sachdimension bemisst sich dieser Erfolg nach dem Ausmaß der reibungslosen Integration verschiedener Arbeitsprozesse in den umgreifenden Produktions- bzw. Dienstleistungsprozess. So weist *Braun* darauf hin, dass die über eine tayloristische, stark differenzierte Funktionsgliederung verflochtenen Geschäftsprozesse zwar unter starren Umweltbedingungen die Prozesseinheit gewährleisten, doch unter turbulenten Marktanforderungen sei eine derartige Anordnung kaum bzw. nur mit hohem Aufwand möglich, da bei steigender Komplexität und wachsendem Veränderungsdruck der Märkte die Abstimmungs- und Synchronisationsprozesse an den Schnittstellen zum Flexibilitätsverlust und zu überproportional steigenden Kosten führten, so dass der Gesamtzusammenhang der übergeordneten Abläufe verloren ginge[175].

Eine wichtige Voraussetzung für kundengerechte Lösungen bildet die Prozessqualität, deren Schnittstellen im TQM zwischen den einzelnen Arbeitsabläufen minimiert werden sollen. Dazu müssen nicht nur die verschiedenen Prozessteile in einen „Customer Focused Process" integriert werden. Der Erfolg ist zudem von der Einbindung und Akzeptanz der Mitarbeiter auf allen Ebenen abhängig[176]. Ferner führt eine zunehmende Dezentralisierung in den Organisationsstrukturen zu einer quantitativen und qualitativen Aufgabenverschiebung, so dass vermehrt auf das Mitdenken und Mithandeln der Mitarbeiter im Sinne der Optimierung des gesamten Leistungserstellungsablaufs gesetzt werden muss[177]. Damit erweist sich auf Dauer ausgerichtete Teamarbeit als zentrales arbeitsorganisatorisches Gestaltungsprinzip innerhalb des TQM, da sich Kooperations- und Schnittstellenprobleme reduzieren und Vorgesetztenkontrolle durch persönliche Verpflichtung ersetzt wird[178]. Die einzelnen Prozesssegmente eines Gesamtablaufs sind egalitär gegliedert, so dass sachlich zusammengehörende Aktivitäten zu komplexen Prozessen verbunden werden, die einer gewissen Routinisierung bedürfen, um eine kontinuierlich gleich bleibende Qualität gewähren zu können.

L Das kulturell/kommunikative System wird durch das **Konsistenzprinzip** bestimmt, und der Handlungserfolg leitet sich aus dem erreichten Ausmaß der Konsistenz mit den konstitutiven Unternehmensideen, -werten und -leitbildern ab. Der Akteur ist hier primär daran interessiert, sich diesen Leitsymbolen generell zu verpflichten und im Sinne dieser zu handeln, so dass die Unternehmensidentität nicht gefährdet wird, wenngleich unterschiedliche Präzisierungen hinsichtlich interner Wandlungen und organisatorischer Veränderungen vorgenommen werden. Das Handeln ist auf Interpretation und symbolische Verständigung ausgerichtet[179], so dass diesem System die menschliche Kommunikation zugeordnet wird[180]. Zwar kommt keines der funktionalen Subsysteme ohne Kommunikation aus, doch wird sie primär dem L-System zugeordnet, da Sprache ein symbolisches System und grundlegender Bestandteil menschlicher Kultur ist. Dieses Subsystem folgt einer *diskursiven Rationalität*, wobei über den jeweiligen Sinn und die Bedeutung von Symbolen eine verständigungsorientierte intersubjektive Kommunikation gesucht wird. Diese Verständigungsprozesse orientieren sich an kulturellen Ideen, die durch Symbolsysteme konkretisiert und auf ihre Integrität mit allgemeinen Ideen examiniert werden. *Aretz* nennt hier das Beispiel von konkreten Handlungsstrategien und operativen Zielformulierungen des Managements, die diskursiv daraufhin überprüft werden, ob „sie mit den Leitbildern, generellen Zielen und Visionen des Unternehmens übereinstimmen [...]. Je mehr Inkonsistenzen hier auftreten, umso größer ist die Gefahr, dass ein Unternehmen sich in seinen kurzfristigen Alltagsgeschäften verliert und sich dabei von dem entfernt, was eigentlich als langfristige Zielsetzung formuliert war."[181] *Moldaschl* bezeichnet die vom Management verkündeten Ziele und Strategien, die in Widerspruch zu den propagierten Unternehmensideen stehen, als „Potemkinsche Qualitätsdörfer", die von den Mitarbeitern durchaus als solche erkannt werden und somit das gesamte Reorganisationsvorhaben im Unternehmen gefährden[182]. Das Strukturprinzip des L-Systems ist demnach **diskursiv** und **nach außen offen**, so dass Hierarchien außen vor gelassen werden und sich jeder, unabhängig von seinem Status und seiner Machtposition innerhalb des Unternehmens, an der argumentativen Auseinandersetzung beteiligen kann. Hierdurch wird sichergestellt, dass z.B. die o.g. Handlungsstrategien und Zielformulierungen kritisch beleuchtet, auf ihre Integrität hin überprüft und einem „harten Selektionsprozeß unterworfen werden."[183] *Nagel* weist darauf hin, dass strategische Planungen als Grundlage für spezifische Zielsetzungen auf der unternehmerischen Vision beruhen müssen, um die Mitarbeiter zunächst auf der affektuellen Ebene für die Durchsetzung der konkreten Maßnahmen zu verpflichten. Zentrale Faktoren seien dabei qualitätsfördernde Werte, Symbole und Rituale der Unternehmenskultur und die Kommunikation mit der Belegschaft, die eine Akzeptanz der Ideen sicherstelle und nur so eine dauerhafte operative Umsetzung im Alltagsgeschäft gewährleiste[184].

Ganzheitliches Qualitätsmanagement, und somit auch Kundenorientierung, müssen in der Unternehmenskultur verankert sein, da sich diese Verhaltensweisen, sollen sie dauerhafte Leitideen des Handelns werden, nicht mit Hilfe von Macht durchsetzen lassen, sondern eine freiwillige Verpflichtung der Akteure darstellen. Die Verankerung der Kundenorientierung im Unternehmens-Leitbild ist deshalb von so großer Bedeutung, weil durch entsprechend formulierte Leitsätze „... eine Meßlatte für richtiges oder falsches Verhalten im Unternehmen geschaffen wird."[185]

Das L-System ist weiterhin der **analytischen Gesetzmäßigkeit der Generalisierung** unterworfen, und je mehr dieses wirksam wird, desto mehr „werden die Identität und Kultur eines Unternehmens auf einem abstrakten Niveau als Leitsymbole des Handelns formuliert"[186]. Bei der Einführung von TQM ist demnach nicht nur auf der Ebene von Strategien und Struktur anzusetzen, sondern der Veränderungsprozess muss zudem auf eine Vision und Leitbilder ausgerichtet sein, die der Unternehmung eine dauerhafte Identität und Sinngebung verleihen. Qualitätsbewusstes Handeln und Engagement lassen sich, sollen sie langfristig wirksam sein, nicht durch das Management-System verordnen, da dieses einem anderen Strukturprinzip gehorcht. Durch organisationstechnische Rahmenbedingungen kann erwünschtes Verhalten zwar unterstützt werden (z.B. durch Prämienlöhne oder nichtmonetäre Vergütungsanteile), soll es aber tatsächlich Bestandteil des täglichen Handelns werden, muss es den Überzeugungen und Interessen der Handelnden entspringen[187]. Unternehmenskultur darf nicht in einem rein instrumentalistischen Sinne[188] verstanden werden, da es sich hierbei nicht um die bloße „Ausweitung der managerialen Kontrolle" handelt oder um ein reines Kontroll- und Steuerungsinstrument der Unternehmensleitung, so dass die Organisationskultur auch nicht ohne weiteres zu einer gewünschten Soll-Kultur umgestaltet werden kann, die sich an der Strategie des Unternehmens richtet: „Sofern Manager argumentativ bestimmte strategische Maßnahmen im Lichte der Leitideen, Visionen und Werte eines Unternehmens begründen, sind sie der Logik des Diskurses unterworfen und nicht einer instrumentell/strategischen Rationalität."[189]

Hierbei handelt es sich – wie bei allen anderen Handlungssystemen auf den verschiedenen Analyseebenen – um den *analytischen* Aufbau des Systems der Unternehmung mit seinen Subsystemen als einem theoretischen Modell. Davon ist generell die Gestalt eines *konkreten* Organisationssystems zu unterscheiden, die nur empirisch feststellbar ist. In einem empirischen Organisationssystem können bestimmte Komponenten völlig fehlen und/ oder andere vorherrschen. Diese Differenzierung von „analytischer Konstruktion und konkreter Realität"[190] gilt für alle hier dargelegten Modelle auf Basis des AGIL-Schemas. Obwohl die einzelnen Subsysteme in vielfacher Hinsicht miteinander verklammert sind und nicht getrennt voneinander existieren, folgt jedes seiner eigenen „sozialen Logik" nach den oben beschriebenen Prinzipien und Gesetzmäßigkeiten, die nicht untereinander substituierbar sind[191]. Zwischen den Subsystemen lassen sich prinzipiell folgende mögliche Beziehungen unterscheiden: „Die Dominanz eines oder einiger Systeme über die anderen, ihre gegenseitige Separation, ihr ungeregelter Konflikt und ihre Interpenetration."[192] In welcher Art von Beziehung die Systeme untereinander und mit ihrer Umwelt nun in einem faktisch gegebenen Handlungssystem stehen, lässt sich nur empirisch und keinesfalls aus der Theoriekonstruktion allein heraus bestimmen[193].

3.3.3 Die Kybernetische Bedingungs-Steuerungs-Hierarchie

Jedes der vier Funktionserfordernisse muss zur erfolgreichen Systemreproduktion erfüllt sein und ein kooperatives Spannungsverhältnis miteinander bilden. Dies impliziert die Bedingung, dass das Verhältnis der Subsysteme zueinander ausbalanciert sein muss. Die Gesamtheit organisationaler Vorgänge ist somit auf die vier funktionalen Erfordernisse verteilt –

allerdings immer unter Berücksichtigung der subsystemspezifischen Primärcodes und Gesetzmäßigkeiten, die sich nicht aufeinander übertragen lassen –, so dass es zu keiner Vernachlässigung eines Erfordernisses zugunsten einer extremen Hinwendung zu einem anderen kommt. Eine Unternehmung, die z.B. bedingungslos ihre gesetzten Ziele zu erreichen versucht, kann zwar effektiv sein und hohe Umsätze erzielen, jedoch schmälert die Nichtbeachtung einer effizienten Ressourcenmobilisierung und -allokation in hohem Maße die Gewinne zum Nachteil der Rentabilität und verfehlt dadurch die optimale Anpassung an ihre externe Umwelt. Das AGIL-Schema enthält somit nicht nur ein analytisches Muster organisationaler Erfordernisse, sondern ebenso eine abstrakte Leitvorstellung über ein ausbalanciertes Verhältnis der Subsysteme zueinander, das *Münch* als „the highest degree of fulfillment of the individual functions without the subsystems breaking apart“[194] charakterisiert. Die Organisation bildet damit eine Einheit kontinuierlichen Austauschs von Leistungen, so dass die Gesamtheit des Systems, wie auch die einzelnen Teilsysteme, nur in diesem fortdauernd füreinander erbrachten Austausch existieren. Die ausbalancierte Relation zwischen den Teilsystemen wird durch zwei integrative Mechanismen erreicht: Horizontal vermitteln die *double interchanges*[195] zwischen den analytischen Subsystemen, vertikal geschieht dies durch die *kybernetische Bedingungs-Steuerungs-Hierarchie.*[196]

Abbildung 3-6 Die kybernetische Kontrollhierarchie der Subsysteme einer Organisation[197]

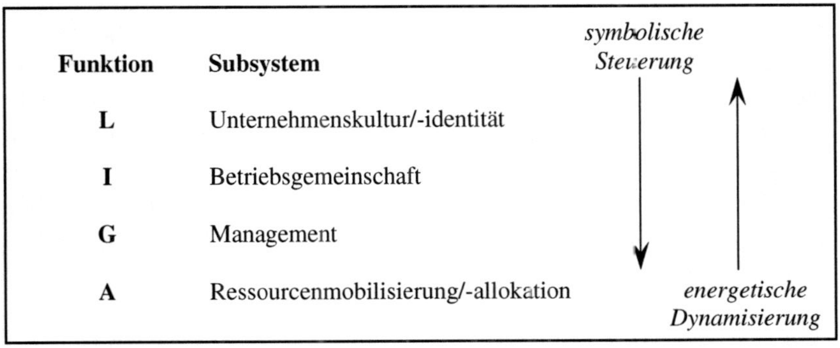

In der kybernetischen Bedingungs-Steuerungs-Hierarchie wird das Verhältnis der vier Subsysteme durch zwei gegenläufige Vorgänge bestimmt:

Von A über G nach I und L wirken „energetische Dynamisierungsprozesse" und von L über I nach G und A „symbolische Steuerungsprozesse"[198] (Abb. 3-6). Beide Abläufe nehmen in der jeweiligen Rangfolge ab, so dass dem L-System der niedrigste Zufluss an Energie und dem A-System die geringste symbolische Steuerung zuteil wird. Durch diesen Tauschprozess wird eine Organisation zu einem System der wechselseitigen Anregung und Begrenzung. Die konditionell-energetische Hierarchie und die informationell-kybernetische Hierarchie stehen zueinander in Wechselwirkung und haben entgegengesetzte Wirkungsrichtungen. Die Systeme mit einem hohen Informationsgrad steuern diejenigen Systeme, die einen niedrigen Informationsgrad, aber ein hohes Maß an Energie aufweisen. Umgekehrt bilden Systeme mit hoher Energie, aber niedrigem Informationsgrad die Konditionen für das Aktivieren und Realisieren informationeller Zweck- und Bestandsfunktionen[199].

Bezieht man diese hierarchische Steuerungshierarchie auf Aspekte des TQM, so würde – ausgehend vom L-System (L→I→G→A) – die bloße Formulierung eines unternehmensübergreifenden Qualitätsmanagement-Gedankens noch nichts bewirken. Zwar wird im L-System über Visionen und Leitbilder der Bereich des Möglichen und Machbaren, der grobe Rahmen des unternehmerischen Handelns skizziert, dieser benötigt jedoch konkrete Handlungen, also energetische Anreicherungen, um überhaupt umgesetzt werden zu können. Zudem sind die Symbolgehalte in den Visionen, Leitbildern und Werten des Unternehmens derart generalisiert, dass sie vielfältige Interpretationen und somit verschiedene Handlungsmöglichkeiten gewähren. Folglich müssen diese Ideen in der Betriebsgemeinschaft institutionalisiert und verbindlich spezifiziert werden, d.h. von den Mitarbeitern in ihrem Denken und in ihren Handlungen aufgenommen werden, ganz so wie es TQM fordert, nämlich über alle Hierarchieebenen hinweg von der *ganzen* Belegschaft, so dass Qualität tatsächlich in jedem Bereich der Unternehmung bewirtschaftet wird und eine faktische „Qualitätskultur und -identität" überhaupt entstehen kann. Die Leitidee eines Umfassenden Qualitätsmanagement muss in ihrem Bedeutungsgehalt determiniert, für die Organisationsmitglieder verbindlich festgelegt und kollektiv verankert werden. Gelingt dies nicht, besteht die Gefahr, dass nicht kontinuierlich und beständig nach gegebenen Qualitätsmerkmalen gehandelt wird, was nicht nur die Kontrollkosten erhöhen[200], sondern zudem die Unternehmensidentität und deren Darstellung nach außen erheblich beeinflussen würde –

vorwiegend durch mangelhafte Produkt- und/oder Servicequalität und insbesondere durch Mitarbeiter mit direktem Kundenkontakt.

Durch diese Interpenetration mit dem I-System erfährt das qualitätsorientierte Handeln eine gewisse Selbstverständlichkeit, die von allen Mitarbeitern getragen werden muss. Diese Identifikation der Mitarbeiter mit qualitätsorientierten Visionen und Leitbildern lässt sich nicht erzwingen oder mit Hilfe von Macht durchsetzen[201], so dass bei diesem Institutionalisierungsprozess das G-System nicht direkt involviert ist, aber dennoch förderliche Rahmenbedingungen schaffen kann, indem die Leitideen bspw. partizipativ mit den Organisationsmitgliedern definiert und durch innerbetriebliche Kommunikationsmedien bekannt gemacht werden. Die Formulierung einer Qualitätsmanagement-Idee wird somit dynamisiert und in konkretes Handeln überführt – stets unter Berücksichtigung eines übergeordneten Qualitätsprozesses, der die einzelnen Arbeitsabläufe im Sinne des Leitgedankens einbindet. Zudem muss ein an Kunden gegebenes „Qualitätsversprechen" in der externen Unternehmenskommunikation durch konkretes Organisationsverhalten eingelöst werden[202], um eine größtmögliche Kongruenz zwischen kommuniziertem Unternehmensanspruch und -handlungsweisen erreichen zu können. Dies schließt das kundenorientierte Verhalten der Mitarbeiter, die sich den Leitideen der Unternehmung verpflichtet haben, und die Qualitätsinhalte in der Leistungskette ein. Erst durch die Integration der einzelnen organisationalen Elemente im Lichte der Leitideen kann ein übergeordneter, ganzheitlich kundenorientierter Output durch eine Qualitätserstellung erzeugt werden.

Qualität lediglich nach innen und außen zu kommunizieren bewirkt noch nichts – diese Absichten müssen zunächst mit einer Handlungsenergie vom I-System angereichert werden, um konkrete Maßnahmen erzeugen zu können. Darüber hinaus werden durch einen zusätzlichen Dynamisierungsprozess, vom G-System ausgehend, die generellen Visionen und Leitbilder strategisch operationalisiert und in eine konkrete Zielvorstellung eingebettet. So kann es sich bei einer Unternehmensstrategie bspw. um die Marktdurchdringung durch gesteigerten Kundenservice handeln, die operativ etwa in der Zahl der Neukunden und Vertragsverlängerungen im relevanten Marktsegment durch geeignete Maßnahmen spezifiziert wird. Durch den direkten Kontakt mit der externen Umwelt werden strategische Vorhaben selektiert, und diese müssen extern (z.B. gegenüber anderen Anbietern, die mit Preisdruck reagieren) und intern (z.B. gegen die

Belegschaft, die längere Arbeitszeiten durch die Ausweitung von Öffnungszeiten befürchtet) gegen mögliche Widerstände implementiert und durchgesetzt werden.

Die Erfolgskontrolle findet wiederum durch das G-System statt, um mögliche Soll-Anpassungen und Modifikationen vornehmen zu können, damit die Leitbilder und Visionen tatsächlich und dauerhaft in die Tat umgesetzt werden. Da die Einführung eines Qualitätsmanagementsystems die Mitarbeit der gesamten Belegschaft erfordert und auch die Änderungen in den Verhaltensweisen und Einstellungen der Belegschaft, muss somit jeder Vorgesetzte die Unterstützung seiner Mitarbeiter als aktive Führungsaufgabe begreifen und realisieren. Dies erfordert meist auch die Änderung der mitarbeiter- und aufgabenbezogenen Führungstechnik, um die gesamte Organisation auf die gemeinsamen Qualitätsziele hin zu lenken[203].

Des Weiteren müssen durch das A-System Ressourcen bereitgestellt werden, die für die Realisation der Leitgedanken erforderlich sind. Dies geschieht bspw. durch das Einholen relevanter Marktdaten über Branche, Wettbewerber, Kundenerwartungen etc., damit das Unternehmen überhaupt weiß, in welcher Situation es sich befindet, wie es sich vom Wettbewerb absetzten kann, welche Nischen z.B. noch unbesetzt sind und welchen Anforderungen es aus Kundensicht genügen muss. Zudem müssen Kapital für eventuelle Investitionen und qualifiziertes Personal beschafft und weitere wesentliche Informationen eingeholt werden. Diese zusätzliche Handlungsenergie ist deshalb notwendig, damit die Unternehmung möglichst schnell und optimal sich ändernden Umweltsituationen – so z.B. sich wandelnden Kundenwünschen oder Änderungen in der Gesetzgebung – begegnen kann.

Genau andersherum verlaufen die Dynamisierungsprozesse (A→G→I→L): So können etwa neue relevante Informationen das Management zu Änderungen der strategischen Vorgaben bewegen. Werden bspw. negative Diskonfirmationen[204] in Kundenzufriedenheitsmessungen identifiziert, so müssen sich daraus organisationsinterne Konsequenzen ergeben, möchte das Unternehmen seine Anpassungsleistung an die externe Umwelt und somit an seine Kunden nicht verlieren:

> „Es ist [..] nicht ausreichend, die Vorstellungen der (potentiellen) Kunden zu ermitteln, ohne entsprechende Aktivitäten einzuleiten. [...] Mangelnde Konsequenz bzw. die bewusste Ausklammerung bekannter Ansprüche von Kundenseite sind mit einem tatsächlichen 'Customer Focus' nicht vereinbar. [...]

Die Erfüllung der Kundenbedürfnisse erfordert vielmehr die Schaffung entsprechender organisatorischer Voraussetzungen eines kundenzentrierten Verhaltens.“[205]

Das A-System stellt diese Informationen bereit, die sodann vom G-System in ihrer Priorität bewertet und in konkrete Maßnahmen umgesetzt werden müssen, etwa durch Änderungen der Marktstrategie oder durch Neuausrichtung des Produktportfolios. Eine neue Strategie ist aber nicht automatisch die Lösung für neu entstandene Probleme – sie muss anschließend durch das Management implementiert und von den Mitarbeitern im Alltagsgeschäft verwirklicht werden[206]. Diese energetische Anreicherung durch das G-System führt wiederum zu Modifikationen in den Arbeitsabläufen, so dass Prozesse umgestaltet und Arbeitsgruppen neu zusammengestellt werden, die wiederum routinisiert werden müssen. Innerhalb des TQM werden dabei tief greifende Veränderungen in der Arbeitsorganisation gefordert, wie bspw. der Abbau der vertikalen und horizontalen Arbeitsteilung, die Erweiterung von Arbeitsaufgaben, neue Formen der Kooperation[207]. Infolgedessen können ebenso Veränderungen innerhalb der Unternehmenskultur erforderlich werden, etwa die Um- oder Neuformulierung der Visionen und Leitbilder oder eine Umgestaltung der Unternehmensidentität. Diese Richtung der Dynamisierungsprozesse ist abhängig von der Prioritätensetzung und Intensität der (Neu-)Formulierung der strategischen Zielsetzungen. Werden aufgrund der wahrgenommenen Kundenreaktionen bspw. ausschließlich marginale Änderungen der Produktpreise vorgenommen, unterscheidet sich das Ausmaß der Bewegung der Steuerungshierarchie von tiefer greifenden strategischen Änderungen, wenn im Gegensatz dazu etwa eine Fusion mit einem branchenfremden Unternehmen beschlossen würde, um bestimmte Leistungen kostengünstiger selber anbieten zu können als durch den Einkauf dieser am externen Markt.

Das L-System bewahrt die latenten Strukturen eines Unternehmens, die auch dann noch erhalten bleiben, wenn sich Änderungen in den Zielsetzungen ergeben. Die Gewährung dieser Variabilitäten ist allerdings von der Intensität und zeitlichen Ausrichtung der Entscheidungen des G-Systems abhängig, da die Unternehmenskultur und -identität von tiefer greifenden und längerfristigen Modifikationen in der organisationalen Ausrichtung nicht unberührt bleibt, jedoch operative Modulationen zulässt. *Braun* sieht für viele Unternehmen darin eine Gefahr, dass zwar dem

Kundenorientierungsgedanken auf der sachbezogenen Ebene durch die Einführung prozessorientierter Organisationsmuster zum Durchbruch verholfen hätte, diese Veränderungen aber nicht mit der vielfach historisch bewährten Unternehmenskultur konsistent seien:

> „Viele Veränderungsprozesse sind an dieser Problematik gescheitert: Neue Organisationskonzepte waren mit den tradierten arbeitsteiligen Wertvorstellungen der Mitarbeiter nicht vereinbar und wurden somit von den eigentlichen Betroffenen nicht akzeptiert und umgesetzt.“[208]

Die in der Unternehmenskultur und Betriebsgemeinschaft verankerte Qualitätsorientierung bildet dementsprechend die beharrenden und Kontinuität bewahrenden Faktoren des Handelns in Organisationen, die den energetischen Dynamisierungsprozessen symbolisch entgegensteuern. Dadurch wird gewährleistet, dass eine Unternehmung ihre Identität nicht verliert, die routinisierten Abläufe unter bestimmten Bedingungen beibehält und sich dennoch den Kundenwünschen und Wettbewerbsänderungen anpassen und ihre Zielsetzungen optimieren kann. Nur so kann eine Organisation dynamisch und flexibel reagieren und zugleich Beständigkeit und Konstanz sicherstellen.

3.3.4 Subsystemische Austauschbeziehungen

Die horizontalen Austauschbeziehungen verlaufen zwischen den vier Subsystemen in beide Richtungen, so dass jedes Teilsystem zu den jeweils anderen drei derartige Beziehungen unterhält, womit sich sechs Paare bzw. zwölf dieser Verbindungen ergeben[209]. Die vier stark auseinander gehenden funktionalen Erfordernisse werden somit über eine Mehrzahl von gegenseitigen Leistungsabhängigkeiten zwischen den organisationalen Subsystemen in eine Einheit integriert. Abb. 3-7 zeigt das Modell der Organisationssubsysteme und deren *double interchanges*, mittels derer subsystemische Leistungen ausgetauscht werden.[210]

Das System der **Ressourcenmobilisierung** ist mit gewissen Selektionsstandards ausgestattet, um aus der Vielfalt und Vielzahl von Mitteln diejenigen auszuwählen, die im Aufwand/Nutzen-Vergleich zur Zielerreichung am besten geeignet sind. Diese Selektionsstandards sind eine Leistung des Subsystems der **Unternehmenskultur**, welche die Situation im Sinne der Unternehmensleitbilder und -visionen verbindlich festlegt. So kann im L-System verankert sein, ausschließlich Ressourcen zu mobilisieren, die dem Ziel der bestmöglichen Produkt- und Dienstleistungsqualität dienen, auch wenn diese nicht die effizienteste Lösung aus Sicht des A-Systems darstellen. Somit würde bspw. lediglich „service-geeignete[s]" Personal rekrutiert, um insbesondere in Kundenkontaktsituationen eine optimale Serviceorientierung gewährleisten zu können. Die im Rahmen der Personalauswahl zugrunde gelegten Einstellungskriterien müssen in Standardsituationen auf den Arbeitsanforderungen basieren, die sich aus den jeweils definierten Service-Standards ableiten lassen[211]. Gleichzeitig empfängt das L-System Informationen über die Relevanz der Selektionsstandards von dem A-System. Ergeben sich situative Änderungen in der externen Umwelt, so müssen auch entsprechende Modifikationen in der Unternehmenskultur damit einhergehen. Stellt z.B. die Arbeitsmarktforschung die Schwierigkeit fest, aufgrund des knappen Arbeitsangebots Mitarbeiter zu finden, die zu den gebotenen Bedingungen die Arbeit aufnehmen und in der Lage sind, den steigenden Kundenansprüchen gerecht zu werden, müssen die entsprechenden Kognitions- und Evaluationsmuster, die das L-System als Output für das System der Ressourcenmobilisierung bereitstellt, angepasst werden.

Die der Unternehmenskultur inhärenten Leitideen und Visionen werden von dem **Managementsystem** definiert und implementiert. Es wird u.a. festgelegt, was organisationsintern unter unternehmensübergreifender Qualitäts- bzw. Kundenorientierung zu verstehen ist, und diese Vorstellungen werden in der Unternehmenskultur als Leitbilder und Visionen implementiert. In umgekehrter Richtung werden vom L-System die getroffenen unternehmerischen Entscheidungen, so z.B. neue Strategien, Zielsetzungen, Entscheidungen oder Umstrukturierungen, im Lichte der verankerten Unternehmenswerte legitimiert. Weiterhin legt das G-System die Strategien der *effektiven* Ressourcengewinnung des A-Systems fest, d.h. es werden Vorgaben gesetzt im Hinblick darauf, welche Mittel für welches konkrete Ziel relevant sind und auf welchen Märkten mit welchen Strategien diese beschafft werden sollen[212].

Das A-System wiederum liefert dem Managementsystem unter dem Effizienzkriterium mobilisierte Ressourcen, über deren bestmöglichen Einsatz das G-System entscheidet. Diese bereitgestellten Mittel stellen für das Unternehmen sog. Produktivitätschancen dar, da sie als Input aus der externen Umwelt situative Änderungen des Marktes und dessen

Bedingungen wiedergeben und somit eine fortwährende Anpassung an veränderte Gegebenheiten ermöglichen. Das A-System kann diese Ressourcen jedoch lediglich bereitstellen – dem Managementsystem obliegt es nun, diese als Produktivitätschancen wahrzunehmen und organisationsintern und -extern durchzusetzen. Werden etwa begangene Fehler durch Kundenreklamationen erkannt, die ihre Ursache in einem fehlerhaften Prozessablauf haben, besteht die Leistung des Subsystems Ressourcenmobilisierung darin, diese Informationen als Anpassung an die Kundenerwartungen, also an die externe Umwelt des Systems, zu eruieren und zur weiteren Nutzung bereitzustellen. Innerhalb des G-Systems erfolgt nun die Schwachstellenanalyse in Abgleich mit dem Zielerreichungsgrad, so dass diese Meldung aus dem A-System als Anlass zur Verbesserung der Prozesse genutzt werden kann, um die Zielverwirklichung der Unternehmung (Kundenzufriedenheit) weiterhin bzw. noch besser erreichen zu können[213].
Konsumiert werden die vom A-System bereitgestellten Ressourcen von den einzelnen Arbeitsgruppen der **Betriebsgemeinschaft**, die diese Mittel in den verschiedenen Arbeitsabläufen zur Leistungserstellung verwenden. Als Rückmeldung aus dem I-System erhält das A-System Informationen über die Budgetierung der notwendigen Ressourcen, d.h. letzteres erhält Angaben darüber, wie viel Kapital, Personal, Material etc. für den reibungslosen Organisationsablauf benötigt werden. Die Betriebsgemeinschaft wiederum wird vom Management unterstützt und ist abhängig von dessen Entscheidungen, die verbindlich getroffen, aber auch gefordert werden. Die Leistung des G-Systems besteht zudem darin, Führungsverantwortung für die Organisationsgemeinschaft zu tragen und die einzelnen Prozesse zu planen und zu kontrollieren, um den optimalen Gesamtsystem-Output zu erzielen.

Die wechselseitige Austauschbeziehung zwischen dem L- und dem I-System besteht darin, dass sich das Organisationskollektiv auf die Unternehmensleitbilder, -werte und -visionen, so z.B. bestimmte Qualitätsgrundsätze, verbindlich verpflichtet und diese in einer gewissen Selbstverständlichkeit in ihr Handeln integriert. Gerade im Dienstleistungssektor ist die Qualitätskontrolle besonders schwierig, da Produktion und Konsum gleichzeitig stattfinden, umso mehr müssen alle Mitarbeiter etwa den gleich hohen Standard einhalten und sich allesamt die Qualitätsvorstellung und das Qualitätsbewusstsein des Unternehmens zu eigen machen[214]. *Bruhn* nennt als entscheidenden Faktor für den Unternehmenserfolg u.a., dass die

Gesamtheit der Mitarbeiter die Ziele und Strategien des Unternehmens kennt und akzeptiert[215]. Ferner werden die Arbeitsgruppen und -prozesse der Betriebsgemeinschaft in ihrer Konstellation durch das L-System kulturell legitimiert. Die Unternehmenskultur teilt die spezifischen kulturellen Eigenschaften der jeweiligen Gesellschaft, so dass bestimmte Arbeitsformen, -prozesse und -gruppen nicht problemlos in andere Gesellschaften übertragen werden können[216]. So stammen viele Umsetzungsinstrumentarien des TQM ursprünglich aus Japan, deren Grundsätze sich aufgrund der verschiedenen kulturellen Muster nicht kongruent in europäische Unternehmen überführen und kopieren lassen[217], weshalb ein spezifisch europäisches TQM-Modell (das EFQM-Modell) entwickelt wurde[218]. Innerhalb des TQM ist die zentrale Arbeitsgestaltung die Gruppenarbeit, im Rahmen derer die Mitarbeiter stärker in alle Prozesse eingebunden werden. Dadurch soll erreicht werden, dass der jeweilige Bereich wirtschaftlich und eigenverantwortlich geführt wird. Die Aufgabenveränderungen in den Gruppen sind bspw. dadurch gekennzeichnet, dass neben die ausführenden Fertigungsaufgaben zusätzlich qualitätssichernde, steuernde und instand haltende Aufgaben treten. Zudem werden oft flexible Arbeitszeitmodelle eingeführt, die die einzelnen Gruppenmitglieder eigenverantwortlich mit ihren Kapazitäten an Auftragsschwankungen anpassen[219].

Die theoretische Fassung der wechselseitigen Austauschbeziehungen und der kybernetischen Steuerungs-Bedingungs-Hierarchie hat einen ebenso analytischen Charakter wie die Konstruktion der differenzierten Subsysteme, denn wenn die einzelnen Systeme analytisch aufgebaut sind, muss dies auch auf die Beziehungen zwischen ihnen zutreffen.

Abbildung 3-7 Organisations-Subsysteme und deren Austauschbeziehungen[220]

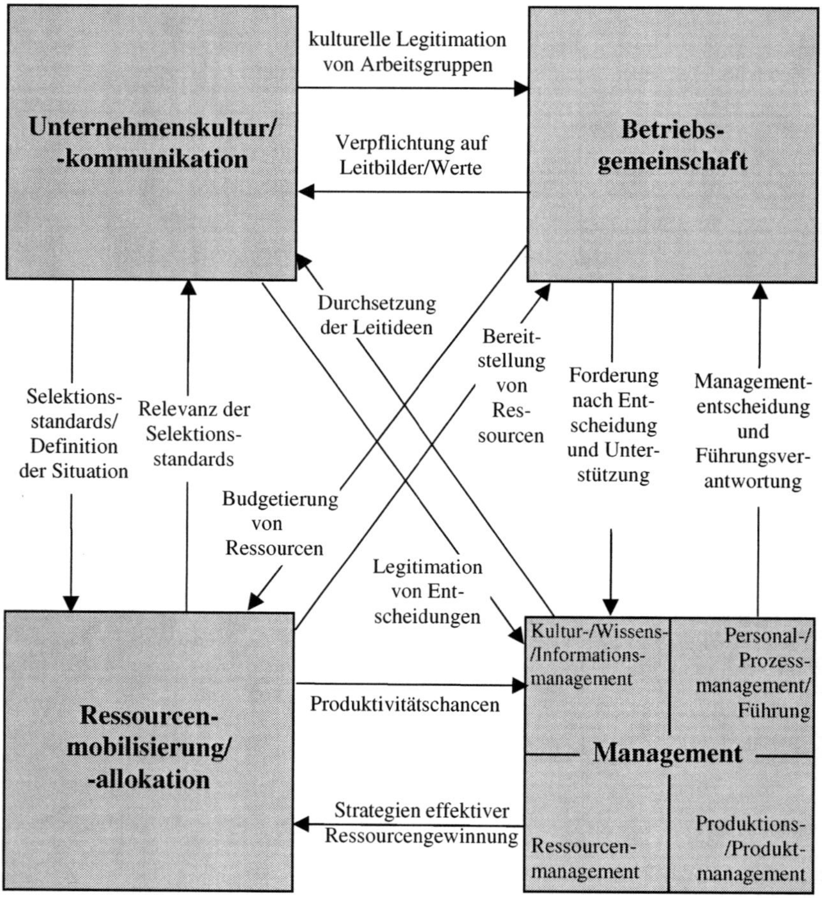

Parsons geht jedoch in keiner Weise „harmonistisch" davon aus, dass diese Austauschprozesse jederzeit in einem gegebenen sozialen System funktionieren[221]. Faktisch vorzufindende Dysfunktionen sozialer Systeme können darin aber wichtige Ursachen finden. Bei dem oben beschriebenen analytischen Schema handelt es sich um eine Idealvorstellung, die so nicht jederzeit in einer gegeben Organisation vorzufinden ist.

Allerdings lässt sich dieses Modell auf Organisationen übertragen, da die einzelnen Handlungssphären mit ihren reziproken Austauschbeziehungen auch empirisch differenziert sind. Inwieweit die Realität zu diesem Idealmuster jedoch tatsächlich tendiert, hängt vom jeweiligen Einzelfall ab.

3.3.5 Bedingungen und Ursachen von TQM für den Unternehmenserfolg

3.3.5.1 Bedingungen für den Erfolg durch Qualitätsmanagement

Umfassende Konzepte wie TQM müssen aus der hier angelegten Theorieperspektive auf jeder Organisationsebene Berücksichtigung finden, damit unternehmensweite Qualitätsprogramme überhaupt zum Unternehmenserfolg führen können. Wie dargestellt, bewirkt eine symbolische Weichenstellung der generellen Unternehmensideen per se noch nichts[222]; auf der anderen Seite muss eine situative Änderung der externen Umwelt, wird sie nicht in konkrete Maßnahmen übersetzt, auch noch keine unternehmensinternen Folgen haben. Gleichermaßen führt die Existenz eines Qualitätskonzepts noch keine Unternehmung zwangsläufig zu einer Erfolgssteigerung und ist nicht unweigerlich mit dieser gleichzusetzen, sondern ist notwendig auf die dargestellten Systemzusammenhänge angewiesen.

TQM ist durch eine „unternehmensweite Verpflichtung“[223] zur Qualität gekennzeichnet, d.h. Qualität wird nicht nur als Mittel zur Erreichung von Zielen gesehen, sondern als das Ziel selbst[224]. Um dies zu erreichen, ist nicht nur eine Mindestqualität von Prozessen gefragt, vielmehr müssen weitergehende Maßnahmen getroffen werden[225], so dass Unternehmen bestimmte Strukturen entwickeln müssen, die es ihr ermöglichen, sich schnell und flexibel an die Kundenanforderungen und Umweltbedingungen anzupassen und ihre Ziele intern und extern durchzusetzen. Vor allem ist eine Organisation aber darauf angewiesen, dass TQM nicht nur von den Mitarbeitern getragen und in alle Funktionsbereiche transportiert wird, sie muss auch langfristig Bestandteil der Unternehmenskultur werden, um eine kontinuierliche Qualitätsverbesserung in allen Bereichen erzielen zu können[226]. Durch diese Anforderungen auf den verschiedenen Systemebenen wird organisationsintern ein strukturelles Spannungsverhältnis aufgebaut, dessen spezifischem Aufbau es obliegt, die zusammenwirkenden Kräfte von Effizienz, Effektivität, Integration, Bewahrung und Kontinuität zu nutzen, um ein Umfassendes Qualitätsmanagement nicht nur rentabel und wirtschaftlich zu gestalten, sondern zudem Wettbewerbsvorteile dadurch zu schaffen, dass „die Denke [..] gelebt“[227] wird und ein gewisses Fixum der Handlungsorientierung darstellt, welche das Qualitätsdenken dauerhaft als Leitidee in den Vordergrund stellt. Diese strukturellen Arrangements beschreibt *Aretz* – auf Innovationen bezogen[228] – wie folgt:

> „Die Unternehmen brauchen [..] flexible, chaostaugliche Strukturen, die allerdings nicht einer ungerichteten Handlungskontingenz überlassen werden dürfen, sondern durch die gezielte Einbeziehung steuernder Elemente eine gewisse Kanalisierung und Selektion erfahren. Die Organisation muß also einerseits über eine gewisse Elastizität und Flexibilität verfügen, um Varianzen im strukturellen Arrangement und in der Aufgabenstrategie überhaupt zulassen zu können, andererseits muß sie aber auch stabilisierende Komponenten aufweisen, die der Flexibilität und Dynamik eine Richtung verleihen.“[229]

Dadurch werden ferner zwei Zeitpole aufgespannt, innerhalb derer sich ein Unternehmen auf der einen Seite schnell und dynamisch den sich ändernden Umweltbedingungen anpassen und auf der anderen Seite eine kundenorientierte, Stabilität gewährende Unternehmensidentität aufbauen kann – die zulässt, den Marktanforderungen zu genügen, ohne ihre übergreifende, kontinuierliche Qualitätsorientierung und eigene Identität als Abgrenzung zum Wettbewerb zu verlieren. TQM ist gerade dadurch gekennzeichnet, dass es sich hierbei um ein Konzept handelt, dessen Wirksamkeit sich nicht durch kurzfristige Effizienzsteigerung auszeichnet, sondern durch dauerhafte Einbindung in allen Geschäftsbereichen[230]. Diese Bedingungen eines Umfassenden Qualitätsmanagements lassen sich durch die Anwendung der bereits beschriebenen Systemlogiken systematisch zusammenfassen:

L Beim TQM geht es nicht nur um eine verfeinerte Qualitätssicherung, sondern es soll ein Qualitätsbewusstsein bei allen Führungskräften und Mitarbeitern geschaffen werden, so dass die Qualitätsorientierung zu einem umfassenden Denk- und Handlungsansatz wird, der sich im Selbstverständnis und Leitbild eines Unternehmens äußert und die Prinzipien des TQM als Handlungsnorm für alle Aktivitäten im Unternehmen angesehen werden. Somit werden Detailvorgaben durch Führungskräfte entbehrlich, und das Handeln wird durch die gemeinsame Überzeugung gesteuert. Insbesondere im persönlichen Kontakt mit den Abnehmern äußert sich kundenorientiertes Verhalten der Mitarbeiter, die das Unternehmen nach außen hin repräsentieren und somit den (Nach)Kaufentscheid in maßgeblicher Weise beeinflussen[231]. Das Handeln der Mitarbeiter richtet sich dann an einer gemeinsam geteilten Vision, die die Organisation mit „Sinn und Zweck über die konkreten kurzfristigen Organisationsziele hinaus“[232] leitet. Diese Leitlinien im Denken und Handeln bilden ebenso eine verbindlich geltende Grundlage für Entscheidungen und Strategien des Managements, die im Lichte dieser diskursiv begründet werden müssen. Eine Inkonsistenz und Widersprüchlichkeit würde bei den Mitarbeitern hohe Verunsicherung und Demotivation auslösen, die eine umfassende Qualitätsorientierung und bestehende Unternehmensidentität gefährden können[233]. Um TQM erfolgreich zu implementieren, ist es wichtig, den oftmals damit einhergehenden kulturellen Wandel extern und intern zu kommunizieren. Intern soll den Mitarbeitern der Sinn der organisationalen Änderungen näher gebracht und die Leitideen vermittelt werden, um Akzeptanz zu erzeugen und negative Reaktionen und Ängste abzubauen[234]. Die externe Kommunikation dient u.a. der Mitteilung der Qualitätsbemühungen an den Kunden und dem Aufbau einer unverwechselbaren Unternehmensidentität, durch die sich eine Organisation in ihrer Qualitätsstrategie gegenüber dem Wettbewerb absetzen kann[235].

I Umfassendes Qualitätsmanagement ist auf Integration und Verankerung in der Betriebsgemeinschaft angewiesen: Integration gewährt den Zusammenhalt der systemischen Komponenten und deren Zusammenwirken auf ein bestimmtes Ziel hin. Erst durch die Verklammerung der unterschiedlichen Abteilungen, Prozesse und Abläufe kann ein Output erzielt werden, der angefangen bei den Lieferanten über die Leistungserstellung hinweg bis zum Absatz der Produkte und Dienstleistungen, den Kundenanforderungen durch eine in sich geschlossene gesamtprozessorientierte Konzeption gerecht wird:

> „Total Quality Management darf sich nicht darauf beschränken, isoliert die Produktionsprozesse und ihre vor- oder nachgelagerten Bereiche zu überwachen und zu verbessern, sondern muß integraler Bestandteil einer gesamtprozeßorientierten Unternehmensführung sein, in der alle Prozesse, auch die, die zum Beispiel Forschung und Entwicklung, Kunden, Lieferanten oder länderübergreifende Zusammenarbeit betreffen, zeitgerecht in Null-Fehler-Qualität kontrolliert und beherrscht werden.“[236]

Daraus folgend kann ein unternehmensübergreifendes Qualitätsmanagement nur dann funktionieren, wenn alle an der Erstellung eines Endprodukts beteiligten und betroffenen Segmente der Kette dauerhaft in den verschiedenen Planungsphasen zusammenarbeiten[237]. Das Kundenverständnis erweitert sich um den internen Kunden, so dass jede nachfolgende Abteilung als Konsument der vorhergehenden betrachtet wird und die Qualität der Arbeit eines einzelnen Mitarbeiters zu einem zentralen Hebel für den gesamten Qualitätsoutput an den externen Kunden wird. TQM setzt weiterhin voraus, dass zahlreiche Tätigkeiten nicht mehr durch Individuen, sondern im Team verrichtet werden, um Bereichsdenken zu verhindern und eine höhere Motivation und Arbeitszufriedenheit sowie bessere Produktivität und Qualität entstehen zu lassen[238]. Durch die Verankerung in der Betriebsgemeinschaft wird TQM in das Denken und Handeln der Belegschaft aufgenommen und die getroffenen Entscheidungen und Maßnahmen des Managements werden von den Mitarbeitern getragen und unterstützt. Das Fehlen interner Akzeptanz wird oft als wesentliche Ursache des Scheiterns bei der Umsetzung von TQM genannt, da das Management auf soziale Barrieren und Widerstände der Akteure stößt, die die gewünschten Werte und Überzeugungen nicht verinnerlicht haben[239]. Soziale Akzeptanz bedeutet dabei eine freiwillige Verpflichtung auf die Leitideen, die einer Gruppe nicht durch den „verlängerte[n] Arm des Managements"[240] aufgezwungen werden können. Der Mitarbeiter muss davon *überzeugt* sein, dass in den Kunden der Sinn und Zweck ihrer Tätigkeit liegt[241].

G TQM ist von Planung und Implementation abhängig: Reorganisationen müssen langfristig geplant sein, sich an der Unternehmensvision orientieren und in konkrete Einzelziele und -maßnahmen (Personal-, Produktions-, Beschaffungs-, Absatzpläne etc.) abgeleitet, spezifiziert und umgesetzt werden[242]. Probleme der Realisierung von TQM ergeben sich aber nicht nur aus einer halbherzigen doppeldeutigen „oder sonstwie defizitären Strategieumsetzung"[243], sondern sie resultieren ebenso aus der Strategie selbst. Auch wenn die Qualitätsmanagement-Strategie konsistent ist und klare Zielsetzungen formuliert, liegt der Schlüssel zum Erfolg in der faktischen Umsetzung: „Doch in vielen Unternehmen wird, nach teilweise jahrelangem Planungsvorlauf, gerade die Evaluation der eingeleiteten Maßnahmen vernachlässigt oder als Controllingaufgabe missverstanden."[244]

A Zur Umsetzung eines Umfassenden Qualitätsmanagements ist eine Unternehmung auf die Nutzung von Ressourcen angewiesen, die neben Kapital, Betriebsmitteln, Werkstoffen und anderen materiellen Ressourcen vor allem qualifiziertes Personal und Informationen aus dem externen und internen Umfeld umfassen. Ein Unternehmen, das vor dem Hintergrund des Wandels der Rahmenbedingungen international erfolgreich agieren und von den Chancen des Wandels profitieren will, muss in der Lage sein, Informationen des externen Marktes zu beschaffen, um sich den Kundenansprüchen und dem Wettbewerb permanent anzupassen[245]. Das zu erreichende Ziel im TQM, die Erfüllung der Kundenanforderungen, setzt eine genaue Kenntnis der jeweiligen Wünsche und Erwartungen voraus, um durch die angebotene Leistung oder das Produkt tatsächlich das zu bieten, was die Abnehmer fordern[246]. Wesentliches Merkmal des TQM ist die Kundenorientierung, die auch interne Kunden umfasst und deren Bedürfnisse ebenso Berücksichtigung finden müssen. Interne Ressourcen sind bspw. Erhebungen zur Mitarbeiterzufriedenheit, die Qualifikation des vorhandenen Personalstamms, Wissen und Kennzahlen aus der Unternehmensrechnung[247], die ebenso bereitgestellt werden müssen, um den optimalen

> Systemoutput erzielen zu können. Ein wichtiges Prinzip für TQM besteht in der Berücksichtigung von Fakten und exakten Daten als Entscheidungsgrundlage, anstatt von Intuition und „sechstem Sinn“. Geschäftsentscheidungen müssen daher auf umfassendem, solidem Datenmaterial und schlüssigen Analysen basieren, die aber bedeutungslos sind, wenn sie nicht weiterverarbeitet und benutzt werden, um etwa ein neues Produkt zu entwickeln, das auf den ermittelten Wünschen der Konsumenten beruht[248].

Die Einführung von TQM muss demnach ganzheitlich, im gesamten Unternehmen Berücksichtigung finden und darf nicht bei bloßen Prozessveränderungen oder auf der Ebene der Verhaltensbeeinflussung von Mitarbeitern stehen bleiben (Abb. 3-8).

Abbildung 3-8 Systemdimensionen von Umfassendem Qualitätsmanagement[249]

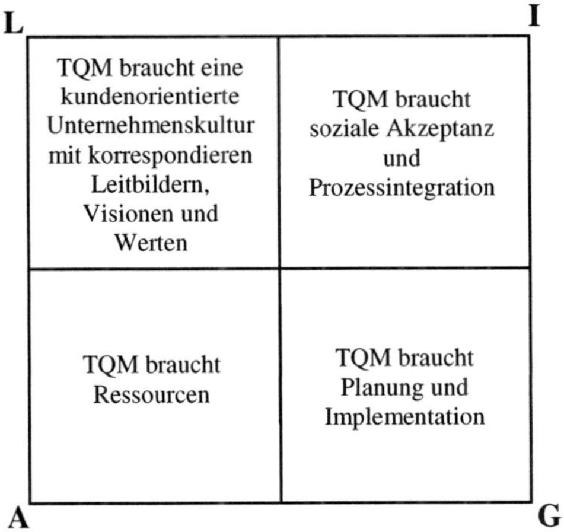

Organisationale Veränderungsprozesse sind zwar von einem entsprechenden Bewusstsein der einzelnen Mitarbeiter abhängig, jedoch benötigen sie zudem die Durchsetzung auf der Ebene der Struktur, „um das Handeln der Organisationsmitglieder sozial verbindlich abzusichern [..]“[250]: „Im Unternehmen und auf Tagungen streiten sich die Akteure, ob es an den Strukturen oder an festgefahrenen Denkweisen liegt, dass die Überwindung herkömmlicher Arbeitsteilung und Hierarchie so schwierig ist. Es liegt an beidem, und beides bedingt sich wechselseitig. Strukturveränderung und Überzeugungsarbeit müssen daher Hand in Hand gehen.“[251]

Umfassendes Qualitätsmanagement betrifft demnach alle organisationalen Elemente und kann nicht nur in Teilaspekten und -bereichen umgesetzt werden. Somit muss auch ein Qualitätsmanagement-Modell derart beschaffen sein, sämtliche Aspekte und sowohl die „weichen" als auch die „harten" Faktoren zu berücksichtigen und in einen systematischen Kontext zu integrieren. Die Forderung einer ganzheitlichen Erfassung aller TQM-Aspekte gilt auch für die an dieses Konzept angelegten Qualitätsmanagement-Modelle, wie auch das EFQM-Modell, das sich als Rahmenvorgaben zur Implementierung von Umfassendem Qualitätsmanagement nicht a priori auf bestimmte Elemente des TQM beschränken können und infolgedessen wesentliche Erfolgskriterien unberücksichtigt ließen.

3.3.5.2 Ursachen suboptimaler Kundenzufriedenheit

Wichtig ist hierbei, dass das strukturelle Spannungsverhältnis zwischen den verschiedenen Subsystemen erhalten, also die Dominanz eines oder mehrer Subsysteme über die anderen zuungunsten einer Interpenetration vermieden wird, so dass ein Gleichgewicht zwischen den beharrenden und dynamisierenden Momenten entsteht. Ein Übergewicht des A-Systems würde bedeuten, dass eine Organisation permanent den Kundenbedürfnissen und den Marktgeschehnissen nachsetzt, so dass die Mitarbeiter einer Orientierungslosigkeit des Unternehmens ausgesetzt werden, die keine eigenen Ziele kennt, diese in der Geschwindigkeit nicht durchsetzen kann und somit seine Identität auf dem Markt verliert. Eine Dominanz des G-Systems hätte eine starke Fixierung auf die Zielrealisierung zur Folge, die alternative Handlungsmöglichkeiten nicht in Erwägung zieht und angesichts veränderter Umweltbedingungen auch nicht ändern oder reflektieren kann. Sich ändernde Kundenanforderungen bleiben unberücksichtigt, und die Mitarbeiter würden zu bloßen Ausführenden der Vorgaben, die den Sinn ihrer Tätigkeit verlieren. Die tendenzielle Prävalenz des I-Systems führt zu einer strukturellen Erstarrung und übergroßen Konsensorientierung, die keine Neuerungen zulässt und somit kontinuierliche Verbesserungen der betrieblichen Abläufe oder den Einsatz neuer Arbeitsmodelle verhindern würde. Eine zu starke Fixierung auf die kulturell/kommunikative Dimension würde zwar diskursive Prozesse und neue Ideen, Visionen und Leitbilder hervorrufen, jedoch würden diese nicht tatsächlich implementiert und in der

Betriebsgemeinschaft verankert, so dass sie nicht in das Denken und Handeln der Mitarbeiter aufgenommen würden.[252]

Wesentlicher Ansatzpunkt bei der Einführung von TQM ist die exakte Kenntnis darüber, was „Qualität" als solche für ein spezifisches Unternehmen bedeutet. Die aus Kundensicht zu definierende Produktqualität ist dabei durch eine Servicequalität zu ergänzen[253], da erstere alleine als wesentlicher Erfolgsfaktor und Wettbewerbsvorteil nicht ausreicht. Durch Dienstleistungsqualität lassen sich der Kundennutzen und -vorteil über den gesamten Informations-, Kaufentscheidungs- und Verwendungsprozess des Produktes optimieren, um eine positive Wirkung auf die Kundenzufriedenheit und -bindung zu erzielen.[254] Da es sich dabei um einen relationalen Begriff handelt, der auf verschiedene Bezugskriterien anwendbar ist[255], ist die Besetzung der Terminologie nicht von vornherein für jede Organisation festgelegt. Vielmehr muss anfangs eruiert werden, was der Kunde von der Unternehmung, seinen Produkten und Dienstleistungen erwartet, um im Nachhinein seine Zufriedenheit und somit auch die erreichte (Unternehmens-)Qualität messen zu können. Der Abnehmer bestimmt durch seine subjektiven Erwartungen, was unter Qualität zu verstehen ist, so dass Kundenzufriedenheit letztendlich zum relevanten Qualitätsmaßstab wird[256]. Der Vorstellungsinhalt, der mit dem Begriff der Qualität verbunden wird, muss demnach zunächst von einer Unternehmung in ihrer speziellen Bedeutung identifiziert werden, um im Anschluss die Leistungserstellung und den Absatz danach ausrichten zu können. Neben Preis und Produktqualität ist vor allem die Servicequalität ein signifikanter Faktor für die Qualitätsbeurteilung aus Kundensicht, welche ein Unternehmen aufgrund der Ähnlichkeit der am Markt angebotenen Produkte wesentlich von dem Wettbewerb unterscheidet. Obwohl bei Sachdienstleistern im Gegensatz zum tertiären Sektor die Produktion von Dienstleistungen nicht im Vordergrund steht, kommen sie nicht ohne Service[257] aus, da jede Sachleistung nicht nur ein Mindestmaß an Dienstleistung benötigt, um überhaupt abgesetzt werden zu können[258], sondern vor allem wegen des beobachtbaren „Phänomen[s] der 'Tertiäsierung'"[259], das eine vermehrte Zunahme von Dienstleistungen, so bspw. umfangreiche After-Sales-Maßnahmen, in allen Wirtschaftsbereichen und einen erkennbaren Strukturwandel in diese Richtung beschreibt[260]. Die gesamte Leistungserstellung in einem Unternehmen bis hin zum Absatz besteht aus einer

Kette interner und externer Dienstleistungen, deren reibungsloser Ablauf im wesentlichen Maße die Kundenzufriedenheit beeinflusst.

Um der Heterogenität von Servicequalität Rechnung zu tragen und die Ursachen fehlgeschlagener Qualitätsorientierung im Unternehmen aufdecken zu können, haben *Parasuraman*, *Zeithaml* und *Berry* das so genannte Gap-Modell[261] entwickelt, mit dessen Hilfe Schwachstellen als Grundlage für verbesserte Qualitätsmaßnahmen aufgezeigt werden sollen. Es soll verdeutlichen, welche Operationen wesentlichen Einfluss auf die Servicequalität eines Unternehmens haben können und auf welche Faktoren zielgerichtet eingewirkt werden muss, um einen optimalen Qualitätsgrad erreichen zu können[262] (Abb. 3-9).

Abbildung 3-9 Gap-Modell zur Erfassung von Dienstleistungsqualität[263]

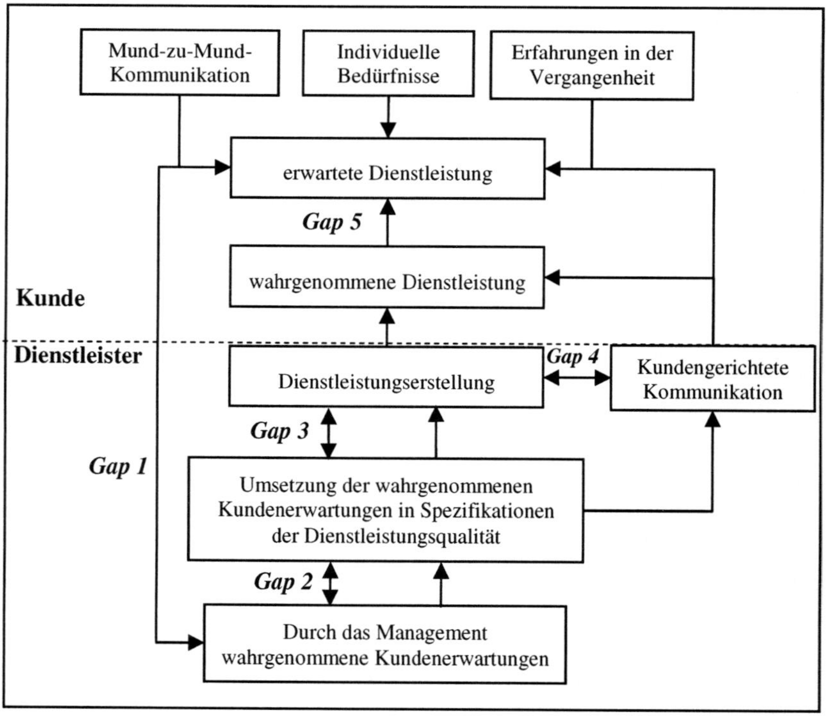

Dieses Modell – auch SERVQUAL-Doppelskala genannt – basiert auf einer empirischen Studie und legt einen kundenorientierten Qualitätsbegriff zugrunde[264]. Dienstleistungsqualität wird im Rahmen dieses Ansatzes als Differenz zwischen der vom Kunden erwarteten und erlebten Dienstleistung verstanden. Wenn Erwartungen und Wahrnehmungen des Kunden übereinstimmen, wird ein positives Qualitätserlebnis erzeugt. Eine ungenügende Qualität der Dienstleistung entsteht, wenn zwischen den Erwartungen und dem Erlebten eine Lücke, ein sog. 'Gap', entsteht. Das Gap-Modell steckt einen universellen, für alle Unternehmenstypen und Branchen gültigen Rahmen ab, innerhalb dessen Qualitätsdefizite entstehen können, jedoch muss jede Unternehmung ihre eigenen Schwächen herausfinden und sie als Verbesserungspotentiale nutzen. Die Autoren unterscheiden in ihrem Modell fünf Gaps: [265]

Gap 1: Differenz zwischen den Erwartungen des Kunden und der Wahrnehmung der Kundenerwartungen durch das Management;

Gap 2: Differenz zwischen den vom Management wahrgenommenen Kundenanforderungen und deren Umsetzung in Dienstleistungsspezifikationen;

Gap 3: Differenz zwischen Dienstleistungsvorgaben und dem tatsächlich erstellten Service;

Gap 4: Differenz zwischen tatsächlich geleistetem Service und dem in der Kommunikationspolitik versprochenen Service;

Gap 5: Differenz zwischen wahrgenommener und erwarteter Leistung des Kunden, wobei diese aus der Summe der vorherigen Abweichungen besteht und durch sie beeinflusst wird.

Abbildung 3-10 Die Lücken des Gap-Modells im AGIL-Schema

GAP 4: Die externe Unternehmenskommunikation entspricht nicht der tatsächlich erbrachten Leistung; die Zielsetzungen des Managements wurden in ihrer Konsistenz mit der Unternehmensidentität nicht legitimiert.	**GAP 3:** Die Zielsetzungen des Managements wurden in der Betriebsgemeinschaft nicht umgesetzt; die Soll-Vorgaben entsprechen nicht dem erreichten Output der Prozesse und Arbeitsgruppen.
GAP 1: Die Kundenerwartungen als Informationsressource wurden nicht vollständig und exakt erfasst, so dass die Anpassungsleistung verfehlt wurde.	**GAP 2:** Die Kundenwünsche, vom A-System als Produktivitätschance an das Management bereitgestellt, wurden nicht genutzt und hinreichend spezifiziert ⇒ keine adäquate Umsetzung, Output verfehlt die Marktanforderungen **GAP 5:** Das Management konnte den gesamtsystemischen Output in seiner Verantwortung für die gesamte Wertschöpfungskette nicht entsprechend der Kundenanforderungen koordinieren.

Überträgt man diese Lücken auf das AGIL-Schema, so lassen sich exemplarisch anhand des Gap-Modells folgende mögliche Defizite in der Qualitätsorientierung einer Unternehmung darstellen (Abb. 3-10).

Nach Erhebung der Kundenzufriedenheit dient das Gap-Modell nun dazu, unternehmensspezifisch herauszufinden, welche Ursache eine nicht optimale Kundenzufriedenheit hat. Sind die Lücken anhand des Modells identifiziert, werden folgende Maßnahmen zu ihrer Schließung und somit zu einer Erreichung von Kundenzufriedenheit durch Dienstleistungsqualität vorgeschlagen, wobei Gap 5 entfällt, indem seine Ursachen (Gap 1 bis Gap 4) behoben werden. Die zu erbringenden Maßnahmen werden hierbei direkt in das AGIL-Schema eingeordnet, da hierbei aufgezeigt werden kann, dass sämtliche Subsysteme einer Organisation bei der Schließung von Qualitätslücken involviert sind (Abb. 3-11):

Abbildung 3-11 Maßnahmen zur Schließung der Qualitätslücken[266]

GAP 4: – Qualitätsmanagement muss intern Einfluss auf die externe Kommunikation nehmen ⇒ Verhinderung der Entstehung unrealisierbarer Erwartungen beim Kunden. – Frühzeitige Information der Mitarbeiter mit Kundenkontakt über das Vorgehen ⇒ Einstellung auf die Erwartungen der Kunden. – Horizontale Kommunikation – Fundierung einer Qualitätsphilosophie	**GAP 3:** – Die den Kunden gegenüber eingegangene Verpflichtung zur Qualität muss von Management und Mitarbeitern verinnerlicht und im Handeln realisiert werden. – Teamarbeit
GAP 1: – Umfangreiche Marktforschung ⇒ Kenntnisse über Nachfrager-Bedürfnisse – Kommunikation zw. Management und Nachfrager bzw. Kontaktpersonal ⇒ permanente Informationsversorgung der Entscheidungsträger. **GAP 3:** – Einsatz qualifizierter Mitarbeiter und Technologien entsprechender mengenmäßiger und qualitativer Schwankungen ⇒ Erhöhung der	**GAP 2:** – Klare Zielformulierungen der qualitätsrelevanten Leistungsaspekte ⇒ Umwandlung der aus den Messungen gewonnenen Daten in Standards und Soll-Vorgaben. – Maßnahmen der Personalführung und Kommunikations- und Kontrollinstrumente. – Verpflichtung des Managements auf das Prinzip der Servicequalität

Anhand des Gap-Modells wird wiederum deutlich, dass Qualitätsorientierung ganzheitlich und organisationsübergreifend betrachtet werden muss und dass das AGIL-Schema diesem Anspruch gerecht wird, indem es einen strukturellen Rahmen bietet, der *alle* Ebenen und Bereiche eines Unternehmens berücksichtigt und somit der Ganzheitlichkeit und Mehrdimensionalität des Umfassenden Qualitätsmanagements Rechnung trägt.

4 Grundlagen und Methodik des EFQM-Modells

4.1 Die grundlegende Konzeption des europäischen TQM-Modells

Mit den Inhalten des TQM werden in der praxisorientierten und wissenschaftlichen Literatur hohe wirtschaftliche Erwartungshaltungen verknüpft. Um dieses in Japan und den USA bereits sehr anerkannte und verbreitete Konzept in Europa zu etablieren, wurde im Jahr 1988 die *European Foundation for Quality Management (EFQM)* von vierzehn führenden europäischen Unternehmen gegründet[267]. Die *EFQM* steht für die Überzeugung, dass europäische Unternehmen durch die Umsetzung von TQM eine führende Position im weltweiten Wettbewerb erlangen können. Sie will hierfür durch die Konzeption eines spezifisch europäischen TQM-Modells adäquate Bedingungen schaffen und dies über die Vergabe des *European Quality Award (EQA)*[268] und der Europäischen Qualitätspreise[269] sowie der Förderung der Selbstbewertung auf Basis des EFQM-Modells[270] unterstützen und die Anwendung der Ansätze des Qualitätsmanagements verstärkt vorantreiben und fördern[271].

Das vorrangige Ziel der *EFQM* ist die Stärkung der europäischen Industrie, indem unternehmerische Qualitätsstrategien verbessert und intensiviert werden sollen. Das EFQM-Modell wurde unter der Federführung der *EFQM* in Zusammenarbeit und mit finanzieller Unterstützung der *EG-Kommission* und der *European Organization for Quality (EOQ)* entwickelt[272]. Es soll ein Rahmenmodell zur Implementierung des TQM-Konzepts liefern, wobei das inhaltliche Vorbild das amerikanische TQM-Modell *(Malcolm Baldrige National Quality Award (MBNQA))* ist, dessen Kriterienraster weitgehend übernommen wurde[273].

Das EFQM-Modell basiert auf dem Ansatz, dass durch die anhaltende Einbindung aller Mitarbeiter und die kontinuierliche Verbesserung der Prozesse bessere Ergebnisse erzielt werden können[274]. Die grundlegende Konzeption und die inhärenten Wirkungszusammenhänge soll Abb. 4-1 verdeutlichen. Der hier darzustellende konstitutive Aufbau des Modells und dessen Kausalzusammenhänge gelten für beide der hier zu besprechenden EFQM-Modelle. Im Folgenden soll zunächst das *EFQM-Modell für Business Excellence*, das bis zum Jahr 1999 gültig war, erörtert werden. Die Modifikationen seines Nachfolgers, dem *EFQM-Modells für Excellence*, beziehen sich nicht auf das Grundmodell, sondern auf einzelne Aspekte innerhalb des Kriterienkatalogs, auf die in Kap. 4.2 eingegangen wird[275].

Abbildung 4-1 Grundlegende Wirkungszusammenhänge des EFQM-Modells[276]

Entsprechend dieser in der Abbildung dargestellten grundlegenden Relationen wird beim EFQM-Modell hinsichtlich seiner Komponenten zwischen *Befähigern*[277] und *Ergebnissen* unterschieden. Während die *Befähiger* das Potential im Sinne von Leistungsvoraussetzungen und Leistungsfähigkeiten bezüglich Umfassender Qualität thematisieren, wird durch die *Ergebnisse* erfasst, was das Unternehmen im Hinblick auf seine Bezugsgruppen – wie Kunden, Mitarbeiter, Öffentlichkeit und Kapitalgebern – leistet und welchen Erfolg es hat und in der Vergangenheit hatte[278]. Hierdurch wird das einfache Grundkonzept erweitert und lautet unter Einbeziehung aller Komponenten des *EFQM-MODELLS FÜR BUSINESS EXCELLENCE* wie folgt:

> „Kundenzufriedenheit, Mitarbeiterzufriedenheit und gesellschaftliche Verantwortung/Image werden durch eine Führung erzielt, welche die Politik und Strategie, eine geeignete Mitarbeiterorientierung sowie das Management der Ressourcen und Prozesse vorantreibt, was letztendlich zu exzellenten Geschäftsergebnissen führt."[279]

Die Bewertung des Realisierungsgrades des TQM erfolgt anhand des EFQM-Modells, das als Aktionsrahmen für kontinuierliche Verbesserungen geschaffen wurde. Wie Abb. 4-2 zeigt, gliedert es sich in neun Bewertungsbereiche auf, die untereinander gewichtet sind und zusammen 1000 Punkte bzw. 100% Erfüllungsgrad ergeben. Als „Befähiger" werden die fünf Bereiche bezeichnet, die als organisationsinterne Komponenten die „Ergebnisse" beeinflussen und zunächst ermöglichen sollen, d.h. sie ermitteln, auf welche Weise die *Ergebnisse* erzielt werden. Die Ergebniskriterien befassen sich damit, was das Unternehmen erreicht hat und gegenwärtig erreicht. Zur Charakterisierung ihres relativen Beitrages innerhalb des EFQM-Modells wurde den neun Kriterien jeweils ein Prozentwert bzw. eine Höchstpunktzahl zugeordnet. Nach diesem Bewertungsschema soll das

Qualitätsmanagement innerhalb der Organisation stattfinden, wohingegen die Ergebnis-Komponenten den Unternehmenserfolg als Ist-Leistung messen und sowohl monetäre als auch nicht-monetäre Komponenten enthalten.

Abbildung 4-2 Das Europäische Modell für Umfassendes Qualitätsmanagement (EFQM-Modell for Business Excellence) [280]

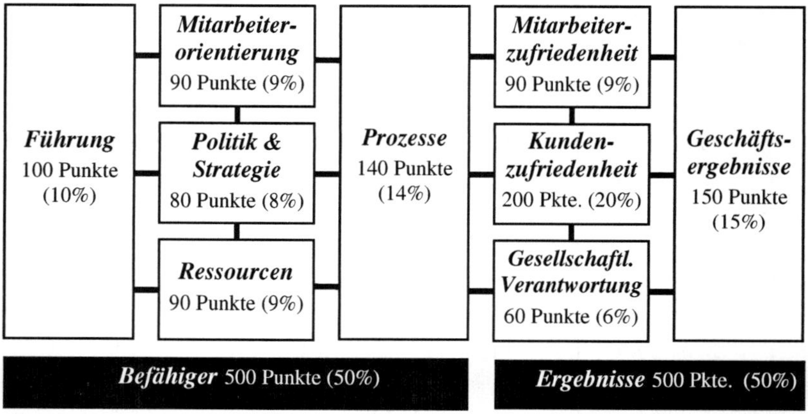

© EFQM

Damit wird der grundlegenden Konzeption des TQM Rechnung getragen, indem die Erfüllung der Kundenanforderungen i. w. S. zu besseren Geschäftsergebnissen führt. Dabei sollen die Verbesserungsaktivitäten in allen Tätigkeitsbereichen einer Organisation (*Befähiger*) zu „Spitzenleistungen"[281] bei der Kunden-, Mitarbeiterzufriedenheit, der gesellschaftlichen Verantwortung/Image und den Geschäftsergebnissen führen (*Ergebnisse*). Umfassendes Qualitätsmanagement wird hierbei als ein entscheidender Faktor zur Erlangung von globalen Wettbewerbsvorteilen gesehen, die dazu beitragen, den längerfristigen Erfolg von Organisationen durch z.B. Effizienzsteigerungen, Kostensenkungen und höhere Mitarbeiter- und Kundenzufriedenheit zu sichern.[282] Das *Europäische Modell für Umfassendes Qualitätsmanagement* wurde auf Basis dieser Komponenten entwickelt, durch deren Erfüllung sich Ressourcen sowohl einsparen als auch neu erschließen lassen, um hieraus eine verbesserte Marktposition gegenüber den Mitbewerbern zu erlangen und die Wettbewerbsfähigkeit europäischer Organisationen auf den nationalen und internationalen Märkten zu steigern.

Um dieses Ziel zu erreichen, besteht die Strategie der *EFQM* darin, die Kerngedanken des TQM zu verbreiten und das Bewusstsein für dessen positive Wirkung auf den Unternehmenserfolg zu stärken. Des Weiteren soll das Modell tatsächliche Anwendung und Umsetzung in den verschiedenen Organisationen erfahren. Die Effektivität des Implementierungsprozesses wird anhand eines Bewertungssystems gemessen[283]. In jedem Jahr werden mehrere Auszeichnungen in den folgenden vier Preiskategorien vergeben:[284]

1. **Unternehmen**
   (ganze Unternehmen oder Teile dessen, die als selbständige Geschäftseinheiten geführt werden)
2. **operationelle Unternehmenseinheiten**
   (Unternehmensteile, die als Kostenzentren geführt werden, z.B. Fabrikationsstätten, Forschungsabteilungen)
3. **Organisationen des Öffentlichen Dienstes**
   (Institutionen, die ohne Gewinnausrichtung Dienstleistungen erbringen und aus Steuermitteln finanziert werden)
4. **Kleine und Mittlere Unternehmen (KMU)**
   (ganze Unternehmen oder Teile dessen, die weniger als 250 Mitarbeiter beschäftigen)

Zum ersten Mal in der 10-jährigen Geschichte des *EQA* gab es im Jahr 2001 keinen Gesamtgewinner bei den „Unternehmen“ und „operationellen Unternehmenseinheiten“[285]. 2002 wurde der Award lediglich in der Kategorie unabhängiger KMU vergeben[286].

Neben der Verwendung als Bewertungsgrundlage für die Vergabe des *EQA* und der Europäischen Qualitätspreise dient das EFQM-Modell vor allem auch als Kriterienmodell für die Durchführung der Selbstbewertung[287] eines Unternehmens. Dabei erfüllt das Modell neben seiner allgemeinen Funktion als integrativer Bezugsrahmen auch weitere Funktionen als Instrument der Evaluation, Maßnahmengenerierung und Organisationsentwicklung sowie auch als Marketinginstrument[288].

Das Modell soll u.a. folgenden Zwecken dienen:[289]

- Grundlage für eine strukturierte und umfassende Diagnose oder Bewertung
- Ableitung von Verbesserungsmaßnahmen
- Bestimmung der zentralen Verbesserungsbereiche
- Orientierungsrahmen und Instrument der Konsensfindung bei der konzeptionellen Ausrichtung
- Mittel zur Kommunikation und Schulung von TQM-Grundsätzen
- Integration der Qualitätsaktivitäten in die normalen und operativen Tätigkeiten
- Grundlage einer umfassenden Qualitätsförderung
- Instrument für internes und externes Benchmarking

Die Bedeutsamkeit des EFQM-Modells zeigt sich auch daran, dass der Verband der Deutschen Automobilindustrie (VDA) die Anwendung des EFQM-Modells fördern und in die offiziellen Anforderungen der Branche aufnehmen und einordnen wird. In Zukunft soll eine Selbstbewertung nach dem EFQM-Modell an Stelle einer Zertifizierung nach DIN EN ISO 9000 oder VDA 6.1 durch das Kraftfahrtbundesamt anerkannt werden[290]. Zudem hat die 72. Gesundheitsministerkonferenz im Juni 1999 die Einführung eines an dem Stand von Wissenschaft und Technik orientierten Qualitätsmanagements in allen Einrichtungen des Gesundheitswesens beschlossen. Mit Inkrafttreten der GKV-Gesundheitsreform 2000 sind nun alle Krankenhäuser, stationäre Vorsorge- und Reha-Einrichtungen sowie Alten- und Pflegeheime etc. zur Einführung eines internen Qualitätsmanagements gesetzlich verpflichtet. Dabei wird das EFQM-Modell zum großen Teil anderen Modellen und Normen gegenüber präferiert, da es in seinem Verständnis von TQM um ein Vielfaches umfassender sei.[291]

4.2 Die Änderungen im EFQM-Modell für Excellence

Das im Jahre 1991 eingeführte EFQM-Modell[292] wird nicht als statisches Konstrukt verstanden, sondern soll turnusgemäß den Änderungen der Wirtschaft und den Anregungen aus der Praxis angepasst werden. Das Grundmodell ist seit der Gründung der *EFQM* gleich geblieben, es basiert nach wie vor auf denselben Prinzipien.[293] In der Regel soll eine Überarbeitung des EFQM-Modells alle zwei Jahre stattfinden[294] – in den Jahren 1995 bis 1999 blieb das Modell jedoch praktisch unverändert[295]. Das aktuell gültige Modell wurde 1999 von der eigens für diesen Zweck ins Leben gerufenen „Model Development Steering Group“ der *EFQM* vorgestellt und ist für die

Bewerbung um den *EQA* und die unternehmerische Selbstbewertung seit dem Jahr 2000 gültig[296]. Um das Modell noch stärker mit dem „Excellence-Gedanken" zu verbinden, ist auch dessen Bezeichnung geändert worden; es wird nun das *EFQM-Modell für Excellence* genannt, um stärker herauszustellen, dass es sich um ein ganzheitliches Modell zur Unternehmensbewertung handelt[297].

Ferner erscheinen die Begriffe „TQM" und „Qualität" nun in keiner der EFQM-Publikationen mehr und insbesondere im Kriterientext nicht – die *EFQM* spricht ausnahmslos von „Excellence". Dies soll aber nicht darüber hinwegtäuschen, dass das Modell weiterhin auf denselben Prinzipien beruht[298] und nach wie vor eine Anleitung zur ganzheitlichen Einführung und Bewertung von TQM darstellt, zumal die Begriffserläuterung zu „Excellence" die gleiche geblieben ist, die einmal für „Umfassendes Qualitätsmanagement" gültig war – „Excellence" und TQM werden hier also synonym verwendet. *Dale et al.* kritisieren in diesem Zusammenhang ausdrücklich, dass diese Begriffs-Substitution nicht nur das TQM-Konzept marginalisiere und Konfusion erzeuge, sondern vor allem den Gedanken verstärke, dass Umfassendes Qualitätsmanagement eine wechselhafte „Laune" sei und keinen wichtigen Faktor mehr in der europäischen Wirtschaft spiele. Insgesamt lassen *Dale et al.* diese Aspekte auf Wortspielereien schließen, die in der Begriffsänderung eine popularitätssteigernde Intention des EFQM-Modells vermuten ließen.[299]

Das *EFQM-Modell für Excellence* unterscheidet sich rein äußerlich nur unwesentlich von seinem Vorgänger (vgl. Abb. 4-3). Im Zuge der Überarbeitung des Modells wurde die prozentuale Bewertung und Gewichtung der einzelnen Kriterien bestätigt und somit beibehalten[300]. Dennoch sind einige Änderungen zu verzeichnen, die sich innerhalb der einzelnen Kriterien und insbesondere der – jedoch beibehaltenen Anzahl von 32 – Teilkriterien auf der Befähiger-Seite befinden. Die Ergebniskriterien sind im Wesentlichen unverändert geblieben[301].
Inhaltlich soll das *EFQM-Modell für Excellence* in der aktuellen Version eine stärkere Ausrichtung auf Kundenbeziehungen und Partnerschaften entlang der Wertschöpfungskette sowie auf das Management von Wissen in Verbindung mit einer zu implementierenden Lernkultur aufzeigen[302]. Diese Aspekte fallen jetzt nicht mehr 'nur' implizit unter verschiedene Kategorien, sondern bilden eigenständige Unterkriterien. Zudem wird das

Stakeholder-Konzept, das auch im TQM-Konzept verankert ist[303], in den einzelnen Teilkriterien nun deutlicher hervorgehoben.

Abbildung 4-3 Das EFQM-Modell für Excellence[304]

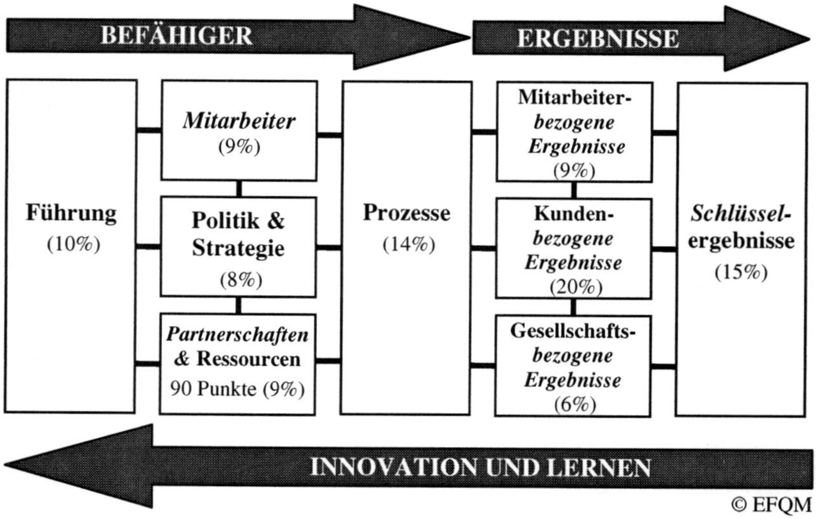

Die Kategorie *Prozesse* ist inhaltlich erweitert worden und fokussiert nun in Anlehnung an die DIN EN ISO 9000 die Entstehung und Entwicklung von Produkten und Dienstleistungen, d.h. konkrete qualitätsbezogene Maßnahmen im gesamten Produktlebenszyklus. Dass sich diese Änderungen nicht lediglich oder vorwiegend auf die Struktur der Unterkriterien beziehen, wird die nachstehende Analyse des Kriterienrasters bei der Transferierung ins AGIL-Schema zeigen. Die *EFQM* beschreibt das *EFQM-Modell für Excellence* wie folgt:

> „Excellent results with respect to Performance, Customers, People and Society are achieved through Leadership driving Policy and Strategy, People, Partnerships and Resources and Processes."[305]

Wesentliche Neuerung ist die Aufnahme der Formulierung *„Partnerschaften"* in die vormalige Bewertungseinheit *4. RESSOURCEN*, die jetzt *4. Partnerschaften und Ressourcen* genannt wird. Die Ergebniskriterien werden durchgehend mit dem Zusatz „Ergebnisse" bezeichnet und beziehen sich nach wie vor auf die Kriterien *6. Kunden*, *7. Mitarbeiter* und *8.*

Gesellschaft. Anstelle der bisherigen Bezeichnung „*9. Geschäftsergebnisse*" sind die Ergebnisse nun auf „Schlüsselleistungen" bezogen und sollen sich stärker an den entsprechenden Prozessen auf der Befähiger-Seite orientieren[306].

Formelle Änderungen sind zudem in der Formulierung der Unterkriterien zu finden, die nicht mehr in 'Wie-Fragen', sondern in Form von Feststellungen dargestellt werden. Das jeweilige Hauptkriterium und die darin enthaltene Anforderung beginnt jedoch nach wie vor mit einer 'Wie'-Anforderung, so wie es auch in der älteren Version des Modells der Fall war. Dabei bleibt jedoch der Fragen-Charakter der Unterkriterien bestehen, und es soll weiterhin die Art und Weise des Vorgehens und nicht die einfache Auflistung von Tätigkeiten dargestellt werden[307], so dass es sich hierbei eher um eine kosmetische Änderung handelt. Zudem werden die Unterkriterien als „should"[308]-Formulierung dargelegt und müssen nicht mehr zwingend behandelt werden. Jedoch ist die Auslassung eines Unterkriteriums triftig zu begründen[309]. Bei den sog. „areas to address" bzw. Orientierungs- oder Ansatzpunkten ändert sich auch lediglich die Anforderungsformulierung in eine weniger präskriptive, d.h. in jedem Unterkriterium *könne* („may"[310]) das Folgende angeführt werden. Damit soll der Vorschriften-Charakter der Kriterien gemildert und noch mehr eigene Darstellungsmöglichkeiten in der Behandlung der Unterkriterien gegeben werden. Jedoch gilt auch hierbei, dass die Auslassung einer der Orientierungspunkte begründet werden soll.[311]

4.3 Punktebewertung der Kriterien

Das EFQM-Modell besteht in beiden Fällen aus neun Kriterien, die durch insgesamt 32 Unterpunkte operationalisiert werden[312]. Durch diese Unterkriterien werden zwar die Prüfbereiche abgesteckt, dennoch hat es eine „bewußt offen gehaltene Grundstruktur"[313], die es den Bewerbern überlässt, in welcher Weise die Sektionen konkret mit den für sie relevanten Informationen ausgestaltet werden. Die Kriterien sind aus dem Grund nicht detailliert unterteilt und beschrieben, um die verschiedenen Organisationstypen und -größen berücksichtigen zu können[314]. Die Bewertung erfolgt anhand einer Skala von 0 bis 1.000 Punkten, die auf den neun Kriterien des EFQM-Modells basiert. Die darin aufgeführten Werte[315] geben die maximal erreichbare Punktzahl für jedes Kriterium sowie die entsprechenden prozentualen Anteile an.

Das Vorgehen der Organisation wird zudem nach dem Ausmaß der Umsetzung des Konzepts beurteilt, demnach in der tatsächlichen Implementierung des TQM-Gedankens über alle relevanten Unternehmensbereiche hinweg. Zur Bewertung der *Ergebnisse* sind Kennzahlen aufzustellen, anhand derer der Erreichungsgrad der selbst gesetzten Ziele, Entwicklungstrends sowie die gegenwärtige Position gegenüber Mitbewerbern und dem Branchenführern erkennbar werden. Die erzielten Ergebnisse müssen sich hierbei eindeutig auf die Methoden, mit denen die Organisationen die Unterpunkte der Kriterien abdecken, zurückführen lassen. In der Bewertung werden äußere Umstände, wie etwa Konjunkturschwankungen, berücksichtigt, so dass gewährleistet sein soll, dass der Erfolg eines Unternehmens stets in Relation zu situativen Bedingungen gemessen werden kann.[316]

Um eine Auszeichnung zu erhalten, müssen die Bewerber anhand des EFQM-Kriterienkatalogs durch eine Selbstbewertung nachweisen, dass ihre unternehmerischen Aktivitäten zur Realisierung von Umfassendem Qualitätsmanagement über mehrere Jahre hinweg einen wesentlichen Beitrag zur Erfüllung von Kunden- und Mitarbeitererwartungen und denen anderer Interessengruppen geleistet haben. Die Bewerbung potentieller Preisgewinner wird zusätzlich zur Überprüfung der Richtigkeit und Vollständigkeit durch ein Assessorenteam vor Ort beurteilt, das im Wesentlichen aus Führungskräften europäischer Unternehmen und Qualitätsexperten besteht[317]. Bewertet werden dabei nicht die neun Kriterien des Modells, sondern die jeweilig dazu gehörenden 32 Unterpunkte, zu denen jeweils genaue, sachliche und abgrenzbare Angaben erbracht werden sollen[318].

Die formulierten Zielsetzungen und Strategien einer Organisation in Bezug auf TQM müssen demnach nicht nur tatsächlich umgesetzt und verwirklicht worden sein, sondern sie müssen sich zudem mittel- bis längerfristig[319] als messbare Ergebnisse faktisch im Unternehmenserfolg niederschlagen. Hierbei wird bereits deutlich, dass alle unternehmerischen Anstrengungen im Hinblick auf TQM auf Langfristigkeit angelegt sind, die von kurzfristigen Ertragssteigerungsmaßnahmen zu unterscheiden sind[320]. Dabei liegt dem EFQM-Modell der Anspruch zugrunde, eine umfassende, aber dennoch keine unveränderliche Rahmenvorgabe zu liefern, anhand derer unternehmerische Qualitätsaktivitäten und deren Niederschlag in Erfolgsgrößen erfassbar sind[321].

4.4 Wirkungszusammenhänge innerhalb des Modells

Dem EFQM-Modell liegt die Annahme zugrunde, dass nicht nur alle neun Kriterien miteinander verbunden sind und sich gegenseitig beeinflussen, sondern dass zudem ein direkter Zusammenhang zwischen den Befähiger- und Ergebniskriterien besteht[322]. So beeinflusse bspw. die Kategorie *Mitarbeiterorientierung* unmittelbar das Kriterium *Mitarbeiterzufriedenheit*[323], woraus sich mittelbar eine erhöhte *Kundenzufriedenheit* und verbesserte *Geschäftsergebnisse* ergeben sollen[324]. Die These, Mitarbeiterzufriedenheit bedinge Leistungserhöhungen und führe somit zu einer gesteigerten Kundenzufriedenheit, findet in der wissenschaftlichen Literatur jedoch keine Bestätigung[325]. Insgesamt wird keine eindeutige (wissenschaftliche) Begründung dafür geliefert, inwiefern davon ausgegangen werden kann, dass die Befähiger-Komponenten des Modells tatsächlich den Unternehmenserfolg und somit letztendlich auch die Geschäftsergebnisse positiv beeinflussen. Statt dessen wird in den Veröffentlichungen der *EFQM* konzis auf Kostensenkungspotentiale[326] und eine Erhöhung der Zufriedenheit aller an der Organisation beteiligten Anspruchsgruppen hingewiesen, die eine Steigerung der Effizienz, Effektivität und Wettbewerbsvorteile nach sich zögen[327]. An anderer Stelle wird argumentiert, dass „[m]an [..] mit gutem Grund erwarten [kann], daß ein Zusammenhang zwischen den erzielten Ergebnissen [...] und den Maßnahmen zur Verbesserung der Leistung in den Befähiger-Kriterien besteht."[328]

Wie bereits erwähnt, bilden TQM-Konzepte, deren theoretische Annahmen für die EFQM-Konstruktion übernommen wurden, die Basis des Modells. Somit ist der Ursprung dieser Ursache-Wirkungs-Relation zwischen Qualitätsmaßnahmen und Unternehmenserfolg auch in den TQM-Ansätzen zu suchen: Eine wissenschaftliche Auseinandersetzung der Kausalzusammenhänge des TQM-Konzepts hat allerdings nach Kenntnisstand der Verfasserin bisher noch nicht stattgefunden, so dass theoretische Modelle demzufolge noch nicht vorliegen. Die im deutschsprachigen Raum zu verzeichnenden Veröffentlichungen entstammen weitgehend Praxisberichten. Trotz der zwischenzeitlich breiten Diskussion derartiger Konzepte existierten empirisch fundierte Aussagen über den Stand der betrieblichen Qualitätspolitik – und damit auch über die Realisierung umfassender Ansätze – in Deutschland nicht oder nur teilweise.[329]

Das EFQM-Modell ist, wie auch das ihm zugrunde liegende TQM-Konzept, ohne Einfluss der Wissenschaft entwickelt worden[330]. Umso mehr muss nach Auffassung der Verfasserin davon ausgegangen werden, dass es sich bei der Erklärungsrichtung und der Annahme der Wirkungszusammenhänge im EFQM-Modell um wissenschaftlich nicht belegte Hypothesen handelt. So weist auch *Malorny* darauf hin, dass bisher kein stichhaltiger Beweis für eine Kausalbeziehung zwischen der Anwendung des EFQM-Modells und den tatsächlich erzielten positiven Ergebnissen von Unternehmungen erbracht werden konnte[331]. Eine empirische Studie von *Hendricks/Singhal* belegt den signifikanten positiven Zusammenhang zwischen Gewinnern von US-amerikanischen Quality Awards und den damit zusammenhängenden Qualitätspreisen mit deren finanziellen Ergebnisparametern. Jedoch können diese Ergebnisse nicht auf das EFQM-Modell und dessen ursächliche Zusammenhänge übertragen werden, da sich diese retrospektive Studie weder auf den europäischen Markt noch auf das Europäische TQM-Modell bezieht[332]. Auch die seit 2001 durchgeführte empirische Untersuchung „Excellence-Barometer“[333] belegt die Kausalbeziehung zwischen wirtschaftlichem Erfolg und EFQM-Modells bislang nicht. Denn in der Selbstauskunft der teilnehmenden Unternehmen werden weder der Implementierungsgrad erfragt noch die Art des angewandten QM-Konzepts bzw. -Modells unterschieden. Somit können auch keine Rückschlüsse auf den Anwendungserfolg des EFQM-Modells gezogen werden.
In der Literatur wird oft das Argument vorgetragen, besonders erfolgreiche Unternehmen wiesen bestimmte Merkmale auf, die weniger effektive Organisationen nicht erkennen ließen[334]. Diese beobachteten Charakteristika werden sodann als signifikante Erfolgskriterien ausgewiesen, deren Fehlen bei weniger erfolgreichen Unternehmen als Erklärung für Wettbewerbsnachteile herangezogen wird[335], wobei die allgemeine Gültigkeit dieses Umkehrschlusses offen bleibt und weiterer Analysen bedarf[336].

4.5 Das AGIL-Schema als soziologische Kontrastfolie zum EFQM-Modell

Im Hinblick auf die folgende, detaillierte Analyse der einzelnen Prüfkriterien bietet sich zunächst eine grundlegende Gegenüberstellung des EFQM-Modells mit dem AGIL-Schema in der hier vorliegenden Variante an. Beiden Konstrukten liegt eine Idealvorstellung von offenen sozialen

Systemen – spezieller: *Organisationen* – zugrunde, dessen Elemente zueinander und zu ihrer Umwelt in vielfältigen Austauschbeziehungen stehen[337]. Das AGIL-Schema wurde zu dem Zweck spezifiziert, um – entgegen der gängigen betriebswirtschaftlichen Behandlung dieser Thematik – aus einem weiter gefassten theoretischen Bezugsrahmen herauszustellen, unter welchen notwendigen Bedingungen Umfassendes Qualitätsmanagement in Organisationen zum Unternehmenserfolg führen kann. Das EFQM-Modell dient als Leitfaden zur (Selbst-)Bewertung von Unternehmen, bei dessen Umsetzung der konkreten Prüfkriterien Wettbewerbsvorteile durch die TQM-Konzeption generiert werden sollen[338].
Beide Modelle betrachten, wenn auch in unterschiedlicher Weise, die Tiefenstruktur für qualitätsorientierte Unternehmen, nicht jedoch die konkreten Ausprägungen der Oberflächenstruktur, die in beiden Fällen offen gelassen wird und Variationen im Einzelfall zulässt[339]. So sind beide Konstrukte von Branchenunterschieden, Rechtsformen etc. unabhängig[340]; das EFQM-Modell enthält jedoch zudem konkrete Strukturmusterausprägungen, die seine neun Kriterien operationalisieren, so bspw. die implizite Forderung nach einem kooperativen Führungsstil[341], während das AGIL-Schema ausschließlich tiefenstrukturelle Merkmale aufweist. Beide Modelle betrachten Unternehmungen als soziale Einheiten, die in erster Linie auf die Zielverfolgung ausgerichtet sind. Im AGIL-Schema wird dies durch die Lage eines Unternehmens im Markt und damit durch den Primärcode der Effektivität ersichtlich. Das EFQM-Modell propagiert ein Zielsystem, das auf internen und externen Erfordernissen an eine bzw. einer Unternehmung orientiert ist, um das eigentliche Ziel, das in Vision und Mission festgeschrieben ist, erreichen zu können[342].

Ein wesentlicher Unterschied liegt mithin darin, dass das AGIL-Schema in einen soziologischen, handlungstheoretischen Bezugsrahmen eingebettet ist und auf organisationale Ebene heruntergebrochen wurde, während die Annahmen des EFQM-Modells auf einem TQM-Konzept beruhen, das aus der betriebswirtschaftlichen Praxis und Beratung entstanden ist[343]. Das AGIL-Schema ist dabei nach funktionalen Erfordernissen differenziert, während das EFQM-Modell bestimmte Prüfkriterien, wie z.B. „Mitarbeiterorientierung", erfragt, die auf verschiedenen Prinzipien des TQM beruhen und in das Kriterienraster übersetzt worden sind. Dem EFQM-Modell liegt dabei der Anspruch zugrunde, anhand dieses Rahmens Stärken und Schwächen einer Organisation präzise bestimmen und die Bereiche, in denen Verbesserungen vorgenommen werden müssen, aufzeigen zu können.[344]

Im Folgenden soll das EFQM-Modell aus der Sicht des AGIL-Schemas analysiert werden, um es aus dieser Perspektive auf seine Stimmigkeit und Vollständigkeit hin zu überprüfen. Die Untersuchung orientiert sich chronologisch primär an dem Kriterienraster des *EFQM-Modells für Business Excellence*; die Veränderungen im *EFQM-Modell für Excellence* werden dabei analog zu den vormalig gültigen Unterkriterien dargestellt. Dabei werden nur die tatsächlichen Änderungen innerhalb des Kriterienrasters berücksichtigt. Die Gegenüberstellung soll dem Zweck dienen, herauszufinden, inwiefern die Anregungen aus Praxis und Wissenschaft dazu beigetragen haben, die Stichhaltigkeit des Modells und die Aufschlüsselung dessen Wirkungszusammenhänge zu erklären bzw. zu erhöhen.

Im Rahmen der Analyse werden die jeweiligen *Unterpunkte* der Prüfkriterien des EFQM-Modells zunächst in die Logik des von *Aretz* herausgearbeiteten und auf das TQM spezifizierten Vierfunktionenschemas überführt. Dabei wird die Reihenfolge des durchnummerierten Kriterienkatalogs der *EFQM* übernommen. Innerhalb des EFQM-Modells werden *nicht* die neun Kriterien bewertet, sondern die jeweilig dazugehörenden (insgesamt 32) Unterpunkte, die getrennt voneinander behandelt und gewichtet werden. Die Zuordnung der zu erreichenden Punkte bezieht sich nicht auf das Kriterium als Ganzes, sondern auf die jeweiligen Unterpunkte der neun Kriterienblöcke. Zu jedem dieser Unterpunkte sind in den Selbstbewertungsrichtlinien Vorschläge zur Ausgestaltung angegeben, die sog. „areas to address", welche eine Hilfestellung zur Interpretation der knapp beschriebenen einzelnen Kriterienunterpunkte bieten sollen.[345]

Das EFQM-Modell beinhaltet keine direkten Handlungsanweisungen, sondern lediglich Prüfpunkte, aus denen implizit normative Vorstellungen des Modells abgeleitet werden können[346]. Die einzelnen Unterpunkte werden durch knappe inhaltliche Erläuterungen beschrieben, wobei es zu keinen weiteren Strukturierungen kommt:

> „Während das amerikanische Modell die Inhalte durch umfassende Erklärungen veranschaulicht und die Hintergründe der Kriterien beschreibt und damit dem Anwender erhebliche Unterstützung gibt, beschränkt sich das europäische Modell auf eine schlagwortartige Beschreibung der Kriterien."[347]

Der Anwender des Modells wird somit einer Mehrdeutigkeit ausgesetzt, deren einziger, von der EFQM angebotener Anhaltspunkt die „areas to address“ sind, die wiederum weder präskriptiv sind noch einen vollständigen, erschöpfenden Katalog darstellen, sondern lediglich dazu dienen sollen, die Bedeutung der Unterpunkte zu veranschaulichen[348], so dass der Erörterungsgrad nach wie vor gering bleibt. Nach Ansicht von *Zink* dient dies dazu, das TQM-Modell allgemein anwendbar zu halten, unabhängig von Branchenzugehörigkeit und Unternehmensgröße[349]. So ziehen einige Autoren diese Begründung wohl berechtigterweise in Zweifel; *Malorny* äußert zusammenfassend, „... daß ‘eine erweiterte Beschreibung der European Quality Award-Kriterien als unabdingbar erscheint’.“[350] Zudem bemängeln verschiedene Autoren das geringe Maß an Verständlichkeit der Erläuterungen[351]. Die *EFQM* begründet die „offene“ Formulierung der Kriterien damit, dass die Verschiedenheiten der Branchen und Unternehmen keine obligatorische Best-Way-Practice zuließen, so dass das Modell zwar Rahmenvorgaben liefere, aber keine bestimmten Verfahren vorschreibe – den Unternehmen werde hiermit die Freiheit gegeben, die für ihre spezifische Situation angemessenen Informationen darzulegen und eigene Methoden zu entwickeln[352]. Die Mehrdeutigkeit entsteht hierbei jedoch gerade durch die schlagwortartige Formulierung der Kriterien und deren Unterpunkte sowie durch das Fehlen einer präzisen Beschreibung des Umsetzungsprozesses[353]. Bei der nachstehenden Einordnung der einzelnen Unterpunkte in das AGIL-Schema wird auf Grund des geringen Operationalisierungsgrades und der knappen inhaltlichen Erläuterungen eng auf die „areas to address“ sowie auf die entsprechende betriebswirtschaftliche und TQM-spezifische Literatur zurückgegriffen.

5 Analyse des EFQM-Modells auf Basis des AGIL-Schemas

5.1 Führung

5.1.1 Führung und Unternehmenskultur

Führung bildet eine unerlässliche Bedingung für die tatsächliche Planung, Implementierung und Umsetzung des TQM[354]. Das Kriterium *Führung* wird einerseits mit 10% im EFQM-Modell gewichtet, bildet andererseits auch gleichzeitig einen Schlüsselfaktor zur Einführung und Stabilisierung eines ganzheitlichen Qualitätskonzepts. Der Aufbau des EFQM-Modells zeigt, „... daß der Ausgangspunkt aller Aktivitäten eine nachhaltige und überzeugende Führung" der Leitungskräfte ist.[355]

TQM kann nicht ohne die Verpflichtung des Topmanagements realisiert werden, so dass das Engagement der Führungskräfte innerhalb des EFQM-Modells als conditio sine qua non angesehen wird[356]. Im *EFQM-Modell für Business Excellence wird* dieses Kriterium wie folgt beschrieben:

> *„Wie das Führungsteam und alle anderen Führungskräfte eine Kultur des Umfassenden Qualitätsmanagements anregen, unterstützen und fördern."*[357]

Der hier von der *EFQM* verwendete Führungsbegriff beschreibt die institutionale und funktionale Dimension der Führung[358], womit demnach die Personen (-gruppen), die Führungsaufgaben wahrnehmen, als auch der Führungsprozess als solcher angesprochen werden[359]. In der Literatur findet sich zudem die Unterscheidung zwischen Unternehmens- und Mitarbeiterführung[360], wobei erstere auf das Gesamtsystem der Unternehmung bezogen ist und die „zielorientierte Planung, Steuerung und Kontrolle von Organisationen" durch Schaffung fördernder Rahmenbedingungen und -entscheidungen für die Kombination aller Leistungsfaktoren im Hinblick auf die Unternehmensziele zum Gegenstand hat[361]. Personalführung hingegen ist auf Personen und -gruppen bezogen und kann als zielorientierte Verhaltensbeeinflussung zur Erfüllung gemeinsamer Aufgaben verstanden werden[362]. Im Vordergrund steht somit – sowohl in der Unternehmens- als auch in der Mitarbeiterführung – stets die Zielrealisierung[363], die dem Funktionserfordernis des Managementsystems im AGIL-Schema entspricht. Da Führung stets auch das hierarchische Verhältnis zwischen Vorgesetzten und Geführten beinhaltet[364], ist das Mittel zur Zieldurchsetzung *Macht*[365], die auf eine nach außen geschlossene Gemeinschaft gerichtet ist. Die prozessualen Elemente der Führung umfassen die Komponenten der Planung, Entscheidung und Kontrolle von Unternehmensressourcen, die von Führungskräften im Hinblick auf ihren Verwendungszweck und auf externe Determinanten koordiniert werden sollen, was der konsumatorischen und externen Ausprägung der Achsen des AGIL-Schemas entspricht. Das Managementsystem ist einerseits für den effektiven organisatorischen Entscheidungsoutput zuständig, den es vis-à-vis der externen Umwelt organisiert, und andererseits für die interne Durchsetzung dieser kollektiv verbindlichen Entscheidungen mittels konzentrierter und legitimierter Macht.

Der erste Kriterienpunkt des *EFQM-MODELLS FÜR BUSINESS EXCELLENCE* beinhaltet jedoch nicht das Führungsverhalten im Allgemeinen, sondern bezieht dieses konkret auf eine TQM-orientierte Unternehmenskultur. Wie in Kap. 3.2.3 beschrieben, sind die Subsysteme Management und Unternehmenskultur/-identität jedoch durch verschiedene Strukturprinzipien, Primärcodes etc. voneinander differenziert und folgen den jeweiligen miteinander nicht substituierbaren Soziallogiken, so dass die Unternehmenskultur nicht bloß ein Instrument der unternehmerischen Führung oder des Personalmanagements zur Verhaltensbeeinflussung der Mitarbeiter darstellt. Da es den sich um den *EQA* bewerbenden Unternehmen überlassen wird, in welcher Form die jeweiligen Unterpunkte ausgestaltet werden, sind die jeweiligen Kriterien offen gehalten, so dass aus dieser Formulierung nicht ersichtlich wird, ob die Unternehmenskultur (zusätzlicher) Bestandteil der Erfassung durch das EFQM-Modell ist. Zur Klärung dieser Frage werden die vier Unterpunkte der Bewertungseinheit *1. FÜHRUNG* herangezogen, die im 1999er-Modell wie folgt lauten:

„Es ist nachzuweisen, wie Führungskräfte:

1a. ihr Engagement für eine Kultur des umfassenden Qualitätsmanagements sichtbar unter Beweis stellen.

1b. den Verbesserungsprozeß und die Mitwirkung daran fördern, indem sie geeignete Ressourcen zur Verfügung stellen und Unterstützung gewähren.

1c. sich um Kunden und Lieferanten und andere externe Organisationen bemühen.

1d. Anstrengungen und Erfolge der Mitarbeiter anerkennen und würdigen."

Beim Nachfolger-Modell – dem *EFQM-Modell für Excellence* – ist die Beschreibung der übergeordneten Bewertungseinheit „Führung" geändert worden:

> *„Wie Führungskräfte die Vision und die Mission erarbeiten und deren Erreichen fördern; wie sie die für den langfristigen Erfolg erforderlichen Werte erarbeiten, diese durch entsprechende Maßnahmen und Verhaltensweisen umsetzen und durch persönliches Mitwirken dafür sorgen, dass das Managementsystem der Organisation entwickelt und eingeführt wird."*[366]

Wurde in der vorherigen Version explizit das Engagement der Führungskräfte[367] für eine TQM-Kultur angesprochen, so ist die neue Definition ausführlicher beschrieben und orientiert sich zusammenfassend an den einzelnen Unterkriterien. Das neu formulierte Kriterium *1. Führung* bezieht sich nach wie vor auf eine TQM-orientierte Unternehmenskultur. Innerhalb dieses Kriteriums sind folglich die klare Definition des „Daseinzweck[s]" und die zu lebenden und sich auf Qualität beziehenden Werte und zu erreichenden Ziele des Unternehmens darzustellen. Dieser Teil des ersten Kriterienblocks ist unverändert geblieben, ist jedoch inhaltlich zum Vorgängermodell um die Entwicklung und Einführung eines Managementsystems, das die Umsetzung und Ausführung sicherstellt, erweitert worden[368].

Die einzelnen Elemente der EFQM-Definition für dieses Kriterium sind insgesamt Bestandteil des personalen Bereichs normativer und strategischer Führung einer Organisation, d.h. sie gehören zum Aufgabenbereich des Top-Managements. Zu diesen Aufgaben gehören nicht nur die Formulierung von Leitideen und normativer sowie strategischer Vorgaben, sondern auch deren Realisierung durch Veränderung in den Strukturen, Prozessen sowie in der Unternehmenskultur und im Personalmanagement[369].

Entscheidend ist beim Kriterium *1. Führung* der Nachweis über systematisches und präventives Handeln und Engagements des Managements über alle Bereiche und Ebenen des Unternehmens hinweg[370]. Besonders sichtbar wird hier auch der verstärkte Stakeholder-Gedanke des neuen EFQM-Modells, da die verschiedenen Bezugsgruppen[371] nun explizit angesprochen werden und einen sichtbaren Einsatz der Führungskräfte nach sich ziehen sollen. Wie sich die Änderungen und Neuerung – insbesondere durch die Aufnahme von Aufbau und Pflege eines Managementsystems –

tatsächlich ausprägen, zeigt sich an den jeweiligen Unterkriterien des EFQM-Modells, die innerhalb der Bewerbung um den *EQA* folgendermaßen umfassend darzustellen sind:

„*1a Führungskräfte erarbeiten die Vision, die Mission und die Werte und agieren als Vorbilder für eine Kultur der Excellence.*
1b Führungskräfte sorgen durch ihr persönliches Mitwirken für die Entwicklung, Überwachung und kontinuierliche Verbesserung des Managementsystems der Organisation.
1c Führungskräfte bemühen sich um Kunden, Partner und Vertreter der Gesellschaft.
1d Führungskräfte motivieren und unterstützen die Mitarbeiter der Organisation und erkennen ihre Leistungen an.“

Die Anzahl der Unterkriterien dieser Bewertungseinheit ist gleich geblieben – es handelt sich nach wie vor um vier Unterpunkte (Tab. 5-1). Die nachstehende Analyse der vier Unterkriterien von *1. Führung* wird zeigen, dass die Führungsaufgaben auch in der aktuellen Version des EFQM-Modells im managerialen Subsystem überaus differenziert betrachtet werden. Dieses ist durch eine Interpenetration mit den drei umliegenden Subsystemen gekennzeichnet, indem einerseits die bereits angesprochene Durchdringung mit dem kulturell/kommunikativen Subsystem erfolgt. Andererseits werden auch das adaptive Subsystem durch das Engagement der Führungskräfte um externe Beteiligte und die Betriebsgemeinschaft durch Mitarbeiterführungs-Aufgaben angesprochen. Der Code des Managementsystems selbst wird durch die Einbindung eines Führungssystems für die Organisation, das auch Managementsystem genannt wird, verstärkt.

Die Unterkriterien *1a. ENGAGEMENT FÜR EINE TQM-KULTUR* UND *1b. FÖRDERUNG DES VERBESSERUNGSPROZESSES DURCH RESSOURCEN UND UNTERSTÜTZUNG* der vormaligen Version des EFQM-Modells sind nun zu einem Kriterium *(1a.)* zusammengefasst worden, das den Zweck bzw. die Mission und die Ausrichtung der Organisation stärker in den Vordergrund treten lassen soll[372]. Dieses neu entstandene Unterkriterium birgt keine inhaltlichen Neuerungen, sondern lediglich Reformulierungen innerhalb der „areas to address“ [373], so dass die nachfolgenden Ausführungen zu den ersten beiden Unterkriterien des älteren EFQM-Modells übernommen werden können und sich auf beide Versionen des Modells beziehen.

Tabelle 5-1 Kriterium 1. Führung im Vergleich zum neuen Modell

altes Modell	**neues Modell**	***Änderungen***
1a. Engagement der Führungskräfte für eine TQM-Kultur 1b. Förderung des Verbesserungsprozesses durch Ressourcen und Unterstützung	1a. Engagement der Führungskräfte für eine Kultur der Excellence	*Zusammenfassung von 1a. und 1b.*
1c. Bemühungen der Führungskräfte um externe Akteure	1c. Engagement der Führungskräfte bei Stakeholdern	*größtenteils unverändert*
–	1b. Implementierung und Verbesserung des Managementsystems	*neu*
1d. Leistungshonorierung der Mitarbeiter und externer Beteiligter	1d. Mitarbeitermotivation und Leistungsanerkennung	*Ergänzung durch Teilaspekte verschiedener anderer Unterkriterien*

Die Subkriterien *1c. Bemühungen der Führungskräfte um externe Akteure* und *1d. Leistungshonorierung der Mitarbeiter und externer Beteiligter* enthalten wenige Änderungen, auf die in den entsprechenden Kapiteln eingegangen wird. Eine faktische Erweiterung des Kriterienrasters erfolgt durch die Aufnahme des Kriteriums *1b. Implementierung und Verbesserung des Managementsystems.*

5.1.2 Engagement für eine TQM-Kultur

In der Beschreibung des vormalig gültigen Punktes *1a.* – „... *wie Führungskräfte [..] ihr Engagement für eine Kultur des Umfassenden Qualitätsmanagements sichtbar unter Beweis stellen [...]*" – findet sich der Begriff der Unternehmenskultur, die aber *als solche* nicht Bestandteil der Bewertungseinheit ist. Diese beinhaltet lediglich *Handlungen* der Führungskräfte in Bezug auf die Unternehmenskultur. Folgt man dieser Formulierung, so wäre bspw. das Implementieren von Leitbildern und Visionen eine mögliche Ausgestaltung des Unterpunktes. Dieser Gedanke findet sich auch in ähnlicher Form als Vorschlag in der Selbstbewertungsbroschüre der EFQM: „Areas to address *could* include *how* leaders: – develop clear values and expectations for the organisation [...]."[374] Da „Engagement für eine

Kultur des Umfassenden Qualitätsmanagements“ ein weit gefasster Ausdruck ist, wird dessen Bedeutungsgehalt und Intention durch die Formulierung des Kriterienpunktes nicht näher ersichtlich, jedoch kann festgestellt werden, dass – wie auch im übergeordneten Kriterium *1. FÜHRUNG* – Handlungen erfragt werden, die von Führungskräften in ihrer Funktion als Vorgesetzte ausgehen. Im Unterpunkt *1a.* bezieht sich diese speziell auf die Gestaltung der Unternehmenskultur[375], womit ein Kulturmanagement angesprochen wird, das durch die Interpenetration des Managementsystems mit der Unternehmenskultur im G_L-Feld des AGIL-Schemas verortet wird.

Nach *Zink* ist bei der Ausgestaltung dieses Kriteriums von besonderer Bedeutung, dass es dem Management gelingt, TQM konsistent und langfristig in der Unternehmenskultur zu verankern, damit TQM zu einem integralen Bestandteil der täglichen Praxis wird. Hierbei sei die vordringlichste Aufgabe des Managements, als Vorbild durch das Vorleben der erwünschten Werte und Normen zu fungieren, so dass dessen Verpflichtung gegenüber der Mitarbeiter-, Kunden- und Lieferantenorientierung erkennbar und damit zu einem vorbildhaften Beispiel und Orientierungspunkt für die Mitarbeiter wird[376]. Das Management soll einerseits sein Engagement und seine Bereitschaft, TQM unternehmensweit durchzusetzen u.a. dadurch zeigen, dass Führungskräfte die Trainingsmaßnahmen zur Förderung organisationsspezifischer TQM-Prinzipien der Mitarbeiter, insbesondere für neue Organisationsmitglieder, unterstützen und selbst an diesen teilnehmen[377]. Andererseits sollen Führungskräfte ihren Mitarbeitern gegenüber offen und erreichbar sein, ihnen zuhören und auf ihre Fragen antworten[378], um beiderseitiges Verständnis zu erzeugen und die Bedürfnisse der Mitarbeiter zu verstehen. Dies kann bspw. in regulären Mitarbeitertreffen geschehen, im Rahmen derer über den Stand der TQM-Realisierung informiert, Ergebnisse präsentiert, Qualitätsziele vorgestellt und geplante Handlungsschritte beschrieben werden. Zudem kann eine „erfolgreiche“ Unternehmenskultur, die das TQM unterstützt und fördert, nur dann realisiert werden, wenn neben Engagement und persönlicher Verpflichtung der Führungskräfte ein entsprechender struktureller Rahmen geschaffen wird, der sicherstellt, dass der unternehmensinterne Wandel hin zu TQM einen dauerhaften Charakter erhält. Im Einzelnen bedeute dies nach *Zink* u.a. die Schaffung einer Atmosphäre, in der alle Mitarbeiter TQM als ein fundamentales Prinzip ihrer Arbeit akzeptieren können und die die Entwicklung des Unternehmens unterstützt. Dies geschehe etwa durch die

Formulierung einer Vision „showing 'the journey's destination'". Diese sollte in spezielle Nachrichten transformiert werden, die erwünschten Handlungen der Mitarbeiter definieren sowie als Basis für die Formulierung individueller Qualitätsziele dienen.[379]

Wunderer et al. bezeichnen diese Art des Führungsprozesses als „allgemein strukturelle Unternehmensführung", die durch ein Kulturmanagement und ein TQM-Bewusstsein der Führungskräfte konstituiert wird[380]. Diese strukturelle Führung werde innerhalb des Kriteriums *1a. Engagement der Führungskräfte für eine TQM-Kultur* durch eine interaktionelle Führung ergänzt, die u.a. über persönliche oder teamadressierte Kommunikation, über die Vorbildwirkung des unternehmerischen Handelns des Vorgesetzten, die Formulierung einer gemeinsamen Mission und interaktionelle Förderungsmaßnahmen wirkt. Hierbei erweise sich der charismatische Führer als besonders erfolgreich. Über einen transformationalen Führungsstil spricht er Werte, Visionen, Motive und Valenzen der Mitarbeiter an, transformiert sie auf eine höhere Ebene und unterstützt so die strukturell gesteuerten, unternehmerischen Transformationsprozesse über direkte Führungsmaßnahmen[381].

Im AGIL-Schema ist die Eigenlogik und Rationalität des Managementsystems genuin durch eine reine Machtlogik konstituiert, mittels derer Entscheidungen in ihrer innerbetrieblichen Durchsetzung – auch gegen Widerstände – erzwungen werden können, um Veränderungen, die mit der Einführung von TQM einhergehen, zu verwirklichen und voranzutreiben. Dies erfordert die Aufgeschlossenheit der Führungskräfte gegenüber dem Wandel und das Bewusstsein für die Notwendigkeit der Einführung von TQM. Die sich daraus ergebenden Veränderungen müssen sowohl das Management als auch die bislang angewandten Führungsmethoden beeinflussen.[382] Je mehr das Managementsystem dabei allerdings durch die Machtlogik und das analytische Gesetz der Spezifikation bestimmt ist, desto mehr werden invariable, operative Ziele spezifiziert und konkretisiert. Diese führen unter dem Effektivitätserfordernis zum Einsatz „mehr oder weniger 'aggressive[r]' Vollzugsstrategien", die Widerstände beim Wettbewerb hervorrufen und dazu führen können, dass die Entscheidungen und Vorgehensweisen nicht mehr von den Mitarbeitern getragen und unterstützt werden, da hierdurch unternehmensinterne Rückkoppelungen auf die Unternehmenskultur und Betriebsgemeinschaft verbunden sind. Um der Entfaltung dieser subsystemischen Eigenlogik entgegenzuwirken, ist es erforderlich, dass das Managementsystem fremdsystemische Codes sekundär einbindet und damit eine strukturelle Kopplung zu seinen Umweltsystemen erzeugt. So können die „reinforcing loops“ unterbrochen und ein systeminternes „produktives Spannungsverhältnis“[383] hergestellt werden, das die dynamischen und beharrenden Kräfte miteinander verklammert und die Systemvarietät erhöht.[384] Durch die Verklammerung der primären Machtlogik mit der Logik des L-Systems werden die strategisch effektive TQM-Politik und Zielsetzung mit kulturell verankerten Leitideen, Visionen und Werten verknüpft, so dass generelle und weitreichende Zielvorstellungen, Visionen, Leitbilder etc. formuliert werden, die zudem die notwendige Spezifikation auf konkrete und situativ angemessene Zielsetzungen aufweisen. Das Management des Unternehmens wird durch die Verbindung dieser beiden Logiken zu einem „manager of meaning“; „er definiert die Situation bzw. die Realität, legt die langfristige Perspektive fest, entwickelt eine Identität der Organisation und verleiht den Aktivitäten des Unternehmens einen tieferen kulturellen Sinn.“[385]

Abbildung 5-1 Unternehmensführung[386]

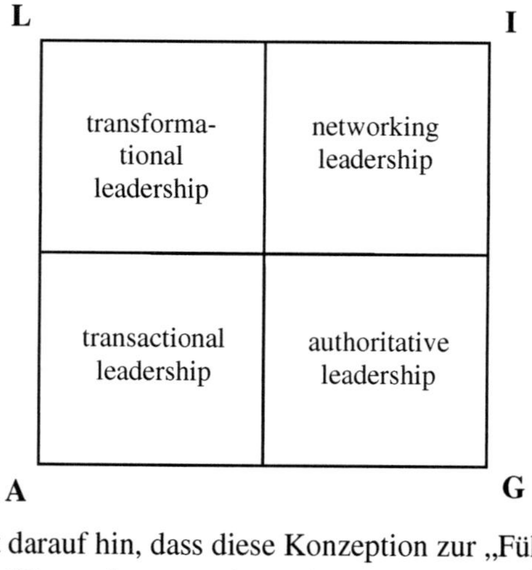

Aretz weist darauf hin, dass diese Konzeption zur „Führung“ in der Literatur unter Begriffen wie „transformational leadership“[387], „credible leadership“[388], „charismatic leadership“[389] oder „Super Leadership“[390] bekannt und dadurch gekennzeichnet ist, dass sie nicht so sehr auf formale Befehlsgewalt abstellt, sondern mehr die Verbindung zu kulturellen Inhalten, Sinn-

und Zweckorientierung und soziale Prozesse betont, die auf selbstverantwortliche und autonome, intrinsisch motivierte Mitarbeiter und Teams abzielt.[391] Die verschiedenen Aspekte der Führungsforschung stellt *Aretz* in den vier funktionalen Grundtypen unter Verwendung des hier angelegten theoretischen Bezugsrahmen wie folgt dar (Abb. 5-1).

Die hier aufgeführten Vorschläge zur Ausgestaltung des Unterpunktes *1a. ENGAGEMENT DER FÜHRUNGSKRÄFTE FÜR EINE TQM-KULTUR* lassen sich somit einerseits in das L-Feld des Managementsystems (G_L) einer Organisation einordnen, da durch die Interpenetration mit dem kulturellen System das Kulturmanagement[392] angesprochen wird, dessen Aufgabe es u.a. ist, Visionen und Unternehmenszwecke zu formulieren und diese Leitideen in die Unternehmenskultur zu implementieren[393]. Durch die sekundäre Einbindung des kulturellen Codes in die Machtlogik des Managementsystems delegiert die Führungskraft nicht ausschließlich durch reine Anweisungen und Befehlsgewalt, sondern führt seine Mitarbeiter über Visionen, Werte und vor allem durch seine eigene Vorbildwirkung zur Zielerreichung, um die Selbstmotivation der Mitarbeiter zu fördern, welche eigene Führungskapazitäten entwickeln, selbständig und ohne formale Führerschaft agieren können[394].

Durch die angegebenen Vorschläge der *EFQM* wird aber nicht nur die Gestaltung eines institutionellen Rahmens über die Zweckerfüllung angesprochen, sondern auch die Verklammerung mit dem Subsystem der Betriebsgemeinschaft. Dies geschieht, indem Führungskräfte TQM-orientierte Trainingsmaßnahmen unterstützen, selbst an diesen teilnehmen und in Verbesserungsaktivitäten involviert werden sollen[395]. Durch die Bindung an die Betriebsgemeinschaft und die Teilnahme an Verbesserungsaktivitäten wird das hierarchische Verhältnis zwischen Führungskraft und Mitarbeiter egalitärer; das Management wird in die TQM-Aktivitäten integriert, steht nicht als bloße Befehls- und Kontrollinstanz außen vor und ersetzt Anweisungen durch Information[396]. Die damit einhergehende Übernahme von Führungsverantwortung, die das I-System als Ressource vom Managementsystem erhält, betrifft dann nicht mehr einzelne Abteilungen oder Geschäftseinheiten, sondern die gesamte Organisation und schafft die Voraussetzung dafür, die Mitarbeiter über sozialen „Einfluss“ statt über „Macht“ zu bestimmten Aktivitäten zu bewegen[397]. Einfluss ersetzt zwar nicht Macht, da diese notwendig ist, Entscheidungen unabhängig vom Willen der Mitarbeiter durchzusetzen bzw. notfalls zu erzwingen. Diese

Handlungsenergie ist überaus notwendig, um Änderungen in das Beharrungstendenzen unterliegende System der Betriebsgemeinschaft schnell verwirklichen und etablieren zu können[398]. Mit Hilfe von Einfluss wird dagegen versucht, „... positiv auf die Handlungs*absichten* anderer Akteure einzuwirken, sie zu einer bestimmten Rekombination ihrer Präferenzen zu veranlassen und sie davon zu überzeugen, daß ein kollektives Handeln auch in ihrem eigenen Interesse liegt, d.h. hier wird sowohl die individuelle als auch die kollektive 'Nutzensteigerung' anvisiert."[399]

Durch die Einbindung der Logik des Ressourcensystems öffnet sich das Management strukturell und bietet damit den freien Zugang zu den Führungskräften und ermöglicht ihre raum-zeitliche Erreichbarkeit und die Gelegenheit, für die Mitarbeiter, stets „ein offenes Ohr" und Antworten auf ihre Fragen zu finden[400]. Das Managementsystem bindet nach der hier angelegten Theorieperspektive jedoch nicht nur fremdsystemische Codes ein, sondern es soll zudem nach dem hier besprochenen Kriterium *1a.* die Führung selbst auf ihre Effektivität hin überprüft und verbessert werden[401]. Damit ist der Primärcode des G-Systems selbst angesprochen, der an dem Effektivitätsprinzip orientiert ist, womit das Ziel der Führung – Effektivität – per se gemeint ist und im Hinblick auf die Zielerreichung und den Beitrag zur unternehmensweiten Implementation des TQM-Konzepts bewertet und ggf. verbessert werden soll.

Zur Einordnung des Kriteriums *1a. ENGAGEMENT DER FÜHRUNGSKRÄFTE FÜR EINE TQM-KULTUR* wurde das Managementsystem nach der Technik der analytischen Differenzierung[402] in vier Grundfunktionen unterteilt, so dass sich die angegeben Bewertungsvorschläge der *EFQM* wie folgt zuordnen lassen (Abb. 5-2):

Abbildung 5-2 Engagement der Führungskräfte für eine TQM-Kultur

G_L	G_G
• Visionen und Erwartungen formulieren • Vorbildfunktion des Managements	• Training geben und selbst daran teilnehmen • an Verbesserungs-aktivitäten teil-nehmen
• für die Mitarbeiter erreichbar sein, ihnen zuhören und antworten	• Effektivität der Führung überprüfen und verbessern
G_A	G_I

5.1.3 Förderung des Verbesserungsprozesses durch Ressourcen und Unterstützung

Das Unterkriterium *1b. des EFQM-Modells für Business Excellence* thematisiert, „... *wie Führungskräfte [...] den Verbesserungsprozeß und die Mitwirkung daran fördern, indem sie geeignete Ressourcen zur Verfügung stellen und Unterstützung gewähren.*" Die Implementierung von ganzheitlichen Qualitätskonzepten benötigt die Beschaffung und Nutzung zweckmäßiger Ressourcen und zusätzlich die aktive Unterstützung aller Führungskräfte auf jeder Ebene der Organisation[403]. Diese energetischen Anreicherungen sind erforderlich, um die angestrebten Visionen tatsächlich in Aktivitäten umzusetzen, die im TQM nicht nur partielle Unternehmenseinheiten betreffen, sondern die gesamte Organisation durchziehen und gleichzeitig durch die Verwendung geeigneter Ressourcen ermöglicht werden sollen[404]. Nach der Logik des AGIL-Schemas liefert das G-System zwar die Strategien zur effektiven Mittelgewinnung und -verteilung, die Mobilisierung und Allokation dieser folgen jedoch Effizienzgesichtspunkten, und die relevanten Ressourcen werden durch das A-System bereitgestellt. Nun lassen sich aber auch in dem A-System tätige Führungskräfte finden. Das Oberkriterium *1. Führung* spricht jedoch explizit *alle* Führungskräfte bzw. das Führungsteam an, und diese sind in ihrer Gesamtheit nicht für die Ressourcenmobilisierung und -allokation zuständig; das „Domizil" der Führung und des Führungsteams ist das Managementsystem, das dem Effektivitätsprinzip unterliegt.

Die Förderung und Unterstützung des innerbetrieblichen Verbesserungsprozesses durch die Bereitstellung geeigneter Ressourcen und den Einbezug der Mitarbeiter wird durch eine Interpenetration des A- und I-Systems mit dem Managementsystem erreicht. Hierbei steht stets die effektive Zielrealisierung, nämlich einerseits die Prozessabläufe derart zu verändern, dass sie möglichst optimal den Kundenanforderungen genügen, und andererseits das Engagement des Managements in Bezug auf diese im Vordergrund, so dass der Primat dem G-System zugeben ist: Die Änderung und Verbesserung von Tätigkeitsabläufen obliegt dem Prozessmanagement (G_I-Feld)[405], das innerhalb der Prozessanalyse Prioritäten im Hinblick auf die Identifizierung von Kernprozessen[406] und die Gestaltung der Ablaufmodifikationen setzt[407]. Hier wird u.a. entschieden, ob bspw. bestimmte Verbesserungsvorschläge angenommen und mit Hilfe welcher Mittel und Methoden diese umgesetzt werden, um eine bestmögliche Anpassung an die zuvor definierten Wege zur Zielerreichung zu gewährleisten. Die Austauschbeziehungen zwischen I- und G-System bestehen hierbei darin, dass die Betriebsgemeinschaft Entscheidungen und Unterstützung von dem Managementsystem fordert, das wiederum die Führungsverantwortung für das Kollektiv im Hinblick auf das zu erreichende Ziel übernimmt[408]. Änderungen in den Tätigkeitsabläufen und Verbesserungsmaßnahmen, welche die routinisierten Prozesse und Arbeitsmethoden modifizieren sollen, benötigen u.a. die Handlungsenergie des symbolisch tiefer liegenden G-Systems, um diese in der Betriebsgemeinschaft zu implementieren und langfristig zu stabilisieren.

Aktive Unterstützung der Verbesserungsmaßnahmen beinhaltet hier nach *Zink* zunächst persönliche Partizipation der Führungskräfte, z.B. durch Formulierung von Prioritäten in den Verbesserungsaktivitäten, bei der Moderation von Workshops, bei der Implementierung von Lösungsvorschlägen, bei der Ausführung von Trainingsmaßnahmen. Dieser persönliche Beitrag zur Unterstützung des TQM-Prozesses trage außerdem dazu bei, die bereits in dem Kriterium *1a. ENGAGEMENT DER FÜHRUNGSKRÄFTE FÜR EINE TQM-KULTUR* geforderte Vorbildfunktion zu erfüllen. Zusätzlich soll die aktive Einbindung aller Mitarbeiter gefördert werden, so dass hierfür ein angemessener struktureller Rahmen durch das Management gestaltet werden soll. Dieser beinhaltet z.B. die Freistellung von Mitarbeitern für Projektarbeiten oder das Bereitstellen von Räumlichkeiten mit entsprechender Ausstattung für Gruppenarbeit[409]. Die Beteiligung der Mitarbeiter an dem Verbesserungsprozess wird ebenfalls durch das Managementsystem ermöglicht[410], indem etwa bestimmte Führungskonzepte oder ein innerbetriebliches Vorschlagswesen eingeführt werden, die diese Kompetenz an die Organisationsmitglieder übertragen, die u.a. durch Qualifizierungsmaßnahmen begleitet und unterstützt werden müssen. Um den kontinuierlichen Verbesserungsprozess im Sinne von TQM-Konzepten langfristig sicherzustellen, ist dieser auf förderliche Rahmenbedingungen der Unternehmenskultur angewiesen, in deren Leitideen derartige Formulierungen durch das G-System ihren Niederschlag finden müssen, um eine tatsächliche Verankerung in der Betriebsgemeinschaft und somit in den Aktivitäten aller Mitarbeiter zu erreichen[411].

Hier müssen jedoch zuvor entsprechende Ressourcen vom A-System aktiviert und bereitgestellt werden, die von der Betriebsgemeinschaft budgetiert und zur Leistungserstellung genutzt werden, damit die insgesamt knappen Mittel eines Unternehmens bestmöglich in die Arbeitsabläufe integriert und die Aktivitäten innerhalb und zwischen den Teilbereichen der Organisation abgestimmt werden können. Das Managementsystem selbst mobilisiert diese Ressourcen nicht, jedoch kann es durch die Verklammerung mit dem A-System für die Bereitstellung der Mittel sorgen, denn unabhängig davon, wie Ressourcen mobilisiert werden, müssen sie als Investition aufgefasst werden, über die durch das Management entschieden wird. Dies kann sich bspw. darin äußern, dass ein TQM-Budget für die weitere Implementierung des Konzepts geschaffen wird, dass Investitionen in Aus- und Weiterbildungsmaßnahmen getätigt werden, die unabhängig von der aktuellen ökonomischen Situation des Unternehmens zu sehen sind und die Mitarbeiter dazu befähigen sollen, an den Verbesserungsaktivitäten teilzunehmen, oder dass langfristige Ressourcen-Allokations-Pläne entwickelt werden[412]. Das Management hat somit dafür Sorge zu tragen, dass die benötigten Ressourcen für relevante TQM-Maßnahmen zur Verfügung stehen, um Verbesserungsaktivitäten und die Teilnahme der Mitarbeiter daran zu unterstützen. Durch diese Öffnung unterliegt das Managementsystem nicht der Gefahr, die angestrebten Ziele unabhängig von der Beschaffenheit und Relevanz der Ressourcen durchzusetzen, sondern weist eine gewisse Flexibilität auf, die es ermöglicht, die Zielsetzung unter Abwägung der eingesetzten Mittel zu erreichen. Verbesserungsprozesse und die Mitwirkung daran müssen in ihrer Effektivität aber auch stets bewertet werden[413], so dass die Abläufe, die den Beharrungstendenzen des I-Systems unterliegen, in ihrem Beitrag zur Zielrealisierung durch das Managementsystem kontrolliert, ggf. durch energetische Handlungsanreicherung erneut verändert und die Teilnahme an diesen verstärkt werden.

Zudem soll die kontinuierliche Verbesserung und die Teilnahme daran durch „promotion systems" forciert werden[414], die durch ein systematisches Informationsmanagement – und somit durch die Interpenetration des G-System mit dem kulturellen System – erreicht werden. Die Kommunikation über den Stand der TQM-Aktivitäten entzieht sich dadurch einer reinen Machtlogik und versucht, die Mitarbeiter von der Notwendigkeit weitergehender Verbesserungsmaßnahmen zu überzeugen. Hierbei wird jedoch nicht die Kommunikation als solche angesprochen, sondern lediglich die Schaffung von Rahmenbedingungen, d.h. ein Informationsmanagement, das zielgerichtete Kommunikation plant und koordiniert (G_L). Die Förderung und Unterstützung der Verbesserungsmaßnahmen und der Mitabeiter-Partizipation kann also nicht durch eine reine manageriale Logik erreicht werden, stattdessen werden durch das Kriterium die Einbindungen verschiedener Sekundärcodierungen und Austauschbeziehungen zu den umliegenden Subsystemen angesprochen, auf das die Führungskräfte zur Durchsetzung der Verbesserungsaktivitäten angewiesen sind (Abb. 5-3).

Abbildung 5-3 Förderung des Verbesserungsprozesses durch Ressourcen und Unterstützung

G_L | G_I

• Informations-management	• Verbesserungsprioritäten definieren • Befähigung der Mitarbeiter zur Mitwirkung • Gewährung von Unterstützung
• Gewährleistung geeigneter Ressourcen	• Bewertung der Verbesserungsaktivitäten und der Mitwirkung daran (Effektivitätsüberprüfung)

G_A | G_G

5.1.4 Management der Stakeholder-Beziehungen

Im Mittelpunkt der Kriterien *1c. PARTNERSCHAFTEN UND NETZWERKE MIT EXTERNEN AKTEUREN* des älteren Modells und *1c. Engagement der Führungskräfte bei Stakeholdern* der aktuellen Version steht das Engagement der Führungskräfte im Hinblick auf Verbindungen zu unternehmensexternen Akteuren, wie Kunden, Lieferanten und anderen externen Beteiligten. Da sich dieses Unterkriterium im Wesentlichen nicht verändert hat, wird zunächst die ältere Version beschrieben, die gleichermaßen für beide Varianten des Modells gültig ist. Im neuen Modell wird explizit ein Stakeholdermanagement-Konzept angesprochen, so dass dieser Aspekt hiervon getrennt in Kap. 5.4.6 dargestellt wird.

Im AGIL-Schema entwickelt das G-System unter ständigen Umfeldbezug und seiner Zuständigkeit für den organisatorischen Output u.a. die Organisationsstrategien, die nach unternehmerischem Geltungsbereich differenziert werden können[415]. So wird die übergreifende strategische Stoßrichtung bspw. für den Funktionsbereich der Beschaffung konkretisiert, indem Beschaffungsprogramme, -wege etc. von dem Managementsystem vorgegeben und so für das System der Ressourcenmobilisierung und -allokation bereitgestellt werden, um nach diesen Vorgaben relevante Mittel zu beschaffen. Unter anderem können so auch Partnerschaften mit Lieferanten eingegangen werden[416], um eine langfristige effektive und effiziente Ressourcenversorgung durch kooperative Netzwerke zu gewährleisten und innovative Logistikkonzepte zu ermöglichen. Somit wird von der *EFQM* ein Umfassendes Qualitätsmanagement nicht ausschließlich unternehmensintern verstanden, sondern orientiert sich zusätzlich an der Einbindung externer Akteure, die nach dem Qualitätsverständnis innerhalb des TQM den Unternehmens-Output maßgeblich, insbesondere präventiv beeinflussen[417]. Das Kriterium *1c. Bemühungen der Führungskräfte um externe Organisationen* spricht jedoch nicht nur Lieferanten an, sondern zudem Kunden[418] und andere externe Organisationen, wobei letztere Gruppe nicht näher spezifiziert wird, so dass nicht ersichtlich ist, um welche Organisationen es sich handeln soll[419].

Das Errichten von Partnerschaften und Netzwerken ist von den strategischen Entscheidungen des Managements abhängig, betrifft jedoch die gesamte Organisation bzw. bestimmte Unternehmensteile, die mit externen Partnern zusammenwirken sollen[420]. Der hier zu behandelnde Unterpunkt bezieht diese Zusammenarbeit aber ausschließlich auf Führungskräfte und auf die Art und das Ausmaß ihrer Bemühungen um externe Akteure. Durch die Verklammerung mit dem A-System öffnet sich das Managementsystem strukturell, passt sich in seiner Zielrealisierung flexibel den situativen Bedingungen an und ermöglicht dadurch, die Belange der Lieferanten, Kunden und anderen Organisationen in die Entscheidungsfindung und -durchsetzung einzubinden. Die Einbindung der Nutzenlogik wirkt der Entfaltung der managerialen Logik entgegen und verhindert die Steigerung von eigenen Machtinteressen der Unternehmensführer zu Gunsten des gesamtorganisatorischen Nutzens. Durch diese Kopplung wird das G-System dynamisiert und kann seine Ziele und Strategien an veränderte Situationen gemäß der Ressourcenlage anpassen[421]. Zudem geht es hierbei darum, mit dem Abschluss von langfristigen Verträgen und dem Wandel des Lieferanten vom reinen Versorgungs- zum Entwicklungs- und Qualitätspartner eine Kooperation auf längere Sicht zu erreichen, die auf gegenseitigem Vertrauen und Verständnis für die Probleme des anderen und nicht auf Konfrontation und Misstrauen beruht[422].

Als mögliche Ausgestaltungspunkte werden von der *EFQM* Angaben über die Schaffung und Teilnahme der Führungskräfte in Partnerschaften und gemeinsamen Verbesserungsaktivitäten mit Kunden, Lieferanten und anderen Organisationen genannt bzw. *wie* solches bewerkstelligt wird[423]. Diese Angaben bewerten demnach nicht, ob zwei Unternehmen miteinander kooperieren und durch partnerschaftliche Zusammenarbeit verbunden sind und somit ihren gemeinsamen Nutzen an dieser Beziehung steigern. Obwohl die Fragestellung[424] der *EFQM* diese Netzwerke als Voraussetzung beinhaltet[425], muss hier davon ausgegangen werden, dass das Engagement der Führungskräfte bewertet wird und nicht die Partnerschaft und Zusammenarbeit als solche oder gar der reibungslose Ablauf oder Nutzen dieser[426]. Im Vordergrund stehen somit die Bemühungen der Führungskräfte um Kooperationen mit externen Akteuren und die strategischen Entscheidungsprozesse, die zur Schaffung und Erhaltung dieser Verbindungen führen, um durch Kooperationen den Unternehmens-Output sicherzustellen oder zu steigern und gemeinsame Ziele zu erreichen[427].

Die Vorgehensweise des Managements bei der Schaffung, Erhaltung und der Teilnahme an diesen Beziehungen ist nun unter der Bewertungseinheit *1c. Bemühungen der Führungskräfte um externe Organisationen* anzugeben. Die Voraussetzung für eine beidseitig gewinnbringende Kooperation ist die Kenntnis über die Bedürfnisse und die Berücksichtigung der Anforderungen der externen Akteure. Als Beispiele dieser Informationsbeschaffung nennt *Zink* u.a. die Einführung eines systematischen Besuchsprogramms und die Nutzung eines Management-Informationssystems[428]. Weiterhin sollte die Beziehung zu Lieferanten und Kunden auf einer Partnerschaft basieren, die sich in gemeinsamen Trainingsprogrammen, Verbesserungsteams[429] und Beratungsleistungen äußert[430].

Ein weiterer wichtiger Faktor für TQM ist die Beziehung zu anderen Organisationen, die nicht zu Lieferanten und Kunden zu zählen sind, des Umfelds und die damit einhergehende Einwirkung auf die Gesellschaft. Die Aufgabe, die Ideen des TQM bekannt zu machen[431], wird im EFQM-Modell den Führungskräften zugesprochen, die als Repräsentanten der Unternehmung Beziehungen zu externen Organisationen aufbauen sollen, um das praktizierte Umfassende Qualitätsmanagement zu verbreiten[432]. So kann sich die Ausgestaltung dieses Unterpunkts einerseits darauf beziehen, inwieweit Führungskräfte als Repräsentanten der Unternehmung an spezifischen TQM-Veranstaltungen teilnehmen oder aktiv mit verschiedenen TQM-Vereinigungen, z.B. der deutschen Vertretung der *EFQM*, zusammenarbeiten. Dazu können auch Vorlesungen an Universitäten zählen oder das Bereitstellen von Informationsmaterial und Fallstudien der Unternehmung[433]. Innerhalb des hier angesprochenen G_L-Felds werden zudem Strategien der Public Relations-Arbeit formuliert, so etwa die finanzielle oder materielle Unterstützung kultureller und sozialer Bereiche[434].

Abbildung 5-4 Engagement des Managements um externe Akteure

G_L	G_I
• TQM außerhalb der Organisation bekannt machen und unterstützen	
• Kundenwünsche aufnehmen, verstehen und darauf antworten • Partnerschaften gründen und daran teilnehmen • Gemeinsame Verbesserungsaktivitäten einleiten und daran teilnehmen • Aktive Teilnahme an professionellen Körperschaften, Konfe-renzen und Seminaren	
G_A	G_G

Das Kriterium *1c. Bemühungen der Führungskräfte um externe Akteure* ist damit einerseits dadurch gekennzeichnet, dass sich das Management zur externen Umwelt hin öffnet und außerhalb hierarchischer Strukturen seine Lieferanten, Kunden und andere Organisationen als Partner ansieht, deren Anforderungen es berücksichtigt und mit denen es kooperativ zusammenarbeitet, um die Output-Qualität des Unternehmens präventiv zu verbessern (G_A). Andererseits gilt es hierbei auch, die Organisation als Führungskraft nach außen hin zu repräsentieren (G_L) (Abb. 5-4).

Wie bereits erwähnt, werden die tatsächliche Kooperation und die durchgeführten Konzepte[435] nicht abgefragt und somit auch nicht durch die *EFQM* bewertet. Gleiches gilt für die Öffentlichkeitsarbeit, denn das Management soll hier sein Engagement in Bezug auf *TQM* nachweisen, so dass nicht von einer nach außen gerichteten, systematischen Unternehmenskommunikation gesprochen werden kann, in der es darum geht, die Ideen und Aktivitäten der *Organisation* zu kommunizieren. Entscheidungen über den Umgang mit externen Akteuren und die Außendarstellung der TQM-Aktivitäten stellen Ableitungen der strategischen Unternehmensplanung dar und werden durch eine Interpenetration des kulturell/ kommunikativen und des Ressourcensystems mit dem G-System erreicht, wobei der Primat dem Managementsystem zuteil wird, das diese Vorgehensweisen festlegt.

5.1.5 Bemühungen der Führungskräfte um Stakeholder

Das Kriterium *1c. Engagement der Führungskräfte bei Stakeholdern* ist umformuliert worden: Es geht nun darum, die Lieferanten der vormaligen Version des Punktes *1c.* *BEMÜHUNGEN DER FÜHRUNGSKRÄFTE UM EXTERNE AKTEURE* als Partner zu benennen und zu behandeln, gleichermaßen jedoch alle anderen an der Unternehmung beteiligten Personen und Gruppen einzubeziehen. Die vormalige Formulierung „Kunden, Lieferanten und andere externe Organisationen“[436] wird dadurch jedoch inhaltlich nicht eingeschränkt oder erweitert: Es handelt sich nach wie vor um für Unternehmung externe Akteure, die in einer bestimmten Weise an dem Unternehmenserfolg beteiligt und/oder interessiert sind. Der Unterschied besteht lediglich darin, dass Lieferanten nun nicht mehr als solche benannt werden, sondern unter den Begriff „Partner“ fallen.

Hierbei wird im EFQM-Modell nun explizit das Stakeholder-Konzept zugrunde gelegt[437], da die Anforderungen und Erwartungen von allen Anspruchsgruppen berücksichtigt werden müssen, um eine Qualität auf allen Ebenen und in allen Bereichen erzielen zu können[438]. Ein Stakeholder ist jeder, der mit dem Unternehmen in einer Beziehung des gegenseitigen Gebens und Nehmens steht und ein Interesse an der Erreichung der Unternehmensziele hat[439]. Dies kann bspw. durch seine Arbeit (Kunde, Lieferant, Mitarbeiter), sein Risikokapital (Shareholder) oder verschiedene Dienstleistungen (Partner) geschehen. Auch die

Gesellschaft im Allgemeinen, oft durch die Medien repräsentiert[440], und Spekulanten gehören zu den Stakeholdern, die als Gegenleistung, ebenso wie das Unternehmen selbst, einen persönlichen Nutzen erwarten.[441] Die Belegschaft als Stakeholder wird in diesem Unterkriterium ausgeklammert, da diese in dem separaten Kriterium *3. Mitarbeiter* berücksichtigt wird.

Die verschiedenen Anspruchsgruppen umfassen die für eine Unternehmung relevanten Teile der Umwelt, insbesondere die Lieferanten von Ressourcen (z.B. auch Fremdkapitalgeber) und die Abnehmer von Leistungen. Auch sog. regulatorische Gruppen, wie bspw. Kommunalbehörden, Gewerkschaften oder Bürgerinitiativen gehören zu den systemfremden Stakeholdern.[442] Die Unternehmung als soziales System steht in vielfältigen Austauschbeziehungen mit ihrer Umwelt und muss sich von dieser abgrenzen, gleichzeitig die von ihr ausgehenden Anforderungen in geeigneter Weise bearbeiten. Im Stakeholder-Ansatz gilt deshalb, dass die Voraussetzung für den Existenzerhalt und die Handlungsfähigkeit eines Unternehmens zunächst einmal Schaffung und Sicherung einer Legitimationsgrundlage ist. Eine Organisation muss dementsprechend vorerst die Akzeptanz der Umwelt gewinnen. Durch diese Legitimität und innerhalb des damit zugestandenen gesellschaftlichen Verhaltensspielraums sollen sich die dann in der Interaktion mit der Umwelt bietenden Chancen und Risiken durch geeignete Maßnahmen genutzt werden.[443]

Die Umwelt wird dabei nicht als anonyme Kraft angesehen, sondern besteht aus verschiedenen Anspruchsträgern, die nach ihrer Bedeutung zum Erreichen der Unternehmensziele zunächst identifiziert werden müssen[444]. Die *EFQM* nennt hier Kunden, Partner und Vertreter der Gesellschaft. Während unter den Begriff Kunden alle externen Kunden fallen, sind mit Partnern alle Parteien gemeint, die an der Wertschöpfung für den Kunden beteiligt sind – so z.B. Lieferanten, Händler, Joint Ventures –, wobei die *EFQM* hierbei anmerkt, dass Lieferanten nicht zwangsläufig einen Partnerstatus haben müssen[445]. Bestimmte Waren oder Dienstleistungen, die keinen direkten Einfluss auf die Wertschöpfung haben, können jederzeit und ohne Beschränkungen beschafft werden, so dass hier das einzige Selektionskriterium der Preis bei geringer Komplexität der Güter ist[446]; man denke bspw. an Büromaterial. Unter Gesellschaft fallen diejenigen Personen oder Organisationen, die nicht zu den oben genannten Gruppen oder Mitarbeitern gehören, aber von der Unternehmung betroffen sind oder auf diese einwirken[447], bspw. Behörden[448].

Wie auch in der vorangegangenen Version des EFQM-Modells wird bei diesem Kriterium nicht nach den tatsächlichen Beziehungen oder Partnerschaften und deren Beitrag für das Unternehmen oder dem Nutzen dessen z.B. für die Gesellschaft gefragt, sondern es geht um das Bemühen *der Führungskräfte*, die diese Strategie einsetzen, um Vorteile für beide Parteien zu schaffen. Ob dabei tatsächlich Entscheidungen über Unternehmensaktivitäten dabei unbürokratischer getroffen werden (können) und eine Einigung über ein gemeinsames Vorgehen schneller erzielt wird bzw. werden kann, wird hierbei nicht erfragt.[449] Die Führungskraft als solche leistet hier nur einen persönlichen, aktiven Beitrag zur Beziehungspflege, und dieser wird von der *EFQM* an dieser Stelle erfragt. Die Beziehungen zu den Stakeholdern der Unternehmung an sich sind im Ressourcensystem des AGIL-Schemas verankert, da einerseits ein beiderseitiger Nutzen aus dem Verhältnis erwartet wird. Andererseits nutzt die Organisation diese Beziehungen instrumentell als Ressourcen zur Erreichung übergeordneter Unternehmensziele zur Erschließung von Erfolgspotentialen. Dies geschieht bspw. in Form von Wertschöpfungspartnerschaften mit Lieferanten oder zur Informationsgewinnung durch Kunden. In diesem Unterkriterium werden aber nicht solche Allianzen der Unternehmung erfragt, sondern das Engagement des Managements bei wichtigen Stakeholdern. Auch die Beschaffung von Informationen und Daten über die Bedürfnisse und Erwartungen der Stakeholder werden hier nicht erörtert; sie sind Bestandteil der Unterkriterien *2a. Entwicklung von Politik und Strategie auf den Bedürfnissen der Interessengruppen* und *2b. Politik und Strategie beruhen auf datenorientierter Basis.* Die Handhabung von tatsächlichen Partnerschaften wird im Kriterium *4a. Externe Partnerschaften* behandelt.

Insgesamt ist dieses Unterkriterium in der Neufassung nicht geändert worden: Auch die Ansatzpunkte enthalten weiterhin Strategien, Entscheidungen und Aktivitäten der Führungskräfte in Bezug auf Kundenwünsche, Gründung von und Teilnahme an Partnerschaften und Verbesserungsaktivitäten sowie an professionellen Körperschaften und Konferenzen. Auch die Verbreitung des Excellence-Gedankens bezieht sich nach wie vor nicht auf eine systematische nach außen gerichtete Unternehmenskommunikation, sondern auf die Bekanntmachung von Total-Quality-Management-Ideen[450]. Allerdings findet sich in den neuen „areas to address“ ein Orientierungspunkt des ehemaligen Unterkriteriums *1d. LEISTUNGSHONORIERUNG DER MITARBEITER UND EXTERNER BETEILIGTER*,

wobei es hierbei darum geht, einzelne unternehmensexterne Personen und Teams für ihren Unternehmenseinsatz und ihre Loyalität anzuerkennen und zu würdigen[451], also um eine positive Sanktion. Dieser Aspekt wurde allerdings lediglich aus dem o.g. ehemaligen Unterkriterium hierher verschoben und inhaltlich in den Kontext integriert.
Da keine wesentlichen Änderungen vorgenommen wurden, bleibt dieses Unterkriterium *1c. Engagement der Führungskräfte bei Stakeholdern* im Managementsystem verortet, wobei die Anerkennung der Leistungen der angesprochenen externen Akteure ins Subsystem G_A einzuordnen ist. Die Führungskräfte sollen hier die verschiedenen Anspruchsgruppen positiv situational sanktionieren. Dies geschieht primär in Form von Anreizen, um Gegenleistungen der Stakeholder zu honorieren und sie zu Beiträgen zur Erreichung der Unternehmensziele zu motivieren[452]. Wenn die Anspruchsgruppen keinen für sich erzielbaren Nutzen erkennen, werden sie auch ihre Beiträge an die Unternehmung reduzieren oder ganz einstellen, was letztendlich sogar deren Lebensfähigkeit in Frage stellen kann[453].

5.1.6 Leistungshonorierung der Mitarbeiter und externer Beteiligter

Das ehemalige Unterkriterium *1D. LEISTUNGSHONORIERUNG DER MITARBEITER UND EXTERNER BETEILIGTER* ist in der neueren Version des EFQM-Modells im Punkt *1d. Mitarbeitermotivation und Leistungsanerkennung* um einige Orientierungspunkte erweitert worden, so dass zunächst die ältere Variante besprochen, bevor auf die Änderungen im darauf folgenden Kapitel eingegangen wird.

Die Leistungen des Managementsystems, die von dem Subsystem der Betriebsgemeinschaft konsumiert werden, bestehen unter anderem darin, Führungsverantwortung für die Mitarbeiter, welche Entscheidungen und Unterstützung von dem G-System fordern, zu übernehmen[454], dementsprechend auch „*Anstrengungen und Erfolge der Mitarbeiter an*[zu]*erkennen und* [zu] *würdigen*“ (Kriterienpunkt *1d.*). Ganzheitliche Konzepte des Wandels sind auf die Unterstützung der Mitarbeiter angewiesen, denn diese sind es letztendlich, die TQM in der betrieblichen Praxis verwirklichen. Da die Realisierung dieses Konzepts ein langwieriger und kontinuierlicher Prozess ist, muss dieser Ablauf auf allen Ebenen der Organisation durch Anerkennung verstärkt werden, um die Arbeitsabläufe, -methoden und erwünschte Verhaltensweisen dauerhaft zu stabilisieren[455].

Die von dem Managementsystem ausgehende, energetische Handlungsanreicherung durch die Veränderungen der Prozesse und die Einführung von Teamarbeit innerhalb des TQM kann hierdurch eine längerfristige Stabilität erlangen, indem das I-System eine kontinuierliche Dynamisierung durch Anerkennung und Belohnung vorbildlicher Leistungen erfährt[456]. Durch die Verklammerung des Managementsystem mit dem der Betriebsgemeinschaft (G_I) operiert das Medium „Macht“ hierbei nicht primär negativ situational durch die Androhung negativer Konsequenzen und die Erzwingung einer gewünschten Handlung[457], sondern es soll durch Ermutigung und Honorierung von Leistungen positiv intentional auf die Akteure eingewirkt werden, was eine negative Sanktionierung bei deviantem Handeln nicht ausschließt, z.B. durch die „Korrektur“ des Verhaltens, das konträr zu den Erfordernissen des TQM steht, oder durch transparente Belohnungssysteme, denen auch stets die Konsequenzen beigefügt sind, die aus der Nichtbefolgung der erwünschten Leistungen entstehen[458]. Durch die sekundäre Einbindung der Logik des I-Systems wird lediglich das Repertoire an Reaktionsweisen der Führungskräfte erweitert. Unter Berücksichtigung der Tatsache, dass der Servicestandard immer von den einzelnen Mitarbeitern abhängt, sollen nicht nur herausragende Leistungen honoriert werden, sondern auch solche, die kontinuierlich ein entsprechendes Niveau zeigen. Um die Mitarbeiter zu beständiger Serviceorientierung zu motivieren, können interne Qualitätspreise ausgeschrieben oder jährliche Qualitätsauszeichnungen vergeben werden[459], die die Betriebsgemeinschaft davon überzeugen, dass qualitätsorientiertes Handeln sowohl in ihrem eigenen Interesse liegt als auch der kollektiven Zielerreichung dient.
Bei dieser Bewertungseinheit sollen jedoch nicht nur die Mitarbeiter und Teams aller Ebenen der Organisation berücksichtigt werden, sondern daneben auch Akteure außerhalb der Unternehmung, so z.B. Kunden, Lieferanten, Universitäten[460]. Jeder an der Organisation Beteiligte sollte ein angemessenes Feedback erhalten, das zeigt, wie Manager die Leistungen und das Verhalten anderer Mitwirkender bemerken und anerkennen[461]. Wie bereits bei Kriterium *1c. Bemühungen der Führungskräfte um externe Akteure* dargestellt, öffnet sich das Managementsystem strukturell durch die Beziehung zu der externen Unternehmensumwelt (G_A). Die Leistungen dieser externen Akteure werden in einem „ökonomischen Tausch“ primär positiv situational sanktioniert, indem bestimmte Handlungen gegen

Anreize oder Geld eingetauscht werden und so die Situation gegenüber dem Ausgangspunkt verbessert wird[462].

Auch hierbei wird eine negativ situationale Sanktion durch das Managementsystem nicht ausgeschlossen, die sich bspw. durch Aufkündigung der Lieferantenverträge äußern kann, welche die Situation des Lieferanten durch den Verlust eines Kunden somit verschlechtert[463]. Das Managementsystem übt hier einen „Orientierungszwang" auf die Lieferanten aus, indem es die „Führungsverantwortung"[464] der Kooperation zwischen Unternehmen und Zulieferer und für beidseitige Belange übernimmt. Die Berücksichtigung der Nutzenlogik bei Lieferantenbeziehungen bleibt jedoch bestehen. So wird ein zulieferndes Unternehmen eine derartige Kooperation nur eingehen, wenn es seinen individuellen Nutzen steigern kann und hierfür entsprechend vom Abnehmer positiv situational sanktioniert wird.

Die Anerkennung und Würdigung von Beteiligten außerhalb und innerhalb der Unternehmung wird im EFQM-Modell stets als Aufgabe des Managements angesehen (Abb. 5-5), das diesen Auftrag auch an dazu ermächtigte Personen weitergeben kann. Damit wird mit dem Kriterium *1d. Leistungshonorierung der Mitarbeiter und externer Beteiligter* sowohl die Führungsverantwortung des Managementsystems für die Betriebsgemeinschaft angesprochen, die qualitätsorientiertes Verhalten fördern soll, als auch dessen Verbindung zu externen Akteuren, deren erwünschte Handlungen in ökonomischen Austauschbeziehungen „gekauft" werden[465].

Abbildung 5-5 Honorierung von Leistungen der Mitarbeiter und externer Beteiligter

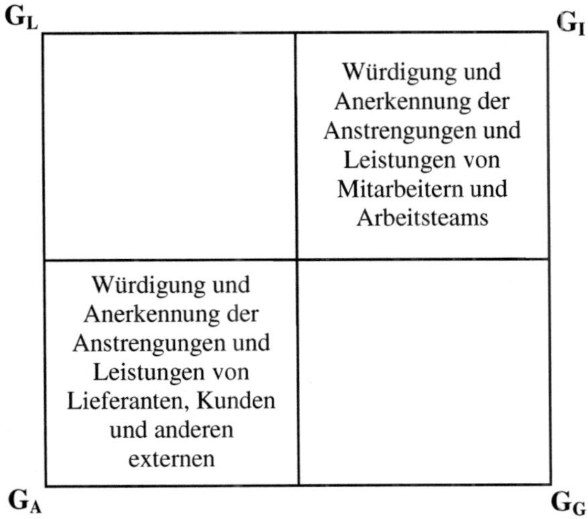

„Macht“ als primäres Interaktionsmedium des G-Systems, wird hierbei nicht ersetzt, sondern es greifen sekundär andere Interaktionsmedien, welche die Entfaltung der managerialen Logik verhindern, da Führungskräfte zwar die Befolgung von Handlungsanweisungen der Betriebsgemeinschaft gegenüber erzwingen können, aber innerhalb des TQM primär daran interessiert sein müssen, sie mit Hilfe anderer Mechanismen zu einer kontinuierlichen und selbständigen Qualitätsorientierung zu motivieren. Die Macht der Führungskräfte ist zudem nur auf eine nach außen geschlossene Gemeinschaft gerichtet, d.h. sie ist außerhalb der Unternehmung nicht legitimiert und wirkungslos, so dass Kunden, Lieferanten und andere Organisationen primär einem Anreiz und nicht dem in Aussicht stellen negativer Konsequenzen durch Nichtbefolgung bedürfen, um überhaupt zu kooperieren.

5.1.7 Mitarbeiterführung

Ähnlich wie bei Kriterium *1c. Engagement der Führungskräfte bei Stakeholdern* handelt es sich bei *1d. Mitarbeitermotivation und Leistungsanerkennung* lediglich um eine Reformulierung der Benennung, in die noch stärker die Ausgestaltungsvorschläge der „areas to address" eingeflossen sind. Damit trägt die *EFQM* der Forderung Rechnung, ihre Kriterien differenzierter und eindeutiger zu formulieren als das im Vorgängermodell der Fall war.

Die von der *EFQM* vorgeschlagenen Orientierungspunkte sind innerhalb dieses Unterkriteriums ergänzt worden, jedoch hat keine Neuerung stattgefunden, sondern es wurden lediglich verschiedene Ansatzpunkte anderer Unterkriterien thematisch geordnet bzw. eingefügt: So befindet sich die Anerkennung und Honorierung externer Beteiligter im jetzigen Unterkriterium *1c. Engagement der Führungskräfte bei Stakeholdern.* Die angemessene und rechtzeitige Leistungshonorierung von Teams und Einzelnen auf allen Ebenen der Organisation ist beibehalten worden. Erweitert wird der Katalog der Orientierungspunkte um die Kommunikation von Politik, Strategie, Plänen, Zielen und Teilzielen[466] aus dem vormaligen Unterkriterium *2b. ENTWICKLUNG VON POLITIK UND STRATEGIE*, wobei hierbei eine sprachliche Konkretisierung erfolgte, indem die heruntergebrochenen Planungen und Ziele in die Kommunikation involviert wurden und jetzt nicht mehr auf Politik und Strategie begrenzt werden[467]. Aus dem ehemaligen Unterkriterium *1a. ENGAGEMENT DER FÜHRUNGSKRÄFTE FÜR EINE TQM-KULTUR* entnommen ist der Ansatzpunkt, dass Manager für ihre Mitarbeiter ansprechbar sein, ihnen aktiv zuhören und auf sie eingehen sollen[468]. Hinzugefügt wurde außerdem, dass die Mitarbeiter befähigt werden sollen, an Verbesserungsaktivitäten mitzuwirken[469], was der Beschreibung des Vorgänger-Kriteriums *1b. FÖRDERUNG DES VERBESSERUNGSPROZESSES DURCH RESSOURCEN UND UNTERSTÜTZUNG* entnommen ist[470].

Im Überblick kann festgestellt werden, dass durch dieses Unterkriterium *1d. Mitarbeitermotivation und Leistungsanerkennung* einerseits die Subsysteme G_I – indem Leistungen anerkannt und Mitarbeiter zur Teilnahme an Verbesserungsmaßnahmen befähigt werden – und G_A – durch das 'offene Ohr' der Führungskräfte – angesprochen werden. Andererseits ist die Kommunikation der Werte, Mission, Politik und Strategie dem G-Feld des kulturellen Subsystems zuzuordnen. Es handelt sich hierbei allerdings nicht um eine rein diskursive Logik, sondern um eine zielgerichtete Information, welche die Bekanntmachung zur Realisierung von Strategien und (Teil-)Zielen, nicht aber eine Rückmeldung der Mitarbeiter beabsichtigt. Das Unterkriterium *1d. Mitarbeitermotivation und Leistungsanerkennung* wird hier dennoch primär dem managerialen Subsystem zugeordnet, da die Mehrheit der Orientierungspunkte auf eine direkte personelle Mitarbeiterführung abzielt.

5.1.8 Implementierung und Verbesserung des Managementsystems

Mit dem Unterkriterium *„1b. Die Führungskräfte stellen durch persönliche Mitwirkung sicher, dass das Managementsystem der Organisation entwickelt, eingeführt und kontinuierlich verbessert wird"* ist ein neuer Aspekt in das *EFQM-Modell für Excellence* aufgenommen worden, der bisher nicht thematisiert wurde: Die Rolle der Führungskraft zum Aufbau und zur Pflege eines Managementsystems wird ergänzt, um die Vision und die Zielerreichung des Unternehmens nachhaltiger zu unterstützen[471].

Managementsysteme werden auch synonym als Führungssysteme bezeichnet und als Systeme für das Management von Unternehmungen begriffen. Darunter versteht man allgemein formal verankerte Systeme für die Gestaltung, Lenkung und Entwicklung von Unternehmungen[472]. Führungssysteme sind bewusst geschaffene und verhaltensbeeinflussende Mechanismen, welche die Strategiefindung und -realisierung technisch-instrumentell unterstützen sollen[473]. Die *EFQM* beschreibt ein Managementsystem analog zu dieser Begriffsauffassung und hebt hervor, dass die Organisation durch ein Führungssystem befähigt werde, die für die Ziele der Organisation erforderlichen Aufgaben zu bewältigen[474]. Dazu gehört – den Orientierungspunkten des Kriteriums *1b. Implementierung und Verbesserung des Managementsystems* folgend – eine entsprechende Ausrichtung der Organisationsstruktur, Verfahren zur Erarbeitung, Umsetzung und Aktualisierung von Politik und Strategie sowie eine Effektivitätskontrolle zur Messung der Leistung der Unternehmung. Zudem sollen eine grundlegende Struktur für die Planung und Einführung von unternehmensweiten Verbesserungen und für die Prozesse der Organisation implementiert werden[475].

Diese Aspekte dienen der grundlegenden Gestaltung, Lenkung und Entwicklung einer Organisation und gehören zu den Hauptaufgaben des Managements, um die komplexe Zielorientierung steuern und regeln zu können[476]. Infolgedessen ist das Managementsystem mit seinen Funktionen und dazugehörigen Aufgaben der Führungskräfte im G-System des AGIL-Schemas verortet. Es dient dazu, die Voraussetzungen i. S. von Strukturen und Verfahrensweisen für die Effektivität des Gesamtsystems herzustellen, und zwar auf einer strategischen Ebene unter strukturell-formalen Aspekten[477]. Dies bedeutet, dass nicht das Verhalten von Organisationsmitgliedern direkt beeinflusst wird, sondern dass strukturelle Arrangements, also förderliche Strukturen, geschaffen werden, die als Zielfindungs- und Planungssysteme Teilsysteme des Managementsystems darstellen, um Veränderungen in den Organisationsstrukturen und -prozessen sowie in der Kultur der Unternehmung und im Personalmanagement erwirken zu können[478].

Die primäre Funktion von Managementsystemen liegt in ihrem Beitrag zur Zielerreichung, d.h. das Geschehen im sozialen System kollektiv verbindlich festzulegen und aktiv mitzugestalten. Durch den damit einhergehenden Dynamisierungsprozess erzeugt das G-System in der Betriebsgemeinschaft auf der Sach- und Sozialebene Veränderungen, um gegenwärtige und zukünftige Herausforderungen bewältigen zu können. Dazu gehören die von der *EFQM* angesprochene Organisationsstruktur und bestimmte Fähigkeiten, aber bspw. auch die Bestimmung von Geschäftsfeldern[479], die das Unterkriterium *1b.* jedoch nicht erfasst. Hier wird im Wesentlichen ein nach innen gerichtetes Managementsystem erörtert, wohl auch da die Marktsegmentierung und bestimmte Marketing-Funktionen in verschiedenen anderen Unterkriterien behandelt werden[480].

5.2 Politik und Strategie

5.2.1 Das Begriffsverständnis von „Politik und Strategie“

Die Frage, ob TQM lediglich als ein zeitlich limitiertes Programm oder als wichtiges und dauerhaftes Ziel der Unternehmung behandelt wird, ist entscheidend davon abhängig, inwieweit Umfassendes Qualitätsmanagement in die Unternehmenspolitik und -strategie eingebunden ist, somit auf die strategische Orientierung und weitreichende Entscheidungen Einfluss hat und nicht als *eine* Methode neben anderen angesehen wird. Ausgangspunkt muss dabei eine erweiterte und mehrdimensionale Qualitätsauffassung sein, die neben der Qualität der Produkte und Dienstleistungen auch die Qualität der Prozesse, der Arbeit(sbedingungen) und die Qualität der Umweltbeziehungen integriert[481]. Hiermit sind ebenso das Herunterbrechen und die Spezifizierung der Zielsetzungen in einzelne Pläne und Maßnahmen verbunden, damit TQM in das tägliche Geschäft implementiert werden kann. Das Kriterium „2. Politik und Strategie“ geht dem Sachverhalt nach, ob eine Unternehmung TQM in sämtliche Organisationsziele eingebunden hat und wie diese für die verschiedenen Geschäftsbereiche operationalisiert werden[482], wie dies auch in der Beschreibung des Oberkriteriums im *EFQM-MODELL FÜR BUSINESS EXCELLENCE* zum Ausdruck kommt:

> *„Wie die Organisation Politik und Strategie formuliert, stufenweise herunterbricht, überprüft und in Pläne und Maßnahmen umsetzt.“*

Diese Bewertungseinheit befasst sich, auch im Nachfolgermodell, mit dem Sachverhalt, dass strategische Stoßrichtungen und weitreichende Unternehmensentscheidungen spezifiziert und in Ziele, Maßnahmen und Vorgehenspläne heruntergebrochen werden müssen, um sie für einzelne Geschäftsbereiche, Arbeitsgruppen und Mitarbeiter verbindlich und realisierbar zu gestalten. Auf den ersten Blick erscheint die Zuordnung dieses Punktes ins AGIL-Schema eindeutig – unternehmenspolitische und -strategische Strukturen werden durch das Managementsystem in Bezug auf situative Gegebenheiten in der Organisationsumwelt selektiert, spezifiziert, implementiert und in ihrer Effektivität überprüft. Die aus der strategischen Stoßrichtung resultierenden Unternehmensziele werden ebenfalls vom G-System in spezielle Pläne und Maßnahmen integriert und mittels legitimierter Macht durchgesetzt. Unternehmenspolitische Entscheidungen stellen dabei Rahmenvorgaben dar, die als unternehmerische Funktion der Zielbestimmung und -erreichung dienen[483] und „echte“ Führungsentscheidungen darstellen[484]. Sie umfassen die originären, allgemeinen und langfristig wirksamen Entscheidungen, die nicht aus höherwertigen Entscheidungen abgeleitet und unmittelbar in Handlungen umgesetzt werden können, jedoch das Verhalten der Unternehmensangehörigen dauerhaft bestimmen. Im Mittelpunkt stehen dabei das Lenken und Gestalten von Unternehmungen durch das Festlegen eines Leitbildes, Unternehmungs- und Führungskonzeptes.[485]

Die *EFQM* versteht unter Politik und Strategie „[t]he top-level framework of the organisation that sets out its underlying mission, values, vision, objectives and strategies.“[486] Die zu überprüfenden Unterpunkte dieses Kriteriums beziehen sich demnach nicht nur auf unternehmenspolitische Vorgaben, Ziele und Strategien[487], sondern zudem auf symbolische „Rahmenvorgaben“[488] wie Werte, Visionen und Missionen, die Bestandteil des L-Systems sind. Die grundlegenden Leitideen werden zwar von dem Managementsystem formuliert und in das kulturell/kommunikative Subsystem implementiert, jedoch sind sie dann nicht mehr Bestandteil des G-Systems und folgen somit auch nicht mehr dessen managerialer Logik, sondern sind diskursiven Strukturprinzipien unterworfen, so dass sie nicht, wie z.B. bestimmte Ziele und daraus abgeleitete Maßnahmen, erzwungen werden können, sondern sie sind auf die freiwillige Verpflichtung der Akteure angewiesen. Aufgrund dieser Überlegungen empföhle es sich, das Kriterium *POLITIK UND STRATEGIE* zu unterteilen, so dass Elemente der Unternehmenskultur und des Managementsystems getrennt behandelt würden. Die nachstehenden Unterpunkte zeigen jedoch, dass ausschließlich die Vorgehensweise bei der Formulierung, Entwicklung, Anpassung etc. von „Politik und Strategie" erfragt werden und nicht die Elemente selbst, so dass die Differenzierung von kulturellen Elementen und Strategien/Zielen nicht vorgenommen wird:

„Es ist nachzuweisen, wie Politik und Strategie:
2a. auf relevanten und umfassenden Informationen beruhen.
2b. entwickelt werden.
2c. bekanntgemacht und eingeführt werden.
2d. regelmäßig aktualisiert und verbessert werden."

Bei der Bewertungseinheit *POLITIK UND STRATEGIE* handelt es sich somit um die Unterscheidung der normativen, strategischen und operativen Ebenen des Managements, wobei das normative Management die Unternehmensverfassung, -politik[489] und -kultur meint und unter strategischen Management die Organisationsstrukturen bzw. Managementsysteme, Programme und Problemverhalten zu verstehen sind. Das operative Management ist auf den konzeptgeleiteten Vollzug des situativen Führungsgeschehens im täglichen Geschäft ausgerichtet[490]. Das normative Management befasst sich mit den generellen Zielen der Unternehmung, mit Prinzipien, Normen und Spielregeln, die darauf ausgerichtet sind, die Lebens- und Entwicklungsfähigkeit der Organisation zu gewährleisten. Darin ist eine Nutzenstiftung für alle relevanten Bezugsgruppen eingeschlossen. Diese definieren die Zwecke der Unternehmung im Umfeld der Gesellschaft und Wirtschaft und vermitteln den Mitgliedern Sinn und Identität im Inneren und Äußeren des sozialen Systems. Demgemäß wirkt das normative Management in seiner konstitutiven Rolle begründend für das Handeln des Managements. Zentraler Inhalt des normativen Managements sind eine unternehmerische Vision und unternehmenspolitisches Handeln und Verhalten, das sich vor allem in der Vorgabe einer Mission konkretisiert.

Das strategische Management leitet sich von der Mission des normativen Managements in der Unternehmenspolitik ab. „Strategie" beutetet hier, Programme, Strukturen und Systeme zu verändern und das Problemlösungsverhalten ihrer Träger sicherzustellen. Während das normative Management Aktivitäten begründet, ist es Aufgabe des strategischen Managements, ausrichtend auf Aktivitäten einzuwirken. Zudem ist das strategische Management daran orientiert, Erfolgspositionen aufzubauen, zu pflegen und intensiv zu nutzen. Normatives und strategisches Management finden ihre Umsetzung im operativen Vollzug, der an ökonomischen oder ökonomisierbaren Größen ansetzt und auf leistungs-, finanz- und informationswirtschaftliche Prozesse ausgerichtet ist. Die Berücksichtigung der wirtschaftlichen Effizienz wird um die Effektivität des Führungshandelns erweitert, das sich in der Kooperation, vertikalen sowie horizontalen Kommunikation und Information ausdrückt. Die Funktionen des operativen Managements bestehen darin, die normativen und strategischen Vorgaben zu konkretisieren, an Fähigkeiten und Ressourcen auszurichten und umzusetzen.[491]

Wie auch bei den anderen Kriterien des EFQM-Modells ist die Beschreibung des Kriteriums 2. *Politik und Strategie* nun ausführlicher formuliert und fasst den Inhalt der Unterkriterien umfassender und detaillierter zusammen:

> *„Wie die Organisation ihre Vision und Mission durch eine klare, auf die Interessengruppen ausgerichtete Strategie einführt und wie diese durch entsprechende Politik, Pläne, Ziele, Teilziele und Prozesse unterstützt wird."*

Diese Beschreibung trägt wie zuvor dem Sachverhalt Rechnung, dass die TQM-orientierte Vision und Mission der Unternehmung in Politik und Strategie eingebunden werden müssen. Ferner sollen diese Absichten zur Zieldurchsetzung nicht nur alle Anspruchsgruppen betreffen, sondern vor allem auf konkrete Pläne und Ziele heruntergebrochen werden. Zur Implementierung ins Tagesgeschäft – und an dieser Stelle wird die Beschreibung erweitert – müssen die Vorhaben aber auch in den Prozessen und somit in die täglichen Abläufe umgesetzt werden. Die *EFQM* richtet hier, wie zuvor auch, ihr Augenmerk auf die Mehrdimensionalität der Qualitätsauffassung, die auch die Qualität der Prozesse, der Umweltbeziehungen etc. berücksichtigen soll[492]. Wie die nachstehenden Kapitel zeigen sollen, erfolgt eine tatsächliche Umstrukturierung der Wertschöpfungskette an dieser Stelle aber nicht. In dem betreffenden Unterkriterium werden lediglich die Voraussetzungen für ein Prozessmanagement definiert.

Folgt man den Ausführungen der *EFQM*, so ergeben sich auch in dem Kriterium *2. Politik und Strategie* nur marginale Änderungen (Tab. 5-7): Das frühere Kriterium *2a. Informationen als Basis der Politik- und Strategieformulierung* ist in zwei Unterkriterien aufgespalten worden (*2a.* und *2b.*), und das neue Kriterium *2c. Entwicklung, Überprüfung und Aktualisierung von Politik und Strategie* ist durch die Zusammenfassung der beiden vorherigen Unterkriterien *2b. Entwicklung von Politik und Strategie* und *2d. Kommunikation und Implementierung von Politik und STrategie* entstanden. Es ist ein neues Kriterium *2d.* eingeführt worden, das die Schlüsselprozesse als Basis der Politik- und Strategie-Entwicklung anspricht.[493] Durch dieses Unterkriterium wird das Kriterienraster insgesamt allerdings nicht erweitert, sondern es enthält lediglich Elemente, die aus dem Oberkriterium *5. Prozesse* der ehemaligen Version des EFQM-Modells hierher verschoben wurden.

Tabelle 5-2 Änderungen im Kriterium 2. Politik und Strategie

<table>
<tr><th>altes Modell</th><th>neues Modell</th><th>Änderungen</th></tr>
<tr><td rowspan="2">2a. Informationen als Basis der Politik- und Strategieformulierung</td><td>2a. Entwicklung von Politik und Strategie auf den Bedürfnissen der Interessengruppen</td><td rowspan="2">2a. aufgeteilt in zwei neue Unterkriterien 2a. und 2b.</td></tr>
<tr><td>2b. Politik und Strategie beruhen auf datenorientierter Basis</td></tr>
<tr><td>2b. Entwicklung von Politik und Strategie</td><td rowspan="2">2c. Entwicklung, Überprüfung und Aktualisierung von Politik und Strategie</td><td rowspan="2">2b und 2d. zusammengefasst in neues Unterkriterium 2c.</td></tr>
<tr><td>2d. Aktualisierung und Verbesserung von Politik und Strategie</td></tr>
<tr><td>2c. Kommunikation und Implementierung von Politik und Strategie</td><td>2e. Kommunikation und Einführung von Politik und Strategie</td><td>unverändert</td></tr>
<tr><td></td><td>2d. Umsetzung von Politik und Strategie durch Schlüsselprozesse</td><td>verschoben von ehemals 5a. und 5b. Prozesse</td></tr>
</table>

Auch die oben genannte Beschreibung des Oberkriteriums lässt vermuten, dass sich die Änderungen lediglich auf die Berücksichtigung von Schlüsselprozessen bei der Strategieformulierung stützen. Die Betrachtung der einzelnen Unterkriterien, die nachfolgend dargestellt sind, geben einen einleitenden Überblick über die erfolgten Modifikationen:

„*2a. Politik und Strategie beruhen auf den gegenwärtigen und zukünftigen Bedürfnissen und Erwartungen der Interessengruppen.*

2b. Politik und Strategie beruhen auf Informationen aus Leistungsmessung, Marktforschung sowie den lernorientierten und kreativen Aktivitäten.

2c. Politik und Strategie werden entwickelt, überprüft und aktualisiert.

2d. Politik und Strategie werden durch ein Netzwerk von Schlüsselprozessen umgesetzt.

2e. Politik und Strategie werden kommuniziert und eingeführt.“

Der Primat des Oberkriteriums liegt weiterhin im G-System des AGIL-Schemas, da es sich hierbei um Unternehmensführungsaufgaben, die in den

Bereich der Führungskräfte fallen und Bestandteile des Managementprozesses sind, handelt. Obwohl hier wieder Elemente der Unternehmenskultur angesprochen werden (Vision, Mission und Werte), geht es lediglich um die normative und strategische Ebene des Managements und nicht um die kulturellen Elemente und deren konstitutive Sinnzusammenhänge. Wie bereits in Kap. 5.1.1 erörtert, fallen Politik und Strategie durch die Begriffsdefinition der *EFQM* sowie Programme, Strukturen und Systeme in die normative und strategische Ebene des Managements. Die operative Ebene wird im Oberkriterium *2. Politik und Strategie* durch Prozesse, Pläne und (Teil-)Ziele in die Betrachtung einbezogen.

5.2.2 Informationen als Basis der Politik- und Strategieformulierung

Im Kriterium *2a. Informationen als Basis der Politik- und Strategieformulierung* wird die konsumatorische Orientierung des Managementsystems angesprochen, indem es bereitgestellte Ressourcen des A-Systems als Mittel für die Zielfindung und -formulierung nutzt. Unter anderem besteht die Leistung des Subsystems Ressourcenmobilisierung/-allokation darin, relevante Informationen zu liefern, die als Produktivitätschancen vom G-System zur (Re-)Formulierung von Organisationszielen, -strategien oder Visionen genutzt werden. Im Unterpunkt *2a.* wird demnach erfragt, inwieweit Entscheidungen des G-Systems auf „relevante[n] und umfassende[n]“[494] Informationen des A-Systems zurückgreifen und *ob* sie als Basis zur Formulierung von Politik und Strategie genutzt werden, nicht aber die Informations*beschaffung* selbst, so dass dieser Bewertungspunkt durch die Verklammerung mit dem Subsystem der Ressourcenmobilisierung in das G_A-System einzuteilen ist.

Die Informationsmobilisierung und Anpassungsfunktion der Organisation stellen zwar die Voraussetzung zur Nutzung dieser Ressource bzw. für die unternehmerische Planung und Entscheidung dar[495], sind jedoch nicht Bestandteil der Bewertung[496]. Angesprochen wird hierbei vielmehr ein „Management by facts“, das sich bei der Formulierung von Politik und Strategie wieder finden muss, um Entscheidungen auf der Basis sachlicher Fakten treffen zu können[497]. Dabei werden sowohl direkte als auch indirekte Faktoren einbezogen, die einerseits aus der Unternehmensrechnung stammen, andererseits auch Angaben über die an der Organisation beteiligten Gruppen und Umweltbedingungen enthalten[498]. Diese stellen

Erfolgspotentiale für die Unternehmung dar, die über eine reine Betrachtung von produkt- und marktspezifischen Aspekten hinaus die in Beziehung zu wesentlichen wettbewerbsrelevanten Aspekten einer Unternehmung erweitert. Dabei werden sowohl bestehende Erfolgspotentiale, d.h. im Zeitablauf gewonnene Erfahrungen einer Unternehmung mit Märkten, Technologien und sozialen Strukturen und Prozessen, berücksichtigt, als auch neue Erfolgspotentiale, die zukünftig geeignet sind, entsprechende Vorteile gegenüber dem Wettbewerb zu erzielen[499].

Innerhalb des Kriteriums *2a. Informationen als Basis der Politik- und Strategieformulierung* sollen jedoch nicht nur die Strategien des Unternehmens entwickelt, sondern zudem Visionen und Missionen kreiert werden, die ebenfalls auf „relevanten und umfassenden Informationen beruhen" sollen. Durch Berücksichtigung umweltspezifischer Gegebenheiten, z.B. Bedürfnisverlagerungen der Kunden, Veränderungen staatlicher Auflagen oder Leistungssteigerung des Wettbewerbs, kann die Reformulierung der Leitideen eine Veränderung der Unternehmensidentität bewirken, die den neuen Verhältnissen angepasst wird[500]. Angesprochen wird hierbei zudem ein normatives Management, das auf Nutzenpotentiale für Anspruchsgruppen ausgerichtet ist und den Mitgliedern der Organisation Sinn und Identität stiftet. Da innerhalb des TQM sämtliche Bedürfnisgruppen zur Sicherstellung einer optimalen Output-Qualität berücksichtigt werden sollen[501], müssen diese Aspekte, neben finanzwirtschaftlichen Kriterien, auch in der Formulierung von Visionen und Missionen der Unternehmung Beachtung finden und in das Wertsystem integriert sein, um eine Verpflichtung bei den Mitarbeitern erzielen zu können[502]. Im Vordergrund steht dabei jedoch nicht die Nutzensteigerung der Beteiligten, sondern eine politisch-strategische Rationalität, die an Effektivität orientiert ist, in der die unternehmerische Entscheidungsfindung und -durchsetzung im Mittelpunkt steht und mittels derer auf TQM ausgerichtete Ziele konsequent verfolgt werden. Dennoch soll durch die strukturelle Öffnung des Managementsystems sekundär eine spezifische Mittelrationalität eingebunden werden, um eine zu starre Zielfixierung auf ausschließlich eigene Zwecke zu vermeiden. Durch die situative Anpassung an veränderte Rahmenbedingungen werden die Belange anderer Beteiligter in die Entscheidungsfindung und -realisierung einbezogen und der Kundenorientierung i. w. S.[503] durch die Einbindung in die generellen Ziele des Unternehmens Rechnung getragen.

5.2.3 Politik und Strategie auf Basis externer und interner Anforderungen

Das ehemalige Unterkriterium *2a. Informationen als Basis der Politik- und Strategieformulierung* ist in zwei Unterkriterien gesplittet worden und stellt nun den gleichen Sachverhalt in zwei voneinander getrennten Kategorien dar[504], um die Nutzung der Informationsbasis für die Entwicklung von Politik und Strategie stärker und differenzierter zu hinterfragen.[505]

Der Unterschied zwischen den beiden neuen Unterkriterien liegt darin, dass *2a. Entwicklung von Politik und Strategie auf den Bedürfnissen der Interessengruppen* als Basis zur Politik- und Strategieformulierung Informationen aus den Erwartungen und Anforderungen verschiedener interner und externer Beteiligter fokussiert. Hier soll erfasst werden, wie das Management Informationen z.B. aus den Entwicklungstrends des Marktes, von Kunden, Mitarbeitern, Partnern und dem Wettbewerb nutzt, um aus diesen das zukünftige Vorgehen vorausschauend zu planen. Zudem wird erfragt, wie der relevante Markt abgegrenzt und Marktsegmente definiert werden. Hingegen bewertet das Kriterium *2b. Politik und Strategie beruhen auf datenorientierter Basis* eher die Verwendung von objektiven, messbaren Fakten aus den Interessengruppen, die aber auch Ergebnisse interner Leistungsindikatoren enthalten.[506] Unterschieden wird hier also nicht die Bezugsquelle der Informationen oder deren Nutzung zur Politik- und Strategiefestlegung, sondern die Art der Daten und Informationen.

Nun schließen sich diese beiden Betrachtungsweisen nicht voneinander aus, sondern bedingen sich vielmehr, zumal das Kriterium *2b.* ebenfalls den Einbezug messbarer Daten von bspw. „Interessengruppen" oder dem „Wettbewerb" verlangt[507]. Das ehemalige, noch nicht aufgeteilte Unterkriterium *2a.* enthielt, mit Ausnahme der Definition der Marktsegmente, eben auch all diese für das Unternehmen relevanten und umfassenden Informationsquellen zur Politik- und Strategiefindung, war aber nicht nach messbaren Fakten und anderen Daten und Informationen aufgeschlüsselt.

Hier geht es also um Grundsatzentscheidungen, die vom Management getroffen werden und die unter Beachtung der Umweltgegebenheiten und Unternehmungsressourcen die Erreichung übergeordneter Unternehmensziele zur Erschließung von Erfolgspotentialen sicherstellen sollen[508].

Die Berücksichtigung aller relevanten Aspekte und Bereiche des Zielsystems, so auch neuer Technologien, interner Leistungsmessungs-Ergebnisse oder sozialer, umweltbezogener und rechtlicher Belange[509], soll die Output-Qualität auf allen Ebenen sichern. Diese Wirkungskette zeigt sich letztendlich auch im EFQM-Modell selbst, das bekanntlich neben verbesserten Geschäftsergebnissen auch Mitarbeiter-, Kunden- und gesellschaftsbezogene Ergebnisse enthält und diesen Zielkriterien bereits in der Strategiedefinition Rechnung tragen muss, um nicht als Zufallsprodukt in Erscheinung zu treten. Dass eine Politik- und insbesondere Strategieformulierung bzw. die Informationsberücksichtigung vorausschauend sein muss[510], ergibt sich aus ihrer Natur: Die Formulierung eines Ziels oder Plans ist stets die Projektion eines gewünschten Ist-Zustands in die Zukunft und kann per definitionem nicht rückblickend erfolgen[511].

Für die Formulierung des Zielsystems muss sich ein Unternehmen nach den Nutzenvorstellungen, den eigenen Möglichkeiten (Ressourcen) und den Umweltbedingungen orientieren[512]. Dabei geht es aber nicht primär um die Nutzensteigerung der Interessengruppen, sondern um die Effektivität des eigenen Unternehmens, das allerdings auf andere Beteiligte, z.B. Lieferanten oder Nachfrager, zur Zielerreichung angewiesen ist. Unternehmungen sind grundsätzlich offene Sozialsysteme, die in Abhängigkeit und ständigen Austauschprozessen mit ihrer Umwelt stehen und ihr Handeln mit externen Bedingungen abstimmen müssen[513]. Hier wird also ein mehrdimensionales Zielsystem gefordert, das für alle Systemmitglieder und Stakeholder einen handlungsleitenden Orientierungsrahmen bildet.

Mit Hilfe von Politik und Strategie wird die Organisation daher mit ihrer Umwelt in Beziehung gesetzt. Der Erfolg hängt dabei entscheidend von der möglichst optimalen Abstimmung interner Unternehmungs- und externer Umweltvariablen ab, die einen Einfluss auf die Zielerreichung haben[514]. In diesem Zielpluralismus formuliert das Management für jeden einzelnen Stakeholder individuelle Ziele, die es aus dessen Ansprüchen und Bedürfnissen ableitet. Hier ist auch das von einem Stakeholder ausgehende Bedrohungspotential zu berücksichtigen, denn je schärfer die zu befürchtenden Folgen für die Unternehmung sind, desto mehr muss sich die Unternehmung bemühen, durch die Befriedung der Ansprüche das Eintreten negativer Folgen zu unterbinden[515].

Im EFQM-Modell muss die oberste Zielsetzung einer Unternehmung die Generierung eines möglichst optimalen (Gesamt-)Nutzens für alle Anspruchsgruppen sein, die sich in den Ergebniskriterien wieder finden.

In Kriterium *2a. Entwicklung von Politik und Strategie auf den Bedürfnissen der Interessengruppen* ist in die sog. „areas to address" die Marktsegmentierung neu hinzugekommen. Dieser Aspekt spricht die Strukturierung der für die Unternehmung relevanten Marktabschnitte und Nachfragergruppen an[516], um eine zielgruppenorientierte Absatzpolitik definieren und betreiben zu können. Die definierten Marktsegmente gelten aber auch als konkrete Vorgabe für die Absatzplanung[517] und sind die Voraussetzung für eine differenzierte Marktbearbeitung[518]. Mit dieser strategischen Bestimmung von Nachfragerpotentialen wird ein Marketinginstrument beschrieben und somit im G_G-System verortet, das in seiner Eigenlogik auch für die effektive Zielformulierung und -durchsetzung am externen Markt zuständig ist.

Mit seinen absatzpolitischen Entscheidungen verfolgt das Unternehmen den Zweck, die eigenen Ziele zu erreichen, indem es Abnehmer und Konkurrenten in seinem Sinne zu beeinflussen sucht. Das Merkmal ist hier die Zweckmäßigkeit, d.h. die Ausrichtung der eigenen Aktionen auf das Zielsystem des Unternehmens. Die Bedingungen auf dem Zielmarkt bestimmen dann letzten Endes die Absatzpolitik[519], um die Verschwendung von Ressourcen durch mangelndes selektives Vorgehen zu vermeiden. Zudem soll vermieden werden, Angebotsbemühungen in Teilmärkten zu unternehmen, in denen das Absatzpotential sehr gering ist[520]. Hier wird wiederum die Unternehmung in Relationen zu ihrer Umwelt gesetzt, diesmal zur Nachfrage und dem Wettbewerb, um im weiteren Verlauf die Absatz- und Marktforschungsaktivitäten auf die verschiedenen Marktsegmente präzisieren zu können.

Insgesamt ergibt sich somit für das Kriterium *2b. Entwicklung von Politik und Strategie auf datenorientierter Basis* wie auch für *2a. Entwicklung von Politik und Strategie auf den Bedürfnissen der Interessengruppen* eine Verortung im G_A-System, während beim letzteren die absatzpolitische Definition des relevanten Marktes zusätzlich ins G_G-System einzuordnen ist. Das Managementsystem öffnet sich im G_A-Feld strukturell, um notwendige Informationen über externe und interne Anforderungen in die Politik- und Strategieformulierung einbeziehen zu können. Im G_G-Feld geht es dann darum, den Absatzmarkt selbst zu betrachten, zu identifizieren und zu segmentieren, und das Managementsystem ist genau für diese Organisation des systemischen Outputs gegenüber dem Markt zuständig. Es kommt darauf an, für ein Angebot gezielt Marktfelder zu selektieren und zu bestimmen, um daraufhin die Marketingaktivitäten anpassen zu können[521]. Damit wird das Effektivitätsprinzip, hier die Durchsetzung der eigenen Ziele auf weithin gesättigten Märkten, angesprochen.

5.2.4 Entwicklung von Politik und Strategie

Die Einführung von TQM bedingt ein langfristig angelegtes Vorgehen der Organisation und ein erweitertes Verständnis dafür, wie positive Geschäftsergebnisse dauerhaft zu erzielen sind. Davon zu unterscheiden sind kurzfristige Aktivitäten, die nur auf eine spezielle Zielgruppe (z.B. Mitarbeiter) abgestimmt sind.[522] Langfristiger Erfolg ist innerhalb des TQM von dauerhafter Kundenzufriedenheit abhängig, kombiniert mit dem Nutzen der Organisationsmitglieder und der Umwelt an der Teilnahme an den Aktivitäten der Unternehmung. Die Leitideen der Organisation und die daraus abgeleiteten Mission, Strategien, Programme etc. beschreiben die Ziele und Werthaltungen der Unternehmung als Grundlage ihrer Realisierung[523]. Damit reflektieren „Politik und Strategie“ unter dem Kriterium *2b. Entwicklung von Politik und Strategie* des Vorgängermodells, auf welche Weise Umfassendes Qualitätsmanagement verstanden wird, und zeigen, ob das Management die Prinzipien des TQM verinnerlicht hat oder unter diesem Konzept lediglich ein kurzfristiges Qualitätsverbesserungsprogramm versteht[524].

Der Punkt *2b.* erfragt hierbei, auf welche Weise „Politik und Strategie“ zustande kommen bzw. wie diese entwickelt werden. An dieser Stelle sind Parallelen zum Kriterium *2a. Informationen als Basis der Politik- und Strategieformulierung* erkennbar, die aber durchaus – als Kontrollinstrument für Richtigkeit und Beständigkeit der Selbstbewertung – von der EFQM fokussiert werden[525]:

> „Areas to address *could* include *how* the organisation: [...]
> - develops policy and strategy based on relevant information maintaining consistency with values, mission and vision [...]
> - balances the needs and expectations of its stakeholders [...].“[526]

An dieser Empfehlung wird zudem deutlich, dass die entwickelten Strategien und Zielsetzungen der Organisation durch die Unternehmenskultur legitimiert sein und im Einklang mit den zugrunde liegenden Werten, Leitbildern und Visionen stehen müssen[527]. Die vom G-System zu implementierenden Leitideen und Strategien wiederum sollten die TQM-Prinzipien widerspiegeln, um eine Voraussetzung für die organisationsübergreifende, langfristige Ausrichtung des Unternehmens an Umfassendem Qualitätsmanagement zu schaffen. Die konkreten Inhalte der Unternehmenskultur folgen hier einer argumentativen Rückführung auf generelle Leitbilder, Visionen etc. und sind somit einer diskursiven Logik unterworfen. Es geht hierbei um die sinnhafte Konsistenz der kulturellen Inhalte, in der die rationale Begründung im Vordergrund steht, so dass diese Forderung der *EFQM* in das L_G-Feld des AGIL-Schemas eingeteilt wird. Folgt man der Formulierung der *EFQM*, wird in diesem Unterpunkt aber nicht bewertet, ob die Visionen, Mission und Werte des Unternehmens bestimmte Aspekte der TQM-Forderungen beinhalten, sondern ob bei der Entwicklung und Formulierung dieser Leitideen ersichtlich wird, dass sich das Management an TQM-Prinzipien orientiert. Der Inhalt der Vision, Mission und Werte der Unternehmung als solche wird hierbei nicht erfragt. Es geht vielmehr um die *Relation* zwischen den TQM-Prinzipien und der Formulierung von Politik und Strategie.

Das Management entwickelt seine Strategien jedoch nicht nur in Bezug auf die Konsistenz mit den generellen Leitideen, sondern vor allem vis-à-vis der externen Umwelt und muss so seine Entscheidungen auch von identifizierten gegenwärtigen und zukünftigen Wettbewerbsvorteilen abhängig machen und kurz- und langfristige Anforderungen und mögliche Belastungen („pressures“) ausgleichen[528]. Die Entwicklung und Formulierung von Politik und Strategie sollte demnach auf der einen Seite sowohl die Bedürfnisse der verschiedenen Bezugsgruppen ansprechen[529] und auf relevanten Informationen beruhen (G_A), als auch zukünftige Wettbewerbsbedingungen (G_G) berücksichtigen. Gleichzeitig sollen die Strategien und Ziele der Unternehmung mit den grundlegenden Leitideen konsistent sein und TQM-Prinzipien widerspiegeln (L_G), um eine langfristig angelegte Qualitätsorientierung der Unternehmung zu reflektieren (Abb. 5-6).

Die Entwicklung und Formulierung von Politik und Strategie soll sich demnach nicht nur an den eigenen Machtinteressen des Managements orientieren, sondern auch die Nutzenpositionen der Stakeholder durch die

Verklammerung mit dem A-System einbeziehen[530]. Der Kriterienpunkt *2b. Entwicklung von Politik und Strategie* beschreibt zudem die Entscheidungsfindung in Bezug auf die eigenen Stärken und Schwächen der Unternehmung und die sich aus der Umwelt ergebenden Wettbewerbsvorteile. Besondere Bedeutung wird auch der Interpenetration des Managementsystems mit dem kulturell/kommunikativen System zugesprochen, durch die strategische Entscheidungen legitimiert werden müssen, um eine Konsistenz mit den Leitideen und Werten herzustellen, die wiederum die Prinzipien des TQM widerspiegeln sollen. Dadurch wird sichergestellt, dass Umfassendes Qualitätsmanagement auf der strategischen und normativen Ebene des Managements zum höchsten Ziel wird, anstatt nur Nebenprodukt zu sein. Zudem wird durch die symbolisch höher liegenden Subsysteme das Managementsystem in seinen strategischen Zielsetzungen gesteuert. Damit wird sichergestellt, dass das Management nicht ausschließlich den eigenen Machtinteressen nachgeht, sondern gegenüber den generellen Leitideen des Unternehmens in seinen Aktivitäten verpflichtet ist.

Abbildung 5-6 Entwicklung von Politik und Strategie

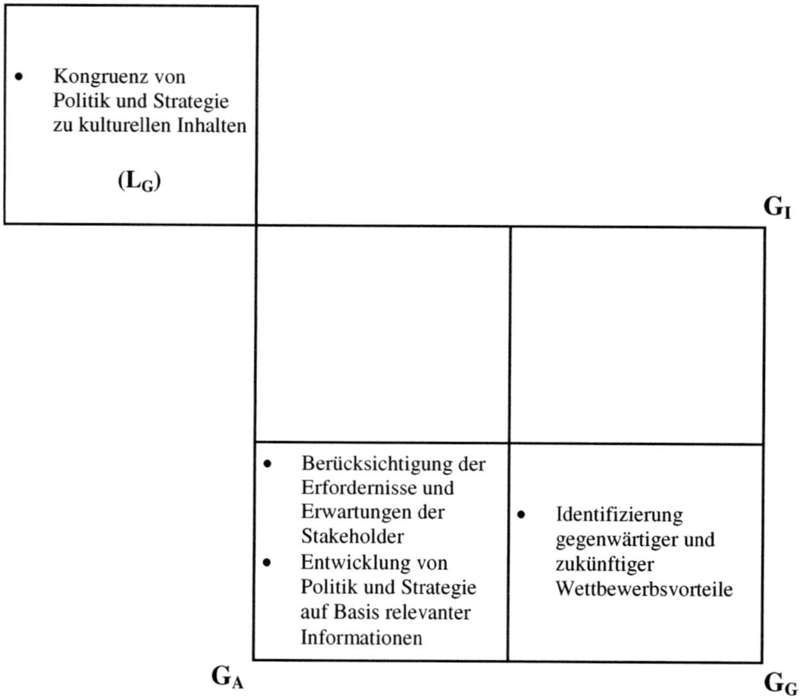

5.2.5 Aktualisierung und Verbesserung von Politik und Strategie

Die „steigende Dynamik und Komplexität der Umwelt in den letzten Jahren" hat dazu geführt, dass Unternehmenspolitik und insbesondere die Strategie und deren Implementation nicht statisch sein dürfen, sondern in Relation zu den Veränderungen des Marktes und den Rahmenbedingungen fortwährend angepasst werden müssen. Aufgrund dessen benötigen Unternehmen bestimmte Methoden, die Effektivität und Relevanz der Unternehmenspolitik und Strategie messen sowie neue Verfahren mit dem Ziel ihrer ständigen Verbesserung und Erneuerung.[531] Kriterium *2d. Aktualisierung und Verbesserung von Politik und Strategie* erfragt nun, inwieweit die strategische und unternehmenspolitische Planung einer

Organisation einen kontinuierlichen Verbesserungs- und Aktualisierungsprozess darstellt:

> „Areas to address *could* include *how* the organisation:
> – evaluates the relevance and effectiveness of policy and strategy
> – reviews, updates and improves policy and strategy […].‘‘[532]

Die Organisation besteht in dem hier angelegten theoretischen Bezugsrahmen aus einem kontinuierlichen Austauschprozess von Leistungen, der vertikal durch die kybernetische Bedingungs- und Steuerungs-Hierarchie konstituiert ist[533]. Durch den vom A-System ausgehenden Dynamisierungsprozess können relevante Informationen aus der Systemumwelt Änderungen in den politischen und strategischen Vorgaben der Organisation bewirken. Dies geschieht bspw. durch das Eruieren relevanter Marktdaten über Kundenerwartungen und das Verhalten des Wettbewerbs[534], die vom Managementsystem in ihrer Priorität bewertet werden. Auf diese Weise wird die eigene Marktposition eingeschätzt und mit den gegenwärtigen strategischen Vorgaben abgeglichen. Diese, vom Ressourcensystem ausgehende, energetische Anreicherung kann dazu führen, dass Strategien und Maßnahmen verbessert oder neu formuliert werden, wenn diese nicht oder nur ungenügend erfolgsversprechend sind.

In Abhängigkeit von dem Ausmaß und der Intensität der strategischen Modifikationen können Änderungen in der Unternehmenskultur erforderlich werden, so etwa eine Re- oder Neuformulierung der Visionen, Missionen und Leitbilder. Dieser Dynamisierungsprozess geht vom Managementsystem aus, das die Leitideen etc. in die Unternehmenskultur implementiert, wobei das L-System stärkeren Persistenztendenzen unterliegt als das G-System, so dass bei schnell wiederkehrenden „Verbesserungen“ der Vision und Leitbilder die Gefahr besteht, dass das Unternehmen seine Identität verliert. Die Unternehmenskultur bewahrt die latenten Strukturen der Organisation, die operative Änderungen in den Zielsetzungen und Maßnahmen zulässt, aber von tiefer gehenden Modifikationen nicht unberührt bleibt. Die sich aus den neu formulierten oder der Situation angepassten Strategien und Leitideen ergebenden Änderungen in der Betriebsgemeinschaft, also auch in den Arbeitsgruppen, werden hierbei von der *EFQM* nicht berücksichtigt; lediglich die Prozesse werden in einem gesonderten Kriterienpunkt behandelt[535].

5.2.6 Entwicklung, Überprüfung und Aktualisierung von Politik und Strategie

In der aktuellen Variante des EFQM-Modells ist das Unterkriterium *2c. Entwicklung, Überprüfung und Aktualisierung von Politik und Strategie* aus der Zusammenlegung der vorherigen Kriterien *2b. Entwicklung von Politik und Strategie* und *2d. Aktualisierung und Verbesserung von Politik und Strategie* entstanden[536]. Diese Zusammenfassung diene laut *Radtke/Wilmes* dazu, den Umgang mit dem Unterkriterium zu erleichtern, da die entsprechenden Prozesse in der Unternehmenspraxis nur schwer voneinander trennbar seien[537]. Dieses Unterkriterium enthält allerdings die Neuerung, dass hier nicht mehr die Entwicklung von Vision und Mission erfragt wird[538]. Dieser Aspekt ist im Vorgänger-Modell in verschiedenen Unterkriterien wiederholt gefordert worden und beschränkt sich in dieser Version des Modells auf die Unterkriterien *1a. Engagement der Führungskräfte für eine Kultur der Excellence.*

Innerhalb dieses Unterkriteriums wird damit nach wie vor die Konsistenz der Politik und Strategie mit den generellen Leitideen der Unternehmung erfasst, um generelle Ziele und die Werthaltung, welche die TQM-Prinzipien ausdrücken, als Grundlage jeglicher Unternehmensaktivitäten sicherzustellen. Es geht hier also um die Legitimation der managerialen Aktivitäten durch die Unternehmenskultur und die sinnhafte Konsistenz mit kulturellen Inhalten (L_G). Der Excellence-Gedanke bestimmt somit durch einen Steuerungsprozess vom symbolisch höher liegenden kulturellen Subsystem die normative und strategische Ebene des Managements. Damit wird sichergestellt, dass die grundlegenden Rahmenvorgaben des Unternehmens mit seinen generellen Leitideen und Visionen übereinstimmen und von hier aus in die funktionellen Bereiche heruntergebrochen werden können.

Auf der anderen Seite wird aber auch der Dynamisierungsprozess beleuchtet, der vom Ressourcen-System ausgeht, eine Starrheit im Managementsystem verhindert und dieses dazu zwingt, die Politik und Strategie den veränderlichen Umweltbedingungen, unterschiedlichen Anforderungen und möglichen Restriktionen anzupassen[539]. Diese strukturelle Öffnung des Managementsystems ist im G_A-System verortet und dient dazu, den Marktveränderungen und Bedürfnissen der Stakeholder gerecht zu werden und Politik und Strategie dementsprechend zu überprüfen und aktualisieren[540]. Unternehmenspolitik und -strategie stehen somit in einem Gleichgewicht und werden damit ihrem mittelfristigen strategischen Charakter gerecht: Sie dienen als Orientierungsmaß, beruhen auf der Basis genereller Soll-Leitideen und sind durch diese legitimiert. Externe Veränderungen werden aber integriert und den Unternehmensplänen zur kontinuierlichen Sicherstellung der Effektivität angepasst.

5.2.7 Kommunikation und Implementierung von Politik und Strategie

Das Unterkriterium *2e. Kommunikation und Einführung von Politik und Strategie* des neueren Modells enthält gegenüber dem dazu korrespondierenden Kriterium *2c. KOMMUNIKATION UND EINFÜHRUNG VON POLITIK UND STRATEGIE* des ehemals gültigen EFQM-Modells keinerlei Neuerungen und ist wortwörtlich, auch innerhalb der „areas to address", in den Kriterienkatalog des *EFQM-Modells für Excellence* übernommen worden[541], so dass die nachstehende Analyse gleichermaßen für beide Varianten gilt.

Die Formulierung von Politik und Strategie bewirkt per se noch nichts: Visionen, Missionen etc. sowie von Strategien und Zielsetzungen bleiben „Lippenbekenntnisse"[542], wenn sie nicht in konkrete Maßnahmen und Prozesse umgesetzt werden. Durch die hierarchisch gestaffelte Abfolge von Entscheidungen werden globale Organisationsziele in konkrete Handlungsanweisungen transformiert[543]. Die Leitideen benötigen daher Konkretisierungen und Strategien, mit Hilfe derer sie realisiert werden, und Strategien benötigen einer Spezifizierung in bestimmte Pläne und Maßnahmen, die für spezielle Unternehmensbereiche verbindlich festgesetzt und in der Betriebsgemeinschaft durchgesetzt werden, um die Qualitäts- und Kundenorientierung tatsächlich in die tägliche Praxis umzusetzen[544].

Durch den hier angelegten theoretischen Bezugsrahmen lässt sich diese Forderung analytisch erfassen[545]: Die Symbolgehalte der Visionen, Leitbilder etc. sind derart generalisiert, dass sie vielfältige Interpretationen und somit verschiedene Handlungsmöglichkeiten zulassen. „Kompromißlose Servicequalität" skizziert so zwar den Sachverhalt, dass der Kunde im Mittelpunkt steht und seine Anforderungen durch überragenden Service erfüllt werden sollen; auf welche Weise dies geschehen und wie dieses Leitbild konkret umgesetzt werden soll, bedarf einer Determinierung des Bedeutungsgehalts und einer Spezifizierung in bestimmte Handlungsanweisungen. Dazu werden energetische Handlungsanreicherungen erforderlich, die von den symbolisch tiefer liegenden Subsystemen ausgehen. Die in Kapitel 3.3.3 beschriebene Dynamisierung, die von dem Subsystem der Betriebsgemeinschaft ausgeht, d.h. die kollektive Verankerung der Leitideen in dem I-System und die affektuelle Bindung der Mitarbeiter an diese sowie die Überführung in eine gewisse Selbstverständlichkeit oder die partizipative Formulierung der Rahmenvorgaben, wird von der *EFQM* im Kriterium *2c. KOMMUNIKATION UND IMPLEMENTIERUNG VON POLITIK UND STRATEGIE* nicht erfragt. Stattdessen wird der von dem G-System ausgehende Dynamisierungsprozess und das analytische Gesetz der Spezifikation angesprochen, durch das die generellen Leitideen strategisch operationalisiert und in konkrete Zielvorstellungen eingebettet sowie für alle Ebenen und Bereiche spezifiziert werden[546]. Die Erfolgskontrolle der so kollektiv verbindlichen Entscheidungen findet ebenso durch das Management statt, das auf der Grundlage erreichter Leistungsmerkmale Strategien und Pläne ändert, verbessert und priorisiert[547], um die weiterreichenden Visionen realisieren zu können. Im Mittelpunkt des Kriteriums *2c.* steht somit die Übersetzung der generellen Prinzipien und Strategien des Unternehmens in definierte Unternehmenspläne und die Implementierung dieser[548], womit die Operationalisierung der normativen und strategischen Vorgaben bspw. in funktionale Bereiche angesprochen wird[549].

Eine Vorbedingung für die Registrierung und Akzeptanz der Visionen, Missionen, Strategien etc. bildet die Bekanntmachung durch die Kommunikation von Politik und Strategie, die durch den Bewertungspunkt *2c. KOMMUNIKATION UND IMPLEMENTIERUNG VON POLITIK UND STRATEGIE* zusätzlich erfragt wird[550]. Die *EFQM* lässt an dieser Stelle offen, ob es sich hierbei um interne Kommunikation handelt, deren Zielgruppe die Mitarbeiter wären, oder um eine nach außen gerichtete Kommunikation, die Kunden, Lieferanten, Gesellschaft, Wettbewerb etc. anvisiert. Hierbei wird der Auffassung von *Zink* gefolgt, dass die Beschreibung dieses Kriterienpunktes ausschließlich auf die interne Kommunikation ausgerichtet ist, deren Ziel die Akzeptanz von Politik und Strategie der Mitarbeiter ist[551]. Nun können diese beiden Kommunikationssubjekte auf verschiedene Arten bekannt gemacht werden, deren Ausgestaltung die *EFQM* ebenfalls nicht konkretisiert: Zum einen können bestimmte Medien genutzt werden, z.B. Informationsveranstaltungen, hausinterne Zeitschriften, Poster, Videos, die je nach Zielgruppe variieren[552]. Diese Art der Kommunikation folgt diskursiven Strukturprinzipien, die auf eine freiwillige Verpflichtung der

Mitarbeiter angewiesen und nicht delegierbar ist, aber stets das Ziel der Realisierung der Strategien und Visionen fokussiert, so dass sie dem G-Feld des kulturell/kommunikativen Subsystems zugeordnet wird. Andererseits kann die Ausführung von Strategien, Plänen, Maßnahmen etc. den Mitarbeitern vorgeschrieben und angeordnet werden, die bei Nichtbefolgung negativ sanktioniert werden[553]. Kommunikation ist zwar, wie bereits dargestellt, im L-System verankert, findet jedoch in jedem Subsystem statt und kann sich auch in einer Handlungsanweisung äußern oder in einer gemeinsamen Zielvereinbarung (Management by Objectives) zwischen Mitarbeiter und Vorgesetzten und folgt somit hierarchischen Strukturprinzipien. Diese Art der Kommunikation ist durch die Verklammerung des G-Systems mit der Betriebsgemeinschaft im G_I-Subsystem angeordnet.

Des Weiteren soll das Bewusstsein der Mitarbeiter für Politik und Strategie evaluiert werden[554], um den Erfolg der Bekanntmachung zu überprüfen, was bspw. durch Mitarbeiterbefragungen erfolgen kann[555]. Hierbei handelt es sich um eine informationelle Ressource, die durch das A-System mobilisiert und bereitgestellt wird. Das Bewusstsein („awareness“) für die kommunizierten Leitideen, Visionen etc. und Strategien befindet sich analytisch auf der organischen Ebene der Akteure, die für das soziale System der Organisation Umwelt bedeutet[556]. Inwiefern diese Informationen über den Bekanntheitsgrad von Politik und Strategie zu einer potentiellen Verbesserung der Kommunikation genutzt werden sollen, wird in dem Unterpunkt *2c.* nicht angesprochen; es geht ausschließlich um die Evaluierung des Wissens um strategische und unternehmenspolitische Vorgaben. Es wird nicht erfragt, ob diese bereitgestellte Ressource auch tatsächlich genutzt wird, um bspw. die Effektivität der Kommunikation durch den Einsatz anderer Medien zu verbessern.

5.2.8 Umsetzung von Politik und Strategie durch Schlüsselprozesse

Die *EFQM* hat an dieser Stelle ein Unterkriterium integriert, das sich mit der Implementierung von Politik und Strategie über konkretisierte Schlüsselprozesse befasst. Damit sollen strategische Vorgaben in den operativen Unternehmensbereich und somit in die tägliche Routine hineingetragen werden. Das Herunterbrechen der Richtlinien in Pläne, Ziele und Teilziele ist zwar bereits Bestandteil des Kriteriums *2e. Kommunikation und Einführung von Politik und Strategie,* es wird hier allerdings nochmals und auf diesen betrieblichen Teilaspekt spezifiziert von der EFQM gefordert.

Betrachtet man das Unterkriterium *2d. Umsetzung von Politik und Strategie durch Schlüsselprozesse* in seiner geforderten Umsetzung genauer, so wird deutlich, dass es zwar einen neuen Namen trägt, aber lediglich verschiedene Elemente aus dem Oberkriterium *5. PROZESSE* des Vorgänger-Modells enthält: So sollen laut „areas to address" die Schlüsselprozesse und Interessengruppen identifiziert, Prozessverantwortliche festgelegt und der Einfluss der Schlüsselprozesse auf das Erreichen von Politik und Strategie überprüft werden[557]. Hierbei handelt es sich um den Inhalt des vormaligen Unterkriteriums *5a. IDENTIFIZIERUNG VON SCHLÜSSELPROZESSEN*, wobei die Festlegung der Prozess-Eigentümerschaft zusätzlich aus dem ehemaligen Unterkriterium *5b. SYSTEMATISCHE PROZESSFÜHRUNG* übernommen wurde[558].

Somit ist die Bedeutung des Unterkriteriums *2d. Umsetzung von Politik und Strategie durch Schlüsselprozesse* in dem hier verwendeten theoretischen Bezugsrahmen zu übernehmen, da die hier von der *EFQM* geforderten Aspekte lediglich chronologisch vorgezogen werden. Die Unternehmensprozesse werden anhand ihres Beitrags zur Wertschöpfung in eine hierarchisierte Reihenfolge gebracht und als Schlüsselprozesse bezeichnet, wenn sie direkt aus den unternehmensstrategischen Zielen ableitbar sind und die Endkunden als Schnittstelle definiert ist[559]. Die Identifizierung der Kernprozesse und die Bestimmung von Erfolgsfaktoren bilden Managementanforderungen auf einer strategischen Ebene und sind somit im Managementsystem des AGIL-Schemas einzuordnen. Die übrigen Aspekte sind ebenso im Managementsystem zu verorten, da Bestandteile des Prozessmanagements (G_I) erfragt werden, das sich hier in erster Linie damit auseinandersetzt, aus den unternehmensweiten Rahmenvorgaben Leitlinien und Standards für das weitere Vorgehen innerhalb der Prozessanalyse und -kontrolle festzusetzen. Hierzu gehören auch die Überprüfung der Effektivität der Schlüsselprozesse sowie die Festlegung von Prozessverantwortlichen.

Dieses Unterkriterium *2d. Umsetzung von Politik und Strategie durch Schlüsselprozesse* befasst sich demnach zunächst noch nicht mit der „Umsetzung" der unternehmenspolitischen und -strategischen Vorgaben in die tägliche Routine, sondern schafft die Voraussetzungen hierfür, indem Rahmenbedingungen und Zielkriterien festgelegt werden. Es geht hier erst einmal darum sicherzustellen, dass das Prozessmanagement sich an Politik und Strategie orientiert und dass die Ziele der Unternehmung in diesem funktionalen Bereich reflektiert werden.

5.3 Mitarbeiterorientierung

5.3.1 Management der Humanressourcen

Innerhalb des TQM stellen die Mitarbeiter eine Schlüsselfunktion dar und sollen auf allen Ebenen der Organisation in den Kontinuierlichen Verbesserungsprozess einbezogen werden. Mitarbeiter werden dabei als interne Kunden betrachtet, deren Mitwirkung an dem Leistungserstellungsprozess in erheblichem Maß die Outputqualität beeinflusst, so dass dessen Anforderungen und Erwartungen in einen Umfassenden Qualitätsansatz integriert sein müssen[560]. Innerhalb des *EFQM-Modells für Business Excellence* soll dieser Anforderung durch das Kriterium *3. Mitarbeiterorientierung* entsprochen werden, das einen direkten Einflug auf den Ergebnispunkt *7. Mitarbeiterzufriedenheit* habe und die Geschäftsergebnisse somit indirekt beeinflusse[561]. Besondere Bedeutung kommt dabei dem Personalmanagement und der Nutzung der Mitarbeiterfähigkeiten für den Kontinuierlichen Verbesserungsprozess zu[562]. Die *EFQM* beschreibt das Kriterium wie folgt:

> *„Wie die Organisation das gesamte Potential ihrer Mitarbeiter freisetzt."*

Im Rahmen der Mitarbeiterorientierung soll der Umgang des Unternehmens mit seinen Mitarbeitern behandelt werden: „Es wird danach gefragt, wie das Unternehmen das gesamte Potential seiner Mitarbeiter nutzt, um eine ständige Verbesserung seiner Aktivitäten erreichen zu können."[563] Dabei sollen, im Sinne des TQM, nicht nur bestimmte Gruppen, sondern *alle* Mitarbeiter einbezogen werden. Anhand der Ausführungen wird bereits deutlich, dass es bei dieser Bewertungseinheit nicht um die Integration der Mitarbeiter in eine Betriebsgemeinschaft, ein positives Betriebsklima, um die Schaffung von Arbeitsgruppen oder Teams geht, sondern im Vordergrund steht die Identifizierung und Nutzung der Kenntnisse, Fähigkeiten und Fertigkeiten des Personals als zum Unternehmenserfolg beitragende Ressource[564]. Aufgabenträger ist hierbei hauptsächlich das Personalmanagement, das mit Hilfe seiner Funktionen, z.B. Personalentwicklung, -führung, -marketing[565], das vorhandene und zukünftige Potential im Hinblick auf die Zielrealisierung der

Organisation koordinieren soll. Im Einzelnen werden folgende Unterpunkte der *MITARBEITERORIENTIERUNG* erfragt:

„Es ist nachzuweisen, wie:

3a. Mitarbeiterressourcen geplant und verbessert werden.

3b. die Fähigkeiten der Mitarbeiter aufrechterhalten und weiterentwickelt werden.

3c. Ziele mit den Mitarbeitern vereinbart und die Leistungen kontinuierlich überprüft werden.

3d. Mitarbeiter beteiligt, zu selbständigem Handeln autorisiert und ihre Leistungen anerkannt werden.

3e. ein effektiver Dialog zwischen den Mitarbeitern und der Organisation erreicht wird.

3f. für die Mitarbeiter gesorgt wird."

Beim EFQM-Modell 2000 ist zunächst bei diesem dritten Oberkriterium auffallend, dass es nun nicht mehr „Mitarbeiterorientierung", sondern nur noch *3. Mitarbeiter* heißt, was von der *EFQM* allerdings nicht weiter begründet wird. Stand bei dem ehemaligen Modell die Ressource Mitarbeiter mit ihren Kenntnissen, Fähigkeiten und Fertigkeiten als entwicklungsfähiges und ersetzbares Potential zur Verbesserung des Unternehmenserfolges im Mittelpunkt, so bleibt die *EFQM* auch in der neuen Variante des Modells dieser Linie treu:

> *„Wie die Organisation das Wissen und das gesamte Potenzial ihrer Mitarbeiter auf individueller, teamorientierter und organisationsweiter Ebene managt, entwickelt und freisetzt und wie sie diese Aktivitäten plant, um ihre Politik und Strategie und die Effektivität ihrer Prozesse zu unterstützen."*

Es handelt sich hierbei, ebenso wie bei seinem Vorgängermodell, um Aktivitäten des Personalmanagements und der Führungskräfte[566], die weitestgehend im G_I- (z.B. Personalentwicklung) und G_A-Feld (z.B. Personalbeschaffung) des AGIL-Schemas anzuordnen sind. Aus dieser Sicht geht es in erster Linie um das Personal als wichtige Unternehmensressource, deren Einsatz geplant und verbessert werden soll. Das Funktionieren der von dem TQM-Konzept geforderten unternehmensweiten Vernetzung von Teams oder die Integration der Mitarbeiter in eine Unternehmensgemeinschaft sind auch in der neuen Variante des EFQM-Modells kein Bestandteil des Kriterienkatalogs.

Die Unternehmung ist durch ihren Primärcode, der die Erreichung der unternehmerischen Ziele anstrebt, selbstverständlich darauf bedacht, ihre Ressourcen, auch die der Mitarbeiter (z.B. deren Wissen) effektiv zu steuern und einzusetzen. Doch wird der integrative und pro-soziale Aspekt der Betriebsgemeinschaft mit ihren Arbeitsteams und internen Kunden-Lieferanten-Beziehungen innerhalb des Kriterienraster fast vollständig vernachlässigt. Das neue *EFQM-Modell für Excellence* ist zwar um die „Anregung“[567] von Teamarbeit[568] erweitert worden, was nicht nur eine sehr vorsichtige Formulierung ist, sondern vor allem das Vorhandensein von Arbeitsgruppen sowie deren kooperatives Zusammenwirken gar nicht erfasst. Dies ist allerdings unbedingt notwendig, um ein Zusammengehörigkeitsgefühl unter den Mitgliedern des Unternehmens zu entwickeln sowie eine Routinisierung in den Teams zu schaffen, die letztendlich auch erst den kontinuierlichen Verbesserungsprozess ermöglichen. Das Management der Ressourcen hingegen wird neben diesem Oberkriterium zusätzlich in einer eigenständigen Kategorie (*4. Partnerschaften und Ressourcen*) erörtert.

Insgesamt ist die Anzahl der Teilkriterien in *3. Mitarbeiter* zwar um eins auf jetzt fünf gekürzt worden, jedoch enthalten diese nur wenige Änderungen innerhalb der Bewertungsvorschläge[569]:

„*3a. Mitarbeiterressourcen werden geplant, gemanagt und verbessert.*

3b. Das Wissen und die Kompetenz der Mitarbeiter werden ermittelt, ausgebaut und aufrechterhalten.

3c. Mitarbeiter werden beteiligt und zu selbständigem Handeln ermächtigt.

3d. Die Mitarbeiter und die Organisation führen einen Dialog.

3e. Mitarbeiter werden belohnt, anerkannt und betreut.“

Die Unterkriterien sind zusammengefasst und teilweise inhaltlich ergänzt worden (Tab. 5-3):

Tabelle 5-3 Änderungen im Kriterium 3. Mitarbeiter(-orientierung)

ehemaliges Modell	aktuelles Modell	*Änderungen*
3a. Planung und Verbesserung der Mitarbeiterressourcen	3a. Planung, Management und Verbesserung der Mitarbeiterressourcen	*beibehalten und Orientierungspunkte teilweise aus 3b. zusätzlich übernommen*
3b. Aufrechterhaltung und Weiterentwicklung der Mitarbeiterfähigkeiten 3c. Zielvereinbarung und Leistungsüberprüfung	3b. Identifizierung, Erhalt und Entwicklung der Kompetenzen	*3b. und 3c. in neuem Unterkriterium 3b. zusammengefasst*
3d. Mitarbeiterbeteiligung, -autorisierung und Leistungsanerkennung	3c. Mitarbeiterbeteiligung und -ermächtigung	*beibehalten*
3e. Effektiver Dialog zwischen Organisation und Mitarbeitern	3d. Dialog zwischen Organisation und Mitarbeitern	*beibehalten*
3f. Betriebliche Sozialleistungen	3e. Mitarbeiterbelohung, -anerkennung und -betreuung	*im Wesentlichen beibehalten und zusätzlich teilweise Orientierungspunkte aus 3a. und 3d. übernommen*

Neu hinzugefügt wurden in den Ansatzpunkten die Beteiligung der Mitarbeiter an der Entwicklung von Personalpolitik, -strategie und -plänen, die Anregung von Teamarbeit sowie die Ausrichtung des Kommunikationsmanagements an den Bedürfnissen der Belegschaft. Diese Änderungen wirken sich allerdings nur marginal auf die Interpretation der Unterkriterien und damit auf die Übertragung ins AGIL-Schema aus.

5.3.2 Planung und Verbesserung der Mitarbeiterressourcen

Wenn davon ausgegangen wird, dass Qualität durch Mitarbeiter geschaffen wird, das Personal also einen wichtigen Erfolgsfaktor für die Unternehmung darstellt[570], dann muss ein grundlegendes Element eines jeden Management-Konzeptes die kontinuierliche Bereitstellung und Entwicklung der Humanressourcen sein[571]. Die Personalbereitstellung wäre unproblematisch, stünde Personal zu beliebigen Zeitpunkten in beliebiger Menge und mit der gewünschten Qualifikation bereit. Beim Faktor Personal handelt es sich jedoch um eine knappe Ressource, deren Mangel nur durch die Beschaffung von

Personal und durch Aus- und Weiterbildung überwunden werden kann[572]. Die Suche nach geeignetem Personal, die Beschaffung selbst, Aus- und Fortbildung beanspruchen Zeit. Hierdurch werden Unternehmen dazu gezwungen, sich frühzeitig mit der Ermittlung von zukünftig erforderlichen Qualifikationen und mit der Bestimmung der Menge des zur Leistungserstellung benötigten Personals zu befassen, so dass eine Unternehmung auf eine Personalplanung angewiesen ist, die das Humanpotential an das Leistungsprogramm anpasst.[573]

Das Personalmanagement, deren Teil die Personalplanung ist, wird im AGIL-Schema im G_I-Feld verortet[574], da im Vordergrund die Koordination einer ausreichenden Anzahl qualitativ geeigneter Mitarbeiter steht, die mit Kompetenz und Verantwortung ausgestattet werden und das Objekt der Personalarbeit die einzelnen Mitarbeiter (auch Führungskräfte), Arbeitsgruppen und Teams sind[575]. Allerdings muss hierbei unterschieden werden zwischen der Interpenetration des Managementsystems mit dem Subsystem der Betriebsgemeinschaft (G_I) und der Verklammerung mit dem Ressourcensystem (G_A). Bei letzterem handelt es sich um ein Ressourcenmanagement, das dann angesprochen wird, wenn Personal als Humankapital – d.h. die Fähigkeiten und Fertigkeiten werden als Potentiale verstanden – einem Nutzen zugeführt werden kann. Dieses wird dem Gesamtsystem als Ressource bereitgestellt und von diesem für weitere Zwecke konsumatorisch verwendet. Im Mittelpunkt der Unternehmensgemeinschaft stehen vielmehr die verschiedenen Teams und Arbeitsgruppen, welche diese Ressourcen zur Leistungserstellung einbinden.

Die Verwendung von Personalressourcen kann auf verschiedene Arten erfolgen, von denen Kriterium *3a. Planung und Verbesserung der Mitarbeiterressourcen* die „Planung" und „Verbesserung" benennt. Personalplanung als betriebliche Funktion „... grenzt alle Handlungen ab, die Entscheidungen über die zukünftige Verwendung von Personal im Unternehmen sowie die Vorbereitung und Kontrolle dieser Entscheidungen zum Gegenstand haben"[576]. Die Planung der Mitarbeiterressourcen[577] orientiert sich am gesamten Unternehmensplan, und insoweit steht nicht der Mitarbeiter selbst, sondern das zu deckende Kundenbedürfnis im Mittelpunkt[578]. Dies kann bspw. durch die Personaleinsatzplanung erfolgen, die die Planung der Zuordnung der im Betrieb verfügbaren Personen zu den zu erfüllenden Aufgaben bzw. Arbeitsplätzen umfasst, um den Einsatz der erforderlichen Mitarbeiter entsprechend ihrer Eignung und zur termin-, qualitäts- und quantitätsgerechten Durchführung aller Betriebsaufgaben zu erzielen[579], womit die Austauschbeziehung zwischen dem Ressourcensystem und der Betriebsgemeinschaft angesprochen wird, die durch das Managementsystem geplant und koordiniert wird. Die Verbesserung der Mitarbeiterressourcen kann auf verschiedene Arten erfolgen, z.B. durch Personalentwicklung, die

> „... eine Form der zielgerichteten Beeinflussung menschlichen Verhaltens (wie Motivation und Führung) [ist], und zwar über die Erweiterung und/oder Vertiefung bestehender und/oder Vermittlung neuer Qualifikationen. Die *geplante* betriebliche Fort- bzw. Weiterbildung wird dabei als Kern der PE (im engeren Sinne) verstanden."[580]

Die Personalentwicklung ist dabei Bestandteil des Personalmanagements des G_I-Felds, da nicht die Ressource Personal genutzt wird, um ein bestimmtes Ziel zu erreichen, sondern das *Handeln* der Mitarbeiter oder bestimmter Gruppen beeinflusst werden soll. Die Betriebsgemeinschaft konsumiert dadurch selbst bestimmte Ressourcen (Qualifikation), die im Hinblick auf die Zielerreichung eingesetzt werden sollen. Die Qualifikation der Mitarbeiter kann bspw. ebenso verbessert werden, indem Personal freigesetzt und durch neues mit der gewünschten Qualifikation und Entwicklungsfähigkeit ersetzt wird. Die Personalbeschaffung erfolgt durch das A-System, das den Selektionsstandards des L-Systems unterliegt und durch das bspw. festgelegt ist, nur Bewerber ab einer bestimmten Mindestqualifikation in Betracht zu ziehen, um eine optimale Kundenberatung zu gewährleisten. Das Subsystem der Ressourcenmobilisierung/-allokation muss unter diesen Selektionsstandards, den Vorgaben des I- (Budgetierung der Ressourcen unter Knappheitsbedingungen) und G-Systems (Strategien effektiver Personalrekrutierung) die Kosten minimieren, um das vorgegebene Ziel zu erreichen. Demnach wäre z.B. derjenige potentielle Bewerber zu rekrutieren, der bei gleichem Anforderungsprofil die niedrigsten Gehaltsforderungen stellt[581]. Die Entscheidung über das Vorgehen zur Potentialverbesserung der Organisation wird jedoch stets innerhalb des Managementsystems getroffen, das ebenso Personalplanungsfunktionen übernimmt.

Im Mittelpunkt des Kriteriums *3a. Planung und Verbesserung der Mitarbeiterressourcen* stehen jedoch nicht die spezifischen Methoden der Verbesserung und Planung von Mitarbeiterressourcen, die in den folgenden Unterpunkten gesondert erfragt werden, sondern die strategischen Vorgehensweisen der einzelnen Personalfunktionen, d.h. das Personalmanagement selbst: Innerhalb der „areas to address" sind Angaben aufgezählt, die darlegen, wie die Organisation ihre einzelnen Personalpläne, so bspw. Personalfreisetzungs-, -einsatzplanung und Entlohnungssysteme, an der Unternehmenspolitik und -

strategie ausrichtet[582]. Die Personalplanung ist keine autonome betriebliche Funktion, sondern in der Regel aus anderen Bereichen der Unternehmensplanung abgeleitet, die wiederum von unternehmenspolitischen Vorgaben abhängig sind[583]. Hier werden Parallelen zu Kriterium *2c. KOMMUNIKATION UND IMPLEMENTIERUNG VON POLITIK UND STRATEGIE* erkennbar: Strategische und unternehmenspolitische Vorgaben sind auf spezielle Unternehmensbereiche und -funktionen herunterzubrechen. Die einzelnen Aktivitäten des Personalmanagements sollen demnach zur Realisierung der übergeordneten Strategien und Vision beitragen. Die Personalarbeit muss ihre Leistungen an den TQM-Prinzipien ausrichten, so z.B. die Mitarbeiter als (interne) Kunden betrachten und sie mit „Qualität" beliefern. Gleichzeitig sollen die Inhalte der einzelnen Maßnahmenpläne aber auch derart gestaltet sein, dass die Voraussetzung dafür geschaffen werden, die Mitarbeiter zu qualitätsorientiertem Handeln zu befähigen, z.B. durch die Vermittlung von serviceorientiertem Verhalten gegenüber Kunden.[584]

Das Personalmanagement selbst ist innerhalb des AGIL-Schemas primär an Effektivität ausgerichtet, wobei es eine Spezifikation der Unternehmensstrategie auf die betriebliche Personalfunktion darstellt und somit indirekt zur Zielrealisierung beiträgt. Die Forderung der *EFQM* beinhaltet jedoch nicht nur die Ausrichtung an dem Effektivitätsprinzip, sondern auch eine Verklammerung mit der Unternehmenskultur. Das Personalmanagement selbst und deren Pläne sollen an den Strategien und Zielsetzungen der Unternehmung orientiert sein und so zur Erreichung der Vision beitragen, d.h. sie müssen kulturell legitimiert sein. Das Personalmanagement handelt somit selbst nach Qualitätsprinzipien und trägt durch die Verbindung zur Betriebsgemeinschaft dazu bei, alle Mitarbeiter, nicht nur bestimmte Abteilungen oder Sparten, mit Kompetenzen auszustatten, die sie zu qualitätsorientiertem Verhalten befähigen und beeinflussen, welches stets an den Zielen der Unternehmung ausgerichtet ist. Um eine zu starre Zielfixierung zu vermeiden, ist das Managementsystem u.a. auf die Einbindung kompetitiver Strukturprinzipien angewiesen, die das G-System strukturell für eine gewisse Flexibilität öffnet. Durch das Einbeziehen von „people surveys"[585] würden die Ansprüche und Forderungen der Organisationsmitglieder bei der Planung und Durchsetzung der Personalmanagement-Aktivitäten berücksichtigt und nicht ausschließlich manageriale Eigeninteressen verfolgt. Die *EFQM* erfragt hierbei, wie Befragungen entwickelt und genutzt werden, um die Mitarbeiterressourcen zu planen und verbessern[586]. Dabei wird einerseits die Konzeption von Umfragen und Erhebungen berücksichtigt, andererseits aber auch die tatsächliche Verwendung von informationellen Ressourcen, die dazu genutzt werden sollen, die Aktivitäten des Personalmanagements nicht nur an Politik und Strategie, sondern auch an den Bedürfnissen verschiedene interner Kundengruppen auszurichten[587]. Die Informationserhebung als solche, demnach die Anpassungsfunktion, ist aber nicht Bestandteil der Erfassung durch diesen Kriterienpunkt, da nicht die Informationsbeschaffung selbst, sondern die Planung und Verwendung der Ressourcen erfragt wird.

Abbildung 5-7 Personalmanagement

L	I
Ableitung des Personalmanagements aus normativen Unternehmensvorgaben (Personalpolitik)	Orientierung des Personalmanagements an den Unternehmensstrategien (strategisches Personalmanagement)
Berücksichtigung von Rückmeldungen der Organisationsmitglieder zur Verbesserung und Planung der Mitarbeiterressource	Strategien zur Verbesserung der Arbeitsmethoden
A	G

Hierbei zeigt sich bereits deutlich, dass das Personalmanagement innerhalb des Kriteriums *3a. PLANUNG UND VERBESSERUNG DER MITARBEITERRESSOURCEN* äußerst differenziert betrachtet wird (Abb. 5-7): Aus dem hier angelegten theoretischen Bezugsrahmen spielt die Einbindung sekundärer Logiken der umliegenden Systeme eine große Rolle, um einen strukturellen Spannungsaufbau zu erzeugen, der die Voraussetzung dafür schafft, die Personalarbeit an den Ansprüchen der Organisationsmitglieder und übergeordneten normativen und strategischen Vorgaben effektiv durch eine Spezifikation dieser in den speziellen Funktionsbereich des Personalmanagements auszurichten. Die Verbindung zu dem System der Betriebsgemeinschaft wird durch die Forderung der *EFQM* deutlich, innovative Strategien und Methoden der Arbeitsgestaltung zu konzipieren, welche die Arbeitsmethoden verbessern sollen[588].

Durch die Zufuhr an Handlungsenergie erfährt das auf Beharrung ausgerichtete System der Betriebsgemeinschaft eine Änderung der routinisierten Abläufe und Arbeitsformen, die etwa eine Einführung von einer für das TQM-Konzept konstitutiven Teamarbeit oder einer kundengerechteren Leistungserstellung ermöglichen. Inwieweit diese Arbeitsformen nun tatsächlich implementiert sind und Eingang in die betriebliche Praxis gefunden haben, wird an dieser Stelle von der *EFQM* allerdings nicht ermittelt.

5.3.3 Planung, Handhabung und Verbesserung des Humankapitals

Das Kriterium *3a. Planung, Handhabung und Verbesserung der Mitarbeiterressourcen* des *EFQM-Modells für Excellence* ist im Wesentlichen beibehalten worden und betrachtet insbesondere die Planung des Personalmanagements. Hierdurch soll indirekt eine Zielmaximierung des Unternehmens ermöglicht werden[589]. Es soll eine enge Orientierung der strategischen Personalplanung an der Politik und Strategie des Unternehmens gewährleistet werden[590]. Diese kontinuierliche Entwicklung und Bereitstellung von Mitarbeiterressourcen auf der Ebene strategischer Plandaten (Personalpolitik, -planung und -strategie), die sich an der Gesamt-Unternehmensplanung orientiert, wird an dieser Stelle analog zu dem Vorgängermodell der *EFQM* gefordert[591].

Die zentralen Punkte dieses Unterkriteriums sind – wie auch im ehemaligen Kriterium *3a. Planung und Verbesserung von Mitarbeiterressourcen* – strategische Aktivitäten des Personalmanagements und seiner betrieblichen Funktionen, wobei auch hier die Interpenetration des managerialen Subsystems mit dem der Betriebsgemeinschaft von dem mit dem Ressourcensystem zu unterscheiden ist:[592] Das Managen der Personalbeschaffung und Karriereentwicklung[593] ist aus dem ehemaligen Unterkriterium *3b. Aufrechterhaltung und Weiterentwicklung der Mitarbeiterfähigkeiten* in das jetzige Kriterium *3a.* verschoben worden und dementsprechend in das AGIL-Schema einzuordnen: Die Personalbeschaffung selbst liegt im Ressourcensystem, während die Karriereentwicklung als Teil der Personalentwicklung im G_I-Feld angesiedelt ist[594]. Die *EFQM* äußert sich an dieser Stelle explizit zur tatsächlichen Personalbeschaffung[595], so dass nicht lediglich Strategien zu dieser Personalfunktion gemeint sind, die hierbei unter den allgemeinen Oberbegriff ‘Personalstrategien und -pläne’ zu fassen wären.

Bei der Entwicklung der personalrelevanten Entscheidungen öffnet sich, den *EFQM*-Ansatzpunkten folgend, das Managementsystem strukturell und bindet fremdsystemische Eigenlogiken ein: So soll die Planung der personalrelevanten Aktivitäten mit der Organisationsstruktur und den Schlüsselprozessen abgestimmt (G_I), Fairness bei Geschäftstätigkeiten und Chancengleichheit sichergestellt (G_L) sowie Mitarbeiterumfragen und andere Feedbackformen genutzt werden, um die Personalmanagement-Pläne zu verbessern (G_A)[596]. Damit wird ein strukturelles Spannungsfeld im Managementsystem erzeugt, das eine einseitige Orientierung und starre Fixierung der Personalstrategie an den Unternehmenszielen verhindert. Vielmehr sollen auch die organisationalen Bedingungen sowie generelle Wertvorstellungen beim Umgang mit den Mitarbeitern eingebunden werden. Zudem wird eine kontinuierliche Aktualisierung der Personalpläne erreicht, indem die Wünsche und Bedürfnisse der Betroffenen selbst berücksichtigt werden. Somit wird der einseitigen Entfaltung der politischen Eigenlogik entgegengewirkt und eine starre Interessendurchsetzung entkräftet sowie eine gewisse Anpassungsfähigkeit der Personalplanung erzielt. Die besonders starke Ausdifferenzierung des Managementsystems wird auch bei diesem Unterkriterium wieder sichtbar, wenn es darum geht, Mitarbeiterumfragen und andere Feedback-Formen in die personalplanerischen Verbesserungen einzubeziehen sowie bei der Sicherstellung von Fairness bei allen Geschäftstätigkeiten und von Chancengleichheit[597]. Bei letzterem handelt es sich um einen ethischen Grundsatz, der als solcher im kulturell-kommunikativen Subsystem verankert ist und als regulatives, steuerndes Element gewährleistet, dass manageriale Entscheidungen und sonstige Aktivitäten nach diesen Wertvorstellungen, d.h. Richtwerten gehandhabt werden[598].

Erstmalig, und das ist der Unterschied zu der ehemaligen Version des EFQM-Modells, sollen sich Mitarbeiter und deren Vertretungen auch an der Entwicklung von Personalpolitik, -strategien und -plänen beteiligen[599]. Der Einbeziehung von Mitarbeitern in den Planungsprozess unternehmerischer Entscheidungen wird in der Literatur häufig der Nutzen zugesprochen, ein gewisses Potential an Sachkunde zu Rate zu ziehen, bspw. bei operativen Bereichsplanungen, sowie dem Widerstand und der Infragestellung von Neuerungen entgegenzuwirken[600]. Damit wird ein partizipatives Führungsverhalten angesprochen, das von den Führungskräften eine Beteiligung am Entscheidungs- und Meinungsbildungsprozess sowie angemessene

Information der Belegschaft erfordert[601]. Die Forderung der *EFQM* reicht allerdings nicht so weit, dass es sich hierbei um eine „Mitbestimmung am Arbeitsplatz"[602] handeln würde, denn die würde voraussetzen, dass die Mitarbeiter in das betriebliche Geschehen ihres operativen Bereiches einbezogen würden. Die hier vorhandene Partizipation betrifft nur die Entwicklung von personalplanerischen und -strategischen Entscheidungen.

Die Mitarbeiterbeteiligung an der Entwicklung der personalrelevanten Planungen verlagert jedoch nicht die funktionell getroffenen Zuständigkeiten[603]. Zu den Hauptaufgaben innerhalb der Managementfunktion zählen u.a. Zielsetzung und Planung[604], selbst wenn dabei die vorhandenen Potentiale i.S. einer Mitarbeiterpartizipation ausgeschöpft werden, so dass auch dieser Ansatzpunkt im Managementsystem des AGIL-Schemas zu verankern ist. Es unterliegt hierbei aber einer strukturellen Öffnung durch die Einbindung der Logik der Betriebsgemeinschaft, die es ermöglicht, die Belegschaft am unternehmerischen Entscheidungsprozeß einer bestimmten Organisationsfunktion teilhaben zu lassen, um Akzeptanz und Mitwirkung zu erzeugen. Die hierarchischen Strukturprinzipien des Managementsystems werden hier nicht aufgelöst, sondern das Verhältnis zwischen Führungskräften und Mitarbeitern wird egalitärer. Die Durchsetzung der kollektiven Zielvereinbarungen und Kontrolle dieser obliegt weiterhin den Führungskräften. Diese Aspekte beziehen sich im EFQM-Modell jedoch nicht auf das Alltagsgeschäft, sondern lediglich auf die Formulierung personalpolitischer und -strategischer Entscheidungen.

5.3.4 Aufrechterhaltung und Weiterentwicklung der Mitarbeiterfähigkeiten

Ging es in den zuvor besprochenen Kriterien in erster Linie um die Personalpolitik und das strategische Personalmanagement im betrieblichen Planungszusammenhang, wird im nächsten Unterpunkt die Implementierung einer TQM-orientierten Personalpolitik durch die Untersuchung der verschiedenen Teilgebiete des Personalmanagements erfasst. Ausgangspunkt ist hierbei idealtypisch die Personalpolitik, die Grundsätze für die Beschaffung, Entwicklung, Beschäftigung und den Einsatz sowie Führung der Mitarbeiter definiert und die in einer strategischen, taktischen und operativen Personalplanung für die einzelnen Aufgabengebiete mündet[605]. Im Mittelpunkt des Kriteriums *3b.* des *EFQM-Modells für Business Excellence* – *„... wie die Mitarbeiterfähigkeiten aufrechterhalten und weiterentwickelt werden"* – stehen nun zunächst die qualitative und quantitative Personalbedarfs- und –bestandsplanung[606], anhand derer gegenwärtige und zukünftige Kenntnisse und Fähigkeiten sowie mengenmäßige Personalbestände erfasst und mit den Stellenanforderungen[607] und der erforderlichen Personalmenge abgeglichen werden[608]. Die qualitative und quantitative Personalplanung sollte sich dabei möglichst an kritischen Erfolgsfaktoren orientierten, von denen die notwendigen Schlüsselqualifikationen abgeleitet werden[609].

Die Personalplanung ist innerhalb des AGIL-Schemas im Managementsystem verortet, innerhalb dessen der Personaleinsatz geplant und koordiniert wird. Das Managementsystem erhält vom A-System Informationen über den Personalbestand, d.h. über die zur Verfügung stehenden Ressourcen (Kenntnisse und Fähigkeiten des Personals sowie Anzahl der beschäftigten Mitarbeiter), das dieses der Betriebsgemeinschaft zur Leistungserstellung identifiziert und bereitstellt. Das I-System liefert auf der anderen Seite Angaben über die Budgetierung der unter Knappheitsbedingungen erforderlichen Ressourcen mittels der vom G-System definierten Stellenanforderungen, die aus der Personalpolitik und den übergeordneten Personalplänen zur Erreichung der Unternehmensziele abgeleitet sind. Dem Managementsystem obliegt es, diesen Austauschprozess zu planen und zu koordinieren, so dass die ausreichend qualifizierten Personalressourcen in der erforderlichen Menge in den Leistungserstellungsprozess (an der richtigen Stelle) – auch langfristig – eingebunden werden und so der Output möglichst optimal den Kundenanforderungen und somit der Zielsetzung innerhalb des TQM genügt.
Die vom G-System definierten Stellenanforderungen dienen ebenso als Grundlage zur Personalbeschaffung, deren Handhabung ebenfalls durch das Kriterium *3b. Aufrechterhaltung und Weiterentwicklung der Mitarbeiterfähigkeiten* erfragt wird[610]. Durch die Formulierung der *EFQM* („... how the organisation [...] manages recruitment [...]“[611]) wird jedoch nicht ersichtlich, ob die Mitarbeiterrekrutierung selbst, als Ressourcenmobilisierung, ermittelt wird, oder ob die Personalbeschaffungsplanung Bestandteil der Erfassung ist. An dieser Stelle wird aufgrund der bewusst inexakten Formulierung davon ausgegangen, dass beide Alternativen gemeint sind bzw. als Angabe der Unternehmung möglich sind. Anhand der Beschaffungsplanung wird durch die Bewertung ersichtlich, ob die Organisation die in der Personalpolitik formulierten TQM-Prinzipien in diesen Teilbereich des Personalmanagements umgesetzt hat. So lässt sich anhand der Angaben über die Festlegung der zukünftigen Beschaffungsalternativen feststellen, wie das Unternehmen den

Personalbedarf bestmöglich zu decken gedenkt: Die Bestandteile der Personalbeschaffung[612] geben dann darüber Auskunft, inwieweit nicht nur die Eigeninteressen der Unternehmung ausschlaggebend sind und ob die Anforderungen der Kunden und die Qualitätsorientierung des Unternehmens bei der Einstellung neuen Personals berücksichtigt werden. Da die Gesellschaft im weiteren Sinne auch zu den externen Kunden des Unternehmens zählt und die Erfüllung von deren Anforderungen in den Ergebniskriterien des EFQM-Modells erfasst werden, spielt hier die Frage, ob überhaupt Personal beschafft wird oder Einstellungsstopps gar noch mit Freisetzungen einhergehen, eine entscheidende Rolle.

Die Personalbeschaffung selbst erfolgt durch das Subsystem der Ressourcenmobilisierung und -allokation, das im relevanten Arbeitsmarkt die Personalkapazitäten unter Effizienzgesichtspunkten mobilisiert und zur weiteren Verwendung bereitstellt. Dabei werden die Fähigkeitspotentiale als Ressource genutzt, wenn diese Potentiale innerhalb des Unternehmens weder vorhanden sind noch weiterentwickelt werden können. Die Implementierung der aus der Personalpolitik abgeleiteten TQM-Prinzipien wird hierbei auf einer operativen Ebene ermittelt, d.h. es soll durch die Unternehmung aufgezeigt werden, wie die normativen Vorgaben das tägliche Geschäft beeinflussen und in diesem Falle Auswirkungen auf die Methoden der Personalrekrutierung haben[613]. Das A-System unterliegt dabei kompetitiven Strukturprinzipien, so dass durch den Vergleich von Kenntnissen und Fähigkeiten der Bewerber untereinander und mit den Anforderungen der vakanten Stelle mittels der Anwendung von Auswahlregeln, die dieses Subsystem aus der Beschaffungsplanung (G-System) erhält, geeignete Bewerber identifiziert und einem weiteren Nutzen zugeführt werden[614].

Die in dieser Bewertungseinheit zu ermittelnde Erhaltung und Weiterentwicklung der Mitarbeiterfähigkeiten schließt zudem die Personalentwicklung als weiteres Teilgebiet des Personalmanagements ein; die von der *EFQM* zusätzlich zu den bereits ausgeführten Bewertungsvorschläge stellen Teilaufgaben bzw. Maßnahmen der betrieblichen Personalentwicklung dar:

„... how the organisation: [...]

– manages [...] career development
– establishes and implements trainings plans
– reviews the effectiveness of training
– develops people through work experience
– develops team skills
– promotes continuous learning.“[615]

Die von der *EFQM* genannten Trainingsmaßnahmen sind dabei Bestandteil der Weiterbildung, mit dem Lehrziel der Verbesserung von Teamfähigkeiten und der Bildung von neuen Einstellungen[616]; hier des permanenten Lernens[617]. Durch Trainingsmaßnahmen und individuelle Karriereentwicklungspläne soll die Deckungslücke zwischen gruppenspezifischen Fähigkeitsprojektionen und gruppenspezifischen Anforderungsprofilen[618], d.h. dem gegenwärtigen Stand der Mitarbeiterqualifikation und dem durch die Unternehmung angestrebten Zustand, geschlossen werden[619]. Personalentwicklung strebt eine Verbesserung der Mitarbeiter-Qualifikationen an, die idealerweise sowohl Unternehmensziele als auch Mitarbeiterziele unterstützt, wobei die Zielsetzungen des Unternehmens zumeist im Vordergrund stehen[620]. Wichtig für die Personalentwicklung ist die Stimmigkeit des gewählten Konzepts mit der auf das Umfeld des Unternehmens ausgerichteten Gesamtstrategie. Bei der situativen Einordnung ist daher im Wesentlichen darauf zu achten, dass etwaige Maßnahmen nicht unreflektiert aus Lehrbüchern übernommen werden, sondern dass sie der spezifischen Unternehmens- und Umfeldsituation angepasst werden[621]. Innerhalb des TQM sollen die Mitarbeiter durch Personalentwicklungsmaßnahmen eine gewisse „Qualitätsfähigkeit“ erreichen, die in allen Funktionsbereichen zu entwickeln ist (Abb. 5-8):

Abbildung 5-8 Personale Voraussetzungen zur Qualitätsfähigkeit[622]

– Kommunikativ	– Fehlerbewußtsein
– Flexibilität	– Zuverlässigkeit
– Kundenkenntnis	– Kenntnis der Abläufe
– Kundenorientierung	– Verantwortung

Die Maßnahmen der Personalentwicklung sind demnach primär an den individuellen Zielsetzungen der Unternehmung orientiert, welche die Voraussetzungen dafür schaffen sollen, die Mitarbeiter, unter Berücksichtigung ihrer Bedürfnisse, zu qualitätsrelevantem Verhalten zu befähigen und das

Leistungsverhalten der Mitarbeiter zu verbessern. Damit steht das Effektivitätserfordernis im Vordergrund, so dass auch dieser Teil – Personalentwicklung – des Kriteriums *3b. Aufrechterhaltung und Weiterentwicklung der Mitarbeiterfähigkeiten* in das G_I-Feld innerhalb des AGIL-Schemas eingeteilt wird (Abb. 5-9).

Gleiches gilt auch für die Überprüfung der Effektivität der Trainingsmaßnahmen. Die Zielerreichungskontrolle der Personalentwicklungs-Aktivitäten, die ein Element der Personalentwicklungsplanung ist[623], obliegt dem Managementsystem. Die Beschreibung der Personalarbeit in ökonomischen Größen ist dabei u.a. anhand der Kriterien „Kosten", „Effizienz" und, dieser Maßstab wird von der *EFQM* erfragt, „Effektivität" möglich[624]. Dabei werden die Kosten der Trainingsmaßnahmen und die Effizienz der Personalentwicklung vernachlässigt und im wesentlichen die Frage gestellt, ob die Fähigkeiten der Mitarbeiter nach den Personalentwicklungs-Aktivitäten mit den Anforderungen des Unternehmens durch Überprüfung des Erreichens der Bildungsziele übereinstimmen (Erfassung und Beurteilung von Verhaltensänderungen)[625].

Abbildung 5-9 Erhaltung und Entwicklung der Mitarbeiterfähigkeiten[626]

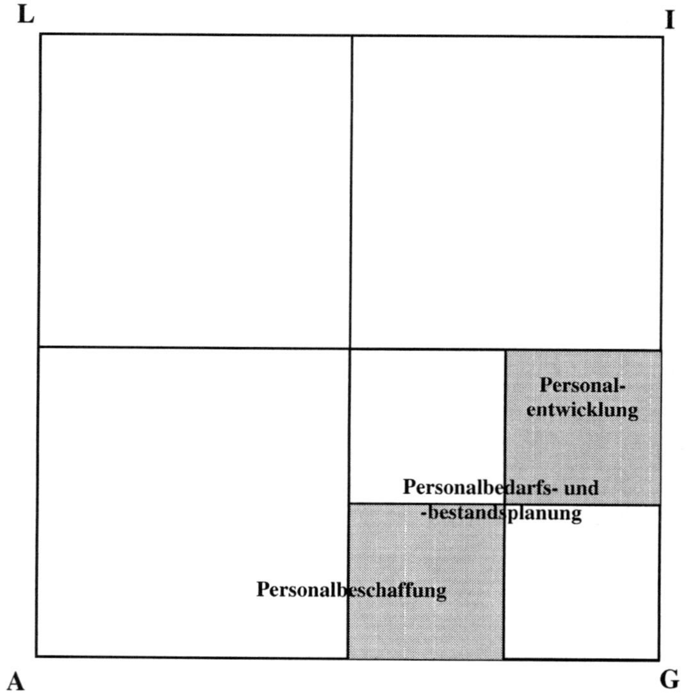

Innerhalb des Kriteriums *3b.* werden durch die *EFQM* somit verschiedene Teilgebiete des Personalmanagements und zusätzlich die Personalbeschaffung erfragt. Das Ziel hierbei ist die Erhaltung und Weiterentwicklung der Fähigkeiten der Mitarbeiter, um – die durch Mitarbeiter produzierte – Qualität als Bestandteil jeder Zielsetzung des Unternehmens innerhalb des TQM erreichen zu können und somit den Kundenanforderungen gerecht zu werden. Durch die Qualifizierung von Mitarbeitern kann eine wichtige Ursache bei der Einführung des TQM beseitigt werden: die Barriere des Nicht-Könnens. Der Widerstand gegen das zu implementierende Qualitätskonzept kann dadurch ausgeräumt werden, dass die Mitarbeiter durch funktionale Qualifikationen in die Lage versetzt werden, die Anforderungen zu bewältigen[627]. Bei diesem Kriterium soll hauptsächlich ermittelt werden, ob die normativen und strategischen Vorgaben des Personalmanagements in die einzelnen Personalfunktionen und deren Maßnahmen umgesetzt werden.

5.3.5 Zielvereinbarung und Leistungsüberprüfung

Die Durchsetzung der Unternehmensziele auf der Ebene von Teams und einzelnen Mitarbeitern ist für das Erreichen von Total Quality von besonderer Bedeutung. Auf der einen Seite müssen Ziele funktionell sein und spezifiziert werden, auf der anderen Seite müssen sie aber auch kundenorientierte und somit unternehmens- und funktionenübergreifende Inhalte aufweisen. Dabei ist stets auf die Übereinstimmung der Mitarbeiter- und Gruppenziele mit denen des Unternehmens zu achten[628]. Die wichtigsten Ausprägungen des Kriteriums *3c.* des *EFQM-Modells für Business Excellence* – *„... wie Ziele mit den Mitarbeitern vereinbart und die Leistungen kontinuierlich überprüft werden"* – sind:

- wie Ziele der Mitarbeiter und Teams mit den Organisationszielen übereinstimmen,
- wie Ziele überprüft und aktualisiert werden;
- wie Mitarbeiter beurteilt („assessed") und in ihrer Leistungsverbesserung unterstützt werden.[629]

Wunderer et al. sehen in dieser individuellen und gruppenspezifischen Zielvereinbarung und Leistungsüberprüfung des EFQM-Kriteriums, welches Komponenten der direkten Personalführung erfragt, die Konzeption eines Management by Objectives (MbO): Zwischen Unternehmung und Arbeitsgruppen und Mitarbeitern werden output- und wertschöpfungsorientierte Leistungsziele vereinbart, laufend kontrolliert und gegebenenfalls angepasst, womit ein kooperatives Führungskonzept definiert werde.[630] Das Führungskonzept MbO[631] fordert, die Aufgaben- und Beziehungsorientierung integrativ zu sehen und sowohl betriebliche als auch individuelle Ziele von Mitarbeitern oder Arbeitsteams gemeinsam zu optimieren. Dabei werden von Vorgesetzten und Mitarbeitern gemeinsame Ziele festgelegt, ihr Verantwortungsbereich für bestimmte Ergebnisse abgesteckt und auf dieser Grundlage die Leistungsbeiträge der einzelnen Mitarbeiter bewertet. Der Prozess der Zielvereinbarung erfolgt in einem Ablauf, bei dem die Oberziele des Unternehmens bis hin zu operationalen Abteilungs- und Einzelzielen konkretisiert und von beiden Seiten akzeptiert werden. In regelmäßigen Abständen werden die Ist-Ergebnisse mit den Soll-Vorgaben abgeglichen, um rechtzeitig Fehlentwicklungen entdecken und korrigieren zu können[632]. Das MbO ist primär ein individualistisches Führungskonzept, das auch auf Gruppen erweitert werden kann.

Mitarbeiterführung ist innerhalb des AGIL-Schemas im Managementsystem verortet, wobei die Bindung der Führung an die Betriebsgemeinschaft es ermöglicht, die Mitarbeiter über „Einfluss" zu einem bestimmten Handeln zu motivieren und sie an den Zielformulierungen teilhaben zu lassen. Die Mitarbeiter übernehmen dabei die Verantwortung für ihren Aufgabenbereich, der von ihnen oder von Teams selbständig getragen wird[633]. Die Strategien, Rahmenvorgaben und übergeordneten Ziele der Unternehmung werden innerhalb des *EFQM-MODELLS FÜR BUSINESS EXCELLENCE* autoritativ vorgegeben, während operative Spezifikationen kooperativ ermittelt werden sollen[634]. Durch die Hervorhebung einer normativen Verpflichtung auf die Belange der Unternehmensgemeinschaft vollzieht sich Führung nicht alleine durch Kontrolle oder Macht, sondern ergänzend durch Verantwortung, wobei Weisungsbefugnis durch Information ersetzt wird[635]. Dabei liegt dem MbO die Annahme zugrunde, Mitarbeiter verfügten über nicht ausgenutzte, aber durch Motivation aktivierungsfähige Potentiale, die dann mobilisiert werden, wenn Aufgabenziele an die individuellen Fähigkeiten und Anspruchsniveaus angepasst werden[636]. Die Leistungsmotivation wird vor allem durch die Vereinbarung realistischer, anspruchsvoller Ziele, die Vorgaben mittelschwerer Aufgaben und häufigen Feedbacks gefördert, wobei ein ausgewogenes Verhältnis zwischen externer Managementkontrolle und Selbstkontrolle angestrebt wird[637]. Die Kontrolle durch den Vorgesetzten wird demnach nicht überflüssig; wenngleich die konsensuelle Zielformulierung und die Autonomie der Mitarbeiter betont wird, liegt der Schwerpunkt auf der Erreichung übergeordneter Unternehmensziele. An diese werden die operativen Zielsetzungen spezieller Abteilungen, Gruppen oder individueller Mitarbeiter angepasst – sie stellen somit keine vom Gesamtoutput der Organisation autonome Zielsetzungen dar. Die Leistungen der Mitarbeiter bzw. Gruppen werden an dem Zielerreichungsgrad, d.h. an der Effektivität der erreichten Ziele bewertet, wobei eine festgestellte Abweichung die Aussonderung unangemessener Ziele, eine Anpassung der Zielformulierung oder der Qualifikation der Mitarbeiter zur Folge haben kann[638].

Die in dem übergeordneten Kriterium *3. MITARBEITERORIENTIERUNG* erfragte Mitarbeiterorientierung wird auf eine partizipative *Führungstechnik* bezogen, deren Zielvereinbarungs- und Leistungsüberprüfungsprozess analytisch durch die Interpenetration des Managementsystem mit der Betriebsgemeinschaft beschrieben wird. Dabei stehen das Effektivitätsprinzip und die Erreichung der kollektiven Ziele des Unternehmens im Vordergrund, wobei die Belange der Mitarbeiter und Teams berücksichtigt und in individuelle Ziele heruntergrebrochen werden. Diesen wird zwar eine gewisse Autonomie und Selbstverantwortung eingeräumt, die Unternehmensführung ist aber lediglich auf dieser operativen Ebene kooperativ ausgerichtet, aber auch hier für den tatsächlichen Vollzug der Zielvereinbarungen verantwortlich. Parallel zu den Ausführungen des Kriteriums *1d. LEISTUNGSHONORIERUNG DER MITARBEITER UND ANDERER BETEILIGTER* ist die negativ situationale Sanktionierung durch das Managementsystem bei einer Zielabweichung nicht ausgeschlossen; zunächst soll innerhalb des MbO aber positiv intentional auf die Mitarbeiter eingewirkt werden, indem persönliche Entwicklungsziele und Selbstverwirklichungsbedürfnisse in den Zielvereinbarungsprozess einbezogen werden[639]. Diese Form der partizipativen Entscheidungsfindung führt durch gemeinsam bestimmte Ziele zu einer höheren Motivation und Leistungsbereitschaft der Mitarbeiter sowie Akzeptanz der Ziele[640], die eine Selbstkontrolle ermöglicht und fördert, die externe Kontrolle des Vorgesetzten im Hinblick auf die tatsächliche Zielerreichung beim MbO jedoch nicht ersetzen soll. Der Partizipation der Mitarbeiter an betrieblichen Entscheidungsprozessen wird eine positive Wirkung auf die Arbeitsproduktivität zugesprochen, während eine geringe oder fehlende Partizipation zu geringer Arbeitszufriedenheit, Absentismus, Fluktuation, innerer Kündigung und somit zu suboptimalem betriebswirtschaftlichem Erfolg führen kann[641]. Durch die Verklammerung des Managementsystems mit dem Gemeinschaftssystem wird eine partizipativ ausgerichtete Entscheidungsfindung deutlich, die durch das EFQM-Modell zwar jede Hierarchieebene einbeziehen soll, jedoch auf die jeweiligen Aufgabengebiete der Mitarbeiter und Teams beschränkt wird und eben nicht die allgemeinen Unternehmensvorgaben einschließt.

5.3.6 Entwicklung individuellen Wissens

Bei dem zweiten Kriterium der übergeordneten Kategorie „Mitarbeiter" des neuen *EFQM-Modells für Excellence – 3b. Identifizierung, Erhalt und Entwicklung der Kompetenzen* – wurden die ehemaligen Unterkriterien *3b. AUFRECHTERHALTUNG UND WEITERENTWICKLUNG DER MITARBEITERFÄHIGKEITEN* und *3c. ZIELVEREINBARUNG UND LEISTUNGSÜBERPRÜFUNG* zusammengelegt, ohne dass Änderungen hinzugekommen wären[642].

Innerhalb der von der *EFQM* angegebenen Orientierungspunkte wird allerdings die Aufrechterhaltung und Weiterentwicklung des „Wissen[s]" der Mitarbeiter hervorgehoben, das neben der Ermittlung und Klassifizierung der Mitarbeiter-Kompetenzen mit den Bedürfnissen der Organisation abgestimmt werden soll[643]. Damit wird die Darlegung der Vorgehensweise bei der Personalentwicklung[644] gefordert. Wichtig ist hierbei, dass es sich bei dem Begriff „Wissen“ nicht um die organisationale Wissensbasis („organizational memory“, „corporate knowledge“), d.h. des für die Mitarbeiter einer Organisation prinzipiell verfügbaren bzw. zugänglichen Wissens, handelt[645]. Stattdessen muss zwischen dem Wissen einzelner Mitarbeiter, das zu dem Qualifikationsprofil eines einzelnen gehört, und einem kollektiven Wissen, das sich dann nicht mehr auf einer individuellen Ebene befindet, unterschieden werden. Bei ersterem handelt es sich um implizites Wissen, das personengebunden ist und als Fähigkeit des Trägers, d.h. eines einzelnen Mitarbeiters, verfügbar ist[646].

Bei diesem Orientierungspunkt handelt es sich jedoch nicht um eine Änderung im Kriterienkatalog, da die Fähigkeiten der Mitarbeiter bereits in dem Vorgänger-Modell thematisiert wurden. Im *EFQM-Modell für Excellence* wird die Komponente „Wissen“, das auch zum Kompetenzprofil eines einzelnen gehört, nur gesondert hervorgehoben. Aufgrund dessen sind in dem aktuellen Modell keinerlei Modifikationen zu verzeichnen, so dass die o.g. Ausführungen übernommen werden können.

5.3.7 Mitarbeiterbeteiligung, -autorisierung und Leistungsanerkennung

Die Teilnahme an Verbesserungsmaßnahmen erfordert im TQM die Beteiligung aller Mitarbeiter, da die Qualitätsverantwortung nicht nur an Spezialisten delegiert wird. Damit soll erreicht werden, dass Qualität nicht lediglich eine betriebliche Funktion darstellt, sondern zum Inhalt aller Unternehmensaktivitäten wird. Die Aufgabe des Managementsystems ist es nun, diesen Anspruch organisationsweit zu implementieren und hierbei vor allem in der Betriebsgemeinschaft, d.h. in den Prozessen und den Handlungsweisen der Mitarbeiter durchzusetzen. Das Beharrungstendenzen unterliegende System der Betriebsgemeinschaft ist dabei auf energetische Handlungsanreicherungen angewiesen, um die eingespielte Routine zu unterbrechen und die Implementierung von Änderungen, die sich durch die Einführung von TQM ergeben, zu ermöglichen. Um ein positives Änderungsklima zu erzeugen, ist die Organisation jedoch darauf angewiesen, die Mitarbeiter von Anfang an in die Veränderungsmaßnahmen zu integrieren, so dass eine soziale Akzeptanz der qualitätsorientierten Maßnahmen erzeugt werden kann[647]. Das Kriterium *3d. Mitarbeiterbeteiligung, -Autorisierung und Leistungsanerkennung* des älteren EFQM-Modells beinhaltet die Erfassung von organisatorischen Arrangements, mittels derer die Mitarbeiter in den kontinuierlichen Verbesserungsprozess innerhalb des TQM eingebunden und zur Beteiligung daran dauerhaft motiviert werden[648]. Es geht also nicht darum, die Mitarbeiterbeteiligung oder den Autonomiegrad des Handelns per se zu evaluieren, sondern um die Erfassung der Rahmenbedingungen und -vorgaben, durch die diese Anforderungen erfüllt werden können.

Die Partizipation der Mitarbeiter ist dabei in erster Linie von deren Fähigkeiten und Willen abhängig, um überhaupt an Verbesserungsmaßnahmen und in selbstverantwortlichen Teams teilnehmen zu können[649]. Die enge Ausrichtung der Mitarbeiter auf den Arbeitsplatz wird durch das Mitdenken und Mithandeln im Sinne der Optimierung des gesamten Fertigungsablaufs abgelöst[650]. Hierzu müssen zunächst die Kenntnisse und Fähigkeiten des Personals durch entsprechende Maßnahmen des Personalmanagements, die bereits in den Kriterien *3a.* und *3b.*[651] diskutiert wurden, angepasst werden. Diese Beseitigung von „Fähigkeitsbarrieren“ muss aber zur Förderung der Veränderungsbereitschaft auch stets mit einer Auflösung von „Willensbarrieren“ einhergehen, die durch Machtpromotoren überwunden werden[652]. Hierzu bedarf es des Einwirkens einer Machtposition im Unternehmen, die belohnende oder bestrafende Sanktionen vollzieht, aber auch Kompetenzen und Verantwortung übertragen kann, welche die Mitarbeiter dazu autorisieren, selbstverantwortlich zu handeln[653].

Die Beteiligung und Autorisierung der Mitarbeiter am Verbesserungsprozess wird nach *Zink* innerhalb des Kriteriums *3d. Mitarbeiterbeteiligung, -Autorisierung und Leistungsanerkennung* durch die Implementierung eines betrieblichen Vorschlagswesens erreicht, innerhalb dessen das Management die Verbesserungsvorschläge nicht als negative Kritik auffasst, sondern den Mitarbeitern aufzeigt, dass kontinuierliche Verbesserungsmaßnahmen Teil ihrer Arbeit sind, die positiv sanktioniert und nicht bestraft werden. Diese Haltung muss vom Management stets nach außen getragen werden und in der Durchführung sichtbar werden, z.B. durch die Bereitstellung der Möglichkeit, die Mitarbeiter in speziellen Qualitäts- und Verbesserungsteams partizipieren zu lassen[654]. Das innerbetriebliche Vorschlagswesen stellt dabei einen Gradmesser für die Mitarbeiterleistung dar, welches das Fachwissen eines jeden Mitarbeiters nutzt und die Ideen der Belegschaft generieren soll. Die

Mitarbeiter werden aus ihrer „Passivität" befreit und ihre Verantwortung gestärkt, so dass eine stärkere Identifizierung mit dem Unternehmen und ein kostenbewussteres Denken einsetzen[655].

Dementsprechend motivationsfördernd ist die Ausgestaltung des Anerkennungssystems zu gestalten:[656] Die Abarbeitung der Verbesserungsvorschläge muss zeitlich auf ein Minimum reduziert werden, um den einreichenden Mitarbeiter ein sofortiges Feedback spüren zu lassen. Die Anreize können dabei gleichermaßen materieller sowie nicht-materieller Natur sein[657]. Die Leistungsanerkennungsmethoden müssen weiterhin eine gewisse Transparenz des Verhältnisses zwischen Leistung und erhaltenem Bonus aufweisen und entsprechend der erwünschten Arbeit in Teams nicht nur einzelne Mitarbeiter, sondern auch beteiligte Gruppen einbeziehen. Durch die Einführung von TQM soll gerade die Teamarbeit und das bereichsübergreifende Denken und Handeln gefördert werden[658], so dass diese Anforderung auch auf Anreiz- und Anerkennungsmethoden zu übertragen ist:

> „Bei Veränderungen werden im allgemeinen die formalen Regeln ausgetauscht, die informellen und in der Tradition tief verankerten Beziehungen bestehen dagegen weiter. Solche informellen Beziehungen gehen aber ebenfalls zu einem beträchtlichen Anteil in das konkrete Handeln ein: [..] Es gibt in jedem Unternehmen auch unausgesprochene Gesetze, nach denen gehandelt wird. Oft scheitern organisatorische Veränderungen an diesen Barrieren, z.B. wird Teamarbeit angestrebt, aber in herkömmlicher Manier die Leistung des einzelnen belohnt."[659]

Die Mitarbeiterorientierung in dieser Form soll letztendlich das Betriebsklima verbessern und das Engagement und die Kreativität erhöhen, was sich in einer optimierten Zusammenarbeit niederschlägt, die nicht an Bereichs- und Abteilungsgrenzen endet. Dazu werden Mitarbeiter benötigt, die im Rahmen der Unternehmenszielsetzungen eigenverantwortlich und mit einem hohen Maß an Selbstkontrolle tätig sind[660]. Die *EFQM* bezweckt mit dem hier besprochenen Kriterium *3d. MITARBEITERBETEILIGUNG, -AUTORISIERUNG UND LEISTUNGSANERKENNUNG* dementsprechende Zielsetzungen: die Mitarbeiter- und Teambeteiligung am Verbesserungsprozess soll gefördert und – unterstützt und durch ein angemessenes Anerkennungssystem – erhalten werden[661]. Das Primärziel ist demnach die Integration der Belegschaft in qualitätsverbessernde TQM-Aktivitäten, d.h. die Gesamtheit der Mitarbeiter soll in die Lage versetzt werden, Qualitätsverantwortung zu übernehmen und durch entsprechende Anreize dazu motiviert werden, an der Zielerreichung der Unternehmung aktiv teilzunehmen, wobei die Effektivität dieser Maßnahmen durch die Organisation bewertet werden soll[662].

Das *EFQM-MODELL FÜR BUSINESS EXCELLENCE* erfasst an dieser Stelle jedoch in erster Linie, mit Hilfe welcher Methoden die Organisation diese Anforderungen erreicht bzw. wie „Mitarbeiter beteiligt, zu selbständigem Handeln autorisiert und ihre Leistungen anerkannt werden." Hierbei muss zwischen den jeweiligen Subsystemen der Betriebsgemeinschaft und des Managements unterschieden werden: Einerseits bezieht sich das hier besprochene Kriterium *3d.* auf Mitarbeiter und Teams, die durch ihre Lage im I-System des AGIL-Schemas dem analytischen Gesetz der Beharrung unterliegen und jeweils einzelne Arbeitsgruppen herausbilden, die – nach außen abgeschlossen –, auf die Einhaltung einmal etablierter Regeln, des Erhaltes der Firmentradition und der eingespielten Routine ausgerichtet sind. Um Neuerungen in den Verhaltensweisen der Organisationsmitglieder etablieren zu können, bedarf es der sekundären Einbindung eines fremdsystemischen Codes[663], wobei durch das Kriterium *3d. MITARBEITERBETEILIGUNG, -AUTORISIERUNG UND LEISTUNGSANERKENNUNG* die Koppelung der Logik des Managementsystems angesprochen wird (I_G-Feld des AGIL-Schemas). Durch diese Einbindung werden die Mitarbeiter und Arbeitsgruppen auf den unternehmerischen Erfolg hin qualifiziert und mit Kompetenz und Verantwortung ausgestattet[664]. Die Betriebsgemeinschaft wird somit in den Zielerreichungsprozess einbezogen und an den Verbesserungsmaßnahmen, die letztendlich die Outputqualität beeinflussen, z.B. durch ein betriebliches Vorschlagswesen beteiligt. Das Vorschlagswesen ist eine betriebliche Einrichtung, die es Mitarbeitern ermöglicht, über ihren Pflichtenkreis hinaus freiwillige und zusätzliche Leistungen zu erbringen, „die den Arbeitsablauf [..] vereinfachen, erleichtern, beschleunigen, sicherer oder kostengünstiger gestalten [...] oder das Produkt verbessern"[665]. Die Autorisierung zu selbstverantwortlichem Handeln führt dazu, dass die verschiedenen Arbeitsgruppen aktiv an der Zielrealisierung mitarbeiten können und zur Mitarbeit am Betriebsgeschehen motiviert werden.

Die Anerkennung der Leistungen sowie die Überprüfung der Effektivität der Mitarbeiterbeteiligung obliegen dabei dem Managementsystem, da es sich hierbei um Führungsmaßnahmen handelt (G_I-Feld). Ebenso ist es die Aufgabe des Managementsystems, die eingereichten Verbesserungsvorschläge auf ihre Verwertbarkeit hin zu beurteilen und die damit verbundenen Anreizsysteme zu gestalten, um die Beteiligung und Motivation der Mitarbeiter an Verbesserungsmaßnahmen und vor allem die Kooperation in Teams zu ermöglichen.

Das *EFQM-Modell für Excellence* bedient sich im Unterkriterium 3c. *Mitarbeiterbeteiligung und -ermächtigung* der gleichen Ansatzpunkte und damit der gleichen Bedeutung des vormaligen Unterkriteriums *3d. MITARBEITERBETEILIGUNG, -AUTORISIERUNG UND LEISTUNGSANERKENNUNG*, wobei die Überprüfung der Effektivität der Maßnahmen und die Ausgestaltung eines Anreizsystems weggefallen sind[666].

In den „areas to address" ist als Ausgestaltungspunkt ergänzt worden, wie die Organisation ihre Mitarbeiter zur Teamarbeit anregt[667]. Damit wird nicht die Kooperation im Arbeitsprozess, die sich auf der sozialen Ebene des integrativen Subsystems (I) befindet, evaluiert und bewertet, sondern energetische Handlungsanreicherungen, die vom managerialen Subsystem (G) ausgehen und durch die Teamarbeit eingeführt werden soll. Dies könnte sich bspw. in einem kooperativen Führungsstil äußern oder im Festsetzen von gruppenorientierten Leistungszielen. Dieser Orientierungspunkt ist somit im G-System einzuordnen, während das gesamte Unterkriterium *3c. Mitarbeiterbeteiligung und -ermächtigung* – wie auch das dazu korrespondierende ehemalige Unterkriterium *3d. MITARBEITERBETEILIGUNG, -AUTORISIERUNG UND LEISTUNGSANERKENNUNG*[668] – zu gleichen Teilen in das I- und G-System verortet wird, da es sich hierbei teils um Führungsaktivitäten handelt, teils jedoch auch um die Integration der Mitarbeiter in Verbesserungsaktivitäten.

5.3.8 Effektiver Dialog zwischen Organisation und Mitarbeitern

Innerhalb der übergeordneten Bewertungseinheit „Mitarbeiterorientierung" des *EFQM-MODELLS FÜR BUSINESS EXCELLENCE* steht beim Kriterium *3e. EFFEKTIVER DIALOG ZWISCHEN ORGANISATION UND MITARBEITERN* der „effektive Dialog" im Mittelpunkt, in dem u.a. die systematische Nutzung wechselseitigen Informationsflusses und die Gestaltung von Top-down-, Bottom-up- und lateraler Kommunikation zwischen Mitarbeitern, Führungskräften und Organisation über alle Unternehmensbereiche und -ebenen erfasst werden[669]. Die konkrete Ausgestaltung dieses Unterpunktes wird von der *EFQM* offen gelassen, so dass sämtliche Kommunikationsmethoden, -kanäle und -medien aufgeführt werden können[670].

Kommunikation ist innerhalb des AGIL-Schemas dem kulturellen Subsystem zugeordnet, dessen zentraler Bereich der an symbolischer Verständigung ausgerichtete Diskurs ist, an dem jeder, unabhängig von hierarchischer Stellung, teilnehmen kann und bei dem allein das bessere Argument Geltung erlangt[671]. Diese Form der Kommunikation wird bei diesem Kriterium der *EFQM* jedoch nicht angesprochen, es geht vielmehr um die Verbindung der diskursiven Logik mit der des Managementsystems, durch die die Kommunikation eine Hierarchisierung aufweist und auf bestimmte Themen spezifiziert wird. Diese sekundäre Einbindung eines fremdsystemischen Codes ist insofern wichtig, um den „reinforcing loop" mit seiner analytischen Gesetzmäßigkeit der Generalisierung zu unterbrechen. Wird bspw. in einem Dialog ein konkretes Organisationsziel dahingehend problematisiert, ob es mit den generellen Unternehmensprinzipien korrespondiert, setzt sich ein diskursiver Prozess in Gang, in dem sich Kritik mit Gegenkritik abwechselt und der Diskurs aufgrund der dabei entfalteten Eigenlogik kein Ende findet. Die Unterbrechung dieses „Loops", und damit die Erzeugung einer Akzeptanz oder eines Konsensus, kann nur durch die Kopplung mit anderen Loops erreicht werden.[672]

In dem hier besprochenen Fall des effektiven Dialogs (L_G) wird ein systematisches Vorgehen der Organisation thematisiert, das die Kommunikation fördern soll, und zwar auch außerhalb der Abteilungsgrenzen. Jedoch steht, vor allem in der Bottom-up-Kommunikation, stets die Effektivität des Dialoges im Vordergrund, d.h. die Ausrichtung auf die Erreichung festgelegter Ziele und die Schaffung eines bedarfsgerechten Informationsflusses, so dass der gemeinsame Konsens effektiv durch das Management durchgesetzt wird. Damit es nicht zu einer thematischen Abweichung, einer extremen zeitlichen Verzögerung der Übereinkunft oder gar zu einem Dissens kommt, müssen die Kommunikation und der Informationsfluss regelmäßig auf ihre Effektivität hin überprüft und ggf. verbessert werden[673].

Dies ist die Aufgabe des in dem G_L-Feld verorteten Informations- und Kommunikationsmanagements, das die eingesetzten Kommunikationsformen, -medien etc. auf ihren Beitrag zur Zielerreichung überprüft und, falls notwendig, ändert. Der Primat des effektiven Dialogs wird hierbei dem L_G-System zuteil, da der Schwerpunkt des Unterpunktes auf der Kommunikation zwischen Organisation und Mitarbeitern liegt. Wichtig ist hierbei, dass es sich bei dem hier von der *EFQM* angesprochenen Dialog nicht um informelle Kommunikationsmuster handelt[674], sondern um institutionalisierte Kommunikationsarten und Informationsflüsse, die stark anwendungsorientiert sind und Unternehmensangelegenheiten beinhalten.

Das Unterkriterium *3d. Dialog zwischen Organisation und Mitarbeitern* ist im neuen *EFQM-Modell für Excellence* nahezu unverändert geblieben, so dass die vorangegangenen Ausführungen übernommen werden können. Zusätzlich ist jedoch die Forderung aufgenommen worden, die Entwicklung der Kommunikationspolitik, -strategie und -pläne an den Kommunikationsbedürfnissen auszurichten[675]. Hier wird die konsumatorische Orientierung des managerialen Subsystems im AGIL-Schema angesprochen: Es nutzt die zuvor vom Ressourcensystem mobilisierten Informationen über die Kommunikationsbedürfnisse der Belegschaft zur Formulierung geeigneter Strategien und Maßnahmen. Die Entwicklung und Festlegung dieser befindet sich allerdings im Managementsystem selbst, das für die Evaluierung und den Beschluss entsprechender Entscheidungen zuständig ist.

Dieses Unterkriterium des Nachfolgermodells wird demnach auch im neuen Modell im L_G-System verortet, da es hauptsächlich die bedarfsgerechte, stark anwendungsorientierte Kommunikation und Information mit der sekundären Einbindung des Effektivitätsprinzips erfragt, jedoch nicht als leitendem Handlungsprinzip. Die Entwicklung der Rahmenvorgaben für die interne Unternehmenskommunikation ist Bestandteil des managerialen Subsystems, da hier Strategien und Maßnahmen vom Management festgelegt werden.

5.3.9 Betriebliche Sozialleistungen

Im Rahmen der Mitarbeiterorientierung soll im Vorgängermodell weiterhin durch das Kriterium *3f. BETRIEBLICHE SOZIALLEISTUNGEN* evaluiert werden, wie *„... für die Mitarbeiter gesorgt wird.*“: Die Organisation hat hierbei die Leistungen und Einrichtungen aufzuzeigen, die der Belegschaft zugute kommen, so z.B. Pensionspläne, Gesundheitsfürsorge, flexible Arbeitszeitregelungen, etc.[676] Dabei handelt es sich um betriebliche Sozialleistungen, die neben finanziellen Nebenleistungen ein allgemeines soziales Programm für die Arbeitnehmer darstellen[677]. Betriebliche Sozialleistungen sind Teil der Maßnahmen der betrieblichen Sozialpolitik, die wiederum Bestandteil der Personalpolitik und damit auch der Unternehmenspolitik ist[678], so dass der Punkt *3f. BETRIEBLICHE SOZIALLEISTUNGEN* in das Managementsystem des AGIL-Schemas einzuordnen ist.

Als Teil des normativen Managements dient die Sozialpolitik u.a. als Gestaltungsinstrument zur Erfüllung der Betriebszwecke. Damit wird häufig nicht primär eine soziale Zielsetzung verfolgt, sondern auf indirekte Weise eine menschliche Leistungssteigerung angestrebt[679]. Sozialleistungen verursachen Kosten bzw. Aufwendungen und werden ohne Bezug auf eine betriebliche Erfolgsgröße gewährt[680]. Systematisiert man betriebliche Sozialleistungen unter dem Gesichtspunkt der Leistungsgewährung[681], so lassen sich die von der *EFQM* aufgeführten sozialen und kulturellen Aktivitäten und das Bereitstellen von Einrichtungen und Leistungen den Nutzungsgewährungen zuordnen, da die Mitarbeiter hierbei betriebliche Sozialeinrichtungen, wie z.B. betriebsinterne Kindergärten, Kantinen oder Werksbibliotheken, in Anspruch nehmen. Freiwillige betriebliche Sozialleistungen werden aufgrund der Zugehörigkeit zum Sozialsystem der Unternehmung gewährt und sollen den Arbeitnehmern vor allem das Gefühl geben, dass der Betrieb über die gesetzlich vorgeschriebenen Sozialabgaben hinaus seiner Fürsorgepflicht für seine Mitarbeiter nachkommt[682]. Durch die Gewährung kann der Betrieb versuchen, den Leistungswillen der Arbeitnehmer positiv zu beeinflussen[683]: Sozialleistungen zählen neben Erfolgsbeteiligungen, Lohn- und Gehaltsregelungen zu der Gruppe der monetären Anreize[684], jedoch lassen sie sich nicht eindeutig dieser Kategorie zuordnen, da sie teilweise monetäre als auch nicht-monetäre Komponenten enthalten. Ein Anreiz hat eine zweifache Aufgabe: Zum einem ist er Bestandteil der wahrgenommen Situation, der Motive aktiviert, und zum anderen führt er, wenn die durch ihn motivierte Person ihre Bedürfnisse befriedigt hat, zur Zufriedenheit. Bei Sozialleistungen handelt es sich um Anreize, die durch die Organisation direkt beeinflussbar sind und nicht aus dem Privatbereich oder aus dem betrieblichen Umfeld stammen, wie z.B. Standort und Image der Unternehmung[685].

In der betrieblichen Sozialpolitik können verschiedene Motive zu unterschiedlichen Zielsetzungen führen. Es kann zwischen ökonomischen, sozialen, ethischen und politischen Zielen unterschieden werden, wobei bei einigen Maßnahmen eine eindeutige Zuordnung bisweilen schwierig ist. *Hentze* geht jedoch davon aus, „... daß allein aus sozialen und ethischen Erwägungen kaum eine Sozialleistung eingeführt wird, sondern daß gleichzeitig wirtschaftliche Ziele verfolgt werden.“[686] Für Wirtschaftsorganisationen bedeutet dies aus dem hier angelegten theoretischen Bezugsrahmen, dass sie an der Funktion und dem Code des Wirtschaftssystems der Gesellschaft orientiert und auf die funktionale Aufgabe der Wirtschaft, Sicherung künftiger Bedürfnisbefriedigungen, ausgerichtet sind. Aufgrund des Effektivitätsprinzips als leitendem Handlungsprinzip ist jeder Appell an eine Unternehmung, ihren Mitarbeitern (oder gar der Gesellschaft gegenüber) sozial verantwortlich zu handeln, ohne dabei die eigenen Interessen aus den Augen zu verlieren, von vorneherein zum Scheitern verurteilt. Die Realisierung der betrieblichen Fürsorge und Vorsorge für die Belegschaft mittels freiwilliger Sozialleistungen kann i.d.R. nicht isoliert von der übergeordneten betrieblichen Zielsetzung gesehen werden[687].

Da die Befähigerkriterien im EFQM-Modell die Ergebnisse beeinflussen sollen, kann hierbei neben der Auswirkung auf die *Mitarbeiterzufriedenheit* auch ein Bezug zu dem Kriterium *Gesellschaftliche Verantwortung/Image* gesehen werden. Die von Mitarbeitern oder der Unternehmung nach außen kommunizierten Sozialleistungen können sich dabei auf das Fremdbild der Organisation auswirken, das dadurch entstehen kann, dass der externen Umwelt vermittelt wird, die Unternehmung sorge sich um seine Mitarbeiter und verzichte ohne gesetzlichen oder tarifvertraglichen Zwang auf die ihm sonst zufließenden Ertragsanteile. Somit können Sozialleistungen u.a. auch Wettbewerbsvorteile gegenüber anderen Unternehmen generieren.[688] Im Hinblick auf die Leistungserbringung zielt eine Reihe von Sozialleistungen auf die Steigerung der psychischen und physischen Leistungsfähigkeit der Arbeitnehmer ab. Insbesondere die hierbei von der *EFQM* geforderten Angaben über die flexible Arbeitszeitgestaltung dient dazu, die Arbeitnehmer vor physischer Überlastung und den daraus resultierenden Gesundheitsschädigungen zu bewahren und bei unverändertem Zeitumfang geregelte Freiheiten zu gewähren[689]. Die Anreizwirkungen der Arbeitszeitgestaltung zielen – wie die betrieblichen Sozialleistungen insgesamt – zunächst auf eine Stärkung der Arbeitszufriedenheit durch die Abkehr von traditionellen Arbeitszeitzwängen, die nicht mit den Freizeitinteressen der Mitarbeiter kollidieren sollen. Mittelbar verfolgt die Unternehmung durch die Erhöhung der Arbeitszufriedenheit jedoch stets eigene Interessen, etwa ein positives Einwirken auf die Arbeitsmotivation, die sich in Form eines Leistungszuwachses sowie einer Verminderung der Fluktuations- und Absentismusraten positiv auswirken soll[690].

5.3.10 Mitarbeiterbelohnung, -anerkennung und -betreuung

Das Unterkriterium *3e. Mitarbeiterbelohnung, -anerkennung und -betreuung* des *EFQM-Modells für Excellence* besteht aus einer Sammlung verschiedener Komponenten ehemaliger Unterkriterien und deren Orientierungspunkten, die zueinander verschoben wurden.

Den Hauptteil bilden die Sozialleistungen[691] aus dem ehemaligen Unterkriterium *3f. Betriebliche Sozialleistungen*, die als monetäre und nichtmonetäre Anreize zur Personalpolitik gehören (G_I-Feld des AGIL-Schemas). Aus dem vormaligen Unterkriterium *3a. Planung und Verbesserung der Mitarbeiterressourcen* entstammt der Ansatzpunkt, die Entlohnung, Versetzung, Entlassung und andere Beschäftigungsaspekte seien mit der Politik und Strategie abzustimmen[692]. Hierbei handelt es sich, wie bereits in Kap. 5.3.7 erörtert, um die Abstimmung der personalpolitischen Entscheidungen und Pläne mit den gesamtunternehmerischen Vorgaben bzw. um das Herunterbrechen von Politik und Strategie in die jeweiligen Funktionsbereiche[693]. Aus dem früheren Unterkriterium *3d. Mitarbeiterbeteiligung, -autorisierung und Leistungsanerkennung* ist die Leistungsanerkennung in Form positiver Sanktionierungen, wie etwa Anreiz- und Entgeltsysteme[694] zugefügt worden[695].

Es handelt sich bei Unterkriterium *3e. Mitarbeiterbelohnung, -anerkennung und -betreuung* demnach um personalpolitische Entscheidungen und die Instrumente der Anreizpolitik einer Unternehmung, die im AGIL-Schema im G_I-System zu verorten sind, da normative und strategische Vorgaben des Personalmanagements angesprochen werden[696].

5.4 Ressourcen

5.4.1 Effizientes und effektives Ressourcenmanagement

Eine Unternehmung ist zur Leistungserstellung von Ressourcen verschiedener Art abhängig, die es zum Teil selber besitzt, über die zum Teil aber auch andere Organisationen verfügen. Um seinen Bestand zu sichern, muss das Unternehmen diese Ressourcen verfügbar machen und sie zur Leistungserstellung nutzen. Ressourcen stellen „die Gesamtheit der Faktoren dar, die einem Unternehmen für seine Aufgabenerfüllung zur Verfügung stehen [..]", d.h. Potentiale, die einem Nutzen zugeführt werden können[697]. Das Kriterium *4. Ressourcen* des *EFQM-Modells für Business Excellence* untersucht, wie Organisationsressourcen effizient und effektiv zur Umsetzung von Unternehmenspolitik und -strategie eingesetzt werden, wobei die Humanressourcen ausgeklammert werden, da sie separat in der Bewertung *3. Mitarbeiterorientierung* berücksichtigt werden[698]:

> *„Wie die Organisation die Ressourcen effektiv und effizient einsetzt."*

Dabei geht es um die optimale Ausnutzung der Ressourcen, wobei Verknappungen sowie Verschwendungen vermieden werden sollen. Der Einsatz von Ressourcen muss einerseits die Ziele der Organisation effektiv unterstützen, andererseits finden hier auch Gesichtspunkte wie Kostenreduzierung durch TQM und Senkung der Kapitalbindungskosten Berücksichtigung[699]. Die *EFQM* unterteilt die Art der hier relevanten Ressourcen wie folgt:

„Es ist nachzuweisen, wie die Organisation:
4a. ihre finanziellen Ressourcen handhabt.
4b. ihre Informationsressourcen handhabt.
4c. ihre Beziehungen zu Lieferanten handhabt und wie Material bewirtschaftet wird.
4d. Gebäude, Einrichtungen und anderes Anlagevermögen handhabt.
4e. Technologie und geistiges Eigentum handhabt."

Damit ist eine differenzierte Betrachtung von Ressourcenarten gewährleistet[700], jedoch werden die Kernkompetenzen als ebenso wichtige Unternehmensressource[701] durch das EFQM-Modell außer Acht gelassen.

Die beiden an Effizienz und Effektivität orientierten Subsysteme des AGIL-Schemas sind die der Ressourcenmobilisierung und des Managements, wobei diese unterschiedlichen Systemcodes bzw. Handlungsprinzipien unterworfen sind, so dass zwischen diesen unterschieden werden muss. Das A-System ist durch das Nutzenprinzip gekennzeichnet, und die Verwendung der Ressourcen bemisst sich durch einen Aufwand/Nutzen-Vergleich im Hinblick auf das zu erreichende Ziel. Ist der erwartete Aufwand größer als der kalkulierte Nutzen, kann die Zielverfolgung nicht mehr gerechtfertigt werden, so dass zu einem anderen Ziel der Präferenzordnung übergegangen wird. Die Funktion des Ressourcensystems besteht darin, durch die Beschaffung und Bereitstellung von Ressourcen die optimale Anpassung der Organisation an die externe Umwelt zu gewährleisten. Dazu gehört auch die Bewertung der Ressource im Vergleich zum Gesamtmarkt. Das G-System hingegen folgt dem Effektivitätsprinzip, d.h. es wird abgewogen, welche Mittel zur Ziel*durchsetzung* am besten geeignet sind, wobei die Verfolgung des Ziels oberste Priorität hat und nicht die Effizienz der Ressourcenwahl. Das Managementsystem nutzt die Ressourcen zur effektiven Zielerreichung gegenüber dem Wettbewerb und gibt die Strategien zur effektiven Ressourcengewinnung vor. Ressourcen können insofern sowohl effizient als auch effektiv „gehandhabt“ werden, wobei sie dann den verschiedenen Handlungsprinzipien der jeweiligen Subsysteme unterliegen und hierbei sowohl dem Ressourcen- als auch dem Managementsystem zugeordnet werden können. Die Bewirtschaftung der Ressourcen unterscheidet sich im EFQM-Modell nach Art der Ressourcen – die Forderung eines effizienten und effektiven Einsatzes dieser bleibt dabei für alle Arten bestehen (Abb. 5-10).

Abbildung 5-10 Effiziente und effektive Handhabung von Ressourcen

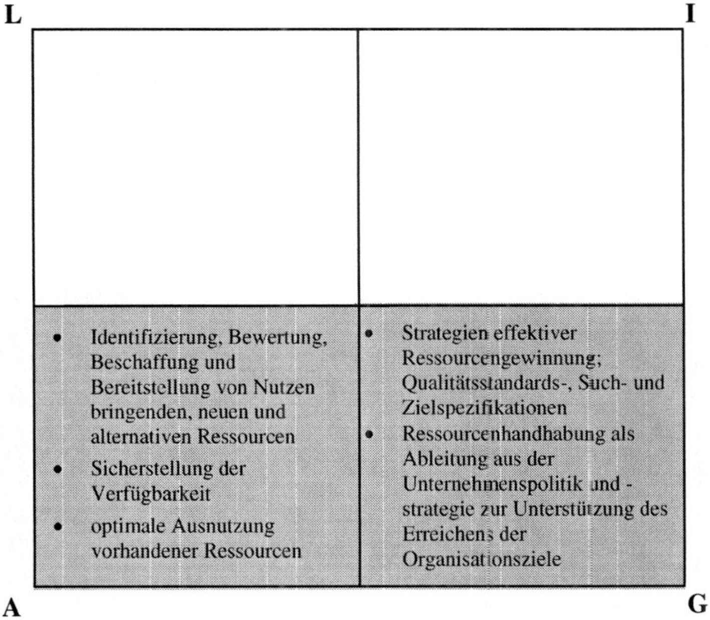

TQM ist dabei in seinem Kern auf die Realisierung von Wirtschaftlichkeitszielen und den dafür erforderlichen Bedingungen ausgerichtet. Effektivität bedeutet in diesem Zusammenhang nach *Jacobi*[702] „[d]ie richtigen Dinge tun“. Damit ist eine marktorientierte Zielsetzung für den Gegenstand zu erbringender Leistungen gemeint, d.h. unter Nutzung prognostizierter Rahmenbedingungen und geeigneter Instrumentarien und Ressourcen diejenigen Qualitätsziele für die Angebotsprodukte zu festzulegen, die eine umfassende Kundenzufriedenheit gewährleisten und damit den Unternehmenserfolg sichern. Effizienz hingegen meint „[d]ie Dinge richtig tun". Das erfordert nach *Jacobi* geringsten Mitteleinsatz zur Realisierung der gesetzten Qualitätsziele, d.h. einen minimalen Aufwand für die Inanspruchnahme erforderlicher personeller, materieller und finanzieller Fonds, der in minimalen Kosten reflektiert wird.

Die abgewandelte Bezeichnung des vierten Kriteriums *4. Partnerschaften und Ressourcen* im Nachfolger *EFQM-Modell für Excellence* deutet auf die Veränderungen innerhalb dieser Kategorie: Der Aspekt des Aufbaus und Managements wertschöpfender Partnerschaften erweitert die Handhabung der Lieferantenbeziehungen des ehemaligen Kriteriums. Darüber hinaus befindet sich hier nun auch das Wissensmanagement von Organisationen. Die *EFQM* definiert das neu formulierte Kriterium nun wie folgt:

> *„Wie die Organisation ihre externen Partnerschaften und interne Ressourcen plant und managt, um ihre Politik und Strategie und die Effektivität ihrer Prozesse zu unterstützen."*

Die Beschreibung des Oberkriteriums orientiert sich auch hier umfassender an der Gesamtaussage der einzelnen Unterkriterien und soll nicht darüber hinwegtäuschen, dass es auch hier um das effiziente und effektive Ressourcenmanagement geht, das im AGIL-Schema zwei verschiedenen Subsystemen zuzuordnen ist (A- und G-System). Allerdings wird von der *EFQM* explizit darauf hingewiesen, dass es bei den Ressourcen, die nicht zu den externen Partnerschaften gehören, lediglich um die Handhabung interner, d.h. bereits vorhandener Ressourcen gehe[703]. Letztendlich muss aber auch die Ressourcenbeschaffung auf dem externen Markt dargestellt werden, da bspw. veraltete Technologien ersetzt oder finanzielle Ressourcen gemanagt werden sollen[704]. Dies wird mitunter nicht ohne die Beschaffung neuer (unternehmensexterner) Technologien oder bspw. Fremdkapital möglich sein. So kommen auch die von der *EFQM* geforderten Kennzahlen zur Bewertung der Schlüsselleistungsindikatoren im Kriterium *9. Schlüsselergebnisse*, wie etwa die Gesamtkapitalrentabilität[705], nicht ohne die Betrachtung der Fremdkapitalzinsen aus.

Dieses Kriterium beschreibt demnach, wie Ressourcen und Partnerschaften eingesetzt werden müssen, um die Unternehmenspolitik und -strategie zu unterstützen. Dazu gehört nicht nur die Verringerung der Kosten, sondern auch die vorbeugende Erhaltung der Ressourcen, um

Verschwendung und Umweltbelastungen/-zerstörung zu vermeiden[706]. Dies geschieht einerseits im Hinblick auf die Geschäftsergebnisse, aber auch zur Erreichung guter Ergebnisse im Zielkriterium *8. Gesellschaftsbezogene Ergebnisse* des EFQM-Kriterienrasters.

Auch in der neuen Version des EFQM-Modells werden die Unterkriterien nach Art der Ressource unterschieden, wobei sich die Änderungen auf die o.g. Ergänzungen beziehen. Zusätzlich wurde das Managen von Gebäuden, Einrichtungen und Material zu einem Unterkriterium zusammengefasst:

„*4a.* *Externe Partnerschaften werden gemanagt.*
4b. *Finanzen werden gemanagt.*
4c. *Gebäude, Einrichtungen und Material werden gemanagt.*
4d. *Technologie wird gemanagt.*
4e. *Informationen und Wissen werden gemanagt.*"

Das Kriterium *4. Partnerschaften und Ressourcen* ist somit in der Anzahl der Unterkriterien gleich geblieben (Tab. 5-4):

Tabelle 5-4 Änderungen im Kriterium 4. Ressourcen

ehemaliges Modell	**aktuelles Modell**	***Änderungen***
4a. Finanzielle Ressourcen	4b. Finanzen	*beibehalten*
4b. Informationsressourcen	4e. Information und Wissen	*zusammengefügt aus 4b. und 4e.*
4c. Lieferantenbeziehungen und Materialbewirtschaftung	4a. Externe Partnerschaften	*4c. und 4d. aufgeteilt nach Stakeholder-Beziehungen und Vermögensarten*
4d. Gebäude, Einrichtungen und anderes Anlagevermögen	4c. Anlage- und Umlaufvermögen	
4e. Technologie und geistiges Eigentum	4d. Technologie	*Technologie aus 4e. beibehalten*

Modifiziert wurde die Verteilung der Ressourcenarten auf die Unterkriterien, die sich nun in einer anderen Zusammenstellung befinden. Neu hinzugekommen ist einerseits die Handhabung externer Partnerschaften als Beziehungsmanagement, das sich jetzt nicht mehr nur auf die Lieferanten bezieht. Andererseits ist auch das systematische Wissensmanagement ergänzt worden, das als einziges Unterkriterium in dieser Kategorie nicht nur das effiziente und effektive Ressourcenmanagement behandelt, sondern sehr differenziert dargelegt wird. Hier liegt eine Berücksichtigung aller vier Subsysteme vor, die es ermöglicht, ein nahezu ganzheitliches zielgerichtetes Wissensmanagement-Konzept aufzubauen.

5.4.2 Finanzielle Ressourcen

Die finanziellen Ressourcen einer Unternehmung werden als Basisressourcen bezeichnet, da sie in einer Marktwirtschaft Voraussetzung für den Einsatz anderer Ressourcen sind und das Ende der Transformationskette bilden[707]. Die Überlebensfähigkeit einer Unternehmung hängt wesentlich von der optimalen Liquidität ab, d.h. es wird ein finanzielles Gleichgewicht angestrebt, das einerseits die ständige Zahlungsfähigkeit des Betriebes als auch das Treffen finanzieller Entscheidungen sichert, um das Gewinnmaximum zu erreichen[708]. Wird die Unternehmung als Investitions- und Finanzierungsobjekt betrachtet, ist sie durch die Zahlungsströme definiert, die aus den Entscheidungen des Managements folgen[709]. Die Finanzwirtschaft einer Organisation beschäftigt sich im weitesten Sinne mit der Beschaffung finanzieller Mittel und mit deren Verwendung zur Beschaffung von Sach-, immateriellem - oder Finanzvermögen[710].

Die Handhabung finanzieller Ressourcen kann somit sowohl die Kapitalbeschaffung[711] als auch die Verwendung finanzieller Ressourcen innerhalb der Unternehmung beinhalten. Die finanzwirtschaftliche Unternehmenspolitik trifft Entscheidungen über die optimale Geldanlage (Investition) – und damit über die Bestimmungsgründe des Zahlungsmittelbedarfs – sowie über die optimale Geldbeschaffung (Finanzierung).[712] Investition und Finanzierung werden dabei als Einheit gesehen[713], da Investitionsentscheidungen stets auch Aussagen über die optimale Form der Finanzierung, also der Kapitalbeschaffung, enthalten. Die Vorteilhaftigkeit einer Investitionsentscheidung ist somit auch immer von der Art der Finanzierung abhängig[714]. Die Aufgabe eines finanzwirtschaftlichen Managements ist es, das Gesamtoptimum zwischen zielentsprechendem Einsatz und der Beschaffung finanzieller Mittel zu erreichen. Dabei sind diese Entscheidungen nicht unabhängig von der Unternehmensplanung zu betrachten, sondern sollen die strategischen Zielsetzungen durch die Bereitstellung finanzieller Ressourcen und ihrer Verwendung unterstützen: die Disposition finanzieller Mittel ist somit Bestandteil der gesamten Unternehmensplanung[715].

Dementsprechend ist das finanzwirtschaftliche Management in die Unternehmenspolitik und -strategie einzubinden[716]. Diese Forderung des EFQM-Modells, die Handhabung der Ressourcen in Einklang mit den gesamtunternehmerischen Rahmenvorgaben zu bringen, bezieht sich auf alle unter dem Kriterium 4. genannten Ressourcenarten und kann als Parallele zum Kriterium *2c. Kommunikation und Implementierung von Politik und Strategie* gesehen werden, bei dem es u.a. darum geht, Politik und Strategie auf alle Ebenen und Bereiche der Organisation herunterzubrechen und verbindlich zu spezifizieren.

Wenn die Unternehmensziele die Prinzipien des TQM reflektieren, so muss dies seinen Ausdruck ebenso in der Handhabung finanzieller Ressourcen finden. Investitionen und Finanzierungen sind dann derart zu gestalten, dass sie die Unternehmensziele im Hinblick auf eine Qualitätsoptimierung unterstützen, was sich bspw. durch Investitionen in Trainingsmaßnahmen, Marktforschung oder der Verringerung der durchschnittlichen Kapitalbindung[717] und der Prozessdurchlaufzeiten äußert[718]. Diese finanziellen Ressourcenpläne sollen innerhalb des EFQM-Modells zudem regelmäßig überprüft und verbessert werden[719], so dass die Messgrößen ständig an die geforderte Qualitäts- und Kundenorientierung angepasst sind. Zudem soll dieses Konzept finanzieller Parameter systematisch alle relevanten Faktoren berücksichtigen und auf „harten Daten" beruhen; die Analyse finanzieller Leistungsparameter soll zu Verbesserungsmaßnahmen führen. Der wichtigste Punkt hierbei ist die Ermittlung der Weiterentwicklung gegenwärtiger Verfahren, die explizit die Qualität des Unternehmens in relevanten Messgrößen ermitteln, so z.B. die Qualitätskosten und das Verhältnis zwischen einzelnen Qualitätskostenarten[720]. Die zentrale Funktion einer wirtschaftlichen Betrachtung des Qualitätsmanagements ist dabei, durch kontinuierliche Verbesserungen das Verhältnis von Ertrag und Aufwand zum gegenseitigen Nutzen von Kunden und Unternehmen zu verbessern. Dadurch sollen sich die durch Qualitätsverbesserungen gesenkten Kosten, Produktivität, Preis, Absatzmenge und der Gewinn steuern und nachweisen lassen. Erst durch die gezielte Anwendung von Bewertungsinstrumentarien werden Wege zur Erschließung von Verbesserungspotentialen eröffnet[721]. Qualitätsmanagement muss somit stets als eine Investition, insbesondere in die Unternehmenszukunft, angesehen werden, deren Wirksamkeit nicht nur nach kurzfristigen Effekten bewertet werden kann. Monetäre Bewertungen sind dabei ein Mittel des Qualitätsmanagements zur Verwirklichung der Zielsetzungen von TQM[722].

Die effiziente und effektive Handhabung finanzieller Ressourcen beinhaltet demnach sowohl ein finanzwirtschaftliches Management, das die Investitionen der Unternehmung im Hinblick auf die TQM-Ziele plant, bewertet und angemessene Kennzahlen als Anlass zu Verbesserungsmaßnahmen einsetzt als auch die Kapitalbeschaffung zur Finanzierung TQM-relevanter Investitionen. Dadurch soll das optimale Verhältnis zwischen dem Unternehmens- und dem Kundennutzen geschaffen werden, das einerseits so kostenminimiert wie möglich ist, andererseits aber auch den Kundenanforderungen genügt. Durch ein Qualitätsmanagement, dessen Anwendung durch finanzwirtschaftliche Kennzahlen unterstützt wird, soll das Spannungsverhältnis zwischen Qualität und Kosten aufgelöst werden.

Im Unterkriterium *4b. Finanzen* des Nachfolgermodells der *EFQM* sind – abgesehen von der geänderten Bezeichnung dieses Unterkriteriums – keine Änderungen zu verzeichnen. Es kann aufgrund dessen analog zu diesem Unterkriterium beschrieben und analysiert werden[723].

5.4.3 Informationsressourcen

Die Ergebniskriterien des EFQM-Modells enthalten sowohl monetäre (*Geschäftsergebnisse*) als auch nicht-monetäre Komponenten (*Mitarbeiter- und Kundenzufriedenheit, gesellschaftliche Verantwortung/Image*), die sich in dem Zielsystem der zu bewertenden Unternehmung wieder finden sollen[724]. Zur Entscheidungsfindung und Realisierung der Zielvorgaben ist eine Organisation stets auf Informationen angewiesen[725]: Zweckorientieres Wissen[726] stellt die Voraussetzung für die Planung unternehmerischer Tätigkeiten dar. Da Planung stets zukunftsbezogen ist[727], setzt die Festlegung von Planungsentscheidungen Informationen, d.h. Wissen über wirtschaftliche Daten, voraus[728]. Eine Entscheidung des Managements zwischen verschiedenen Handlungsmöglichkeiten ist nur dann möglich, wenn es über relevante Informationen aus der Umwelt und aus dem Unternehmen selbst verfügt[729]. Informationen sind dadurch erfolgsbestimmend; sie sorgen dafür, dass die knappen Faktoren in die günstigste Verwendungsmöglichkeit gelenkt werden (optimale Allokation) und gewährleisten die Optimierung betrieblicher Ziele[730]. Insbesondere der Erfolg einer Unternehmensstrategie ergibt sich aus einer asymmetrischen Verteilung von Informationen und Wissen gegenüber der Konkurrenz, mit deren Hilfe günstige Gelegenheiten frühzeitig erkannt und noch vor dem Wettbewerb umgesetzt werden können[731].

Bei Informationen handelt es sich somit um Wissen, das zur Erreichung eines bestimmten Zwecks eingesetzt wird[732]. Die Beschaffung von Informationen erfolgt durch das Ressourcensystem des AGIL-Schemas, das diese zur weiteren konsumatorischen Verwendung bereitstellt. Dabei wird die Ressourcenmobilisierung und -allokation vom Nutzenprinzip als primärem Systemcode geleitet, d.h. bspw., dass der durch die Gewinnung einer weiteren Information zusätzlich erzielte Ertrag die Kosten der Informationsgewinnung übersteigen muss[733]. Durch das analytische Gesetz der Beschleunigung erfolgt eine starke Ausrichtung auf die Marktgegebenheiten und Kundenbedürfnisse, in der die Informationen mehr oder weniger ungezielt zusammengetragen werden. Um zu erkennen, welche Informationen zur Zielerreichung relevant sind, ist das Ressourcensystem u.a. auf strategische Vorgaben des Managementsystems angewiesen, das Such- und Zielspezifikationen bereitstellt. Das *EFQM-MODELL FÜR BUSINESS EXCELLENCE* fordert mit Kriterium *4b. INFORMATIONSRESSOURCEN* Angaben über die Handhabung und Zusammensetzung der Informationen, so dass diese die Unternehmenspolitik und -strategie unterstützen, wobei diese Forderung nicht näher spezifiziert wird[734]. Informationen dienen einerseits der Erfüllung von Managementfunktionen (Planung, Entscheidung, Kontrolle, etc.), wobei die Qualität maßgeblich von Inhalt und Aktualität der verarbeiteten Informationen abhängig ist[735]. Wie bereits bei der Abhandlung des Kriteriums *2b. ENTWICKLUNG VON POLITIK UND STRATEGIE* dargestellt, ist die Formulierung und Definition der Strategien und Ziele von der Bereitstellung und Nutzung dazu relevanter Informationen abhängig; die Informationsbeschaffung muss daher durch die Verbindung zum Managementsystem auf bestimmte Ziele hin spezifiziert werden, so dass auch hierbei eine effiziente und effektive Handhabung der Informationsressourcen beschrieben wird: Einerseits geht es um die Mobilisierung der Ressourcen selbst, aber auch um deren Nutzung zur (Re-)Formulierung der unternehmenspolitischen und -strategischen Vorgaben. Auf der anderen Seite stellen die Feststellung des Informationsbedarfs und Zielspezifikationen des Managementsystems die Vorgaben zur Informationsgewinnung dar, so dass nur diejenigen Informationen beschafft werden, die für die spezifischen Unternehmenszwecke tatsächlich relevant sind und nicht ungerichtet oder wahllos gesammelt werden[736]. Die Wahl zwischen den Quellen der Informationsbeschaffung ist nicht nur eine Kostenfrage, die dem Effizienzprinzip des A-Systems unterliegt und nach Informationskostenminimierung strebt, sondern bestimmte Daten können nur aus bestimmten Quellen bezogen werden, so dass bei der Informationsbeschaffung darauf zu achten ist, dass sie zeitgerecht vorliegen und zutreffend sind. D.h. die Informationsbeschaffung benötigt Spezifikationen des Managementsystems, die die Relevanz der Informationen festlegen.

Bei der Einführung von TQM muss auch stets über den Sinn existierender Informationssysteme nachgedacht werden, so dass die Qualitätszielsetzung der Unternehmung sichergestellt ist. So ist dabei auch stets die Kundenorientierung zu gewährleisten, bei der Informationen über die Kundenwünsche beschafft und verarbeitet werden. Dies beinhaltet die Schaffung eines Informationssystems, das sowohl die Belange externer Bezugsgruppen (Kunden, Lieferanten etc.) und Marktgegebenheiten als auch die internen betrieblichen Funktionen und Daten (wie z.B. Kostenrechnungen) einschließt[737]. Das Informationsmanagement muss demnach so gestaltet werden, dass die Informationen den Qualitätsprozess der Unternehmung unterstützen, so z.B. durch die Ermittlung von Kundenanforderungen, aufgrund derer Dienst- und Produktspezifikationen erstellt werden. Auch im Hinblick auf die Marktgegebenheiten und andere Bezugsgruppen der Organisation ist die Beschaffung relevanter Daten ebenso wichtig wie deren Verwendung zur Zielrealisierung, wobei durch das EFQM-Modell bei diesem Kriterium ausschließlich die effiziente und effektive Handhabung der Informationen ermittelt werden. TQM ist dabei auf angemessene Informationsstrategien und -systeme angewiesen, die die Unternehmensziele reflektieren und unterstützen. Die Handhabung der Informationsressourcen unterliegt auch hier dem ständigen Überprüfungs- und Verbesserungsprozess[738].

5.4.4 Informations- und Wissensmanagement

Erstmals wird im *EFQM-Modell für Excellence* ein Wissensmanagement thematisiert[739], um – so die *EFQM* – dessen in jüngerer Zeit wachsende Bedeutung hervorzuheben[740]. Die Handhabung geistigen Eigentums, auch Wissens, war zwar ebenso Inhalt des Vorgänger-Modells (*4e. Handhabung*

VON TECHNOLOGIE UND GEISTIGEM EIGENTUM), jedoch steht nun explizit das systematische Management von Information und Wissen auch in kollektiven Wissensbeständen im Vordergrund und zwar nicht nur als Ressourcensammlung und -strukturierung im Hinblick auf die Ermöglichung des Zugriffs für die Nutzung.

Anfang der 90er Jahre wurde das Thema Wissensmanagement verstärkt in der Wirtschaft diskutiert. Damit fand eine Ressource im Unternehmen Beachtung, die vorher nicht zielgerecht als Erfolgspotential gesteuert wurde. Netzwerktechnologien und lokale Datenbanken haben es erleichtert, Wissen und Informationen zu kodifizieren, zu speichern und zu teilen – und das kostengünstiger als bisher. Der Nutzen besteht ebenso darin, dass dem „intellektuelle[n] Kapital“[741] häufig mehr Wert zugerechnet wird als dem traditionellen Vermögen einer Unternehmung, allerdings taucht es in der Bilanzierung nicht auf.[742]
Der Unterschied zwischen Information und Wissen[743] soll nochmals, nun nach Maßgabe des hier zugrunde gelegten theoretischen Bezugsrahmens, durch nachstehende Darstellung deutlich gemacht werden (Abb. 5-11).

Abbildung 5-11 Kognitionsebenen[744]

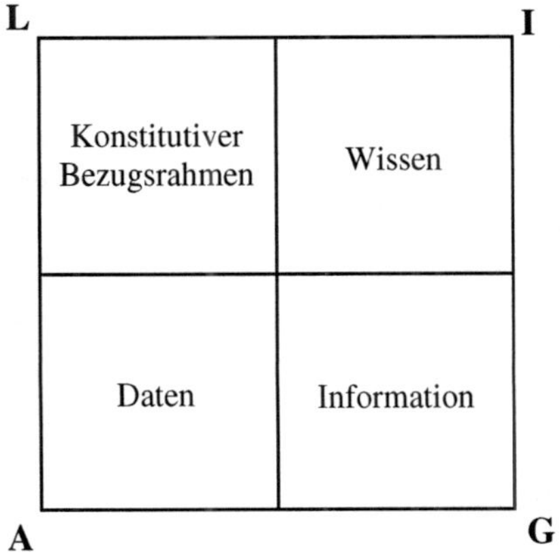

Wie bereits in Kap. 5.4.3 erörtert, sind Informationen zielgerichtetes, entscheidungsrelevantes Wissen, das auf eine Problemlösung hin gelenkt wird. Daten hingegen bestehen aus einzelnen Zeichen bzw. Zeichenfolgen, die miteinander in einen bestimmten Sinnzusammenhang gebracht werden. Werden Daten in den Kontext einer Verwendungsmöglichkeit („Problemzusammenhang“[745]) gebracht, so spricht man von Informationen. Sie sind zu sinnvollen Strukturen arrangierte Daten, die eine Bedeutung besitzen[746] und objektive Inhalt kennzeichnen, die jedoch subjektiv wahrgenommen und verarbeitet werden[747]. Aus der integrativen Verbindung von Informationen entsteht Wissen, das wiederum zweckorientiert ist und sein muss. Die Interpretation und die sinnhafte Verknüpfung zwischen diesen verschiedenen Kognitionsebenen (Zeichen zu Daten, Daten zu Information, Information zu Wissen) sind in einem konstitutiven Bezugsrahmen fixiert und bilden zusammen mit Wissen die Grundlage für das Handeln der Organisationsmitglieder.[748]

Wenn die *EFQM* in dem hier zu erörternden Unterkriterium *4e. Information und Wissen* von einem Informations- und Wissensmanagement – auch um den Aspekt des kontinuierlichen Lernens hervorzuheben[749] – spricht, so ist dies zunächst in seiner Bedeutung zu interpretieren. Vor allem im Hinblick auf die Unterscheidung zwischen organisationalem Lernen, d.h. individuellem Lernen in der Organisation, und dem Konzept der Lernenden Organisation ist eine Differenzierung notwendig:[750] Bei ersterem geht es um das konkrete Lernen von Mitarbeitern *in* einem Unternehmen, wobei die Organisation als solche eine strukturierte Umwelt für die Akteure bildet und lediglich als Rahmen mittels struktureller Arrangements dient. Das Konzept der Lernenden Organisation hingegen bezieht sich auf die Entwicklung einer *organisationalen* Intelligenz, bei der subjektive (individuelle) Wissensbestände in kollektives, organisationales Wissen[751] transformiert werden[752]. Dabei handelt es sich nicht um die bloße Addition individuellen Wissens, sondern der kollektive Wissensfundus[753] befindet sich auf einer anderen, nicht-individuellen Ebene und hat eine Qualität eigener Art (eine „Realität sui generis“[754]) mit eigenen *sozialen* Gesetzmäßigkeiten[755].
Festzuhalten gilt nun in erster Linie, dass es sich beim Kriterium *4e. Information und Wissens* nicht nur um die Entwicklung von Mitarbeiterkompetenzen i. S. der Personalentwicklung handelt. Dieser Aspekt wird auch im Kriterium *3b. Identifizierung, Erhalt und Entwicklung der Kompetenzen* im EFQM-Kriterienraster gefordert[756]. Es geht daher sowohl um die individuelle, psychische Ebene von Mitarbeitern, als auch um ein Informations- und Wissensmanagement auf der kollektiven Ebene der Organisation, d.h. um Methoden und Konzepte zur gezielten Einflussnahme auf das Wissen der Unternehmung[757].

Eng mit diesen Eigenschaftsunterschieden verbunden ist die Differenzierung in implizites und explizites Wissen und der damit einhergehenden Bedeutung der Wissensträger[758]. Implizites Wissen („tacit knowledge") beruht auf Erfahrungen und kaum fassbaren Faktoren (Überzeugungen, Perspektiven, Intuition etc.) und entzieht sich dem formalen sprachlichen Ausdruck, d.h. es kann nur schwer kommuniziert werden. Es ist im Allgemeinen personengebunden und befindet sich daher auf einer psychischen Ebene. Als Fähigkeit eines Organisationsmitglieds liegt es zunächst in seinem Gedächtnis vor. Unterschieden wird hier einerseits eine technische Dimension, in der persönliche Fähigkeiten, z.B. Fachwissen vorliegen, und andererseits eine kognitive Dimension, die aus bspw. Idealen, Werten, Einstellungen besteht[759]. Explizites Wissen („explicit knowledge") hingegen ist formal artikulierbar und kann dokumentiert, archiviert und mitgeteilt werden. Häufig steht explizites Wissen personenungebunden bspw. als Dokumentation oder in Datenbanken zur Verfügung[760]. Allerdings kann sowohl explizites als auch implizites Wissen gleichzeitig personengebunden als auch nicht personengebunden vorhanden sein.[761] Denkbar wäre eine dokumentierte und beim Mitarbeiter verinnerlichte Prozessbeschreibung.

Das EFQM-Unterkriterium *4e. Information und Wissen* fordert zunächst den Nachweis eines Informations- und Datenverarbeitungskonzepts, das die Politik und Strategie des Unternehmens unterstützt[762]. Damit sollen gezielt die Informationen bereitgestellt werden, die für den Prozess der Zielerreichung benötigt werden. Das bedeutet nicht nur die systematische Erfassung von Daten und deren gezielte Aufbereitung zu Informationen zur Ermöglichung eines faktenbasierten Handelns, sondern auch die Entwicklung eines Informationskonzeptes, das zur Kommunikation und Information der Mitarbeiter dient.[763] Im AGIL-Schema wird hiermit auf der einen Seite die Ableitung einer Informations- und Datenverarbeitungsstrategie aus der Gesamt-Unternehmensplanung angesprochen, die dem analytischen Gesetz der Spezifikation entspricht. Hierbei ist wiederum eine Parallele zu dem Kriterium *2e. Kommunikation und Einführung von Politik und Strategie* erkennbar, in dem erfragt wird, wie Unternehmenspolitik und -strategie in betriebliche Funktionsplanungen heruntergebrochen werden. Die Forderung als solche bleibt durchgängig die gleiche – lediglich der betroffene funktionale Bereich unterscheidet sich in den jeweiligen Unterkriterien. Es wird somit sichergestellt, dass eine gezielte Strategie zur

Informationsbeschaffung, -strukturierung und -bereitstellung existiert[764], die bestimmte Kriterien abdeckt, nämlich „Gültigkeit, Integrität und Schutz der Informationen“[765].

Die Beschaffung von Informationen und Wissen obliegt dabei dem Ressourcensystem im AGIL-Schema. Um eine ungerichtete Sammlung zu vermeiden, wird eine sekundäre Einbindung der managerialen Logik erforderlich, die eben genau diese Spezifikationen zur Sammlung und Bereitstellung bietet. Damit wird die Bedeutung organisatorischen Wissens von der übergeordneten Strategie abhängig und dient einem spezifischen Zwecks unter Berücksichtigung von Kostenaspekten. Vom Verhältnis zwischen Aufwand und Nutzen des Wissenstransfers sowie von dessen Beitrag zur Zielerreichung in Abhängigkeit der übergeordneten Unternehmensstrategie hängt es ab, ob im konkreten Einzelfall dessen Durchführung unter ökonomischen Gesichtspunkten gerechtfertigt ist[766]. Die Frage, ob die vorhandene organisationale Wissensbasis neuen Anwendungsmöglichkeiten zugeführt oder ob neues Wissen entwickelt wird, um neuartige Problemlösungen (bspw. Diversifikation in nicht-verwandte Bereiche) zu schaffen, ist in erheblichem Maße von der jeweils verfolgten Unternehmensstrategie abhängig, d.h. von der jeweiligen Art, sich verändernden Umweltbedingungen anzupassen[767]. Diese Spezifikationen geben nicht nur die die Art der Informationen und des Wissens (bspw. kunden- oder prozessbezogene Daten), sondern auch die Relevanz für den Unternehmenszweck oder die Wahl der Informationsquellen vor. Die Strategien selbst werden im G-Feld entwickelt und unterliegen dem Effektivitätsprinzip, so dass die gesammelten Ressourcen zur Strategiedurchsetzung konsumatorisch genutzt werden, indem Daten in Informationen transformiert werden, die zur Erreichung eines bestimmten Ziels eingesetzt werden. Somit wird auch die Gültigkeit, Richtigkeit etc. sichergestellt, denn das Ressourcensystem bewertet die Informationen und das Wissen zusätzlich in Relation zum Markt bzw. der systemfremden Umwelt.

Orientiert man sich nun an dem Wissensmanagement-Modell von *Probst et al.*[768] (Abb. 5-12), das auf einer empirischen Studie basierend Kernprozesse und Hauptproblemfelder im Management von Wissen einzelnen Bausteinen zuordnet[769], so lassen sich die Forderungen des *EFQM-Modells für Excellence* daraufhin übertragen: Die strategische Komponente in diesem EFQM-Unterkriterium, das Wissensmanagement einer Unternehmung an der Politik und Strategie auszurichten, wird durch die Bausteine *Wissens-*

ziele und *Wissensbewertung* dargestellt. Damit wird der traditionelle Managementprozess mit den Komponenten Zielsetzung, Umsetzung und Messung abgebildet. Der Schwerpunkt liegt hier auf der eindeutigen Definition konkreter Ziele und der Zielrichtung von Aktivitäten auf operativer, strategischer und normativer Ebene sowie der Messung der Ergebnisse, um die Effektivität der Maßnahmen nachzuweisen[770]. Diese Elemente sind im AGIL-Schema im Managementsystem verortet.

Abbildung 5-12 Bausteine des Wissensmanagements nach Probst et al[771]

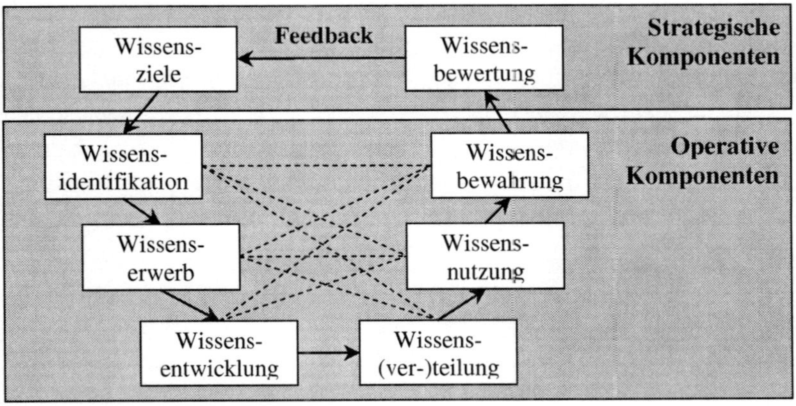

Der innere Kreislaufs des *Probst et al.*-Modells umfasst sechs Kernprozesse auf der handlungsorientierten Umsetzungsebene. Die *Wissensidentifikation* behandelt die Ermittlung und Beschreibung interner und externer Wissensbestände und liefert eine Bestandsanalyse vorhandenen Wissens mit dem Ziel, verfügbares und potentielles Wissen transparent zu machen. Diese Stufe bildet die Voraussetzung zum *Wissenserwerb*, der innerhalb und außerhalb des Unternehmens stattfinden kann. Das EFQM-Modell fordert ebenso die Mobilisierung der Ressource Wissen, diese nämlich effektiv zu erwerben und zu vermehren[772]. Dies entspricht dem Subsystem der Ressourcenbeschaffung im AGIL-Schema, das die Wissensbestände systemextern und -intern identifiziert, beschafft und bereitstellt. Hier sei nochmals angemerkt, dass diese Mobilisierung auch das individuelle Wissen beinhaltet, das sich auf einer psychischen Ebene befindet und so Systemumwelt darstellt.

Der innere Aufbau von Wissen ist bei *Probst et al.* durch die *Wissensentwicklung* berücksichtigt, die im EFQM-Modell ebenso im Bewertungsvorschlag der Wissensvermehrung bzw. des Wissenserwerbs angesiedelt ist. Die Wissensentwicklung ist einerseits Teil des Funktionsbereichs Personalmanagement und kann durch verschiedene Maßnahmen umgesetzt werden. Da es sich hierbei um die Entwicklung von Mitarbeiterfähigkeiten handelt, gelten analog die Ausführungen zu den Unterkriterien *3a. Planung, Management und Verbesserung der Mitarbeiterressourcen* und *3b. Identifizierung, Erhalt und Entwicklung der Kompetenzen*: Ziel ist die Verbesserung von Mitarbeiterressourcen, die entweder durch die Beschaffung neuer Organisationsmitglieder oder durch die Personalbindung und -entwicklung zur Überwindung kognitiver Barrieren Einzelner erfolgen kann[773]. In beiden Fällen wird das Wissen der Mitarbeiter für das Unternehmen erweitert bzw. entwickelt. Angesprochen werden hier das manageriale Subsystem des AGIL-Schemas, in dem wesentliche Funktionen des Personalmanagement und auch die Personalentwicklung verortet sind, aber auch das A-System, da es um die Beschaffung und Nutzbarmachung von (Mitarbeiter-)Ressourcen geht. Andererseits sollen aber nicht nur individuelle Fähigkeiten entwickelt werden, sondern das Wissen soll auch in die kollektiven Wissensbestände der Organisation transferiert und auch dort vermehrt werden. *Civi* fasst hierzu die folgenden fünf Maßnahmen als in der Theorie und Praxis gängige Initiativen des Wissensmanagements zusammen:[774]

- Aufbau von **Wissens-Teams**: Mitarbeiter aller Fachrichtungen kommen zusammen und entwickeln die Methoden zur Handhabung des Wissensmanagements im Unternehmen;
- Entwicklung von **Wissens-Datenbanken**: „Best Practices“, Experten-Verzeichnisse, Nachrichten- und Informationsdienste über Marktentwicklungen etc.;
- Gemeinsames **Teilen von „Best Practices“** über alle Bereiche des Unternehmens hinweg durch Datenbanken, Interaktion und Teilnahme an Veranstaltungen;
- Aufbau von **Wissenszentren:** Entscheidender Punkt der Wissensentwicklung Einzelner: sie verwalten und verbessern Wissensdatenbanken und erleichtern den Wissensfluss;
- **Kollaborative Technologien:** Nutzung von Intranets oder elektronischen Netzwerken für schnellen Informationszugang.

Überträgt man diese Forderungen auf den Wissenstransfer ins AGIL-Schema, so fallen die aufgeführten Aktivitäten einerseits in das Subsystem der Betriebsgemeinschaft, und zwar genau dann, wenn es um die Interaktion in Wissensteams und Netzwerken geht, um hier auf der Basis gegenseitiger Einflussnahme Wissen auszutauschen und somit von einem Mitarbeiter auf den anderen zu übertragen. Dazu gehört auch die Teilnahme an Veranstaltungen, denn hier kommen die Organisationsmitglieder bereichsübergreifend in Kontakt und haben die Möglichkeit, informelle Netzwerke aufzubauen und diese in der täglichen Praxis für den Wissenstransfer zu nutzen. Diese Art von Austausch und auch die Teilnahme in Wissensteams unterliegt dabei egalitären Strukturprinzipien, so dass sie zwar auf ein bestimmtes Ziel hingelenkt werden durch die sekundäre Einbindung des managerialen Codes, aber die hierarchische Stellung und Machtposition der einzelnen keine primäre Rolle spielt. Bringt man Personen miteinander in Kontakt, bauen sie eine persönliche Beziehung auf, durch die sie eher bereit sind, Wissen zu teilen. Die Teilnahme am Wissenstransfer kann hier auch nicht von Führungskräften vorgeschrieben werden, sie basiert auf freiwilliger Basis bezüglich der Mitarbeit und des Austauschs. Dennoch kann dieser Prozess vom Unternehmen unterstützt werden, z.B. durch Veranstaltungen oder Kommunikationssysteme.[775] Das Wissen, wie z.B. Best Practices, werden hier primär unter sozialem Einfluss und nicht unter Machtaspekten geteilt, denn Wissen bildet das Kapital eines jeden Mitarbeiters, dessen Zinsen in Karriere und Gehalt vergütet werden sollen[776].

Auf der anderen Seite werden hier auch Aspekte des kulturell/ kommunikativen Subsystems angesprochen, wenn nämlich Kommunikationsinstrumente wie bspw. das Intranet oder Datenbanken bereitzustellen sind. Diese dienen nicht nur dazu, Wissen weiterzugeben und den Zugriff zu ermöglichen, sondern auch andersherum, Wissen einzuspeisen und anderen mitzuteilen. Da es hier aber nicht darum gehen kann, irgendein Wissen oder irgendwelche Informationen zu kommunizieren, sondern zielbezogenes, anwendungsrelevantes Wissen mitzuteilen, das in Prozessen und in Teams zur Erhöhung der Wertschöpfung beitragen soll, ist auch hier die manageriale Logik sekundär eingebunden. Es ist an dieser Stelle wichtig zu betonen, dass es sich bei der Herausbildung solcher Wissensgemeinschaften nicht um informelle Netzwerke handelt, die primär einen individuellen Nutzen für den einzelnen und erst indirekt für das Unternehmen erhöhen. Entsprechend der Zielsetzungen und Nutzenerwartungen, die die

Mitglieder und das Unternehmen an die Wissensgemeinschaft stellen, unterscheiden sich die Beziehungen zwischen dieser informellen und offiziellen Unternehmensorganisation[777].

Der Baustein *Wissens(ver)teilung* der Abb. 5-12 beinhaltet die Frage, wie das gewonnene Wissen effizient und effektiv im Unternehmen verbreitet und kommuniziert werden kann und spricht damit die Nutzbarmachung des Wissens an. Das adaptive Subsystem im AGIL-Schema ist nicht nur für die Beschaffung der Ressourcen, hier des Wissens, zuständig, sondern auch für dessen Allokation. Dieser Aspekt wird im EFQM-Unterkriterium dadurch gefordert, dass internen und externen Benutzern geeigneter Zugriff auf Informationen und Wissen ermöglicht werden soll[778]. Die interne und externe Kommunikation des Wissens und dessen Verbreitung sind an dieser Stelle allerdings kein Bestandteil des EFQM-Modells, da hier lediglich die Beschaffung, Bereitstellung und Nutzung gefordert werden[779]. Wird hierbei die fehlende Kommunikation und der Transfer der Informationen und des Wissens bemängelt, so hat dies seine Ursache darin, dass Kommunikation, ohne die Handeln gar nicht möglich ist, zwar in jedem der Subsysteme des AGIL-Schemas stattfindet. Jedoch wird bei der Verwendung des AGIL-Schemas nach funktionalen Erfordernissen einer Organisation differenziert. Dies bedeutet, dass bspw. eine Handlungsanweisung vom Vorgesetzen zum Mitarbeiter zwar kommuniziert wird, es geht aber primär um hierarchische und eben nicht um diskursive Strukturprinzipien – es muss demnach zwischen den Medien „Kommunikation" und „Macht" unterschieden werden. So ist auch der Transfer von Wissen bei Teamarbeit oder zwischen Mitarbeitern in Prozessen auf Kommunikation angewiesen, in erster Linie folgt diese Übertragung jedoch egalitären Strukturprinzipien und beruht auf Solidarität.

Das wichtigste Ziel und der eigentliche Zweck des Wissensmanagements liegen in der Komponente *Wissensnutzung*. Das Kriterium der *EFQM 4. Partnerschaften und Ressourcen* forderte bisher in keinem der Unterkriterien die tatsächliche Nutzung der verschiedenen Ressourcen, sondern lediglich die effiziente und effektive Handhabung dieser. Erstmalig wird in einem der Teilkriterien – nämlich hier in *4e. Informationen und Wissen* – genau diese Verwendung berücksichtigt, die jedoch nicht weiter spezifiziert wird. Die „areas to address" sprechen allgemein von dem Streben der Unternehmung, Wissen effektiv zu nutzen sowie durch die Nutzung „relevanter Informations- und Wissensressourcen innovative und kreative Denkprozesse" auszulösen[780]. Hier sind alle Formen der Informations- und Wissensnutzung im Unternehmen denkbar, so z.B. zur Optimierung von Prozessen (Nutzung von Prozessdaten) oder zur Entwicklung von Strategien (Nutzung von marktbezogenen Information aus externen Datenbanken). Das EFQM-Modell fordert jedoch keine spezifischen zu treffenden Maßnahmen oder gar Prozessänderungen, so dass offensichtlich die bloße Anwendung der Ressourcen aufgezeigt werden soll. Dieser Prozess der Informations- und Wissensnutzung lässt sich im AGIL-Schema anhand der konsumatorischen Ausrichtung der G- und I-Systems erläutern, welche die zur Nutzung bereitgestellten Ressourcen verwenden. Im Managementsystem geschieht dies zur Zielsetzung und -durchsetzung, etwa zur Formulierung und Entwicklung von unternehmenspolitischen und -strategischen Plänen. Das Subsystem der Betriebsgemeinschaft nutzt Informationen und Wissen bspw. in algorithmischen Berechnungsprozessen. Durch die hier angesprochene Dynamisierung können auch Innovationen als Folge neuer Erkenntnisse entstehen.

Die Formulierung der *EFQM*, „innovative und kreative Denkprozesse" auszulösen, ist breit auslegbar, so können sowohl Produkt- und Prozessinnovation gemeint sein als auch Denkprozesse an sich. Das bedeutet in dem hier angewandten theoretischen Kontext, dass sich der Dynamisierungsprozess, vom A-System durch die Mobilisierung und Allokation der Informationen und des Wissens, über das manageriale und gemeinschaftliche Subsystem bis hin zum kulturell/kommunikativen ausdehnt. Denn dann wären diskursive Prozesse angesprochen, in denen die Relevanz der Informationen und des Wissens im Kontext mit den konstitutiven Rahmenbedingungen des Unternehmens interpretiert und sinnhaft verknüpft werden. Sie bilden zusammen mit dem Wissen die Basis des Handelns für die Mitglieder des Unternehmens. Obgleich die *EFQM* diesen Aspekt nicht explizit formuliert und fordert, muss an dieser Stelle aufgrund der Formulierung („Denkprozesse") dieses Ansatzpunktes des Unterkriteriums *4e.* davon ausgegangen werden, dass derlei diskursive Strukturprinzipien nicht von der Bewertung ausgeschlossen werden, sondern vielmehr auch die Folge einer Wissensverarbeitung bzw. eines Wissensmanagements darstellen[781].

Nach *Probst et al.* soll die *Wissensbewahrung* den Kreislauf schließen und neben Speicherung und Aktualisierung von Wissensbeständen einen Schutz vor Wissensverlusten bieten. Hier wird der Auffassung

Pfeifers gefolgt, dass diesbezüglich das Personal-, Informations- und Kommunikationsmanagement die hauptsächliche Rolle spielen, da nicht nur die Datensicherung in Computernetzen wichtig ist, sondern auch die Vermeidung ungewollter Fluktuation von Mitarbeitern mit Spezialwissen[782]. Werden Informationen und Wissen mittels Datenaustauschmechanismen und Etablierung einer Vielzahl von Kommunikationskanälen (Telefon, E-Mail etc.) dokumentiert, müssen diese den Mitarbeitern auch zugänglich gemacht und kommuniziert werden, damit sie personenunabhängig gespeichert und weitergegeben werden können, um so das Wissen in der Organisation zu bewahren[783]. *Kalbfleisch et al.* nennen das Beispiel des Intranets als Plattform der internen Kommunikation, die Ablauf- und Aufbauorganisation visualisiert und einen Austausch von Informationen, Dokumenten etc. bietet[784]. Das EFQM-Unterkriterium bezieht sich hierbei in den Ansatzpunkten hauptsächlich auf den Schutz intellektuellen Eigentums zur Maximierung der Wertschöpfung für den Kunden[785].

Dieser Aspekt fällt in das kulturell/kommunikative Subsystem des AGIL-Schemas, somit wird das Informations- und Wissensmanagement im Unterkriterium *4e.* äußerst differenziert in einem informations- und wissensbildenden Zyklus behandelt. Die nachstehende Abb. 5-13 fasst nun noch einmal die Zuordnung der einzelnen Aspekte des Unterkriteriums *4e. Information und Wissen* in dem hier zugrunde gelegten theoretischen Bezugsrahmen zusammen und zeigt auf, dass die Funktionen aller vier Subsysteme einer Unternehmung berücksichtigt werden. Allerdings verbirgt sich an dieser Stelle auch eine Lücke im *EFQM-Modell für Excellence*, denn Information und Wissen werden nicht durch Kommunikation „verteilt" oder „geteilt", so wie *Probst et al.* es in ihrem Model verdeutlichen[786]. Die Kommunikation und damit der Transfer von Information und Wissen erfolgen nur zur Sicherung und Bewahrungen bereits Vorhandenem. Neu erworbenes oder entwickeltes Wissen wird dem EFQM-Modell zufolge nicht kommuniziert.

Abbildung 5-13 Das Unterkriterium 4e. Informations- und Wissensmanagement im AGIL-Schema[787]

L — I

• *Wissensentwicklung*: Kommunikation von Wissen und Information • „*Wissensnutzung*“ für „innovative und kreative Denkprozesse“ • *Wissensbewahrung:* Schutz des intellektuellen Eigentums	• *Wissensentwicklung*: Wissens-Teams, Teilen von Best Practices, Interaktion, Teilnahme an Veranstaltungen • *Wissensnutzung* für „innovative und kreative Denkprozesse“ und zur Erhöhung der Wertschöpfung
• *Wissensidentifikation* • *Wissenserwerb* (intern und extern) • *Wissensentwicklung:* Personalbeschaffung • *Wissensverteilung:* Nutzbarmachung und Allokation	• Informations- und Wissensmanagementkonzept/ -strategie • *Wissensziele und -bewertung* • *Wissensentwicklung:* Personalmanagement • *Wissensnutzung* • *Wissensbewahrung:* Personal-, Informations- und Kommunikationsmanagement

A — G

5.4.5 Lieferantenbeziehungen und Materialbewirtschaftung

Eine wesentliche Forderung des TQM besteht darin, nicht funktions-, sondern prozessorientiert zu handeln, so dass alle Abläufe, die zur Herstellung eines Produktes oder einer Leistung beitragen, optimal und ohne Reibungsverluste verlaufen. Die Unternehmung bildet dabei eine Leistungskette, in der nur ein einziges schwaches Glied zur Minderleistung für die Kunden führt. Gleichrangiger Teil dieser Leistungskette sind die Lieferanten, die die gleichen Maßstäbe an die Qualität legen sollen wie der Hersteller selbst, da TQM nur dann zu einem hohen Kundennutzen führen kann, wenn alle Abläufe entlang der Leistungskette zeit-, kosten- und qualitätsgerecht beherrscht werden. Mangelnde Qualität zugelieferter Komponenten oder Verzögerungen bei der Lieferung würden sich unmittelbar auf die Qualität oder die Liefertermine der Endprodukte und -

leistungen auswirken und dadurch einen großen Teil der TQM-Bemühungen zunichte machen[788].

Mit Kriterium *4c. Lieferantenbeziehungen und Materialbewirtschaftung* des bis 1999 gültigen EFQM-Modells wird angeführt, wie die Unternehmung ihre Beziehungen zu Lieferanten effizient und effektiv handhabt und Material bewirtschaftet wird. Damit werden Konzepte wie Lean Production und Just-in-time[789] angesprochen[790], die eine Optimierung des Material- und Warenflusses sowie die Reduktion der Fertigungstiefen, Lagerbestände und Kosten beinhalten[791]. Die Zielsetzungen des Just-in-time-Konzeptes entsprechen weitgehend den Forderungen des EFQM-Modells innerhalb des Kriteriums *4c*, die Lagerbestände zu optimieren, Materialabfälle und Ausschuss zu reduzieren und somit die Lieferanten-Abnehmer-Kette zu verbessern[792]. Die Beziehungen zu den Zulieferern und die Bewirtschaftung des Materials dient somit einerseits dem Effizienzkriterium durch die Minimierung der Kosten und andererseits der Erhöhung des Nutzens der Organisation durch die Zusammenarbeit mit Lieferanten[793]. Der Beschaffungslogistik[794] obliegt es jedoch nicht nur, die Verfügbarkeit der fremdbezogenen Materialien und Teile sicherzustellen, sondern auch strategische Entscheidungen, die auf eine langfristige Wirkung abzielen, zu berücksichtigen[795]. Der Nutzen bzw. das Wirtschaftlichkeitsziel der Kostenminimierung stellt sich somit erst durch den Aufbau einer langfristigen, stabilen Beziehung zur Lieferantenbasis ein, da hierdurch eine optimale Qualität zu minimalen Kosten erreicht werden kann. Die Zuverlässigkeit des Lieferanten ist von enormer Bedeutung für den reibungslosen Produktionsablauf. Häufig lässt die Pflege guter Lieferantenbeziehungen durch die Reduzierung der Anzahl der Zulieferer sogar mögliche Preisvorteile in den Hintergrund treten, denn die Aufrechterhaltung der Beziehung zu einem bewährten Lieferanten, der höhere Preise fordert, kann im Endergebnis kostengünstiger sein als der Wechsel zu einem weniger zuverlässigen Zulieferer, der einen – oft nur vorübergehenden – Preisvorteil zusichert[796]. Dabei sind die TQM-Prinzipien des Herstellers auf die kooperierenden Lieferanten auszudehnen; der Nutzen entstehe nach *Allaire* dadurch, dass von den Zulieferern erwartet wird, die Qualitätsmaßstäbe des Herstellers zu übernehmen und somit bereits im vorgelagerten Bereich der Beschaffung die Qualität sicherzustellen: „Wenn ein Lieferant in der Lage ist, unseren Qualitätsmaßstäben zu entsprechen, dann sind die Kosten zweitrangig.“[797]

Die Kooperation mit Lieferanten und die damit einhergehende Materialbewirtschaftung innerhalb eines Just-in-time-Konzepts dient somit auch dem Effektivitätsprinzip, da die Realisierung der Qualitätsziele im Vordergrund steht, so dass die Kosten der Lieferantenbeziehung zunächst im Hintergrund stehen. Gesucht wird jedoch stets nach der optimalen Lösung, d.h. bei geringsten Mitteleinsatz und minimalen Kosten diejenige Lieferanten-Kooperation einzugehen, die eine Erreichung der Qualitätsziele des Unternehmens sicherstellt und somit gleichzeitig effizient und effektiv ist. Durch diese Art der Materialbewirtschaftung erhöht die Organisation ihre Produktivität und die Qualität der hergestellten Produkte und Leistungen, so dass sie einerseits den Kundenanforderungen gerecht wird, andererseits kann sich so die Erhaltung von nicht-erneuerbaren Ressourcen und die Reduzierung von Ausschluss und Materialabfällen auch auf das Image der Unternehmung auswirken.

Die *EFQM* fordert hierbei ebenso die Ableitung der Ausgestaltung der Lieferantenbeziehungen aus der Unternehmenspolitik und -strategie[798], so dass die Ziele der Organisation in einer Einkaufs- und Beschaffungspolitik reflektiert werden, die u.a. die Auswahl der Zulieferer und die Steuerung der eingehenden Rohmaterialien, Teile, Baugruppen und Komponenten beinhaltet und somit langfristig Ressourcen bindet[799]. Ebenso ist die Art der Zusammenarbeit in den strategischen Kontext des Unternehmens zu integrieren, die von dem Abschluss langfristiger Verträge bis hin zu Fusionen und Übernahmen reichen können[800]. Die Lieferantenhandhabung der Organisation soll somit eine Spezifikation der strategischen Unternehmensvorgaben in diesem speziellen Bereich darstellen und dadurch zum Erreichen der Vision beitragen.

Im Rahmen einer Rückwärtsintegration muss die Qualität der Zulieferungen gewährleistet sein, um das geforderte Qualitätsniveau der Endprodukte sicherzustellen. Dies setzt voraus, dass für Lieferanten die gleichen Qualitätsstandards verbindlich sind, die auch für die eigene Fertigung gelten. Innerhalb des AGIL-Schemas bedeutet dies die Verklammerung des Ressourcen- mit dem des Managementsystems[801]: Um die adaptive Logik mit dem analytischen Gesetz der Beschleunigung zu unterbrechen, d.h. die Ressourcenmobilisierung nicht einer ungerichteten Wahl zu überlassen, werden Spezifikationen aus dem Managementsystem benötigt, die die Lieferantenbeziehungen und Materialbewirtschaftung auf konkrete Zielsetzungen des Unternehmens hin lenken. Durch die Verbindung mit dem kulturell/kommunikativen System[802] werden zwar grundlegende Such- und Selektionsstandardisierungen in Bezug auf mögliche Situationen weitreichend definiert, jedoch fehlen hierbei die Qualitätsspezifikationen für den konkreten situativen Einzelfall:

> „Die Spezifikationen [Qualitätsstandards, die für die Zulieferer gelten; d. Verf.] müssen [..] fixiert werden, nachdem die Partner ihre ökonomischen und technischen Möglichkeiten bezüglich Qualität und Prozeß überprüft haben. [...] Dabei ist zu berücksichtigen, daß es keine Standards gibt, die immer gelten. Die Erwartungen der Verbraucher in bezug auf Qualität steigen ständig, der Wettbewerb verbessert sich permanent. Um zu verhindern, daß eine Unternehmung eines schönen Tages merkt, daß ihre Produkte nicht länger den Wünschen der Verbraucher entsprechen, müssen Hersteller und Zulieferer auf eine ständige Verbesserung der Standards hinarbeiten."[803]

Hersteller-Lieferanten-Beziehungen sind demnach auch ein Bestandteil der Unternehmensstrategie, „... die so angelegt sein sollte, daß die Ressourcen überall dort eingesetzt werden, wo sie dazu beitragen können, einen Wettbewerbsvorteil zu erlangen."[804] Dabei geht es nicht um kurzfristige Kostenminimierungen und permanente Wechsel der Zulieferer, sondern um langfristige Kooperationen, die nur durch eine sorgfältige Pflege der Beziehungen und gegenseitiges Vertrauen erreicht werden können. Versuchen Hersteller ihren Standpunkt mit Zwang und ohne Rücksicht durchzusetzen, dann erhalten sie unter Umständen fehlerfreie Produkte, doch müssen sie mit Verzögerungen, passivem Widerstand, Protesten und Tricks der Lieferanten rechnen. Die Konsequenz hieraus kann nach *Oess* nur bedeuten, dass der Lieferant in die Qualitätsbemühungen des Herstellers direkt einbezogen wird und somit Bestandteil der TQM-Politik des Unternehmens und im vorgelagerten Bereich in den Arbeitsprozess integriert wird[805]. Die *EFQM* verlangt hierbei zusätzlich die Berücksichtigung der Lieferantenanforderungen, um den Nutzen der Zulieferer aus dieser Beziehung zu gewährleisten[806]. Das bedeutet z.B., dass der Vorteil eines Just-in-time-Konzeptes für den Hersteller nicht zum Nachteil des Lieferanten durch die Zuschiebung des Lagerproblems werden darf, sondern dass es auf partnerschaftliche und verantwortungsvolle Zusammenarbeit ankommt, die nicht der Gefahr einer einseitigen Interessendurchsetzung unterliegt[807]. Der Hersteller nutzt die Kernkompetenzen des Lieferanten und erwirbt neben dem eingekauften Material somit gleichzeitig Fähigkeiten, Leistungen,

Einstellungen, Erwartungen, Engagement und Fertigkeiten der Lieferanten. Dies ist jedoch keine einseitige Beziehung, denn beide Seiten wirken ständig aufeinander ein und müssen beide einen Nutzen aus der Kooperation ziehen, soll diese dauerhaft bestehen[808]. Für das herstellende Unternehmen muss jedoch der eigene Vorteil stets im Vordergrund stehen, denn auch die Stärkung der Qualitätsfähigkeit des Lieferanten, z.B. durch hausinterne Schulungen auf der Grundlage von TQM oder die Stärkung ihrer Wettbewerbsfähigkeit durch finanzielle Unterstützungen (Akkreditive oder Bankgarantien), zielen auf eine Verbesserung der Effizienz (z.B. Minimierung der Preise der Zulieferer) und Effektivität (z.B. Verbesserung der Qualität der Waren) des Lieferanten, die letztendlich auch dem Hersteller zugute kommen[809], da überhöhte Preise oder verminderter Service die Attraktivität des einkaufenden Unternehmens erheblich beeinflussen können[810].

Insgesamt wird durch eine Zusammenarbeit mit Zulieferern die Effizienz und Effektivität einer Organisation erhöht, indem gleichzeitig hohe Flexibilität und Qualität bei niedrigen Kosten erreicht werden können[811]. Durch das Nutzenprinzip des A-Systems des AGIL-Schemas werden die Allianzen mit Lieferanten und die benötigten Materialien unter kompetitiven Strukturprinzipien bereitgestellt und innerhalb der Organisation einem Nutzen zugeführt. Die individuelle Nutzenoptimierung wird dabei durch das Managementsystem unterbrochen, indem die Belange der Lieferanten in die Beschaffungs-Beziehung einbezogen werden. Das Managementsystem stellt zudem sicher, dass die Zusammenarbeit mit Lieferanten und die Materialbewirtschaftung den eigenen Zielsetzungen der Unternehmung folgt. Somit dient der Einsatz von Just-in-time-Konzepten einerseits effizienten Prinzipien, bspw. Kostenminimierung durch Verringerung der Lagerbestände, andererseits aber auch der Zielerreichung der Unternehmung, indem solche Lieferanten ausgewählt werden, die bereits eine entsprechende Qualität der Ware gewährleisten, so dass diese nicht die Qualitätsbemühungen der Unternehmung bereits am Anfang der Leistungskette zunichte macht und den Ansprüchen der Kunden an das Endprodukt genügt werden kann. Das Managementsystem liefert dem adaptiven System zudem die Strategien zur Lieferantenauswahl, Förderung dieser Beziehungen und Materialbewirtschaftung, so dass nicht nur Kostenvergleiche eine Rolle spielen, sondern zudem nach Qualitätskriterien ausgewählt wird, die im Hinblick auf ein konkretes Ziel spezifiziert werden.

Um die Effizienz weiterhin sicherzustellen, muss sich die Unternehmung an ihre Umwelt und deren Veränderungen anpassen, so dass die Variabilität der Lieferantenauswahl und Materialbeschaffung auch künftig gewährleistet wird[812].

5.4.6 Externe Partnerschaften

Die Integration von Lieferanten, Händlern etc.[813] in die eigene Wertschöpfungskette in partnerschaftlicher Zusammenarbeit wird im aktuellen *EFQM-Modell für Excellence* in dem Unterkriterium *4a. Externe Partnerschaften* erfragt. Die *EFQM* hat hierbei das ehemalige Kriterium *4c. LIEFERANTEN UND MATERIALWIRTSCHAFT* aufgeteilt und erweitert: Die Bewirtschaftung von Material befindet sich nun in einem separaten Kriterium zusammen mit dem Anlagevermögen[814], während die Handhabung von Partnerschaften nun mehrere externe Beteiligte umfasst: Unter Partnerschaften werden nicht nur Lieferanten zusammengefasst, sondern bspw. auch Joint Ventures oder Allianzen[815], also ein Ausschnitt der Stakeholder, die bereits in verschiedenen anderen Unterkriterien berücksichtigt wurden. Hier geht es jedoch nicht mehr nur darum, die Bedürfnisse und Erwartungen der Anspruchsgruppen zu beachten, sondern um die effektive und effiziente Handhabung von Beziehungen zu Partnern. Allianzen, Joint Ventures und Netzwerke werden in jüngerer Zeit zunehmend als Chancen für künftige Unternehmensentwicklungen begriffen und genutzt. Dazu gehört, dass Partnerschaften mit Lieferanten, Abnehmern, Distributoren, Komplementatoren und Wettbewerbern zu einem wichtigen Bestandteil der Unternehmensstrategie werden. Die Gründe für strategische Allianzen reichen von Risikostreuung über Konzentration der Marktmacht bis hin zum Lernen von und mit Partnern[816].

Mit Partnerschaften sollen Synergien erzielt werden, die sich innerhalb der gesamten Leistungskette ergeben, wenn jede Komponente zur Herstellung der Produkte oder Erbringung der Dienstleistung zeit-, kosten- und qualitätsgerecht beherrscht wird[817]. Damit ergeben sich die gleichen Anforderungen wie auch beim Management der Lieferantenbeziehungen des vormaligen Unterkriteriums *4c. LIEFERANTEN UND MATERIALWIRTSCHAFT*, mit der Abweichung, dass der Kreis der Partnerschaften auch auf andere Bezugsgruppen auszudehnen ist: Im Mittelpunkt steht die eigene Wertschöpfung und die Befriedigung der Kundenbedürfnisse, so dass die

Wahl strategischer Partnerschaften mit Grundsatzentscheidungen übereinstimmen muss[818]. Bei der Formulierung von Stakeholder-Strategien geht es um die Festlegung der strategischen Handlungsorientierung gegenüber einzelnen Interessengruppen[819], d.h. also um das Spezifizieren von unternehmenspolitischen und -strategischen Vorgaben sowie um die Entscheidung über partnerschaftliche Beziehungen selbst[820]. Dabei stehen die eigene Zielerreichung und die Einbindung förderlicher Bündnisse für den Unternehmenszweck im Vordergrund[821], also die konsumatorische Orientierung des managerialen Subsystems des AGIL-Schemas, das diese Partnerschaften zur eigenen Strategiedurchsetzung nutzt. Ebenso liefert dieses Subsystem die Ziel- und Suchspezifikationen zur Identifizierung und Strukturierung der partnerschaftlichen Beziehungen[822], so dass das Ressourcensystem nicht ungerichtet nach möglichen Bündnispartnern sucht und diese Beziehungen aufbaut. Vielmehr sollen die Zielkriterien positiv beeinflusst werden. Bspw. kommen nur diejenigen Lieferanten etc. in Frage, die „eine kulturelle Verträglichkeit“[823] zusichern.

Letztendlich ergibt sich der Nutzen von Partnerschaften erst durch langfristige, stabile Beziehungen, um die Wettbewerbsvorteile zu erhöhen oder dauerhaft zu erhalten: Das Ressourcensystem würde ohne derartige Vorgaben durch das inhärente analytische Gesetz der Beschleunigung zu einer ungerichteten, kurzfristig orientierten Wahl ausschließlich nach Effizienzgesichtspunkten tendieren, aufgrund dessen müssen die Qualitätsziele einer Unternehmung auch in der Einkaufs- und Beschaffungspolitik reflektiert werden. Allerdings bezieht sich diese Spezifikation für die Einkaufs- und Beschaffungspolitik wie auch in dem ehemaligen Modell nur auf den konkreten Einzelfall, da die generellen Such- und Selektionsstandard, die das kulturell/kommunikative Subsystem instrumentell zur Verfügung stellt, nicht erfragt werden.

Die partnerschaftliche Beziehung selbst ist im A-System verortet. Daraus ergibt sich, dass das aufgebaute Netzwerk nur gerechtfertigt ist, solange die Nutzengewinne die entstehenden Beziehungskosten übersteigen. Die Strategien und Zielkriterien werden vom G-System vorgegeben, wobei die Eigenlogik des Managementsystems unterbrochen wird, so dass nicht mehr die eigene, starre Zielfixierung und einseitige Zieldurchsetzung im Vordergrund steht, sondern die Einbeziehung von möglichen Synergien als dauerhaften und intensiven Beziehungsgefügen mit Partnern, die sich für alle Beteiligten im Leistungsaustausch vorteilhaft darstellen, bspw. auch in der gegenseitigen Unterstützung bei Entwicklungsprojekten[824]. Die eigene Zielerreichung steht dabei aber stets im Vordergrund, denn die Spezifizierung der Art der Zusammenarbeit steht im strategischen Kontext der Unternehmung, die sich aus langfristigen Verträgen, Fusionen usw. einen Vorteil erhofft:

> „Das sind alles Hebel zur Realisierung unternehmensindividueller, aber auch unternehmensübergreifender gemeinsamer Wettbewerbsvorteile. Dabei wird unterstellt, daß kollektive Vorteile schneller, zu niedrigeren Kosten, mit größerer Flexibilität und mit geringeren Risiken als bei Alleingängen realisiert werden können."[825]

Durch Kooperation oder Zusammenschlüsse zu Systemverbunden sollen so Netzwerke mit möglichst optimalen Aufgabenverteilungen entstehen[826], die auch unter dem Stichwort Beziehungsmanagement bekannt geworden sind[827]. Die Art der im Verbund zusammenwirkenden Parteien ist von der jeweiligen Unternehmensstrategie abhängig, so kann dies z.B. in Form von Entwicklungs- und Wertschöpfungspartnerschaften mit Lieferanten geschehen[828]. Das Unterkriterium *4a. Externe Partnerschaften* behandelt demnach das „Beziehungsmanagement"[829] als Teil des sog. Relationship Marketing[830].

Beim Ressourcensystem des AGIL-Schemas wird hierbei die adaptive Logik unterbrochen, indem die Logik der politischen Rationalität des G-Systems sekundär eingebunden wird: Es orientiert sich zwar nach wie vor an dem Effizienzprinzip, durch die Spezifikation des Managementsystems werden Kostenminimierungen aber evtl. zweitrangig und es zählt bspw. das Know-how des Lieferanten[831], die letztendlich zu einer hohen Bindungsintensität führen soll[832]. Das A-System stellt dem Gesamtsystem somit Allianzen unter kompetitiven Strukturprinzipien zur Verfügung, die innerhalb der Organisation einem Nutzen zugeführt werden. Es bewertet die beteiligten Gruppen also auch unter spezieller Betrachtung z.B. ihrer Technologie, Größe, Struktur und strategischen Ausrichtung im Umfeld von Internationalisierung der Märkte, Marktstruktur und Dynamik[833].

Die Variabilität der Partnerwahl wird dennoch sichergestellt, da dieses EFQM-Unterkriterium auch eine ständige Optimierung innerhalb der Geschäftsbeziehungen der Lieferkette anspricht sowie eine Effektivitäts- und Effizientkontrolle fordert[834]. Dies meint nicht nur den vorgelagerten Bereich der Lieferanten, sondern Anspruchsgruppen in jeder Stufe des

Wertschöpfungsprozesses, die Austauschbeziehungen beschreiben und die vielschichtigen Verflechtungen zwischen den Marktpartnern offen legen[835].

5.4.7 Gebäude, Einrichtungen und anderes Anlagevermögen

Das Vermögen einer Organisation besteht aus den beiden Gruppen des Anlagevermögens, zu dem die Wirtschaftsgüter zählen, die dazu bestimmt sind, „dauernd dem Geschäftsbetrieb zu dienen“[836], und des Umlaufvermögens, welches aus den Wirtschaftsgütern zusammengesetzt ist, die gewöhnlich innerhalb einer kürzeren Zeitspanne umgeformt oder umgesetzt werden[837]. Betrachtet das Kriterium *4c.* des *EFQM-MODELLS FÜR BUSINESS EXCELLENCE* innerhalb der Materialbewirtschaftung das Umlaufvermögen, so ist das Anlagevermögen Bestandteil der Bewertungseinheit *4d. „... wie die Organisation [...] Gebäude, Einrichtungen und anderes Anlagevermögen handhabt.*“ Gegenstände des Anlagevermögens lassen sich in drei Gruppen von Bilanzposten untergliedern[838]:

> „(1) **materielles** Anlagevermögen, das entweder genutzt wird, ohne daß eine laufende Wertminderung eintritt, wie z.B. Grundstücke, oder das, wie z.B. bei Gebäuden, Maschinen, Werkzeugen usw., durch Nutzung einer ständigen oder plötzlichen Wertminderung unterliegt;
> (2) **immaterielles** Anlagevermögen, wozu vor allem gegen Entgelt erworbene Rechte gehören, die vom Betrieb für längere Zeit genutzt werden können, wie z.B. Patente, Konzessionen, Lizenzen u.a.;
> (3) **Finanzanlagevermögen,** das sich aus Beteiligungen, Wertpapieren und langfristigen Darlehens- und Hypothekenforderungen zusammengesetzt.“[839]

Die effiziente und effektive Handhabung des Anlagevermögens dient nach *Zink* vor allem dazu, die Lebensspanne der Gegenstände zu erhöhen und die Leistung vorhandenen Anlagevermögens optimal auszunutzen. In diesem Zusammenhang sei das Konzept des Total Productive Maintenance (TPM) zu verwenden, das die Maximierung der Effektivität des Anlagevermögens zum Ziel habe[840].

Das Anlagevermögen der Organisation stellt somit einerseits eine Ressource dar, die einem Nutzen zugeführt werden soll, um diese möglichst effizient zu verwerten und die Lebensspanne zu erhöhen[841]. Auf Gebäude übertragen kann dies eine möglichst hohe Auslastung der einzelnen Räumlichkeiten bedeuten, so dass weitere Anmietungen vermieden werden.

Ist jedoch die Anmietung anderer Gebäude vorteilhafter als die weitere Nutzung und Erhaltung der bereits vorhandenen Baulichkeiten, so ist diese Variante nach dem Effizienzkriterium vorzuziehen. Die Alternativen sind jedoch immer in Abhängigkeit der strategischen Zielsetzungen zu sehen, denn wird eine lokale Erreichbarkeit für die Kunden angestrebt, so kann der Nutzen der Räumlichkeiten nicht ausschließlich monetär bewertet werden. Die Handhabung des Anlagevermögens muss somit auch stets unter Berücksichtigung der Unternehmenspolitik und -strategie erfolgen und dem Erreichen der Organisationsziele dienen. Weiterhin fordert die *EFQM* unter dem hier behandelten Kriterium die Berücksichtigung der Wirkung des Anlagevermögens auf die Gesellschaft und Mitarbeiter, insbesondere im Hinblick auf Gesundheits- und Sicherheitsfragen[842]. Dazu gehören auch präventive Maßnahmen, die das Gefahrenpotential messen und die Konstruktion und Beschaffenheit der verschiedenen Gegenstände in Bezug auf die Sicherheit verbessern und die Teil des Produktionsmanagements sind. Zudem ist das Bewusstsein der Mitarbeiter für Gefahrensituationen zu stärken, indem bspw. Trainingsmaßnahmen für Arbeiter in der Produktion eingeleitet werden[843].

5.4.8 Anlage- und Umlaufvermögen

Auch beim Unterkriterium *4c. Gebäude, Einrichtungen und Material* des Nachfolger-Modells der *EFQM* gibt es keine Neuerungen zu verzeichnen: Die ehemaligen Unterkriterien *4d. Gebäude, Einrichtungen und anderes Anlagevermögen* sowie *4c. Lieferanten und Material* wurden zusammengefügt, wobei die Lieferantenbeziehungen ausgeklammert werden, da sie sich nun im jetzigen Unterkriterium *4a. Externe Partnerschaften* befinden. Die Ausführungen der korrespondieren Kap. 5.4.5 und 5.4.7 können hierzu übernommen werden und erübrigen an dieser Stelle eine Wiederholung.

Es wird demnach weiterhin der effiziente und effektive Umgang mit Teilen der Aktiva eines Unternehmens evaluiert, wobei das Material (z.B. Optimierung der Lagerbestände[844]) dem Umlaufvermögen einer Unternehmung zuzuordnen ist und das Management des Anlagevermögens an dieser Stelle logisch ergänzt[845]. Dieses Unterkriterium wird demnach abermals zu gleichen Teilen im Ressourcen- und Managementsystem verortet.

5.4.9 Technologien und geistiges Eigentum

Das Kriterium *4e. Technologien und geistiges Eigentum* des *EFQM-Modells für Business Excellence* behandelt Prozess- und Produktinnovationen in einem weiteren Sinne durch die Nutzung von Technologien und „geistigem Eigentum". Die Erhaltung der Marktanteile wird im Allgemeinen langfristig nicht ohne Produkt- und Dienstleistungsinnovationen möglich sein, und dies erfordert oftmals auch Prozessinnovationen[846]. Die *EFQM* fordert hierbei Angaben über die Nutzung bereits vorhandener Technologien, eine Identifizierung und Bewertung alternativer und neuer Technologien und deren Einbettung in die Unternehmenspolitik und -strategie[847]. Bei der Verwendung von Technologien zur Schaffung von Produkt- und Serviceinnovationen kann es nicht darum gehen, ein „Happy Engineering" zu kreieren, d.h. alle sich bietenden Möglichkeiten zu nutzen, ohne dabei die Kunden bzw. zu lösende Kundenprobleme und die Auswirkungen auf die Geschäftsergebnisse zu berücksichtigen. Innovationen benötigen daher eine systematische Handhabung, die den Absatz der Produkte sicherstellt und Nachahmungen z.B. durch Patentierungen verhindert[848].

Dieses Kriterium des EFQM-Modells beschreibt zunächst die Identifizierung von alternativen und neuen Technologien, die nur dann einen Wert haben, wenn sie zur Leistungserstellung etwas beitragen und auf dem Markt abgesetzt werden können. Der Wert der Technologie für das Unternehmen muss daher vorher im Verhältnis zum Markt ermittelt werden[849].

Innerhalb des hier angelegten theoretischen Bezugsrahmens ist das Ressourcensystem für das Erkennen und Beschaffen von Technologien zuständig, das allerdings – wie bereits erwähnt – durch eine adaptive Logik mit dem analytischen Gesetz der Beschleunigung dazu tendiert, Ressourcen mehr oder weniger ungerichtet zu sammeln. Durch das kompetitive Strukturprinzip können zwar alternative und neue Technologien identifiziert werden, jedoch bedarf es dabei der Spezifikation des Managementsystems, um diese effektiv auf das Unternehmensziel hin zu steuern und ein „Happy Engineering" zu vermeiden. Der Wert einer Technologie erschließt sich dabei nicht nur im Verhältnis zum externen Markt und insbesondere zum Wettbewerb, sondern auch im Hinblick auf den Verwendungszweck innerhalb des Unternehmens und die zu befriedigenden Kundenwünsche[850], so dass die Handhabung der Technologien effizient und gleichzeitig effektiv ist. Sie werden dabei einem Nutzen zugeführt, so z.B. zur Unterstützung von Produktinnovationen und Prozessverbesserungen. Gleiches gilt für die Nutzung der Ressource „geistiges Eigentum“, deren Bedeutung von der *EFQM* nicht spezifiziert wird; es wird lediglich auf „... how the organisation [...] exploits and protects intellectual property“[851] hingewiesen. Damit können sowohl das Wissen, die Fähigkeiten als auch Ideen gemeint sein, die ebenso zu Produkt- und Prozessinnovationen genutzt und bspw. durch Patente geschützt werden sollen[852]. Die Quellen des „geistige[n] Eigentum[s]“ können dabei unternehmensinterner (z.B. in Verbesserungsvorschlägen entstandene Ideen der Mitarbeiter) oder -externer (z.B. durch Kooperationen mit Forschungsinstituten oder „eingekaufte“ Ideen) Natur sein.

5.4.10 Technologie-Portfolio

Im *EFQM-Modell für Excellence* wurde das Wissensmanagement in einem separaten Unterkriterium mit dem Management von Informationen zusammengefasst, so dass die Kategorie *4d. Technologie* nun das Management des Technologie-Portfolios behandelt. Dabei soll eine grundlegende Systematik erkennbar werden[853], mit der Unternehmen alternative, innovative und neue Technologien einsetzen und veraltete ersetzen[854].
Dieses Unterkriterium ist von der *EFQM* ebenso wie das Managen von Finanzen und dem Anlage- und Umlaufvermögen in der Bedeutung nicht umgestaltet worden: Der Fokus liegt nun noch stärker auf dem Nachweis einer Methodik, mit der Technologien innerhalb des Unternehmens gehandhabt werden. Das meint sowohl die Konformität der Technologien mit Politik und Strategie zur Unterstützung der Unternehmensziele als auch die Angemessenheit dieser Ressource, die auf die Auswirkungen auf Betrieb und Gesellschaft bewertet werden, aber gleichzeitig auch innovativ sein soll.[855]

Radtke/Wilmes erwähnen hierbei beispielhaft die systematische Anwendung von Informations- und Kommunikationstechnologie, durch welche die gesamte Vertriebsorganisation umgebaut werden müsse. So ermögliche der Einsatz von e-Business eine vollständige Neugestaltung der Vertriebskette, ziehe aber auch Konsequenzen im Personalmanagement mit sich.[856] Dieses Beispiel zeigt zwar, dass das Technologiemanagement einerseits den Zielsetzungen des Unternehmen entsprechen muss, andererseits verdeutlicht es auch die dadurch stattfindende Dynamik im System: Von der Nutzung von Technologien und deren tatsächlichem Einsatz sind evtl. organisatorische und strukturelle Änderungen notwendig, die in den Prozessen und der Betriebsgemeinschaft identifiziert und umgesetzt werden müssen. Wie bereits erwähnt, unterliegt das Subsystem der Betriebsgemeinschaft Beharrungstendenzen, die auf derartige energetische Handlungsanreicherungen angewiesen ist, um Änderungen zu implementieren und Technologien tatsächlich in die Abläufe einzubinden und Ressourcen schließlich auch einem Nutzen zuzuführen. Dies ist jedoch nur eine theoretische Weiterführung der organisationalen Implikationen, die mit der Beschaffung und Bereitstellung von Ressourcen, insbesondere von neuen und/oder innovativen Technologien einhergeht. Das EFQM-Modell erfragt diesen Aspekt an der Stelle aber nicht. Vielmehr geht es darum, geeignete Technologien bereitzustellen und eine Korrespondenz mit dem unternehmerischen Zielsystem sicherzustellen. Sicherlich werden neue Technologien in der Unternehmenspraxis in dem meisten Fällen genutzt sowie Abläufe, Verfahren etc. darauf abgestimmt. Orientiert man sich hingegen an dem Kriterienraster des EFQM-Modells, finden die tatsächliche Implementierung einer Beschaffung und deren strategischer Vorgaben zwar statt. Die weitere konsumatorische Nutzung samt einhergehender Um- und Neugestaltungen in Prozessen, Vertriebstrukturen, Teams etc. und deren Leistungs- und Erfolgskontrollen, wird hier aber nicht erfragt.

5.5 Prozesse

5.5.1 Prozessorientierung

Die Prozessorientierung des TQM soll im *EFQM-MODELL FÜR BUSINESS EXCELLENCE* in der Komponente *5. PROZESSE* zum Ausdruck kommen. Hier werden Wertschöpfungsprozesse identifiziert und Voraussetzungen für deren ständige Verbesserung geschaffen[857]. Im Gegensatz zur DIN EN ISO werden hier nicht alle Prozesse diskutiert, sondern nur solche, denen eine Schlüsselrolle bei der Sicherung kritischer Erfolgsfaktoren der Kundenorientierung zugewiesen wird und die als wertschöpfend angesehen werden. Hierbei sollen die verschiedenen Prozesse nicht dokumentiert werden, sondern es geht um das kontinuierliche Management, die Prüfung und Verbesserung der Tätigkeitsabläufe[858]:

„Wie die Organisation ihre Prozesse identifiziert, führt, überprüft und verbessert."

Anhand dieser Kategorie soll evaluiert werden, inwieweit die für den Unternehmenserfolg relevanten Prozesse als solche erkannt werden und eine kontinuierliche Verbesserung der Geschäftstätigkeit sicherstellen. Prozesse werden dabei als „eine Folge von Schritten betrachtet, die aus Input einen Output erzeugen und hierdurch einen Mehrwert schaffen."[859] Prozessorientierung bedeutet, dass nicht die Ergebnisse im Vordergrund stehen, sondern die Abläufe selbst. Die Qualität der Ergebnisse wird als „natürliche Folge" der Prozessqualität angesehen, die wiederum entscheidend von den verwendeten Methoden abhängt[860].

Im AGIL-Schema werden die Prozesse im I-System in der Sachdimension verortet, wo sie egalitären Strukturprinzipien und dem Kohärenzprinzip unterliegen, da Teilprozesse aus einzelnen, nicht hierarchisch gegliederten Tätigkeitsschritten bestehen, die wiederum in einen in sich abgeschlossenen Prozess eingebunden sind. Durch die Einbindung aller Prozesse in einen komplexen Gesamtablauf kann eine Organisation auch als „integrative Struktur von Teilprozessen"[861] verstanden werden. Die Prozessanalyse ist Bestandteil der Ablauforganisation, die sich von der Aufbauorganisation u.a. dadurch unterscheidet, dass sie eben nicht hierarchische, sondern egalitäre Strukturprinzipien aufweist, in denen nicht vertikale Verteilungsbeziehungen, sondern ein raumzeitliches Prozessphänomen der Arbeitsbeziehungen zwischen den einzelnen Organisationselementen widergespiegelt wird[862]:

> „Dementsprechend wird unter Aufbauorganisation die hierarchische Gliederung des Unternehmens in sogenannte Organisationseinheiten [...] verstanden. [...] Die Frage 'Was ist wann in welcher Reihenfolge zu tun?' leitet über zur Ablauforganisation, die auf einem Verständnis von Organisationen als ein dynamisches Phänomen in Zeit und Raum basiert, bei dem der Prozeß, der Ablauf der Aufgabenerfüllung, im Vordergrund der Betrachtungen steht."[863]

Somit soll die Koordination zwischen den Untereinheiten des Systems, in der Sachdimension den Prozessen, erhalten und verbessert werden. Arbeitsprozesse sind zwar Bestandteil eines jeden Subsystems (z.B. Entschei dungs-, Kommunikations-, Informationsbeschaffungsprozesse), jedoch sind sie im I-System verankert, da die einzelnen Prozesssegmente als „Gleiche" behandelt werden und ihre Lage im Gesamtablauf raumzeitlich bestimmt wird und nicht etwa durch den Status ihrer Kostenstellen[864]. Entscheidend für den Primärcode der Unternehmung ist dabei, dass Prozesse eine Gruppe von Aktionen mit gemeinsamer Zielsetzung umfassen und dass diese Zielsetzung das Unternehmen in irgendeiner Weise voranbringt. Durch das analytische Gesetz der Beharrung, dem die Prozesse innerhalb des I-Systems unterliegen, stellt die Änderung der Prozesse ein langfristiges Vorgehen dar[865]. Je mehr dieses analytische Gesetz wirksam wird, desto mehr wird der komplexe, aufeinander abgestimmte Arbeitsprozess institutionalisiert und in eine weitgehend unhinterfragte Selbstverständlichkeit und Routine überführt. Die einzelnen Prozesssegmente sind egalitär gegliedert, so dass sachlich zusammengehörende Aktivitäten zu komplexen Prozessen verbunden werden, die einer gewissen Routinisierung bedürfen, um eine kontinuierlich gleich bleibende Qualität der Leistungen gewähren zu können[866].

Die sekundäre Einbindung der managerialen Logik in das I-System der Sachdimension führt zu einer Prozessänderung, die im Hinblick auf die Organisationsziele der Prozessverbesserung dient. Die Änderung einzelner Teilaktivitäten hat auch stets Auswirkungen auf den gesamten Prozess, so dass auch diese Konsequenzen berücksichtigt werden müssen, die meist zu einem fundamentalen Überdenken der Art und Weise führt, wie Arbeiten erledigt werden[867]. Die Prozesssystematik ist dabei Bestandteil des I-Systems, da es hier darum geht, Teilschritte nach einer bestimmten Reihenfolge in einen Gesamtablauf zu integrieren, welcher einer gewissen Beharrung und Routine bedarf, die nicht gewährleistet wären, wenn dieser einer zu hohen dynamischen Beschleunigung ausgesetzt wäre. Andererseits dürfen Prozesse nicht zu sehr „erstarren", da Tätigkeitsabläufe ansonsten nur schwer veränderbar wären und die Unternehmung Gefahr liefe, in der externen und internen Umwelt stattfindende Neuerungen organisationsintern nicht schnell genug umsetzen zu können.

Über das Kriterium *PROZESSE* des EFQM-Modells sollen nicht alle Abläufe des Unternehmens erfasst werden, sondern nur Schlüsselprozesse. Sie werden durch folgende Unterpunkte abgedeckt:

„Es ist nachzuweisen, wie:

5a. die für den Geschäftserfolg wesentlichen Prozesse identifiziert werden.

5b. Prozesse systematisch geführt werden.

5c. Prozesse überprüft und Ziele für Verbesserungen gesetzt werden.

5d. Prozesse durch Innovation und Kreativität verbessert werden.

5e. Prozesse geändert werden und der Nutzen der Änderung bewertet wird.“

Der Ansatzpunkt im TQM zur Steigerung der Produktqualität liegt nicht beim Produkt selbst, sondern bei den Prozessen, die das Bindeglied zwischen den Ressourcen als Input und dem Leistungsprogramm als Output darstellen und somit wertschöpfend sind[868]. Die ständige Verbesserung verfolgt diese Prozessorientierung; sie setzt bei der Ursache – den Arbeitsabläufen – an. Wird die Prozessorganisation kontinuierlich verfolgt, kommt es zu einer Veränderung der nach Funktionen aufgeteilten Organisation, bis hin zu einer Prozessorganisation, die die organisatorische Abbildung des Konzepts der ständigen Verbesserung ist. Zunächst werden die Barrieren zwischen den Funktionen Schritt für Schritt beseitigt, bis die funktionale Aufbauorganisation schließlich aufgelöst wird: „Es werden nicht mehr einzelne Funktionsbereiche optimiert, sondern die quer durch die Funktionen verlaufenden Prozessketten ständig verbessert.“[869] Durch die Interpenetration des Managementsystems mit dem Gemeinschaftssystem kommt es zu einer starken Auflösung der Hierarchie, die die Position des verantwortlichen Managements durch die Einbindung der egalitär ausgerichteten Gemeinschafts- in die hierarchisch angelegte Managementstruktur ändert. Statt der nach Funktionen gegliederten Organisation und deren Abteilungsleiter sind nunmehr Prozessmanager opportun, die die Verantwortung für einen Prozess, der von autonomen Teams getragen wird, übernehmen[870].

Das Prozessmanagement ist dabei Bestandteil des G_I-Systems[871], während die Prozesse per se im Gemeinschaftssystem verankert sind. Der Organisationsoutput, die produzierten Güter und Dienstleistungen, sind das Ergebnis kollektiv organisierter Prozesse, so dass auch stets leitende und koordinierende Funktionen wahrgenommen werden müssen, die den systemischen Output über die Vielfalt der sozialen Beziehungen mit Konsumenten, Lieferanten, Mitarbeitern etc. organisieren, da sonst kein aufeinander angestimmter Gesamtprozess denkbar wäre und die einzelnen Tätigkeiten in unkoordinierte Arbeitsabläufe zerfallen würden[872]. Prozessverbesserungen sind auf eine energetische Handlungsanreicherung angewiesen, die vom symbolisch tiefer liegenden G-System bzw. vom Prozessmanagement ausgeht, das die Strategie bzw. die daraus abgeleiteten Prozessänderungen in das I-System implementiert, so dass es zu einer tatsächlichen Änderung der Leistungserstellungsabläufe und somit zu einer Unterbrechung der bisher eingespielten Routinisierung kommt. Diese energetische Dynamisierung führt meist auch zu Änderungen der Aufbauorganisation und Arbeitsmethoden, z.B. durch die Einführung von multifunktionalen Teams oder zu einer vollständigen Prozessorientierung, die wertschöpfende, auf Kunden ausgerichtete Aktivitäten anstelle von der klassischen Funktionsaufteilung beinhaltet[873]. Infolgedessen kann eine Veränderung der Unternehmenskultur erforderlich werden, die von der Intensität der (Re-)Formulierungen der strategischen Zielsetzungen und Entscheidungen des G-Systems abhängig ist[874]:

> „Je umfassender und radikaler der Veränderungsansatz [Umfang und Tiefe der prozeßorientierten Umgestaltung; d. Verf.], um so stärker werden normative und strategische Managementaspekte, bis hin zur Corporate Identity und zur Unternehmenskultur berührt."[875]

Das Kriterium *5. PROZESSE* des Vorgänger-Modells der *EFQM* und die jeweiligen Unterpunkte dieser Bewertungseinheit zielen jedoch hauptsächlich auf ein Prozessmanagement ab[876], innerhalb dessen die verwendeten Methoden der Prozessidentifizierung, -führung und -überwachung erfragt werden. Somit geht es primär darum, die Maßnahmen des Managementsystems in Bezug auf die Sachdimension des I-Systems zu eruieren (G_I-Feld), d.h. um die energetischen Handlungsanreicherungen, die letztendlich zu Prozessverbesserungen führen sollen. Es handelt sich dabei nicht um Tätigkeiten *im* Prozess, sondern um die Änderung von Rahmenbedingungen, d.h. der Einflüsse des Prozesses zur Erarbeitung bisher noch nicht erreichter Qualität *am* Prozess[877].

Die Prozesse selbst und die Integration der einzelnen Abläufe in einen übergeordneten Zusammenhang, d.h. inwieweit die Qualität der Prozesse durch eine optimale raumzeitliche Reihenfolge innerhalb einer Prozesskette integriert ist, werden dabei nur indirekt betrachtet, indem bspw. die Auswirkungen der erfolgten Prozessänderungen auf die Unternehmenszielsetzungen überprüft werden. Das Kriterium *5. PROZESSE* beinhaltet zwar auch die Nutzung von Ressourcen, die zu Änderungen der Abläufe führen sollen, z.B. Rückmeldungen der Lieferanten und Kunden, jedoch werden Betrachtungen des I-Systems und Auswirkungen auf die Unternehmenskultur weitgehend ausgespart, da hauptsächlich Entscheidungs-, Planungs-, Führungs- und Kontrollstrukturen des Prozessmanagements erfragt werden. Die eigentliche Prozessorientierung, dass nämlich die verschiedenen Abläufe betrachtet werden und nicht der Abgleich der Zielsetzungen mit den erreichten Ergebnissen, wird im EFQM-Modell weitgehend vernachlässigt.

5.5.2 Produkt- und Dienstleistungsmanagement

Mit 14% aller erreichbaren Punkte wird die Handhabung der Prozesse unter den „Befähigern" im aktuellen *EFQM-Modell für Excellence* immer noch am stärksten gewichtet. Dieses Kriterium *5. Prozesse* ist mit Fokus auf kundenbezogene Prozesse deutlich umstrukturiert und ergänzt worden. Neben der Betrachtung von Schlüsselprozessen werden im neuen EFQM-Modell nun auch der grundsätzliche Umgang mit Sekundärprozessen sowie ein Nachweis über das Management von Produkten und Dienstleistungen gefordert. Die nachstehende zusammenfassende Beschreibung des Kriteriums beinhaltet letzteren Aspekt zwar nicht, jedoch sind, wie die nachstehenden Kapitel zeigen sollen, drei der insgesamt fünf Unterkriterien neu hinzugefügt worden (Tab. 5-5):

> *„Wie die Organisation ihre Prozesse gestaltet, managt und verbessert, um ihre Politik und Strategie zu unterstützen und ihre Kunden und andere Interessengruppen voll zufrieden zu stellen und die Wertschöpfung für diese zu steigern."*

Die Unterkriterien *5a. Prozessgestaltung und -Management* und *5b. Prozessverbesserung* sind aus den fünf ehemaligen Teilkriterien zusammengefasst worden und beschreiben den grundsätzlichen Umgang mit Prozessen im Unternehmen. Die *EFQM* bezieht das Prozessmanagement an dieser Stelle erstmalig nicht ausschließlich auf die Kernprozesse einer Unternehmung, sondern betrachtet gleichermaßen auch Support- und alle Arten von Subprozessen[878]. Alle anderen Unterkriterien beziehen sich dann explizit auf wertschöpfende Prozesse, die einen direkten Einfluss auf den externen Endkunden haben.[879] Hier werden wesentliche Abläufe von der Produkt- bzw. Dienstleistungsplanung über die Entwicklung und Fertigung bzw. Erbringung bis hin zu Aufbau und Pflege von Kundenbeziehungen behandelt. Diese drei Unterkriterien *5c.-5e.* waren vorher kein Bestandteil des EFQM-Kriterienkatalogs und sind in der aktuellen Version ergänzt worden.

Tabelle 5-5 Änderungen im Kriterium 5. Prozesse

<table>
<tr><th>ehemaliges Modell</th><th>aktuelles Modell</th><th>Änderungen</th></tr>
<tr><td>5a. Identifizierung von Schlüsselprozessen</td><td>2d. Umsetzung von Politik und Strategie durch Schlüsselprozesse</td><td>verschoben in das Kriterium 2. Politik und Strategie</td></tr>
<tr><td>5b. Systematische Prozessführung</td><td rowspan="2">5a. Prozessgestaltung und -management</td><td rowspan="2">5b. und 5c. zusammengefasst in neuem Unterkriterium 5a.</td></tr>
<tr><td>5c. Prozessüberprüfung und Zielsetzungen für Verbesserungen</td></tr>
<tr><td>5d. Prozessverbesserungen durch Innovation und Kreativität</td><td rowspan="2">5b. Prozessverbesserungen</td><td rowspan="2">5c., 5d. und 5e. zusammengefasst in neuem Unterkriterium 5b.</td></tr>
<tr><td>5e. Prozessänderung und -bewertung</td></tr>
<tr><td>–</td><td>5c. Entwicklung von Produkten und Dienstleistungen</td><td>neu</td></tr>
<tr><td>–</td><td>5d. Erstellung und Betreuung von Produkten und Dienstleistungen</td><td>neu</td></tr>
<tr><td>–</td><td>5e. Pflege und Vertiefung von Kundenbeziehungen</td><td>neu</td></tr>
</table>

Im Rahmen des hier verwendeten theoretischen Bezugsrahmens werden die drei Unterkriterien, die sich mit der Produkt-/Dienstleistungsentwicklung, -herstellung/-erbringung und der Pflege der Kundenbeziehungen beschäftigen, aufgrund dessen getrennt von dem allgemeinen Vorgehen bei Prozessen betrachtet. Auch wenn hier ein allgemeiner Prozess beschrieben wird, so sind seine einzelnen Bestandteile in ihrer Bedeutung zu untersuchen bzw. der zugrunde liegende Problemzusammenhang, und der ist an dieser Stelle das Produkt- bzw. Dienstleistungsmanagement. Dieser Sachverhalt ist von einem Prozessmanagement abzugrenzen, da innerhalb des AGIL-Schemas nach funktionalen Erfordernissen differenziert wird. Innerhalb dieser Kriterien wird nicht die Handhabung von Prozessen beschrieben, sondern es wird explizit ein Produktmanagement und -marketing dargestellt.

Die folgende Aufzählung der zu behandelnden Unterkriterien zeigt die im Oberkriterium *5. Prozesse* vorgenommenen Ergänzungen in ihrem Wortlaut auf:

„ *5a. Prozesse werden systematisch gestaltet und gemanagt.*
5b. Prozesse werden bei Bedarf verbessert, wobei Innovation genutzt wird, um Kunden und andere Interessengruppen voll zufrieden zu stellen und die Wertschöpfung für diese zu erhöhen.
5c. Produkte und Dienstleistungen werden aufgrund der Bedürfnisse und Erwartungen der Kunden entworfen und entwickelt.
5d. Produkte und Dienstleistungen werden hergestellt, geliefert und betreut.
5e. Kundenbeziehungen werden gepflegt und vertieft.“

Das Prozessmanagement ist in der jetzigen Version des Modells nicht geändert worden. Es handelt sich hierbei immer noch um das Management am Prozess und nicht etwa um die Betrachtung der einzelnen Prozessschritte oder die Integration derer in einen optimierten Gesamtablauf. Der relevante Prozessausschnitt ist zwar vergrößert worden, indem jetzt auch Sekundärprozesse erörtert werden, jedoch werden immer noch wichtige Prozesse außen vor gelassen.

Das Management von Produkten und Dienstleistungen in den Unterkriterien *5c., 5d.* und *5e.* ist in den bisherigen Vorgänger-Modellen nicht gefordert worden, obwohl diese einen wesentlichen Beitrag zum Erfolg des Unternehmens leisten[880]. Dieser Umstand lässt sich jedoch auf die Eigenarten der TQM-Konzeption zurückführen lässt. Diese betrachtet die Qualität der Produkte und Dienstleistungen als schlichte Folge der Prozessqualität und der darin angewandten Methoden und Werkzeuge[881]. Das bedeutet, dass sämtliche Einflussfaktoren im Prozess und die Abläufe selbst derart gestaltet werden müssen, dass sie einen optimalen Output, nämlich das Produkt bzw. die Dienstleistung erzeugen. Dazu gehört auch die Integration aller dafür notwendigen Maßnahmen, wie z.B. After-Sales-Leistungen, die sich in der Betreuung der Kunden nach Lieferung der Ware oder Erbringung der Dienstleistung äußern.[882] Die *EFQM* bleibt dieser Sichtweise weiterhin treu, indem die „wichtigen Produkt- und Dienstleistungsprozesse“[883] von dem allgemeinen Umgang mit Prozessen getrennt bzw. hervorgehoben werden, und trägt damit der Prozessorientierung Rechnung. Aus dieser Perspektive werden hier also nicht verschiedene Funktionen im Unternehmen betrachtet, sondern kundenorientierte Abläufe werden als Kernprozesse verstanden und in den Unterkriterien *5c., 5d.* und *5e.* beschrieben[884]. Dieser Betrachtungsweise wird hier nicht gefolgt, denn – wie bereits oben angemerkt – fordert die *EFQM* an dieser Stelle den Nachweis absatzpolitischer Instrumente, und diese werden nach Maßgabe des hier verwendeten theoretischen Bezugsrahmens in erster Linie nach ihrer Funktion in einem sozialen System analysiert.

5.5.3 Erfolgskriterien und Verbesserungsziele für Prozesse

Die Identifizierung wertschöpfender Tätigkeiten, die in Kriterium *5a.* – *„... wie [..] die für den Geschäftserfolg wesentlichen Prozesse identifiziert werden"* – des *EFQM-MODELLS FÜR BUSINESS EXCELLENCE* erfasst werden, bildet die Grundvoraussetzung des Prozessmanagements der nachstehenden Kriterienpunkte und soll dem Zweck dienen, die wesentlichen Schlüsselprozesse zu ermitteln und lediglich diese in die Betrachtung zu integrieren, um die Bewertung zu vereinfachen und weit ausgedehnte Prozesskataloge zu vermeiden[885]. Durch diese Selektion werden die einzelnen Prozesse in eine Hierarchie gebracht, deren Priorität sich in ihrem Beitrag zum Unternehmenserfolg äußert[886]. Der Unterpunkt *5a.* thematisiert nun, mittels welcher Verfahren diese Auswahl getroffen wird und wie der Anteil der Prozesse an der Zielrealisierung evaluiert wird[887]. Dabei sind nicht Effizienz oder der reibungslose Ablauf der Prozesse, die im Rahmen der kontinuierlichen Verbesserung gesteigert werden sollen, entscheidend, sondern ihr Beitrag zur Zielrealisierung der Organisation im Rahmen des TQM, d.h. Kundenanforderungen i.w.S. umfassend gerecht zu werden: Es sollen diejenigen Prozesse ausgewählt werden, die einen wesentlichen Einfluss auf die Ergebniskriterien des EFQM-Modells aufweisen[888].
Welche Abläufe unter die Schlüsselprozesse fallen und damit Gegenstand der Bewertung innerhalb der Kategorie *PROZESSE* sind, wird unter Effektivitätsgesichtpunkten des Managementsystems entschieden, dessen verwendete Methoden bei der Bestimmung dieses individuell relevanten Ausschnitts der Gesamtabläufe darzulegen sind:

> „The main task here is to recognize the critical success factors and to identify the key processes influencing these factors. As only the top management can work out solutions, it is they who will have to give the impetus."[889]

Die Bestimmung der Tragweite und des Rahmens für Prozessreorganisationen, d.h. inwieweit welche Unternehmensbereiche und welche Prozesse optimiert werden sollen, ist Bestandteil der Managementanforderungen in der strategischen Dimension[890]. Die Identifizierung von Schlüsselprozessen ist von der Unternehmensstrategie abhängig, d.h. Ausgangspunkt ist immer das Zielsystem der Organisation: Kernprozess eines Unternehmens ist die Erstellung marktlicher Leistungen. Das jeweilige Leistungsprogramm eines Unternehmens, d.h. die für den Markt erstellten Produkte und Dienstleistungen, sind somit konstituierend für die Bestimmung von Schlüsselprozessen. Das Management trifft bereits im Vorfeld erfolgsrelevante Entscheidungen durch die Festlegung derzeitiger und künftiger Kernkompetenzen und der Unternehmensstrategie sowie der Systematisierung der Produkte, Dienstleistungen und Kunden[891]. Darauf aufbauend sind diejenigen Abläufe Schlüsselprozesse, die eine unmittelbare oder mittelbare Auswirkung auf den Kunden und den Geschäftserfolg[892] und die besondere Bedeutung für die Bewältigung von Verbesserungsanforderungen bzw. die Erreichung von Verbesserungszielen auf Gesamtunternehmensebene haben[893].
Im EFQM-Modell werden die Erfolgsfaktoren durch die o.g. Ergebniskriterien bestimmt, so dass zusätzlich auch die jeweiligen Prozesse, die sich auf die *MITARBEITERZUFRIEDENHEIT* und *GESELLSCHAFTLICHE VERANTWORTUNG/IMAGE* auswirken, als Kernprozesse betrachtet werden müssen. Als Schlüsselprozesse lassen sich sodann diejenigen integrierten Folgen von Aktivitäten definieren, mit denen sowohl spezifischen Kunden-, Mitarbeiter-, und gesellschaftliche Bedürfnissen als auch Unternehmensanforderungen gerecht wird. *Kreuz* macht darauf aufmerksam, dass beim Streben nach vollständiger Erfüllung der Marktanforderungen die strategischen Unternehmensziele und die Rentabilität des Unternehmens nicht vernachlässigt werden dürften[894], wobei die Erreichung der externen und internen Kundenzufriedenheit das Ziel innerhalb des TQM darstellt, aus dem sich sodann die Geschäftserfolge ergeben[895].

5.5.4 Prozessführung

Aus der Unternehmensstrategie, die zum Erreichen der Vision führen soll, lassen sich anhand der kritischen Erfolgsfaktoren der Schlüsselprozesse Zielsetzungen für die Verbesserungsmaßnahmen definieren. Das *EFQM-*

MODELL FÜR BUSINESS EXCELLENCE thematisiert in den Kriterien *5b. SYSTEMATISCHE PROZESSFÜHRUNG* und *5c. PROZESSÜBERPRÜFUNG UND ZIELSETZUNGEN FÜR VERBESSERUNGEN* diese Ableitungen der Zielvorgaben für Soll-Prozesse, die zum Erreichen der Unternehmensstrategie und -politik beitragen und als Standards für Leistungsmessungen, -prüfungen und die Bestimmung des Verbesserungsbedarfs dienen sollen[896]. Durch das Quality Function Deployment (QFD), dessen Anwendung *Zink* bei der Ausgestaltung dieser Kriterien vorschlägt[897], sollen Kundenanforderungen an das Produkt und dessen Nutzung stufenweise in Produktspezifikationen und Fertigungsprozessanforderungen umgesetzt werden. Die Aufgabe dieser Methodik ist es, die qualitativen Kundenanforderungen in messbare Spezifikationen abzuleiten und diese Ableitung konsequent durch alle Stufen des Prozessablaufs zu tragen[898]. Hierbei werden Verbesserungsziele für bestimmte Leistungsparameter definiert und die für das Unternehmen entscheidenden Erfolgsfaktoren eruiert und in messbare Soll-Standards transformiert, um Prozesse anhand derer laufend überprüfen, steuern und optimieren sowie Prozessunregelmäßigkeiten und Verbesserungspotentiale erkennen zu können[899]. Das Setzen von Leistungszielen soll dabei Kundennutzen schaffen und darauf ausgerichtet sein, die Konkurrenz zu übertreffen[900]. Bei der Ableitung von Prioritäten für die Umsetzung der Soll-Prozesse geht es darum, die organisationsstrukturellen, personellen und kommunikativen Maßnahmen genau zu umreißen, die unter Berücksichtigung der Ist-Situation im Unternehmen zur dauerhaften Verankerung der verbesserten Prozesse geeignet erscheinen[901].

Die Kriterien *5b.* und *5c.* des *EFQM-MODELLS FÜR BUSINESS EXCELLENCE* beinhalten demnach u.a. Maßnahmen, um die interne Reorganisation mit den externen Wettbewerbsanforderungen und der Unternehmensstrategie abzugleichen sowie Leitlinien für die Ausgestaltung der Prozessverbesserungen festzulegen. Hierbei werden Standards für das weitere Prozessmanagement mit dem Ziel definiert, die verwendeten Methoden der Prozessanalyse und -kontrolle zu konzipieren, so dass Prozess-Verantwortliche die gewünschten Anforderungen kennen und auf dieser Grundlage Prozessverbesserungen einleiten können[902]. Die Prozessführung unterliegt dabei dem Effektivitätsprinzip, wobei die einzelnen Soll-Vorgaben Methoden der Steuerung und Kontrolle des Prozesses, Systemvoraussetzungen sowie Arbeitsanweisungen beinhalten.

5.5.5 Benennung von Prozessverantwortlichen

Das Kriterium *5b. Systematische Prozessführung* beinhaltet zusätzlich die Schaffung entsprechender Rahmenbedingungen durch Benennung von Prozessverantwortlichkeiten[903], die eine systematische Prozessführung dauerhaft, auch nach der Phase der Einführung von Änderungen, gewährleisten[904].

Die funktionale bzw. abteilungsorientierte Bearbeitung von Aufgaben mit bereichsspezifischen Zielsetzungen führt zu einer Teiloptimierung und Verfolgung partikularer Interessen, die nicht zwangsläufig zur Optimierung des Unternehmenszieles führen müssen. Um diesem Prozess entgegenzuwirken, wird ein Prozessverantwortlicher befugt[905], dessen Verantwortungsbereich abteilungs- und funktionsübergreifend und eben nicht phasenorientiert ist. Die bestehende Aufbauorganisation und Vorgesetztenverhältnisse werden dabei nicht ersetzt, sondern ergänzt, da die Einführung eines Prozessverantwortlichen mit der Einführung einer zusätzlichen Dimension an Verantwortungsübertragung gleichzusetzen ist. Sein wesentliches Kennzeichen ist die Tatsache, dass die Aufgabe als dauerhafte, also nicht zeitlich begrenzte Verpflichtung zu verstehen ist, die er neben der bestehenden Fach- und Führungsverantwortung wahrzunehmen hat.[906]

Zur weiteren Regelung der Prozesse ist eine weitere Aufspaltung der einzelnen Abläufe in Subprozesse, Tätigkeiten und Tätigkeitselemente sowie eine entsprechende Benennung von Subprozessverantwortlichen erforderlich. Potentielle Schwachstellen werden dabei insbesondere durch eine exakte Definition der Schnittstellen ermittelt[907]. Diese können dabei im Rahmen der Kunden-Lieferanten-Beziehungen sowohl innerhalb als auch außerhalb des Unternehmens entstehen, da sowohl interne als auch externe Lieferanten eine bestimmte Leistung an ihre nachgelagerten Kunden weitergeben. Obwohl dabei jede einzelne Funktion ständig verbessert werden kann, liegen die größten Möglichkeiten von Leistungssteigerungen in den Schnittstellen zwischen den Funktionen und der exakten Abstimmung zwischen (internen und externen) Kunden und Lieferanten über die benötigten Leistungen[908]. Schnittstellen können präventiv durch den Aufbau flacher Hierarchien mit kleinen und am Markt selbständig agierenden Einheiten mit Ergebnisverantwortung (Wertschöpfungs- und Profit-Center) reduziert oder beseitigt werden. Die Abflachung von Hierarchien wird dabei durch die sekundäre Einbindung der Logik des I-Systems in das

Managementsystem erreicht, wodurch die Hierarchien egalitärer, aber nicht aufgehoben werden.

Die geforderte Zusammenarbeit in Wertschöpfungsketten kann zudem im Rahmen von Projektteams erreicht werden, in denen erfolgsbestimmende Bereiche, so z.B. Beschaffung und Produktion zusammenarbeiten und somit auch die Lieferanten in den Verbesserungsprozess integrieren[909]. An dieser Stelle können Teile des Kriteriums *5b. SYSTEMATISCHE PROZESSFÜHRUNG* in das Gemeinschaftssystem der Sachdimension eingeordnet werden: Die *EFQM* verlangt hierbei Angaben über Vorgehensweisen der Schnittstellenbeseitigung innerhalb der Organisation und in Zusammenarbeit mit externen Partnern[910], wobei allerdings offen gelassen wird, ob es sich dabei um strukturelle Rahmenbedingungen, z.B. durch die Entscheidung, eine enge Kooperation mit Lieferanten einzugehen, oder bspw. um kontinuierliche Maßnahmen sich selbst kontrollierender Verbesserungsteams geht.

5.5.6 Prozessverbesserung und -kontrolle

Eine reine Prozessänderung führt oft nur zu kurzfristigen Verbesserungen, wenn sie nicht durch strukturelle Anpassungen in der Verteilung von Aufgaben, Kompetenzen und Verantwortung, in der Besetzung von Schlüsselpositionen und in den eingesetzten Führungs- und Steuerungssystemen flankiert wird. Zu den strukturellen Rahmenbedingungen, die eine kontinuierliche Prozessverbesserung gewährleisten, gehört neben der Schaffung von Prozessverantwortlichkeiten ebenso die Einschätzung von Maßnahmeneffekten, der erforderlichen Ressourcen, der Implikationen für die Mitarbeiter, des zu erwartenden Trainingsaufwands und der zur Verfolgung des Umsetzungserfolges zur Verfügung stehenden Kontrollsysteme[911], die in den Kriterien *5d. PROZESSVERBESSERUNGEN DURCH INNOVATION UND KREATIVITÄT* und *5e. PROZESSÄNDERUNGEN UND BEWERTUNG DES NUTZENS* des *EFQM-MODELLS FÜR BUSINESS EXCELLENCE* behandelt werden[912].

Die Mitarbeiter sollen vor der eigentlichen Implementierung der Prozessveränderungen geschult werden[913], wobei die Trainingsprogramme zur Vermittlung prozessrelevanter neuer Fähigkeiten der Mitarbeiter beitragen sollen. *Nippa* weist darauf hin, dass die Verringerung der Arbeitsteilung, insbesondere der Abbau von internen Überwachungs- und Kontrollaufgaben an den Abteilungs- und Funktionsschnittstellen, zu ganzheitlichen

Aufgaben der Mitarbeiter führe, was wiederum eine fachliche und führungsbezogene Höherqualifizierung dieser Mitarbeiter nach sich ziehen müsse[914]. Die Schulung von Mitarbeitern; hier insbesondere im Hinblick auf die Veränderung der Fähigkeiten, die sich durch eine unternehmensweite Prozessorientierung ergeben[915], ist Bestandteil von Personalmanagementaktivitäten, die bereits bei Kriterium *3. MITARBEITERORIENTIERUNG* diskutiert wurden.

Die *EFQM* spricht unter dem Kriterium *5d. PROZESSVERBESSERUNGEN DURCH INNOVATION UND KREATIVITÄT* hauptsächlich die Nutzung von Ressourcen zur Prozessverbesserung an: Dabei sollen neue Technologien, die kreativen Talente, Rückmeldungen von Kunden, Lieferanten und anderer Beteiligter verwendet werden, um Prozessänderungen innovativ und kreativ anzuregen[916]. Analytisch wird diese Forderung durch die strukturelle Öffnung des Prozessmanagements und durch die sekundäre Einbindung der adaptiven Logik erreicht. Hierdurch werden bereitgestellte Ressourcen aufgenommen und dazu genutzt, die Prozesse durch Ideen und neue Technologien inkremental zu verändern[917].

Prozessverbesserungen benötigen auch stets Kontrollsysteme, die den Nutzen der Änderungen bewerten. Das EFQM-Modell thematisiert bei Kriterium *5e. PROZESSÄNDERUNG UND -BEWERTUNG* hauptsächlich die angewandten Implementierungs- und Prozessüberwachungsmethoden, die sicherstellen, dass die vorhergesagten und berechneten Ergebnisse erreicht werden[918]. Die Kontrolle und Ergebnisbewertung ist dabei Bestandteil des Prozessmanagements, da es hier wiederum nicht um die Abläufe selbst geht, sondern um die Effektivität der Prozessverbesserungen, die im Hinblick auf die Zielerreichung überprüft werden. Die *EFQM* verlangt an dieser Stelle jedoch auch Angaben darüber, wie Prozessänderungen kommuniziert werden[919]. Analog zu den Ausführungen des Kriteriums *2c. KOMMUNIKATION UND IMPLEMENTIERUNG VON POLITIK UND STRATEGIE* ist diese Art der Kommunikation Bestandteil des L_G-Felds innerhalb des AGIL-Schemas, da hierbei nicht die diskursive Kommunikation und somit die reine Eigenlogik des kulturell/kommunikativen Subsystems zum Tragen kommt. Vielmehr folgt die Kommunikation über Prozessänderungen einer Ziel-Spezifikation durch die Einbindung der managerialen Logik, die auf eine Zielerreichung abzielt, indem die Notwendigkeiten für Prozessmodifikationen, Ziele, Schwierigkeiten oder Erfolge bekannt gemacht werden, die die begonnenen Maßnahmen aktiv vorantreiben sollen.

5.5.7 Prozessmanagement

Wie bereits angemerkt, ist das Prozessmanagement in dem jetzigen *EFQM-Modell für Excellence* in zwei anstelle von vorher fünf Unterkriterien zusammengefasst worden und ist nun auf Schlüssel- und Unterstützungsprozesse anzuwenden.

Es kann festgestellt werden, dass es sich hierbei nur um das Zusammenführen bzw. Verschieben von Inhalten aus der älteren Version des EFQM-Modells handelt, ohne dass Neuerungen ergänzt oder vormalige Aspekte weggelassen worden wären[920]. Damit können die Erkenntnisse der vorstehenden Analyse der hier betroffenen Unterkriterien auf die Teilkriterien *5a. Prozessgestaltung und -management* und *5b. Prozessverbesserung* übertragen werden. Allerdings ist hierbei noch einmal festzuhalten, dass das Prozessmanagement auch auf Unterstützungsprozesse auszudehnen ist.

Um die Auswirkungen der Betrachtung dieses größeren Prozessausschnitts beurteilen zu können, müssen zunächst die Begrifflichkeiten festgelegt werden. Zur Definition der verschiedenen Prozessarten gibt es eine ganze Reihe unterschiedlicher und uneinheitlicher Interpretationen[921]. Die *EFQM* bezeichnet Geschäfts- und Supportprozesse als diejenigen Abläufe, die nur einen mittelbaren Einfluss auf den Kunden haben und im Allgemeinen für diesen auch nicht sichtbar sind, aber die die generellen Geschäftstätigkeiten im Unternehmen unterstützen, wie z.B. Prozesse des Personalmanagements oder Rechnungswesens[922]. Dieser Sprachgebrauch wird hier nicht übernommen, da es sich bei einem Geschäftsprozess üblicherweise um einen übergeordneten Ablauf handelt, der durch die obersten Ziele der Unternehmung und das zentrale Geschäftsfeld geprägt wird. Seine wesentlichen Schnittstellen sind die zu Marktpartnern und können so per definitionem keinen nur mittelbaren Einfluss auf den Kunden haben[923]. Der Geschäftsprozess ist ein Gesamt- oder Hauptprozess, der in Teilprozesse zerlegt werden kann. Diese Subprozesse bilden zusammen einen übergeordneten Geschäftsprozess, der zum Erreichen der unternehmerischen Gesamtziele nachhaltig und längerfristig von Bedeutung ist.[924] Bei den von der *EFQM* angesprochenen Supportprozessen handelt es sich um Sekundär- bzw. Unterstützungsprozesse, die die Erfüllung von Schlüsselprozessen ermöglichen. Rie haben einen nur indirekten Einfluss auf das Endprodukt und beziehen sich bspw. auf die o.g. Personalmanagement-Aktivitäten[925]. Dieser Sprachgebrauch wird demnach beibehalten.

Die *EFQM* unterteilt Unternehmensprozesse demzufolge nach ihrem Beitrag zur Wertschöpfung, so dass im Folgenden die Bezeichnung Kern- oder Schlüsselprozess für diejenigen Abläufe gewählt wird, die wertschöpfend sind und sich auf die unmittelbare Ausführung der Aktivität am herzustellenden Produkt oder der zu erbringenden Dienstleistung beziehen. Von der *EFQM* werden sie als „die wichtigen Produkt- und Dienstleistungsprozesse" bezeichnet, die einen direkten Einfluss auf den Endkunden haben und für diesen sichtbar sind[926]. Sie orientieren sich am Unternehmensziel und sind von kritischen Erfolgsgrößen abgeleitet.[927] Die *EFQM* bezieht den angestrebten Prozessoutput bei diesen Kernprozessen allerdings ausschließlich auf den Nutzen externer Kunden bzw. der „Endkunden"[928] und vernachlässigt dabei, dass das Ergebnis eines Schlüsselprozesses, d.h. der materielle oder immaterielle Output, auch an interne Kunden übergeben werden kann. Auch sie sind kritische Prozesse, die direkt zur Kundenzufriedenheit beitragen[929].

An dieser Stelle muss also davon ausgegangen werden, dass die Unterkriterien *5a. Prozessgestaltung und -management* und *5b. Prozessverbesserung* für alle Sekundärprozesse als auch für Schlüsselprozesse gelten, bei letzteren allerdings nur für diejenigen, die eine Schnittstelle zum externen Kunden haben. Somit wird in der Fassung des jetzigen EFQM-Modells zwar ein größerer Prozessausschnitt betrachtet als es vorher der Fall war, trotzdem werden nicht sämtliche Unternehmensprozesse in die Betrachtung integriert. Hier werden wichtige Kernprozesse a priori ausgeschlossen.

Die Konsequenz der Übertragung der o.g. Forderungen auf diese Prozessgruppen ist nach Maßgabe des hier verwendeten theoretischen Bezugsrahmens nicht primär im Prozessmanagement selbst zu sehen: Für das Prozessmanagement, im G_I-Feld des AGIL-Schemas verortet, gelten dieselben Funktionen wie bislang. Das beinhaltet nach wie vor die Definition und Identifizierung von Prozessen, wobei diese in eine hierarchisch gegliederte Rangfolge nach ihrem Beitrag zur Wertschöpfung gebracht und in direkte und indirekte Prozesse getrennt werden. Die nachfolgenden Elemente der Prozessführung und -verbesserung, wie etwa die Festlegung von Prozesskennzahlen und Leistungsgrößen oder Identifikation von

Verbesserungsmöglichkeiten[930], umfassen aber eben nur einen Ausschnitt der Prozesslandschaft.

Die Wirkung dessen zeigt sich aber nicht in den Aufgaben des Prozessmanagements, also im managerialen Subsystem, sondern im Subsystem der Betriebsgemeinschaft auf der Sachdimension. Die Voraussetzung für eine ganzheitliche Prozessorientierung der Unternehmung wird somit nicht geschaffen. Zudem können hier auch keine Schnittstellenprobleme gelöst werden, da die Beziehung der verschiedenen Abläufe zu internen Kernprozessen nicht berücksichtigt werden kann, wenn diese Teilprozesse selbst aus der Betrachtung ausgeschlossen werden.

Die beiden Unterkriterien *5a. Prozessgestaltung und -management* und *5b. Prozessverbesserungen* werden somit abermals in das G_I-System des AGIL-Schemas verortet, da sich die Neuerungen nicht auf die in diesen Kriterien beschriebenen Prozessmanagement-Funktionen beziehen. Dies bedeutet, dass auch in dem *EFQM-Modell für Excellence* nicht der Ablauf der Prozesse an sich oder die Integration der einzelnen wertschöpfenden und nicht-wertschöpfenden Aktivitäten betrachtet wird, sondern nur die entsprechenden Maßnahmen in Bezug auf diese – etwa durch Kontrolle der erreichten Zielgrößen oder die Schulung der Mitarbeiter vor Veränderung der Prozesse. Diese Aktivitäten ersetzen aber nicht die Routinisierung der Abläufe und die integrative Optimierung der gesamten Ablauforganisation. Die EFQM-Kriterien schaffen zwar einen Dynamisierungsprozess und stellen sicher, dass sich die Zielgrößen der einzelnen Prozesse an der Unternehmenspolitik- und Strategie orientieren, allerdings fehlt hier durch die mangelnde Beharrung eine operative Stabilität für die qualitätsorientierten Grundsätze. Es besteht schlechthin keine Zuverlässigkeit im Sinne von Leistungseffizienz, da die Qualität der Zusammenarbeit zwischen verschiedenen Stellen nicht gefordert wird. Das zeigt sich insbesondere bei der Vernachlässigung von Schlüsselprozessen, an deren Schnittstellen keine externer Kunde steht, so dass hierbei auch nicht von der Schaffung eines in sich geschlossenen Leistungserstellungs- und Verwertungsprozess gesprochen werden kann.

5.5.8 Entstehung von Produkten und Dienstleistungen

Die nachfolgend zu erörternden und in das *EFQM-Modell für Excellence* ergänzten Unterkriterien orientieren sich, wie auch das gesamte Oberkriterium *5. Prozesse*, stark an den Forderungen der DIN EN ISO 9000[931], die in ihren Hauptforderungen des Kapitels *7. Produktrealisierung* ebenso das Prozessmodell verfolgt, Nachweise in den kundenbezogenen Prozessen bereits in der Planungsphase bis hin zu Leistungen nach Lieferung des Produkts zu fordern[932].

Hier wird nun aber nicht mehr der Umgang mit (kundenorientierten) Prozessen allgemein dargestellt, sondern es geht um konkrete Forderungen der Umsetzung bei der Produktentwicklung und -herstellung sowie Pflege der Kundenbeziehungen bzw. um Funktionen, die während dieser Aktivitäten erfüllt werden sollen. Wie bereits an anderer Stelle erläutert, muss im Rahmen der hier zugrunde gelegten Theorie unterschieden werden, ob es sich allgemein um ein Prozessmanagement handelt oder ob verschiedene Funktionen beschrieben werden, die zwar Bestandteil eines Ablaufes sind, hier aber nach ihrem Beitrag zum Bestand und zur Entwicklung des Systems differenziert werden. Die *EFQM* erfragt in diesen Unterkriterien nicht etwa die Integration der einzelnen absatzpolitischen Aspekte in den übergeordneten Marketingablauf, sondern fordert einen Nachweis über die Existenz verschiedener Funktionen der unternehmerischen Gestaltung des Marketing-Mix, also nach der Erfüllung eines speziellen Erfordernisses innerhalb der Zielerreichungsfunktion einer Organisation.

In den drei hier zu analysierenden EFQM-Unterkriterien werden also Elemente des Marketing beschrieben, das nach *Berekoven* eine Konzeption zur Unternehmensführung mit seinen Instrumenten (Marketing-Mix) darstellt und zur Erreichung der Zielsetzungen die „... betrieblichen Abläufe konsequent auf die Erfordernisse der Absatzmärkte ausrichtet“[933]. Am Absatzmarkt kann sich nur derjenige behaupten, der die Nachfragerwünsche genau analysiert und diesen mit einem besseren Angebot begegnet als der Wettbewerb[934], und genau hier setzt die Forderung des Unterkriteriums *5c. Produkte und Dienstleistungen entwerfen und entwickeln* an.

Sollen die Anforderungen an das Qualitätsmanagement betrachtet werden, so ist zunächst einmal festzuhalten, dass die Qualität eines Produktes während des gesamten Produktlebenszyklus beeinflusst wird[935]. Das Unterkriterium *5c.* beschreibt dabei die vom Unternehmen beeinflussbaren

Faktoren in der ersten Phase dieses Zyklus, nämlich in der Produktplanung und im Marketing[936]. Es behandelt im Speziellen die Nutzung von Informationen über die Bedürfnisse und Erwartungen von Kunden und anderen Interessengruppen zur Planung und Entwicklung von Produkten und Dienstleistungen. Neben Ergebnissen der Marktforschung und allen Arten von Rückmeldungen soll auch der Input von Partnern dazu verwendet werden, diese in konkrete Eigenschaften zu übersetzen und mit Hilfe dessen, Produkte und Dienstleistungen zu entwerfen und zu verbessern, um so die Wettbewerbsfähigkeit zu steigern.[937]

Betrachtet man das Produktmanagement als Teil des Marketing, gehört die Leistungs- oder Produktpolitik neben der Distributions-, Kontrahierungs- und Kommunikationspolitik zu den absatzpolitischen Instrumenten eines Unternehmens[938]. Im AGIL-Schema entspricht dies dem Code des Managementsystems im Sinne einer politischen Rationalität, die an Effektivität orientiert ist, denn im Mittelpunkt des Marketing steht die Modellierung kundenorientierter, gesamtunternehmerischer Konzepte[939] als Management von Wettbewerbsvorteilen:

> „The marketing process consists of the decision on the marketing mix – product, place, promotion, and price (4-Ps). It is more concerned with the effectiveness (doing the right things) rather than the efficiency (doing things right) of a business [..]. Therefore, the success of the marketing function should be the primary objective of the firm."[940]

Der ureigene Primärcode der Unternehmung[941] wird hier nochmals verstärkt. Es geht darum, kollektiv verbindliche Entscheidungen in Bezug auf die Kernkompetenz festzulegen und zu planen, um sie intern und auf der Output-Seite auf dem Markt gegenüber dem Wettbewerb durchzusetzen. Durch die sekundäre Einbindung des managerialen Codes sind nun nicht mehr Personal- und Prozessmanagement (G_I), Kultur-/Kommunikationsmanagement (G_L) oder Beschaffungs-/Einkaufsmanagement (G_A) Gegenstand der Betrachtung, sondern das Management von Produkten und Dienstleistungen (G_G). Das EFQM-Unterkriterium *5c. Entwicklung von Produkten und Dienstleistungen* behandelt hier allerdings nicht die interne Durchsetzung kollektiv verbindlicher Entscheidungen mittels legitimierter Macht, sondern die externe Ausrichtung der Unternehmung auf die Elemente des Absatzmarktes (Nachfrager, Konkurrenten). Wegen ihrer grundsätzlichen Bedeutung für eine Unternehmung zählt dies zu den Hauptaufgaben des strategischen Managements[942].

Unternehmensintern können diese Entscheidungen vom Management mittels Macht durchgesetzt werden, die sich in Zielvorgaben und Handlungsanweisungen äußern kann. Auf dem Absatzmarkt ist diese Macht des Managements aber nicht legitimiert[943] und so müssen andere Wege gefunden werden, die Unternehmensziele zu verwirklichen, in diesem Falle mit Hilfe der absatzpolitischen Instrumente. Das Angebot der Unternehmung befindet sich im Spannungsfeld zwischen den Bedürfnissen und Erwartungen der Nachfrager und dem Angebot des Wettbewerbs, wobei der erste Orientierungspunkt die Nachfrager sind und erst in zweiter Linie die Konkurrenz[944].

Daraus ergibt sich eine Chronologie der Vorgehensweise, die auch in dem EFQM-Unterkriterium *5c. Entwicklung von Produkten und Dienstleistungen* wieder zu finden ist. Durch die sekundäre Einbindung der adaptiven Logik werden zunächst relevante Informationen über das Kundenproblem und die Marktgegebenheiten bereitgestellt und somit zur Grundlage der Absatzentscheidungen[945]. Das EFQM-Modell spricht hier von der Nutzung von Erkenntnissen aus Marktforschung, Kundenumfragen und jeder Art von Feedback, um sowohl die Bedürfnisse der Kunden und anderen Interessengruppen an Produkten und Dienstleistungen festzustellen als auch die Wahrnehmung über bestehende Angebote der Unternehmung zu erfassen[946]. Aufgrund der Wortwahl in der Aufzählung der Orientierungspunkte ist davon ausgehen, dass hier sowohl die Erfassung dieser Daten als auch die Nutzung zur Entscheidungsfindung und Transformation in Produkt-/Dienstleistungs-merkmale gefordert sind. Aufgrund dessen wird die Beschaffung der produkt- und dienstleistungsrelevanten Informationen im Ressourcensystem verortet, das diese Daten zur weiteren Verwendung bereitstellt. Durch die sekundäre Einbindung des managerialen Codes werden Such- und Zielspezifikationen wirksam, welche die Datensammlung nicht nur auf wesentliche Produktmerkmale beziehen, sondern auch die relevanten Anspruchsgruppen und Teilmärkte, als Resultat der Marktsegmentierung, vorgeben. Die Interessen der verschiedenen Anspruchsgruppen müssen eingehend analysiert werden; dazu werden die Stakeholder nach verschiedenen Kriterien, z.B. Einflussmöglichkeiten, in Teilgruppen gegliedert. Hierzu gehört auch effektiv ausgeübter Druck einer Anspruchsgruppe, wie etwa gesetzliche Auflagen.[947]

Eine wesentliche Voraussetzung für die Effektivität von Produktentwicklungen ist das Vorhandensein verlässlicher Informationen über den Markt und dessen Umgebung sowie über die eigenen Ressourcen und Kompetenzen[948]. In dem Unterkriterium *2a. Entwicklung von Politik und Strategie auf den Bedürfnissen der Interessengruppen* ist bereits die Marktsegmentierung erörtert worden, mit Hilfe derer der relevante Markt abgesteckt worden ist und somit vorgibt, in welchen Teilen des Gesamtmarktes und bei welchen Nachfragergruppen Informationsressourcen beschafft werden sollen[949].

Die Nutzung dieser produktrelevanten Informationen selbst obliegt hierbei dem Managementsystem, das in der Phase der Produktplanung auf der Basis der korrekten und vollständigen Erfassung der Wünsche und Forderungen der Kunden bzw. der Marktteilnehmer Qualität im Sinne der Erfüllung von Kundenwünschen und anderen Anforderungen zu realisieren. Es kommt hierbei darauf an, die Kundenforderungen in detaillierte Merkmale des Produktes zu übersetzen[950]. Das EFQM-Unterkriterium spricht davon, erwartete und identifizierte Verbesserungen sowie Entwurf und Entwicklung von Produkten und Dienstleistungen an die Bedürfnisse und Erwartungen der Kunden anzupassen[951]. Die Nutzung der Marktinformationen ist insofern von dringlichster Bedeutung, als dass sich die Bedürfnisse von Konsumenten und Investoren aus den verschiedensten Gründen (z.B. Sättigung oder technologischer Fortschritt) im Zeitablauf ändern. Zudem ist der Wettbewerb mit gleichen Produkten ein Stimulator, Produkte nicht nur generell zu konzipieren, sondern sie ständig weiter zu entwickeln. Die Aktualität eines Angebots ist somit eine der Voraussetzungen für den Fortbestand von Unternehmungen und die Durchsetzung neuer Betriebswirtschaften am Markt.[952] Hier geht es also um die konsumatorische Ausrichtung des G-Systems, das auf die Nutzung dieser Informationen angewiesen ist, um die Produktentwicklung marktgerecht, aktuell und möglichst nahe an der Lösung des Kundenproblems zu gestalten – letztendlich um die Qualität des Produktes bereits in dieser Phase sicherzustellen.

Abbildung 5-14 Unterkriterium 5c. Entwicklung von Produkten und Dienstleistungen im AGIL-Schema

Das Managementsystem im AGIL-Schema öffnet sich an dieser Stelle aber auch strukturell durch die sekundäre Einbindung der adaptiven Logik, denn die *EFQM* verlangt zudem den Nachweis über die Produktentwicklung zusammen mit Partnern[953]. Neue Formen der Beschaffung im Beziehungsmanagement fordern eine frühezeitige Integration der Partner in den Entwicklungsprozess. Bspw. sind Lieferanten dann nicht mehr nur für die Bereitstellung von Ressourcen unter dem Aspekt des günstigsten Angebots zuständig, sondern werden zu Entwicklungs- und Wertschöpfungspartnern[954]. Die gemeinsame Gestaltung des Endprodukts verursacht im eigenen Unternehmen zwar durchaus zusätzliche Kosten, die beim späteren Zukauf der Lieferteile aber subsumiert werden. Eine Prozessoptimierung wird bisher hauptsächlich bereichs- bzw. unternehmensintern durchgeführt. Bezogen auf den Beschaffungsprozess bedeutet dies, dass derjenige Lieferant ausgewählt wird, der das insgesamt günstigste Angebot unter seinen Mitbewerbern vorlegt. Neue Formen der Beschaffung integrieren jedoch Lieferanten frühzeitig in den Entwicklungsprozess und versuchen gemeinsam mit ihnen, das Endprodukt so zu gestalten, dass im eigenen Unternehmen zwar durchaus zusätzliche Kosten entstehen können, beim späteren Zukauf der Lieferteile aber neutralisiert werden.

Diese Reduzierung der Leistungstiefe führt schließlich zu erheblichen Einsparungen im Gesamtprozess, z.B. durch die Erzielung von Skaleneffekten.[955]

5.5.9 Erstellung, Lieferung und Betreuung von Produkten und Dienstleistungen

Wurde im vorangegangen Unterkriterium vor allem die Leistungspolitik betrachtet, so behandelt *5d. Erstellung und Betreuung von Produkte und Dienstleistungen* zusätzlich die absatzpolitischen Instrumente der Kommunikations- und Distributionspolitik. Die Qualität der Produkte und Dienstleistungen soll damit in die Herstellung bzw. Erbringung, die Nutzung vom Kunden und den After-Sales-Service in den Lebenszyklus des Produktes hineingetragen werden[956].

Dies bedeutet einerseits, dass das im Managementsystem des AGIL-Schemas geplante Produkt bzw. die festgelegten Merkmale der Dienstleistung innerhalb der Leistungspolitik intern hergestellt und erbracht bzw. zu Teilen oder vollständig von Dritten eingekauft werden soll[957]. Das G-System liefert nun die Spezifikationen und Anforderungen an das Produkt, und diese Vorgaben müssen intern im Leistungserstellungsprozess und/oder in der Beschaffung umgesetzt werden. Wie bereits erörtert, obliegt der Einkauf der Fremdteile oder -produkte dem Ressourcensystem, das diese durch die Spezifikationen aus dem Managementsystem zielgerichtet zur weiteren Verwendung bereitstellt (A). Die Herstellung bzw. Dienstleistungserbringung selbst ist im Subsystem der Betriebsgemeinschaft verortet, das einerseits die vom A-System zur Verfügung gestellten Komponenten im Fertigungs-/Erbringungsprozess konsumatorisch nutzt (I_A).

Die Herstellung wird als Kombination von Produktionsfaktoren aufgefasst[958], d.h. hier geht es um einen kombinatorischen Leistungserstellungsprozess, dessen Hauptmerkmal die Integration innersystemischer Komponenten ist, da das Fehlen allein schon einer benötigten Güterart (z.B. menschliche Arbeitsleistung oder Arbeits- und Betriebsmittel) die geplante Produktion verhindert[959]. Andererseits ist das I-System hier auch durch eine sekundäre Einbindung der managerialen Logik gekennzeichnet, da vom Managementsystem eine Verantwortung für das Produkt und die Herstellung gefordert wird. Dies schließt spezifischer Vorgaben, welche sich auf das Design und die charakteristischen Produkteigenschaften beziehen[960] (I_G), ein. Damit soll – auch durch Koordinations- und Überwachungsmaßnahmen – sichergestellt werden, dass sich das Angebot an den Anforderungen des Absatzmarktes ausrichtet (Synchronisation des Produktionsprogramms mit dem Absatzprogramm) und so die Planungen der Unternehmung auch umgesetzt werden bzw. um das gesamtbetriebliche Geschehen steuern zu können[961].

Auf der anderen Seite werden im Kriterium *5d. Erstellung und Betreuung von Produkten und Dienstleistungen* weitere Angaben zur Leistungspolitik gefordert, indem die Betreuung der Produkte nach Lieferung[962], wie bspw. Wartung und Reparatur, festgelegt werden soll. Die Distributionspolitik zeigt sich in der Lieferung selbst[963], die als Raumüberbrückung zwischen Hersteller und Konsument auf direkten und/oder indirekten Absatzwegen erfolgen kann. Erfragt werden hier also strategische Vorgaben und Entscheidungen im Hinblick auf den Absatzmarkt (z.B. Absatzlogistik), die im Managementsystem getroffen werden und die sich auf die Kundendienstpolitik und die Gestaltung der Vertriebswege beziehen, also auf bestimmte organisationale Funktionsbereiche. Hierbei handelt es sich um die nochmalige Spezifizierung der unternehmensstrategischen Rahmenvorgaben, wie sie bereits im Unterkriterium *2e. Kommunikation und Einführung von Politik und Strategie* erörtert wurde.

Im EFQM-Vorgängermodell wird an keiner Stelle eine externe Kommunikation in Bezug auf potentielle und existente Kunden berücksichtigt. Erstmalig fordert die *EFQM* in diesem Unterkriterium *5d.* die Bekanntmachung und Vermarktung der Produkte und Dienstleistungen[964]. Die klassische Absatzwerbung und Verkaufsförderung – als Bestandteile des absatzpolitischen Instruments der Kommunikationspolitik – sind Elemente des kulturell/kommunikativen Subsystems im AGIL-Schema. Durch die zuvor erfolgte Marktsegmentierung in Unterkriterium *2a. Politik und Strategie beruhen auf externen und internen Anforderungen* findet nicht nur eine Produkt- und Distributionsdifferenzierung statt, sondern auch eine Differenzierung der Kommunikationspolitik nach Zielgruppen. Dies bedeutet eine sekundäre Einbindung des managerialen Codes im L-System, um so zudem den Wirkungsgrad der eingesetzten absatzpolitischen Instrumente verbessern zu können.

Die *EFQM* erfragt an dieser Stelle allerdings nicht eine systematische Öffentlichkeitsarbeit, sondern lediglich Verkaufsförderung und Werbung. Es geht also nicht um die zielgerichtete und konsistente Beeinflussung des

Unternehmensimages, das sich an alle Anspruchsgruppen richtet, sondern um die Vermarktung der Produkte und von bspw. Marken, deren Zielgruppe die Nachfrager sind[965]. Im Investitionsgüterbereich entspricht dies durch das größere Informationsbedürfnis im Kaufentscheidungsprozess dem Personal-Selling. Hier wird über den persönlichen Dialog mit dem (Key) Account Management die Leistungsqualität der Produkte vermarktet[966].

Abbildung 5-15 Unterkriterium 5d. Erstellung und Betreuung von Produkten und Dienstleistungen im AGIL-Schema

5.5.10 Management von Kundenbeziehungen

Im letzten Unterkriterium auf der Befähigerseite wird die Pflege und Vertiefung der Kundenbeziehungen während täglicher Kontakte und nach der Lieferung von Produkten gefordert. Dabei geht es im Wesentlichen um die Beschaffung von Informationen zu Bedürfnissen, Feedback, Beschwerden, regelmäßige Umfragen und anderer Formen strukturierter Datenerhebung, um den Zufriedenheitsgrad des Kunden im Tagesgeschäft und nach erbrachter Leistung ermitteln und verbessern zu können.[967] Damit zielt dieses Unterkriterium direkt auf das Ergebniskriterium *6. Kundenbezogene Ergebnisse*, das ebenso die Kundenzufriedenheit als relevantes Zielmerkmal, aber auch Kundenbindungsdaten enthält[968]. In diesem Unterkriterium

5e. Pflege und Vertiefung von Kundenbeziehungen wird aber nicht der Grad der Kundenzufriedenheit oder -loyalität festgestellt, vielmehr soll untersucht werden, ob diese Funktion zur Ermittlung dieser Informationen im Unternehmen verankert ist.

Zunächst erfragt das Unterkriterium *5e. Pflege und Vertiefung von Kundenbeziehungen* nach der Existenz und Aufrechterhaltung von Kundenbeziehungen nach der Lieferung und im Alltagsgeschäft. Beziehungen zu Kunden sind im A-System des AGIL-Schemas verortet, da es nach außen offen ist und diese langfristig angelegten Partnerschaften als Ressource instrumentell als Mittel zur Zielerreichung, in diesem Falle Kundenzufriedenheit und -bindung, bereitstellt[969]. Alle Daten und Informationen, wie Bedürfnisse und Beschwerden, werden ebenso vom Ressourcensystem zur weiteren Verwendung beschafft. Die Spezifikationen erhält das A-System aus dem managerialen Subsystem, das bspw. festlegt, wo (z.B. im Tagesgeschäft), wie (z.B. strukturierte Datenerhebung) und was (z.B. Beschwerden) zu beschaffen ist[970]. Ebenso wird hierdurch die Art der Beziehung vorgegeben. Kundenbeziehungen werden als ein Vermögenswert der Unternehmung betrachtet, da durch sie Umsatz erbracht und Kosten verursacht werden, die vom jeweiligen Beziehungsmanagement zu den Kunden abhängig sind[971], und sich Aufbau und Pflege (d.h. der Ressourceneinsatz) oftmals erst über einen längeren Zeitraum bezahlt machen[972].

Das Ressourcensystem würde durch seine Eigenlogik Kundenbeziehungen auf Grund der ihm inhärenten Nutzenrationalität nach Aufwand/Nutzen-Abgleich mehr oder weniger häufig wechseln, abbrechen und neu aufnehmen. Es lohnt sich nur dann eine Investition in die Zufriedenstellung und Bindung von Kunden, wenn hierdurch profitable Kundenbeziehungen aufgebaut werden können. Für den Anbieter unprofitable Kundenbeziehungen stehen dann zur Disposition und rechtfertigen den Einsatz von Ressourcen nicht[973]. Durch die Einbindung einer strategischen Rationalität wird dieser Dynamik Einhalt geboten, indem sich die Kundenbeziehungen in Art und Dauer nach den Zielvorgaben des Unternehmens richten. Dies bedeutet dann in diesem Falle, dass die Beziehungen zu Kunden eben auch nach Vertragsabschluß aufrechterhalten werden und proaktiv sein sollen, gerade um in allen Phasen der Kontaktaufnahme und -aufrechterhaltung die Produkte und Leistungen der Unternehmung an den Bedürfnissen und Wünschen seiner Kunden ausrichten zu können[974]. Die Wahl und Aufrechterhaltung der Kundenbeziehungen ist dann nicht nur von ihrer Profitabilität bzw. von dem unmittelbaren Kundenwert abhängig, sondern orientiert sich an der langfristigen Perspektive zur Erreichung von monetären und nicht-monetären Zielen des Anbieters[975]. Kunden können verschiedene Rollen oder Funktionen einnehmen, in denen sie dem Anbieter in strategischer Hinsicht zur Zielerfüllung hilfreich sind, bspw. als Informanten[976].

Neben die Forderung, Kundenbeziehungen effizient zu gestalten (A-System), tritt also auch der Anspruch, effektive Verbesserungen der Angebote für Kunden zu realisieren (G-System). Dies bedeutet, dass mit Hilfe geeigneter Strategien die Investitionen in Kundenbeziehungen abgesichert und zum wirtschaftlichen Erfolg geführt werden sollen[977] (G_A). Auf der anderen Seite soll aber auch keine undifferenzierte Steigerung der Kundenbindung erfolgen (A_A), denn Kundenbindung ist nicht mit einer Profitabilitätserhöhung gleichzusetzen. Geschäftsbeziehungen mit gewinnbringenden Kunden sollen auf- und ausgebaut werden, während die mit unprofitablen Kunden sogar gezielt beendet werden sollen[978]. Entscheidend hierfür ist der Kundenwert, den das Ressourcensystem nach Maßgabe des Managementsystems am Markt beurteilt und dem Unternehmen dann Kundenbeziehungen zur Verfügung stellt, die für dieses nützlich sind und nicht nur Kostenpotentiale darstellen (Effizienzprinzip).

Dieses Unterkriterium lässt sich demnach dem Relationship-Marketing[979] zuordnen, das die Auswahl und den Aufbau von Beziehungen (Beziehungsinitiierung), die Ausgestaltung und Erhaltung (Beziehungspflege), die Analyse der Erfolgswirksamkeit und des Erfolgspotentials sowie die darauf abgerichtete Steuerung von Beziehungen (Beziehungs-Controlling) umfasst. Die identifizierten Stakeholder bilden die Zielgruppe, in diesem Fall des Unterkriteriums *5e. Pflege und Vertiefung von Kundenbeziehungen* sind das die Kunden. Ziel ist sowohl die Anbahnung, Steuerung und Kontrolle der Beziehungen als auch deren Instrumentalisierung.[980]

Das Relationship-Marketing geht dabei davon aus, dass interaktive und dauerhafte Transaktionsbeziehungen zwischen den Transaktionspartnern nicht nur vor und während, sondern insbesondere auch nach dem Kauf gegeben sind. Das Unterkriterium *5e.* zielt mit diesen Maßnahmen auf eine dauerhafte Zufriedenstellung der Abnehmer und deren langfristige Bindung an das Unternehmen[981]. Im Unterkriterium *6a. Messergebnisse aus*

Kundensicht lässt sich das dazu korrespondierende Zielkriterium finden, das die „Loyalität" der Kunden bewertet[982].

5.6 Die Ergebniskriterien

5.6.1 Organisationsoutput

Die Ergebniskriterien des EFQM-Modells sollen unmittelbar durch die *Befähiger* verursacht werden, d.h. sie messen das Resultat der erfolgten und zuvor beschriebenen qualitätsorientierten Maßnahmen und stellen somit den Output der Organisation dar. Die *Ergebnisse* definieren das Zielsystem innerhalb des EFQM-Modells und werden in folgende Kriterien untergliedert:

Tabelle 5-6 Veränderungen in den Ergebniskriterien

ehemaliges Modell	***aktuelles Modell***
6. Kundenzufriedenheit	*6. Kundenbezogene Ergebnisse*
7. Mitarbeiterzufriedenheit	*7. Mitarbeiterbezogene Ergebnisse*
8. Gesellschaftliche Verantwortung/ Image	*8. Gesellschaftsbezogene Ergebnisse*
9. Geschäftsergebnisse	*9. Schlüsselergebnisse*

Jedes Kriterium ist in zwei Unterpunkte aufgeteilt, in denen die Beurteilung der Organisation aus Sicht der jeweiligen Bezugsgruppen nachzuweisen ist, und die zusätzliche Messgrößen, welche sich auf deren Zufriedenheit mit dem Unternehmen beziehen, enthält. Die Bewertungseinheit *9. GESCHÄFTSERGEBNISSE* bzw. *9. Schlüsselergebnisse* des neuen Modells beinhaltet Angaben über finanzielle Messgrößen und ergänzende Parameter zur Beurteilung der Leistungen des Unternehmens.[983]

Die Ergebniskriterien werden nicht in das zugrunde liegende AGIL-Schema eingeordnet, da sie den gesamtsystemischen Output darstellen und keine separaten subsystemischen Ergebnisse messen. Sie beziehen sich vielmehr darauf, was die Organisation als Ganzes und im Zusammenspiel ihrer einzelnen Komponenten geleistet hat und sind somit nicht als das Resultat der Leistung *eines* Subsystems zu betrachten. Sie bilden aus Sicht der Organisation kollektiv erzeugte *Umwelt*[984]. Sicherlich ließe sich etwa das Kriterium *8. GESELLSCHAFTLICHE VERANTWORTUNG/IMAGE* bzw. *8. Gesellschaftsbezogene Ergebnisse* als Leistung der externen Unternehmenskommunikation (L-System) interpretieren, sie ist aber nicht ausschließlich auf diese zurückzuführen. Das Unternehmensimage wird in eindeutiger Abgrenzung zur Unternehmensidentität als das *Fremdbild* bezeichnet, das die Öffentlichkeit von dem jeweiligen Unternehmen hat[985]. So bezeichnet *Widmer* das Corporate-Image als „... einen durch viele Faktoren bestimmten Eindruck, also weder die einzelne objektive Sache, noch die gezielte Botschaft, sondern einen hervorgerufenen Gesamteindruck."[986] Zudem soll durch die *Ergebnisse* nicht erfragt werden, *wie* das Unternehmen den Eindruck der verschiedenen Bezugsgruppen zu beeinflussen gedenkt, sondern *was* sie de facto durch die *Befähiger* erreicht hat, d.h. es handelt sich um eine reine Messung der Resultate, deren Ursache zum Zeitpunkt der Erfassung organisationsübergreifende Vergangenheit darstellt.

Auch die *EFQM* betrachtet ihren Ergebnisse-Katalog explizit als die Folge eines Ineinandergreifens aller *Befähiger* und reduziert dieses nicht auf eine einfache Ursache-Wirkungs-Konstellation zwischen einzelnen Komponenten[987]. Wie bereits in Kap. 3.3.5.2 anhand des Gap-Modells dargestellt, ist auch die mit der Dienstleistungsqualität verbundene Kundenzufriedenheit von den Leistungen sämtlicher Subsysteme abhängig und kann nicht auf eines reduziert werden. Gleiches gilt für bspw. *MITARBEITERZUFRIEDENHEIT* und *GESCHÄFTSERGEBNISSE*: sie werden durch das Zusammenspiel sämtlicher Subsysteme erzeugt und bilden, ebenso wie die anderen Ergebniskriterien, den Unternehmensoutput und sind rein analytisch kein Bestandteil der Organisation[988]. Am Beispiel Mitarbeiterzufriedenheit festgemacht, bedeutet dies die Evaluierung der Zufriedenheit der Unternehmensbeschäftigten als sowohl vorübergehender Befindlichkeit in einer bestimmten Situation als auch einer zeitlich stabilen Einstellung zu verschiedenen Aspekten der Arbeit(ssituation)[989]. Diese subjektive Einschätzung und individuelle Bewertung der Mitarbeiter befindet sich auf einer organischen Ebene und bildet somit für das soziale System der Unternehmung Umwelt.

5.6.2 Erfassung des Outputs als Anpassungsleistung

Das EFQM-Modell dient neben seiner Funktion als Grundmodell zur Unternehmensbewertung für die Vergabe des *EQA* ebenso zur Selbstbewertung von Organisationen. Hierbei wird es, ohne dass es zu einer tatsächlichen Bewerbung um einen Qualitätspreis kommt, als Rahmenmodell zur

Evaluierung von unternehmensinternen Stärken und Schwächen verwendet, anhand derer kontinuierlich Verbesserungsmaßnahmen abgeleitet werden sollen[990]. Da die Selbstbewertung nicht als einmaliger Prozess vollzogen werden soll, ist das EFQM-Modell hierbei als dynamisches Konstrukt zu verstehen, aus dessen mehrmaliger Anwendung Lern- und Innovationspotentiale für die Unternehmung gewonnen werden sollen[991]. Ausgangspunkt dieser „Lernrichtung" sind die aus den Ergebniskriterien gewonnen Erkenntnisse[992], auf deren Basis die in den *Befähigern* beschriebenen Aktivitäten und Bereiche verbessert werden sollen, um sodann entsprechend bessere Resultate zu erzielen[993]. Dabei handelt es sich nach *Wunderer et al.* um einen organisatorischen Lernprozess bzw. um ein Konzept zur Unternehmensentwicklung[994]. Einerseits wird die externe und interne Umwelt der Organisation nach relevanten Informationen und deren „Nutzbarmachung" durch die Erhebung der Zufriedenheit der verschiedenen Bezugsgruppen und des Unternehmensimage sowie der Geschäftsergebnisse abgesucht, und andererseits wird dieses dann vorhandene Wissen in Bezug auf die konkreten Zielformulierungen und Entscheidungsprozesse des Managements spezifiziert und in problemlösungsbezogenes Wissen zusammengestellt, um hieraus konkrete Verbesserungspotentiale nach Maßgabe der *Befähiger* abzuleiten[995].

Die Evaluierung der verschiedenen Ergebniskomponenten, die nach der *EFQM* bestmöglich im Vergleich zum Wettbewerb dargestellt werden sollen, kann dann als Anpassungsleistung der Organisation verstanden werden, da hierbei durch das A-System des AGIL-Schemas Informationsressourcen aus der Unternehmensumwelt beschafft und zur weiteren Verwertung bereitgestellt werden[996]. Das Managementsystem nutzt diese als Produktivitätschancen und entscheidet aufgrund dieser Informationen, inwieweit die unternehmerischen Aktivitäten und Maßnahmen der Befähigerkomponenten zu verbessern sind, um im nächsten Schritt einen verbesserten Output zu erzielen. Bei dieser Betrachtungsweise des EFQM-Modells werden die Ergebniskriterien in das Subsystem der Ressourcenmobilisierung und -allokation eingeordnet, wobei es dann darauf ankommt, dass eine Organisation überhaupt über diese Anpassungsfunktion verfügt und dass die daraus gewonnenen Resultate dazu verwendet werden, ein verbessertes Qualitätsmanagement zu implementieren. Es stellt sich dann die Frage, ob das Unternehmen bezüglich der Ergebniskriterien überhaupt etwas tut, allenfalls wie und mit welchem Erfolg.

Entgegen dieser dynamischen Variante des EFQM-Modells besteht die Fremdbewertung der *EFQM* bei einer Bewerbung um den EQA nicht aus der Forderung, das Modell mehrmals angewendet haben zu müssen. Vielmehr ist es hierbei möglich, unmittelbar bei der ersten Bewerbung einer Organisation, d.h. bei der *einmaligen* Anwendung dieses TQM-Modells, einen Qualitätspreis zu erlangen. Das sich bewerbende Unternehmen muss hierbei also nicht nachweisen, dass es den oben beschrieben Lernprozess anhand des EFQM-Modells durchlaufen hat, so dass es sich hierbei auch nicht um einen obligatorisch mehrmaligen Gebrauch handelt; das EFQM-Modell *kann* als ein dynamisches Konzept zur Unternehmensentwicklung betrachtet werden. Aufgrund dessen soll im folgenden die „statische" Version des EFQM-Modells behandelt werden, d.h. die *Ergebnisse* werden nicht in das AGIL-Schema integriert, so dass auch – wie im Kapitel 6 gezeigt werden soll – die prozentualen Gewichtungen des Europäischen TQM-Modells in das AGIL-Schema eingeordnet werden können, die im Rahmen einer Selbstbewertung nicht verbindlich sind[997].

6 Qualitative und quantitative Analyse des EFQM-Modells

6.1 Kritische Betrachtung des Kriterienrasters

6.1.1 Strukturelle Dominanz des Managementsystems

Anhand der vorangegangenen Analyse der Kriterienraster der beiden Versionen des EFQM-Modells wurde bereits deutlich, dass die Mehrzahl der Unterpunkte in das G-Feld des AGIL-Schemas einzuordnen ist. Die nachstehenden Abb. 6-1 und Abb. 6-2 verdeutlichen diesen Sachverhalt graphisch: Die einzelnen Unterpunkte des EFQM-Modells wurden entsprechend der ihnen zugeteilten Handlungsfeldern in das AGIL-Schema auf gesamtorganisationaler Ebene verortet, wobei das *EFQM-Modell für Excellence* und sein Vorgänger getrennt voneinander dargestellt werden.

Die kursiv dargestellten Kriterien der Abbildungen weisen darauf hin, dass diese Unterpunkte auch Aspekte anderer Subsysteme enthalten, deren Felderbezeichnungen in Klammern gesetzt sind. Entsprechend ihrer jeweiligen Einordnung liegt der Primat dieser Kriterien auf dem jeweilig zugeordneten Feld, da sowohl der inhaltliche Schwerpunkt als auch die Mehrzahl der von der *EFQM* angegebenen Vorschläge auf diese primäre Soziallogik abzielen[998]. Bei einzelnen Unterkriterien ist ein derartiger Schwerpunkt nicht erkennbar; sie lassen sich gleichermaßen in verschiedenen Subsystemen verorten. Ihre Zuordnung wird durch die dargestellten Legenden verdeutlicht.

Die grau hinterlegten Felder der Abbildungen verdeutlichen, in welchem Ausmaß die jeweiligen Subsysteme des AGIL-Schemas durch das EFQM-Kriterienraster angesprochen werden: Während der wesentliche Teil der Unterpunkte beider EFQM-Modelle primär an dem Managementsystem ausgerichtet ist, kommt dem Ressourcensystem noch eine relativ starke Bedeutung zu. Die Subsysteme Unternehmenskultur und Betriebsgemeinschaft bleiben, bis auf ihre jeweiligen G-Felder, leer.

Abbildung 6-1 Die Kriterien des EFQM-Modells für Business Excellence im AGIL-Schema

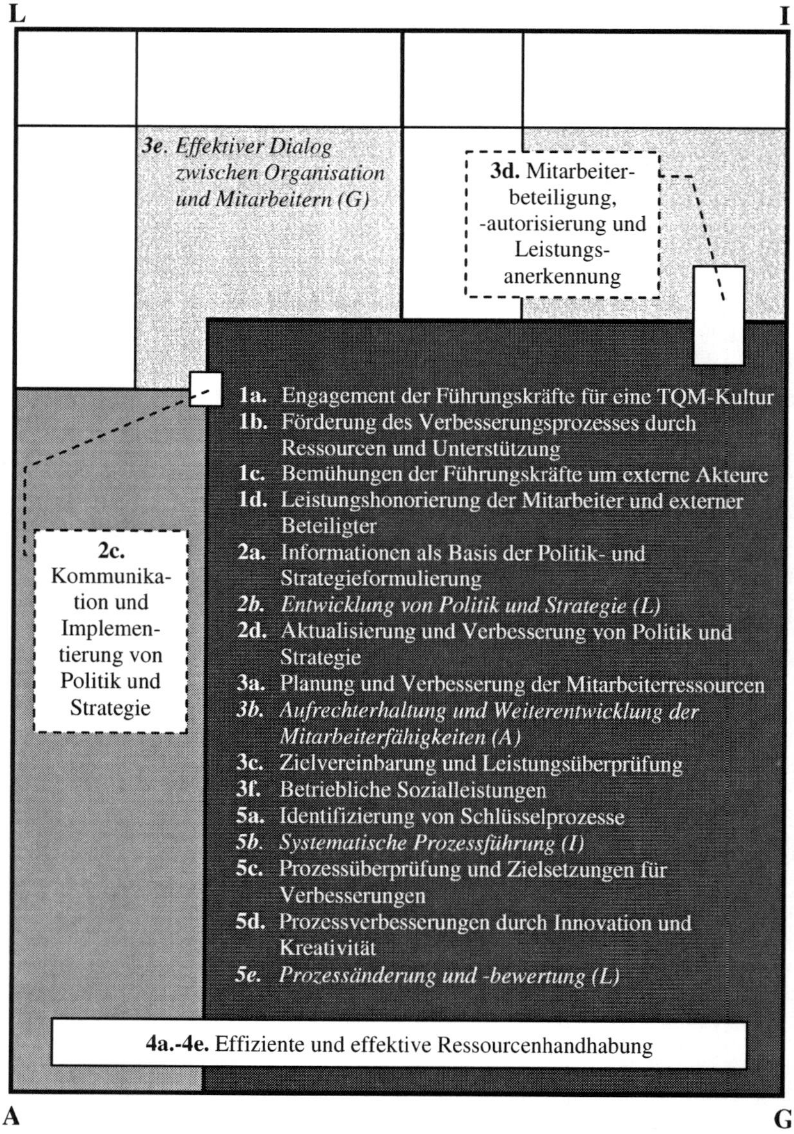

Abbildung 6-2 Der Kriterienkatalog des Nachfolgermodells im AGIL-Schema

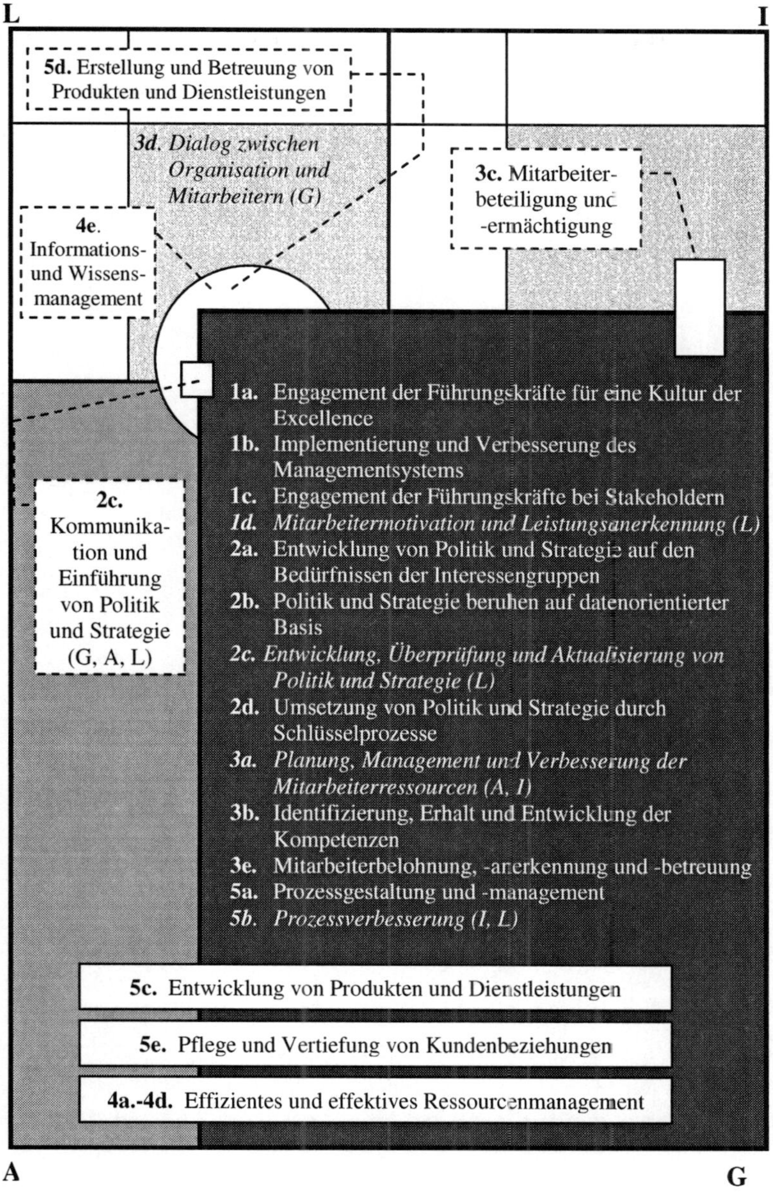

Abbildung 6-3 Quantitative Analyse der Befähigerkriterien des EFQM-Modells für Business Excellence[999]

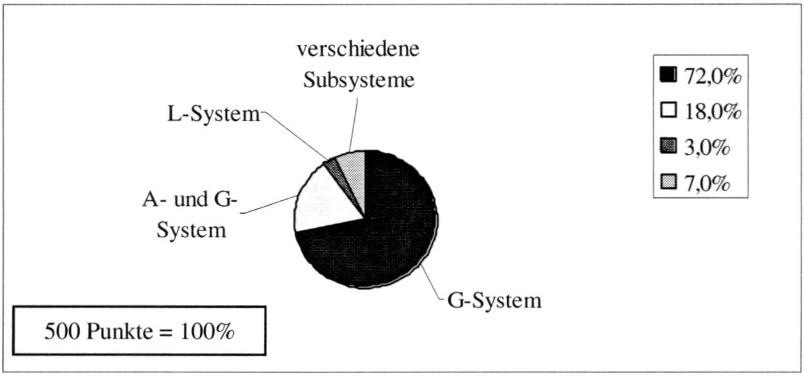

Damit kommt es zu einer strukturellen Dominanz des Managementsystems über die anderen Subsysteme, die sich zudem durch die von der *EFQM* angegebenen Punktwerte innerhalb des Kriterienrasters quantitativ erfassen lässt (Abb. 6-3 und 6-4): Im *EFQM-MODELL FÜR BUSINESS EXCELLENCE* sind 72% der *Befähiger*-Punkte Bestandteil des Managementsystems[1000]. Weitere 25% der in den Befähigerkriterien zu vergebenden Punktwerte ließen sich durch eine Spaltung der Unterpunkte zu Teilen in das G-System einordnen[1001]. Bei lediglich einem Kriterium – *3e. EFFEKTIVER DIALOG ZWISCHEN ORGANISATION UND MITARBEITERN* – liegt die Betonung in einem anderen Subsystem (L-System) als dem Managementsystem.

6.1.2 Veränderungen im EFQM-Modell durch Ergänzungen

Aus der quantitativen Analyse des *EFQM-Modells für Excellence*[1002] wird im Vergleich ersichtlich, dass sich die grundlegende Verteilung der Kriterien nicht geändert hat (Abb. 6-4): Das Managementsystem ist nach wie vor das am stärksten angesprochene Subsystem, jedoch hat sich die Anzahl der Unterkriterien, die in den umliegenden Subsystemen zu verorten sind, erhöht. Der Unterschied zum Vorgängermodell der *EFQM* liegt darin, dass sich die Dominanz des managerialen Subsystems zugunsten anderer Subsysteme erheblich verringert hat. Hingegen ist die Anzahl der Unterkriterien, die gleichzeitig dem A- und G-System und mehreren Subsystemen zuzuordnen sind, gestiegen. Die absolute Mehrheit der Teilkriterien liegt aber dennoch im Managementsystem, das zudem noch ‚versteckte' Zuteilungen in den anderen der o.g. Kategorien, wie bspw. „verschiedene Subsysteme", enthält. Das G-System ist weiterhin in jedem der Unterkriterien präsent. Die Bezeichnung „AGIL" in der Abb. 6-4 weist darauf hin, dass bestimmte Unterkriterien des EFQM-Modells gleichermaßen alle vier Subsysteme des AGIL-Schemas ansprechen. Diese Einteilung wurde bewusst abgehoben, um zu verdeutlichen, dass die Umsetzung bestimmter Maßnahmen auf die gleichzeitige Handlungslogik aller vier Subsysteme angewiesen ist. Dabei kann jedoch nicht von einer Interpenetration der vier Subsysteme gesprochen werden, da die wechselseitige Durchdringung nicht immer automatisch gegeben ist. Es geht bei diesen Kriterien im Wesentlichen darum, dass sie Faktoren enthalten, die dem Strukturprinzip der jeweiligen Subsysteme entsprechen.

Die Änderungen im Vergleich zum *EFQM-MODELL FÜR BUSINESS EXCELLENCE* bestehen einerseits zu einem wesentlichen Teil aus Verschiebungen und Neuzuordnungen von Inhalten, die sich in einer teilweise geänderten Zusammensetzung der Inhalte in den Unterkriterien zeigen[1003]. Andererseits ist modifizierte Verteilung innerhalb der beiden EFQM-Modelle auf die vorgenommenen Ergänzungen im aktuellen Modell zurückzuführen. Dies bedeutet, dass das Modell an sich in den Wirkungsrelationen und innerhalb der einzelnen Kriterien nicht modifiziert wurde, sondern dass bestimmte Elemente *hinzugefügt* worden sind, die auch einer anderen Handlungslogik als der politischen Rationalität folgen, und dieser Aspekt schlägt sich in der relativen Verteilung der Unterkriterien entsprechend nieder. Diese Ergänzungen sind jedoch nicht so erheblich, als dass sie die Dominanz des Managementsystems über die anderen Subsysteme substituieren würden.

Abbildung 6-4 Quantitative Verteilung der EFQM-Unterkriterien des aktuellen Modells

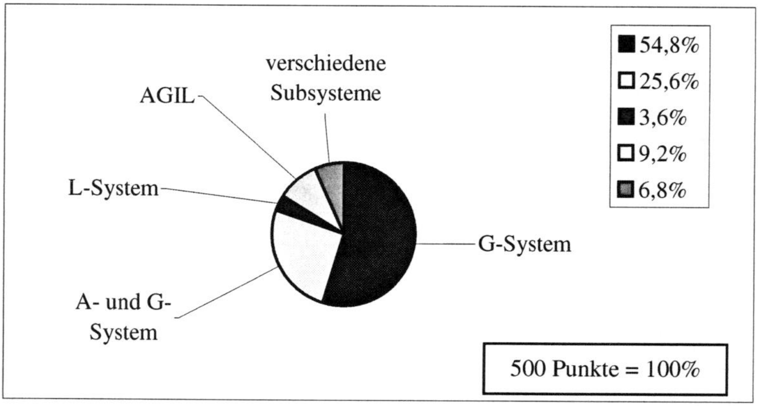

Durch diese Neuaufnahmen von Unterkriterien ist die Veränderung der Zuteilung ins AGIL-Schema hauptsächlich zu erklären. Allein mit den Unterkriterien *4e. Informations- und Wissensmanagement* und *5d. Herstellung, Lieferung und Betreuung von Produkten und Dienstleistungen* liegen 9,2% der Befähiger nicht mehr schwerpunktmäßig im Managementsystem. Hinzu kommen *5c. Entwicklung von Produkten und Dienstleistungen* sowie *5e. Pflege und Vertiefung von Kundenbeziehungen*, die gleichermaßen ins A- und G-Feld zu verorten sind und 11,2% der zu vergebenden Punkte ausmachen. Addiert man nun das ergänzte Unterkriterium *1b. Implementierung und Verbesserung des Managementsystems*, das sich im managerialen Subsystem befindet, so erhält man annähernd den gleichen Wert für das G-Feld im AGIL-Schema wie bei der vorherigen Version des EFQM-Modells, nämlich ca. 70% (vorher 72%).

Dass diese Ergänzungen nur marginale Auswirkungen auf die einzelnen Subsysteme des AGIL-Schemas und deren Verhältnis zueinander haben, wird in den folgenden Kapiteln gezeigt werden. Zudem soll im Anschluss daran dargelegt werden, dass die Ursache-Wirkungs-Beziehung zwischen den Befähigern und Ergebniskriterien auch innerhalb des veränderten *EFQM-Modells für Excellence* nicht hinreichend begründet werden kann.

6.1.3 Das EFQM-Modell als Führungsmodell

Das AGIL-Schema geht in seinen Grundannahmen von einem analytisch ausbalancierten Verhältnis der einzelnen Subsysteme aus, mit dem ein strukturelles Spannungsverhältnis aufgebaut wird, das erst die Leistungsfähigkeit des gesamten Systems ermöglicht. Über die empirische Bedeutung und Ausgestaltung der Systemerfordernisse in einer konkreten Unternehmung sagt das Vierfunktionenschema nichts aus, sondern bildet einen generellen Rahmen, innerhalb dessen empirische Strukturen betrachtet werden können. Wie diese Funktionen im Einzelnen tatsächlich ausgestaltet sind und welche Bedeutung sie in Unternehmen haben, sind empirische Fragen.

Wie bereits in Kap. 4.5 dargestellt, lassen sich das EFQM-Modell und das AGIL-Schema in dieser Hinsicht vergleichen, denn ersteres stellt ein Rahmenmodell dar, mit Hilfe dessen konkrete Unternehmungen bewertet werden, mit der Spezifikation, dass es sich um die Um- und Durchsetzung des TQM-Konzepts handelt. Beides sind also analytische Modelle, die einen Idealzustand beschreiben, der sich in der Realität nur annäherungsweise so darstellt; Bewerber um den *EQA* konnten bisher noch keinen Erfüllungsgrad über 80% nachweisen[1004].

Nun geht das EFQM-Modell aber von vornherein von der Dominanz politisch-rationaler und nutzenmaximierender Faktoren aus. Das AGIL-Schema in der hier verwendeten Variante und Anwendung bestreitet jedoch a priori eine Lösung der TQM-Implementierung durch eine Reduktion auf diese beiden Handlungsrationalitäten. Viele Prozesse und Teilaspekte innerhalb der Unternehmung sind von Machttheorien und rein ökonomischen Ansätzen aus zugänglich, jedoch nicht die gesamte Unternehmung als soziales System. Funktional differenzierte Systeme wie eine Organisation sind immer multifunktional, so lässt sich daher in der funktionalistischen Betrachtung allenfalls sagen, dass sie *primär*, aber niemals *nur* politische Funktionen oder *nur* die Orientierung am Nutzenkalkül erfüllen.

Die Unternehmung wird in beiden Fällen als offenes soziales System konzipiert, das in vielfältigen Austauschbeziehungen mit seiner Umwelt steht. Es wird zwar durch einen Primärcode determiniert (in beiden Fällen die Zielerreichung[1005]), intern wirken jedoch weitere Handlungsorientierungen. Die Unternehmung kann durch diese Konstruktion ihre Umweltprobleme nicht nur nach einem Code (Effektvität) wahrnehmen und auf diese code-spezifisch reagieren[1006], sondern ist intern nochmals ausdifferenziert, so dass die sich daraus ergebenden Subsysteme nicht aufeinander reduzierbar sind und nach Maßgabe des Primärcodes des übergeordneten Systems eigenen Handlungslogiken folgen.

Im EFQM-Modell versuchen die Akteure fast ausschließlich, ihre gesetzten Ziele zu erreichen, und diese Ziele ändern sich nach den Bedürfnissen und Ansprüchen der Stakeholder. Für bspw. eine normativ steuernde Unternehmenskultur wäre nach dieser Auffassung kein Platz. „Ethik" und „Moral" sind kein Mittel zum Zweck, „Sinn" ist auch kein Selektionskriterium rationalen wirtschaftlichen Handelns, sondern – so drückt es *Thommen* aus – eine Bedingung, die „gutes, gerechtes und vernünftiges Handeln" ermöglicht[1007]. Unternehmen sind an die Interpenetration des Normativen und Konditionalen gebunden, denn das Handeln in Organisationen wird auch stets normativ bewertet und ist Selektionsstandards unterworfen, die bestimmte Ziele und Mittel von vornherein ausschließen. Im EFQM-Modell werden Leitideen und normative Steuerungsmechanismen aber als direkt rational vom Management steuerbar angesehen und damit instrumentalisiert. Unternehmen sind jedoch durch alternative Ziele und eine Pluralität von Akteuren bestimmt, die einer normativen Ordnung ihrer individuellen und kollektiven Interessen bedürfen und durch die Handlungsziele miteinander kompatibel werden.

Gleiches gilt auch für das integrative Subsystem des AGIL-Schemas: Mitarbeiter werden im EFQM-Modell als Ressource angesehen, die instrumentell zur Erreichung der Ziele dient. Und auch hier wird die Funktion, Mitarbeiterzufriedenheit und -loyalität herzustellen, vor allem als Managementaufgabe gesehen. Im Subsystem der Betriebsgemeinschaft stehen aber integrative, pro-soziale Aspekte im Vordergrund, die Solidarität unter den einzelnen Mitarbeitern rührt aus einer normativen Übereinstimmung. Damit werden im EFQM-Modell hauptsächlich der Prozess der Zielerreichung und die Verfügbarkeit von Ressourcen für diese Ziele als Durchführung des TQM-Konzepts angesehen, diese müssen aber auch in Kongruenz mit den Werten und Normen der Betriebsgemeinschaft stehen sowie mit den Prozessen in anderen Systemen koordiniert sein, um Konflikte zwischen den Teilen zu vermeiden. Durch die Vernachlässigung dieser Handlungsdimensionen und der Verschließung vor dem Nicht-Rationalistischen und nicht direkt Steuerbaren kann die erfolgreiche Umsetzung des TQM-Konzepts mit Hilfe des EFQM-Modells nicht erfolgen. Anhand dessen wird auch nicht erklärbar, warum ein empirisches Unternehmen positive oder negative Geschäftsergebnisse erzielt hat, und diese Wirkungen können nicht hinreichend auf ihre Ursachen zurückgeführt werden.

Das EFQM-Modell legt den Schwerpunkt auf eine strukturelle Führung durch die Gestaltung von Politik und Strategie sowie einer indirekten Beeinflussung der Mitarbeiter, während interaktionelle Führungsmaßnahmen eine vergleichsweise untergeordnete Rolle spielen[1008]. Das Managementsystem wird aus der hier angelegten theoretischen Sichtweise äußerst differenziert dargelegt. Das EFQM-Modell behandelt ausführlich die verschiedenen prozessualen Elemente, Funktions- und Verantwortungsbereiche des Managements. So werden sowohl Entscheidungsstrukturen, Planungs-, Kontroll- und Führungsprozesse angesprochen als auch ein Ressourcen-, Stakeholder-, Kultur-, Informations-, Wissens-, Prozess-, Personal-, Produkt- und Dienstleistungsmanagement berücksichtigt[1009]. Somit sind auch die Austauschbeziehungen zu den umliegenden Subsystemen sowie die sekundäre Einbindung fremdsystemischer Codes gegeben, welche die Entfaltung einer genuin managerialen Eigenlogik innerhalb des G-Systems verhindern.

Es wird somit gewährleistet, dass das Managementsystem die von dem A-System bereitgestellten Ressourcen als Produktivitätschancen zur Entscheidungsfindung und -durchsetzung nutzt. Auf der anderen Seite spezifiziert das G-System die Strategien zur Mittelgewinnung, so dass die verschiedenen Ressourcen und Belange externer sowie interner Beteiligter (insbesondere der Kunden, Lieferanten und der Gesellschaft im Allgemeinen) berücksichtigt werden. Die Austauschbeziehungen zum Subsystem der Betriebsgemeinschaft werden vorwiegend durch die Kriterien *3. MITARBEITERORIENTIERUNG* bzw. *3. Mitarbeiter* und *5. Prozesse* thematisiert, indem einerseits Prozessführungs- und Kontrollsysteme sowie das Produkt- und Dienstleistungsmanagement eingerichtet und andererseits die Funktionen des Personalmanagements und des Führungsverhaltens abgehandelt werden. Im Mittelpunkt stehen hierbei insbesondere Maßnahmen zur Mitarbeiterbefähigung, Potentialsteigerung sowie Zielvereinbarung, Leistungsbeurteilung und -anerkennung, wobei den Forderungen der Betriebsgemeinschaft nach Entscheidung und Unterstützung Rechnung getragen wird. Durch die Formulierung und Implementierung von Werten,

Mission und Visionen wird die Verklammerung mit der Unternehmens-kultur/-identität problematisiert, welche sich zudem in einem Kultur- und Informationsmanagement[1010] wieder findet.
Die Legitimation der Entscheidungen des Managementsystem werden durch das EFQM-Modell lediglich dadurch berücksichtigt, dass sämtliche Vorgaben, Pläne und Maßnahmen jeglicher Bereiche Ableitungen aus der Unternehmenspolitik, d.h. aus den zuvor vom Managementsystem implementierten kulturellen Elementen, darstellen und somit zum Erreichen der Vision beitragen sollen. Dadurch werden sie allerdings noch nicht umfänglich kulturell legitimiert, denn es handelt sich hierbei lediglich um eine Kongruenz der Werte, Mission und Vision mit den strategischen und operativen Vorgaben des Managements. In Kriterium *2b. ENTWICKLUNG VON POLITIK UND STRATEGIE* bzw. *2c. Entwicklung, Überprüfung und Aktualisierung von Politik und Strategie* wird zwar eine Begründung der Unternehmenspolitik und -strategie beschrieben, bei der weiteren Ableitung des normativen und strategischen Managements in die einzelnen betrieblichen Funktionen handelt es sich jedoch nur um das Herunterbrechen dieser übergeordneten Vorgaben, das dem analytischen Gesetz der Spezifikation folgt und eben nicht diskursiven Strukturprinzipien. Auf die spezifischen kulturellen Muster der Unternehmung und ihre steuernden Effekte wird dabei nicht eingegangen. Zudem wird von der *EFQM* nicht thematisiert, ob die entwickelten Leitideen, Visionen etc. tatsächlich in der Unternehmenskultur verankert sind oder lediglich Sollformulierungen darstellen, die evtl. von einer tatsächlichen Unternehmenskultur/-identität abweichen. Ferner wird nicht auf die spezifischen kulturellen Eigenheiten europäischer oder gar einzelner Unternehmen eingegangen. Hiermit unterbleibt auch die Frage, ob die von der Organisation verwendeten Instrumentarien und Techniken innerhalb des TQM mit gesellschaftlichen Wertvorstellungen, Normen, Erwartungen anschlussfähig sind oder anschlussfähig gemacht werden[1011]. *Franzpötter* weist darauf hin, dass organisatorische Handlungen im gesellschaftlichen Kontext legitim und akzeptabel erscheinen müssen. Zudem bringen die Mitarbeiter je ihre eigenen Deutungen, Werte, Normen und Erwartungen in den Organisationszusammenhang ein und ihre Sichtweisen der *gemeinsamen* Wirklichkeit zur Geltung:

„Das heißt zunächst, daß die Individuen den Deutungen, Erklärungen und Legitimationen, die von Vorgesetzten gegeben werden, um organisatorischen Ereignissen 'Sinn' und 'Bedeutung' zu verleihen, nicht indifferent gegenüberstehen. Subjektive Erklärungsschemata, Deutungsmuster, Dispositionen, Urteile, Bewertungen etc. werden trotz disparater und widersprüchlicher Erfahrungen von den Organisationsmitgliedern aufrechterhalten, sie bestimmen, welche 'Erklärungen' des Organisationsverhaltens gültig und anerkannt sind, und welche Sinnzusammenhänge aktiviert und welche Verständigungsleistungen von seiten des Managements erst noch erbracht werden müssen."[1012]

Erst durch eine kulturelle Legitimation kann eine Organisation sich der Unterstützung der Organisationsmitglieder versichern, um ihre Loyalität und Bindung an die Organisation sicherzustellen – „... und damit auch die Legitimationsgrundlage eigener managerieller Macht."[1013]
Die Entscheidungsstrukturen des Managements werden auf der normativen, strategischen und operativen Ebene innerhalb des EFQM-Modells behandelt und entsprechen dem analytischen Gesetz der Spezifikation des G-Systems, so dass die Ziele der Organisation zur effektiven Durchsetzung in allen Bereichen und Funktionen der Unternehmung spezifiziert werden. Dies betrifft vor allem Unternehmenspolitik und -strategie sowie das Setzen von Verbesserungsprioritäten, das Ressourcen-, Prozess- und Personalmanagement, wobei sämtliche Unternehmensbereiche und -funktionen einbezogen werden können[1014]. Das analytische Gesetz der Spezifikation in seiner Reinform wird durch die Kriterien des EFQM-Modells jedoch durch die sekundäre Einbindung fremdsystemischer Eigenlogiken unterbrochen, so dass es zu keiner starren Zielfixierung und Konzentration auf ausschließlich eigene Machtinteressen innerhalb des Managementsystems kommt: So werden durch die Interpenetration mit dem Ressourcensystem die Erwartungen und Erfordernisse der Stakeholder sowie andere relevante Informationen in die Entscheidungsfindung und -durchsetzung einbezogen. Durch diese strukturelle Öffnung des Managementsystems wird nicht an einmal vereinbarten operativen Zielen festgehalten, sondern sie werden der jeweiligen Situation und Ressourcenlage angepasst und folgen der gesamtorganisatorischen Nutzenoptimierung anstelle partikularer Gruppenanforderungen. Durch die Kopplung zum L-System wird innerhalb des EFQM-Modells ferner erreicht, dass Führungskräfte nicht ausschließlich mittels Macht agieren, sondern als Vorbilder und Sinnstifter für ihre

Mitarbeiter fungieren. Der Primärcode des G-Systems wird hierbei jedoch nicht außer Kraft gesetzt – lediglich das Repertoire an Reaktionsweisen der Führungskräfte wird erweitert[1015].

Zudem fordert die *EFQM* eine gewisse Dehierarchisierung, insbesondere durch die Prozessorientierung, Übertragung von Qualitätsverantwortlichkeiten auf die Mitarbeiter und die aktive Teilnahme der Führungskräfte an Verbesserungsaktivitäten und Schulungsmaßnahmen. Durch die Einbindung der Logik des I-Systems wird das hierarchische Verhältnis zwischen Vorgesetzen und Mitarbeitern egalitärer, so dass Weisungsbefugnisse durch Information ergänzt werden. Die genuine Logik des managerialen Subsystems wird durch das EFQM-Modell ebenso nicht vernachlässigt. So kommt es nicht zu einer Auflösung der Hierarchien oder einem Wegfall von Kontrolle und Macht. Die unternehmerischen Rahmenvorgaben und Grundsätze werden autoritativ vorgegeben, wobei es lediglich in den Personalmanagement-Aktivitäten, operativen Spezifikationen und gemeinsamen Zielvereinbarungen, die auch als Grundlage zur Leistungsbeurteilung dienen, zu einer Partizipation kommt. Die Kontrolle der effektiven Zielerreichung wird durch die *EFQM* u.a. durch eine Überprüfung der Führungseffektivität, Erfolgs- und Relevanzkontrolle der politischen und strategischen Vorgaben sowie durch Leistungsüberprüfungen und Prozesskontrollen erwirkt.

Das grundsätzliche Problem des EFQM-Modells besteht aus der hier angewandten Theorieperspektive in der Übersetzung des ihm zugrunde liegenden TQM-Konzepts und der daraus abgeleiteten Forderungen. Der Weg zur Umsetzung von TQM beginnt zwar bei der Überzeugung und Durchsetzung des Managements – das Konzept ist ein klassischer Top-Down-Ansatz[1016] –, jedoch bleibt das Kriterienraster der *EFQM* überwiegend an dieser Stelle stehen. Das Management in seiner politischen Rationalität – orientiert an einer effektiven Zielformulierung und –durchsetzung mittels Macht – ist mit seinen Funktionen und Prozessen in fast allen Komponenten des EFQM-Modells auf der Befähigerseite präsent[1017]. Im Wesentlichen werden Planungs-, Zielsetzungs- und Steuerungsprozesse erfragt, deren Charakter gleich bleibt, nur der betriebliche Funktions- bzw. Geltungsbereich ändert sich. Ob nun eine Strategie oder Maßnahme für das gesamte Unternehmen, das Personal-, Prozessmanagement, Partnerschaften, die Beschaffungs- oder Produktpolitik formuliert werden sollen, unterscheidet sich die Art der Entscheidung – und eine Planung oder Strategie ist nichts anderes als eine Entscheidung – nicht von anderen Entscheidungen in einer Unternehmung[1018]. Dies hat zur Folge, dass noch nicht einmal die Strategie selbst bewertet wird, sondern lediglich das Vorgehen bei der Strategieformulierung. Die *EFQM* erfasst also nicht, ob bspw. die Vision und die daraus abgeleitete Politik und Strategie der Unternehmung mit den TQM-Zielsetzungen korrespondiert und ob sie die Organisation wirklich zu den angestrebten Zielen führen kann, sondern *ob* die Vision heruntergebrochen wird. Infolgedessen ist die Mehrzahl der Befähigerkriterien in das manageriale Subsystem des AGIL-Schemas zu verorten. So merken auch *McAdam/O'Neill* an, dass das EFQM-Modell weder eine Strategie formuliere noch eine Strategie angemessen bewerte, sondern den Prozess der Strategiefestsetzung beurteile. Sie sehen die Gefahr darin, dass das EFQM-Modell als bloßes Strategie-Audit-Tool genutzt werde, anstatt es mit dem Eigenwert einer Strategie zu verbinden[1019].

Das oben beschriebene Schema der Erfassung und Bewertung prozessualer Faktoren der Managementfunktionen findet im EFQM-Modell fast durchgängig Anwendung. Die Ursache liegt auf der einen Seite darin, dass die Betonung zu sehr auf den Aufgaben von Führungskräften liegt, aber auf der anderen Seite auch, dass nahezu in keinem Unterkriterium der tatsächliche Stand des zu erfragenden Gegenstands erfasst wird. Die Formulierung von Vision und Werten erfolgt durch das Management[1020], und zusammen mit der Kommunikation dieser und dem Vorbildverhalten der Führungskräfte soll eine qualitätsförderliche Unternehmenskultur geschaffen werden. Hier wird nur eine Soll-Kultur verfasst, es wird aber an keiner Stelle des Kriterienrasters erfragt und bewertet, wie das tatsächliche Muster der Organisationskultur ausgeprägt ist, und auch nicht, ob diese Maßnahmen – nach mehrjähriger Anwendung des EFQM-Modells – zum Erfolg geführt haben. Für das Bewertungsverfahren bedeutet dieser Sachverhalt, dass nicht festgestellt werden kann, in welchen Komponenten die Ursache des unzureichenden Erfolgs liegt und wie diese beseitigt werden können bzw. wo die guten Geschäftsergebnisse herrühren.

An dieser Stelle soll keine Pauschalkritik an den Funktionen und Aufgaben des Managements im EFQM-Modell geübt werden. Im Gegenteil, dieses Subsystem ist auch in der aktuellen Version des Modells stark ausdifferenziert und durch eine Interpenetration mit den umliegenden Subsystemen verbunden. Es soll vielmehr darauf aufmerksam gemacht werden, dass das EFQM-Modell sehr viel mehr seinen eigenen Ansprüchen als umfassendes Rahmenmodell zur TQM-Implementierung gerecht werden würde, wenn es bestehende und zukünftige *Strukturen* hinterfragte und nicht als Verantwortung des Managements übersetzte. Die Umsetzung und Anwendung des TQM kann nicht alleine oder überwiegend in den prozessualen Elementen und Zuständigkeitsbereichen des Managements liegen. Wird das Konzept so interpretiert und umgesetzt, ist die Organisation nicht dazu in der Lage, diejenigen Probleme und Systemfunktionalitäten zu erkennen und zu bearbeiten, die nicht der Logik der politischen Rationalität gehorchen. In der Folge muss zwangsläufig mit steigenden Überwachungs- und Kontrollkosten gerechnet werden, da die qualitätsorientierten Maßnahmen nicht in den normativen Bereich der Unternehmung hineingetragen werden und andere, kontrollentlastende steuernde Mechanismen nicht greifen. Wenn bspw. die Betriebsgemeinschaft die gewünschten Prinzipien und Leitideen nicht institutionalisiert hat, werden sie auch nicht als Orientierungsrahmen maßgeblich das tägliche Handeln der Akteure steuern. Die *EFQM* spricht zudem davon, die Kooperationsfähigkeit der Mitarbeiter durch Personalentwicklungsmaßnahmen zu erhöhen, dies bedeutet aber nicht gleichzeitig, dass tatsächlich eine kundenzentrierte Zusammenarbeit abteilungs- und bereichsübergreifend stattfindet, sondern lediglich dass eine individuelle Befähigung gefördert wird.

Durch diese aus der hier angelegten Theorieperspektive stark differenzierte Betrachtung des Managementsystems und die eingebundenen Sekundärcodierungen wird ein produktives systeminternes Spannungsverhältnis aufgebaut, das nicht ausschließlich durch dessen Eigenlogik determiniert wird und sowohl „harte" als auch „weiche" Elemente berücksichtigt sowie dynamisierende und steuernde Kräfte miteinander verbindet. Dadurch ist dieses Funktionssystem in der Lage, seine Varietät und das Repertoire an Reaktionsweisen, jedoch unter Maßgabe seines Primärcodes, zu erweitern[1021]. Dies gilt jedoch lediglich für das G-System des AGIL-Schemas; die anderen Subsysteme werden nicht annähernd so ausführlich berücksichtigt, so dass das EFQM-Modell eher als ein Management- bzw. Führungsmodell zu interpretieren ist. Mit diesem Anspruch böte es allerdings einen detailliert strukturierten und spezifizierten Rahmen zur Erfassung ganzheitlichen Führungshandelns[1022].

Innerhalb des EFQM-Modells werden demnach das Management und seine Funktionen bei der unternehmensweiten Implementierung von TQM besonders gewichtet[1023]. Hier wird auch der Grund dafür gesehen, dass der von der *EFQM* im Jahre 1990 eingeführte *Leadership Award*[1024] für herausragende Leistungen von Führungskräften in Bezug auf TQM ausgesetzt wurde, da dieser Qualitätspreis und der *EQA* eine zu hohe Übereinstimmung aufwiesen[1025]. TQM wird hier vor allem als Managementaufgabe gesehen und als Zielerreichungsfunktion und -durchsetzung unter Determiniertheit der Marktgegebenheiten und Ressourcensituation verstanden.

6.2 Vernachlässigung steuernder Kräfte einer Organisation

6.2.1 Effektivitäts- und Effizienzdominierter Umsetzungspfad des TQM

Insgesamt bei 90% der Befähiger des ehemals gültigen und 80,4% des aktuellen EFQM-Modells fokussieren die „linke Gehirnhälfte“ einer Organisation[1026], wodurch das EFQM-Modell vor allem Effektivitäts-, aber auch Effizienzsteigerungen in den Vordergrund stellt, diese Prinzipien als wesentliche Erfolgsfaktoren der Organisation ansieht und dadurch zu einseitig wird. Infolgedessen werden nicht nur beharrende, Stabilität und Identität gewährende Faktoren vernachlässigt, sondern zudem als Erklärungsvariablen für den Unternehmenserfolg weitgehend außen vor gelassen. Die Kriterien des EFQM-Modells reduzieren die Umsetzung von TQM dabei vorwiegend auf Formen einer planerischen und rationalen Steuerung der Organisation[1027], wobei nicht-rationale Handlungen der Organisationsmitglieder weitgehend ausgeblendet werden und eine Organisation über ihre Ziele definiert wird[1028]. Das EFQM-Modell beschränkt sich hierbei im Wesentlichen auf konditionale Elemente, so dass nach Ansicht der Verfasserin eine Nähe zu den klassischen Organisationstheorien und ökonomischen Ansätzen beobachtet werden kann. Zwar verzichtet das EFQM-Kriterienraster nicht vollkommen auf normative Dimensionen, jedoch wird der rationalen Zieldurchsetzung der Kunden- und Qualitätsorientierung und den sich daraus – dem Grundgedanken des TQM folgend – ergebenden und zu steigernden Wettbewerbsvorteilen und Geschäftsergebnissen der Primat eingeräumt. Die Mitarbeiter und Teams sind zwar Bestandteil des Kriteriums Mitarbeiterorientierung, jedoch folgen die hier beschriebenen Maßnahmen wesentlich der Verfolgung der Betriebszwecke, insbesondere durch die Erhöhung von Mitarbeiterfähigkeiten und die Schaffung von Anreiz- und Beurteilungssystemen. Durch ihre Lage im übergeordneten ökonomischen System ist eine Unternehmung zwar durch das Effektivitätsprinzip gekennzeichnet, so dass auch die Maßnahmen einer Mitarbeiterorientierung stets unter der Domäne dieses Primärcodes erfolgen müssen. Die differenzierten Subsysteme einer Organisation folgen dennoch ihrer eigenen sozialen Logik, die mit dem Primärcode einer Unternehmung kompatibilisiert werden. Im Rahmen des EFQM-Modells jedoch werden die verschiedenen Arbeitsgruppen und -prozesse nicht in die Betrachtung einbezogen, die dem Kohärenzprinzip unterliegen, sondern lediglich die Maßnahmen des Managements in Bezug auf diese. Durch die Vernachlässigung des auf Stabilität ausgerichteten Gemeinschaftssystems kann das EFQM-Modell wichtige soziale Ursachen des Widerstandes bei organisationalen Veränderungen nicht erfassen. Die Betriebsgemeinschaft folgt dem analytischen Gesetz der Beharrung und unterliegt einer strukturell bedingten Trägheit und Inflexibilität, welche die Implementierung von TQM verhindern oder stark erschweren können. Auf der anderen Seite können somit diese Wirkungen durch die Anwendung des EFQM-Modells auch nicht systematisch beseitigt werden, da derartige Ursachen des Widerstandes innerhalb der Kriterien nicht angesprochen werden.

Das Handeln in Organisationen lässt sich nicht allein auf Nutzen maximierendes Kalkül und die Zielerreichungsfunktion begrenzen, sondern ist zudem auch auf beharrende, stabilisierende und integrative Elemente angewiesen. Ansonsten verlöre eine Organisation ihre Gerichtetheit und Identität und würde stark durch sich permanent ändernde Marktgegebenheiten (z.B. Kundenpräferenzen) determiniert. Der hier angelegte theoretische Bezugsrahmen zeichnet sich gerade dadurch aus, dass organisationstheoretische Einseitigkeiten überwunden, d.h. konditionale *und* normative Elemente miteinander verbunden werden, so dass derartige Lücken innerhalb des EFQM-Modells ermittelt werden können. Anhand des EFQM-Modells werden eine Konstanz der Wahl der Handlungen und ein gemeinsamer Richtungssinn, von bestimmten Situationen unabhängig, weitgehend vernachlässigt.

Das Rahmenmodell der *EFQM* führt aus der Sicht des hier angelegten theoretischen Bezugsrahmens zu einem unvollständigen Verständnis der Organisationsstruktur, so dass eine ganzheitliche Betrachtung vom Umfassenden Qualitätsmanagement in Unternehmungen nicht ermöglicht wird. Gerade durch die Vernachlässigung der normativen Dimensionen wird der Charakter des TQM nicht vollständig erfasst: Umfassendes Qualitätsmanagement ist ein auf Langfristigkeit ausgelegtes Konzept, das seine Wirkung nicht durch kurz- oder mittelfristige Effizienz- und

Effektivitätssteigerungsmaßnahmen entfaltet. Die Prinzipien des TQM sollen weiterhin in einer qualitätsorientierten Unternehmenskultur und Unternehmensgemeinschaft verankert werden, so dass diese zu einem umfassenden „neuen Handlungs- und Denkrahmen“ werden[1029], der das Handeln der Organisationsmitglieder in entscheidendem Maße steuert. Wie in Kapitel 3.3.5.1 dargestellt, müssen Konzepte wie TQM in jedem organisationalen Subsystem Berücksichtigung finden und untereinander ein kooperatives Spannungsverhältnis bilden, um sie ganzheitlich und langfristig im Unternehmen zu implementieren.

Das EFQM-Modell beschränkt die Umsetzung von TQM jedoch im Wesentlichen auf dynamisierende Elemente, die zwar eine Flexibilität und Varianz ermöglichen, für die Akteure aber eine gewisse Handlungskontingenz nach sich ziehen. Organisationen müssen vielmehr gleichermaßen stabile *und* flexible Verhältnisse aufbauen. Das EFQM-Modell setzt hierbei den Schwerpunkt auf einen Dynamisierungsprozess, wobei die Ressourcenbeschaffung und -bereitstellung zu unternehmenspolitischen und –strategischen (Re-)Formulierungen und deren Spezifikation in konkrete Ziele und Maßnahmen führt. So werden ebenso die Schlüsselprozesse geändert, die Mitarbeiter geschult und mit Kompetenz und Verantwortung ausgestattet sowie Teamarbeit bei Verbesserungsmaßnahmen eingeführt; eine Routinisierung der geänderten Abläufe und Arbeitsgruppen wird, ebenso wie eine Verbesserung *sämtlicher* Prozesse und die Schaffung von Teams in allen Unternehmensbereichen, jedoch nicht berücksichtigt. Die Dynamisierung führt letztendlich auch zu einer Reformulierung der Vision, Mission und Werte, jedoch wird die vollständige Änderung einer – insbesondere einer nach außen kommunizierten – Unternehmensidentität dabei ausgespart. Durch diese energetischen Handlungsanreicherungen betont das EFQM-Modell zwar eine schnelle und flexible Anpassung einer Organisation an veränderte Umweltsituationen sowie die Implementierung und Durchsetzung gemeinsamer Qualitätsziele, es wird jedoch keine Beständigkeit und Konstanz hergestellt. Die fehlende Berücksichtigung des Steuerungsprozesses führt dann dazu, dass die Mission, Vision etc. formuliert und bekannt gemacht werden, jedoch kann durch das EFQM-Modell allein nicht sichergestellt werden, dass diese tatsächlich institutionalisiert werden. Der Bedeutungsgehalt der Leitbilder etc. wird nicht durch diskursive Prozesse ergründet und kollektiv verankert oder die Leitideen mit den Mitarbeitern partizipativ formuliert – zumindest wird dieser Aspekt innerhalb des Modells nicht explizit gefordert und somit auch nicht bewertet. Damit fehlen entscheidende Voraussetzungen dafür, die Ideen in der Betriebsgemeinschaft zu institutionalisieren und in konkretes Handeln zu überführen. Zudem gewährleistet das EFQM-Modell keine verbindliche Verpflichtung der Mitarbeiter auf generelle Qualitätsgrundsätze und erfragt zudem nicht, ob diese in eine gewisse Selbstverständlichkeit in das Handeln integriert wurden.

Die Fixierung auf die Erfüllung der Kundenwünsche und den Prozess der kontinuierlichen Verbesserung innerhalb des TQM birgt für eine Organisation die Gefahr in sich, von der externen Marktsituation determiniert zu werden und intern eine Dynamik freizusetzen, die mangels beharrender Strukturelemente nicht abgefangen werden kann. Beharrende Momente spielen dabei eine wichtige Rolle, da sie eine stabilisierende Funktion für das Handeln vollbringen und den internen Zusammenhalt, auch während permanenter Wandlungen, gewährleisten. Gerade das Konzept des TQM ist dadurch gekennzeichnet, dass einerseits die Offenheit für Neues, d.h. geänderte Kundenpräferenzen, Einbeziehung neuer Technologien etc., und somit eine bestimmte Handlungskontingenz gefordert wird, gleichzeitig soll aber auch eine gewisse Geschlossenheit erzeugt werden, die eine Reduktion von Erwartungs- und Handlungsunsicherheit mit sich führt. Dies gilt insbesondere für eine gleich bleibend hohe Servicequalität, die von allen Mitarbeitern, sowohl in den direkten als auch indirekten Unternehmensbereichen, beeinflusst wird und zu der Notwendigkeit einer operativen Stabilität, z.B. durch Verankerung qualitätsorientierter Grundsätze, führt.[1030]

Durch die weitgehende Vernachlässigung der Beharrungstendenzen kann das EFQM-Modell keine Stabilisierung einer Organisation und die institutionell verankerte Sicherheit bei gleichzeitiger Anpassungsdynamik gewährleisten. Routineabläufe sichern aber unter bestimmten Bedingungen die Leistungseffektivität, Zuverlässigkeit und Kosteneffizienz einer Unternehmung, die gerade im TQM zu Kundenzufriedenheit und Gewinngenerierung führen sollen. Die Bedeutung dieser Beharrungstendenzen liegt ferner darin, dass sie kognitive Unsicherheiten der Organisationsmitglieder, also der internen Kunden, verringern und das Handeln „relativ enttäuschungsfest“ und „normativ erwartbar“ machen.[1031]

6.2.2 Die Anpassungsfunktion im EFQM-Modell

Den konditionalen Faktoren wird innerhalb des EFQM-Modells eine besondere Bedeutung beigemessen. Dabei werden die Planung, Spezifizierung und Durchsetzung von Qualitätszielen sowie deren Überprüfung intensiv behandelt. Auch die effiziente Ressourcenmobilisierung und -bereitstellung werden in die Betrachtung einbezogen, so dass insbesondere auch Kundenanforderungen, die letztendlich die zu erbringende Qualität definieren, in Produkt- und Dienstleistungsspezifikationen umgesetzt werden können. Der Anpassungsfunktion einer Unternehmung wird durch das EFQM-Modell durch die effiziente Handhabung verschiedener Ressourcenarten weitgehend Rechnung getragen. So umfasst dieses sowohl aus der Organisationsumwelt zu mobilisierende Ressourcen (Informationen, Technologien, Lieferantenbeziehungen, Materialien etc.) als auch systeminterne Ressourcen (vorhandenes Personal, Wissen, Kennzahlen aus der Unternehmensrechnung etc.). Hierdurch wird die Voraussetzung dafür geschaffen, die Anforderungen der sich in dem Zielsystem des EFQM-Modells befindlichen Gruppen (Kunden, Mitarbeiter, Gesellschaft etc.) in Anbetracht der Marktereignisse zu befriedigen und den qualitätsorientierten Output präventiv zu beeinflussen. Die Ressourcenmobilisierung wird auf die Unternehmensziele hin gelenkt und tendiert nach der inhärenten Mittel-Ziel-Logik nicht zu der Beschaffung irgendwelcher Ressourcen für beliebige Ziele. So erfolgt die Auswahl und Bereithaltung von Partnern u.a. speziell für die Produktentwicklung. Die Art der Ressourcen ist im Vergleich zum Vorgängermodell erweitert worden und bindet jetzt auch kollektive Wissensbestände sowie Partnerschaften mit anderen Personen und Gruppen, die nicht zu den Lieferanten gehören, ein. Zudem werden Aufbau und Pflege von Kundenbeziehungen in einem separaten Unterkriterium beleuchtet, wobei dem Ressourcensystem hauptsächlich die Aufgabe zuteil wird, den Kundenwert zu bestimmen und nach dieser Maßgabe Beziehungen zu Nachfragern zu initiieren, zu pflegen oder abzubrechen.

Die Anpassungsfunktion wird nicht einer Ungerichtetheit überlassen, da der Such- und Zielspezifikation durch das Managementsystem zur Erreichung der Organisationsziele eine relativ hohe Bedeutung zukommt. Allerdings wird bei der Betrachtung der *EFQM*-Kriterien bei dem Ressourcensystem kein systeminternes, strukturelles Spannungsverhältnis geschaffen, das die Leistungsfähigkeit dieses Subsystems erhöhen würde.

Die durch das analytische Gesetz der Beschleunigung erzeugte Dynamik wird über den Einbau einer managerialen Logik abgebremst, so dass eine genaue Zielfokussierung der Ressourcen erfolgt und eine Effizienz überhaupt beurteilt werden kann. Aus dem Gemeinschaftssystem werden aber keine verankerten Standards zur Gewichtung und Verteilung der Ressourcen und keine aus der Unternehmenskultur stammenden Selektionsstandards zur Definition der konkreten Situation eingebunden. Unter der Nutzenorientierung als Primärcode wird intern lediglich der fremdsystemische Orientierungsstandard der Spezifikation eingebaut, so dass keine Routine bei der Ressourcenmobilisierung aufgebaut werden kann, die zu einer Leistungssteigerung des Systems führen würde. Die schnelle und dynamische Anpassung einer Organisation ist zwar gegeben und wird auf ein bestimmtes Ziel hingelenkt, jedoch muss die Situation stets neu definiert und die Budgetierung der Mittel permanent von neuem festgelegt werden[1032].

Innerhalb des Kriteriums *3. Mitarbeiter(orientierung)* werden durch die *EFQM* zwar die Personalbestands- und -bedarfsanalyse erfragt, welche stellen- und anforderungsgemäße Budgetierungen enthalten, jedoch geht es dabei hauptsächlich um eine Reflexion der unternehmenspolitischen und -strategischen Vorgaben in dieser speziellen Funktion des Personalmanagements und nicht um die Bereitstellung von generellen Orientierungsstandards zur Personalmobilisierung und -allokation. Gleiches gilt für das Ressourcenmanagement der Kriterien *4a.-4e. Ressourcen* beider Modellversionen: Im Mittelpunkt der verschiedenen Ressourcenarten steht die effiziente Beschaffung und Bewertung, die mittels Spezifikationen des G-System erzielt werden und so zum effektiven Erreichen der Unternehmensziele beitragen sollen. Die Außerachtlassung kultureller Standards führt, vor allem bei der Einführung von TQM dazu, dass die Relevanz bestehender Selektionsstandards überhaupt nicht kritisch hinterfragt oder neu festgelegt wird, so dass zwar qualitätsorientierte Such- und Zielspezifikationen eingebunden werden. Die Notwendigkeit veränderter Budgetierungen und Situationsdefinitionen wird allerdings nicht berücksichtigt, so dass die Akteure bei der Ressourcenmobilisierung und -allokation nicht nach generellen Qualitätsstandards handeln können und bspw. auch nicht wissen, welche Abteilungen nun wie viele Ressourcen benötigen. Durch diese fehlende strukturelle Kopplung innerhalb des Ressourcensystems können die Subsysteme ihren gegenseitigen Leistungsaustausch nicht ohne weiteres aufeinander abstimmen und optimieren.[1033] Gerade bei der Einführung von TQM, d.h. bei einem grundlegend zu erzeugendem Wandel, besteht dann die Gefahr, dass informelle, in eine kollektive Tradition überführte Regeln weiterhin bestehen und die Handlungen der Akteure in einem erheblichen Ausmaß bestimmen, so dass eine einzuführende Qualitätsorientierung an diesen Barrieren scheitern kann, wenn lediglich formale Regeln ersetzt werden.

Diese Konstellation birgt aber auch die Gefahr, dass die Flexibilität und Reaktionsgeschwindigkeit dieses Subsystems verloren gehen, denn es ist in hohem Maße von der Zielspezifikation des Managementsystems abhängig. Dieses gibt nicht nur vor, welche Ressourcen wo und wofür zu beschaffen sind, sondern dies betrifft auch die Wahl der Alternativen[1034]. Damit wird die Möglichkeit alternativer Wahlentscheidungen im Bezug auf mögliche andere Ressourcen zumindest stark begrenzt. Zusätzlich wird der vom A-System ausgehende Dynamisierungseffekt gebremst, da bereits vorher vom eigentlich symbolisch höher liegenden G-System aus spezifiziert wird, was und wo zu beschaffen und bereitzustellen ist. Eine Gefahr besteht zudem darin, dass das Kosten-Nutzen-Kalkül des A-Systems von der Dominanz des Managementsystems relativiert oder sogar ausgehebelt wird, so dass die Koordination des Austausches mit der Umwelt nicht nach Aufwand minimierenden Aspekten erfolgt, sondern ausschließlich nach dem Beitrag zur Zielerreichung, gleich zu welchen Kosten. Die Leistungsfähigkeit dieses Subsystems ist demnach begrenzt, was auch daran liegt, dass es keine Beziehungen zum kulturell/kommunikativen und zum Sozialsystem gibt und das Ressourcensystem von diesen Subsystemen isoliert ist.

Das System der Unternehmung erfährt durch die Konsistenz des EFQM-Modells eine zu hohe Dynamisierung und wird stark von situativ wechselnden Marktgegebenheiten und Stakeholderanforderungen determiniert, ohne dass beharrende und Stabilität gewährende Faktoren diese Energetisierung abfangen könnten. Dies entspricht zwar dem Konzept der dynamischen Kundenorientierung, das soziale System als Ganzes ist jedoch zu sehr von der Situation in der Unternehmensumwelt, z.B. wechselnden Kundenprioritäten, die wiederum Änderungen in den Zielvorgaben und Entscheidungen hervorrufen, bestimmt. Die Ressourcen, insbesondere Informationen über die Ansprüche der Stakeholder, werden im gesamten Zyklus mobilisiert und bereitgestellt[1035]. Das reicht von der der Entwicklung der Leitideen bis hin zu Kundenrückmeldungen nach der Lieferung des

Produkts. Damit soll nicht die Anpassungsfähigkeit, Flexibilität und Dynamik bemängelt werden, sondern vielmehr das Fehlen steuernder, handlungsorientierender und situationsunabhängiger Funktionen im Gesamtsystem und in wechselseitigen Austauschbeziehungen mit dem Ressourcensystem.

6.2.3 Symbolisches Sinn-Management: Unternehmenskultur als Teil von „Führung"

Die Unternehmenskultur/-identität und Betriebsgemeinschaft sind von dem EFQM-Modell nach Maßgabe des AGIL-Schemas nahezu vollständig vernachlässigte Subsysteme. Diese bilden jedoch eine wesentliche Grundlage für ein Umfassendes Qualitätsmanagement[1036].
Das Subsystem der Unternehmenskultur/-identität wird im *EFQM-Modell für Business Excellence* durch vier und in seinem Nachfolger-Modell durch sechs Unterpunkte angesprochen, wobei lediglich jeweils einem dieser Kriterien der Primat auf diesem Subsystem zu geben ist[1037]. Dabei handelt es sich im Wesentlichen um eine zielbezogene Kommunikation bzw. Information der Mitarbeiter über Prozessänderungen sowie über die formulierten Strategien, Ziele, Maßnahmen und Leitbilder der Unternehmung. Diese Form der Kommunikation ist, ebenso wie der im Unterpunkt *3e. bzw. 3d.* des neuen Modells thematisierte effektive Dialog, im G-Feld des kulturell/kommunikativen Subsystems verortet. Es werden nicht rein diskursive Strukturprinzipien angesprochen, sondern auf ein bestimmtes Ziel hingelenkte, effektive Kommunikation, die inhaltlich und formal festgelegt ist. Dadurch wird eine Reflexion der Organisation auf spezifisch gewünschte Themen gelenkt, deren Konsens durch das Management durchgesetzt wird. Die Kommunikation ist ausschließlich durch festgesetzte, formale und anwendungsorientierte Strukturen sowie eine sehr pragmatische Zielausrichtung gekennzeichnet. Der idealtypische, auf symbolische Verständigung ausgerichtete Diskurs, der durch die Abwesenheit von Macht und freien Zugang gekennzeichnet ist, findet dabei keine Berücksichtigung. Das Kommunikationsziel weist einen appellierenden Charakter auf und ist nicht die wechselseitige Überzeugung, sondern die Überredung des Gegenübers und eine Durchsetzung des Konsenses mittels Macht ohne jede Begründungsbemühung. Dazu zählen auch die Situationen, in denen das Ziel des Dialogs lediglich die Bekanntmachung von Absichten

darstellt und weder die (begründete) Revision der eigenen noch der fremden Meinung überhaupt beabsichtigt[1038]. Damit erfasst das EFQM-Modell aber jene Kommunikationsformen nicht, die zur Entwicklung und Rechtfertigung von situations- und personenübergreifenden Normen und der Konsensbildung dienen. Vielmehr sollte die argumentative Verständigung vom Unternehmen fokussiert werden[1039], denn somit könnten bspw. bestehende, aber problematisch gewordene oder werdende Normen auf ihre Begründbarkeit hin überprüft werden[1040], und dies ohne Ansehen der Person mit alleiniger Gültigkeit des besseren Arguments. Der effektive Dialog der *EFQM* wird jedoch hierarchisiert und dient in erster Linie der Information. Ohne die Verständigung der Organisationsmitglieder untereinander i. S. des Diskurses lassen sich jedoch weder die formell geregelten Sozialbeziehungen aufrechterhalten noch die Organisationsziele verwirklichen[1041]. Gefragt ist hier also nicht ein Kommunikationsmanagement, sondern ein Kommunikations*konzept*, d.h. eine bewusst gestaltete Kommunikation, welche die grundlegenden Werte vermittelt und in der die Unternehmung ihre Identität nach innen und außen preisgibt[1042].

Von der *EFQM* wird die Möglichkeit dieser offenen Kommunikation nicht thematisiert und somit auch nicht durch das Punktesystem bewertet, sondern sie zielt ausschließlich auf eine Dominanz des Managementsystems innerhalb der Unternehmenskultur ab, wodurch die Kommunikationsstrukturen eine starke Hierarchisierung aufweisen. Es geht dabei im wesentlichem um Feedbackgespräche zwischen Mitarbeitern und Vorgesetzten, Teamsitzungen und die Bekanntmachung unternehmenspolitischer und -strategischer Vorgaben und deren Umsetzungsgrad sowie Informationsweitergabe über den Stand der betrieblichen Verbesserungsmaßnahmen[1043]. Sämtliche Kommunikation ist durch den Einbezug von Macht gekennzeichnet, über die dann auch effektiv ein Konsens vom Management durchgesetzt wird, so dass eine gemeinsame Übereinkunft, die z.B. durch gemeinsam geteilte Selbstverständlichkeiten, Vorstellungen, Überzeugungen und Meinungen[1044] (Kopplung zum Gemeinschaftssystem) erreicht wird, durch das EFQM-Modell unberücksichtigt bleibt. Durch die fehlende sekundäre Einbindung der inhärenten Logik des Ressourcensystems wird eine solche Kommunikation nicht dynamisiert, und es fließen keinerlei neue Informationen in den Diskurs ein. Die Kommunikationsstruktur innerhalb des EFQM-Modells ist klar definiert und stark geregelt, so dass informelle Gesprächsrunden, die sich dem vorher festgelegtem Themen- und Teilnehmerkreis entziehen, nicht berücksichtigt werden und somit auch nicht als Erfolgsfaktoren für ein TQM herangezogen werden.

Wie auch insgesamt, liegen die Änderungen des aktuelleren EFQM-Modells bei der Verortung der Unterkriterien ins AGIL-Schema in den vorgenommenen Ergänzungen: Innerhalb des Informations- und Wissensmanagements obliegt dem L-System die Aufgabe, vorhandene/s Informationen und Wissen zu kommunizieren und diese/s zu bewahren, um intellektuelles Eigentum zu schützen. Zudem sollen „innovative Denkprozesse" ausgelöst werden, wobei hier aber unklar bleibt, ob diese individuell oder in einem kollektiven Kommunikationsprozess stattfinden oder ob nur das Ergebnis in Form neuer Produkte oder Lösungen interessiert.

Die Unternehmenskultur bzw. die Werte, Vision und Mission werden anhand des EFQM-Modells ausschließlich über die Vorbildfunktion der Führungskräfte[1045] und eine effektive; hierarchisierte Kommunikations- und Informationsstruktur vermittelt. Wie *Schein* anhand seiner Auffassung von Unternehmenskultur verdeutlicht, handelt es sich bei der Kultur einer Organisation vor allem um Muster grundlegender Annahmen, die Organisationsmitglieder in einem gemeinsamen Lernprozess entwickelt haben und die erst durch diesen zugänglich gemacht wird[1046]. Eine Unternehmenskultur kann nicht als ein „instrumentalistisch verkürztes 'Sinn-Management'"[1047] verstanden werden, so dass sie auch nicht kurzerhand zu einer gewünschten Soll-Kultur assimiliert werden kann. Kulturelle Muster entstehen ebenso z.B. aus der Historie eines Unternehmens und seiner Umwelt und nicht nur aus der rationalen Gestaltung von Führungspersönlichkeiten[1048]. Dieser Sachverhalt wird durch das EFQM-Modell jedoch nicht berücksichtigt. Die *EFQM* sieht zwar eine beständige TQM-Kultur für den Unternehmenserfolg als unabdingbar an[1049], doch werden nicht-rationale und durch das Management direkt steuerbare Aspekte nicht einbezogen. Vielmehr reduziert sich die Betrachtungsweise einer Unternehmenskultur auf die Formulierung und Bekanntmachung von Werten, Vision und Mission sowie einen transformationalen Führungsstil und die Spezifikation politischer Vorgaben auf alle Unternehmensbereiche, umso zum Erreichen der Vision beizutragen. Dadurch wird jedoch noch keine affektuelle Verpflichtung der Betriebsgemeinschaft auf die Leitideen der Organisation erzielt, die aus Überzeugungen und Interessen des Kollektivs entsteht. Das Problem der Sinngebung durch vorbildhaftes Führungsverhalten bestehe nach *Ulrich* darin, dass Sinn nicht gegeben werden kann, sondern dieser muss gemeinsam „im Sinne eines dritten Kontextes *gefunden* werden". Eine einseitige Festlegung von Sinn durch das Management führe nicht zu einer Internalisierung beim Mitarbeiter; durch geeignete Symbole könne dieser Prozess unterstützt werden, jedoch könne er die eigenständige Interpretation nicht ersetzen[1050].

Ein wichtiger Bestandteil zur Vermittlung der Unternehmenskultur sind Symbole wie Riten, Mythen, Geschichten etc.[1051], die von der *EFQM* überhaupt nicht thematisiert werden, denen aber Funktionen wie Sinn-, Ordnungs- und Identitätsstiftung zugesprochen werden[1052]. Durch die fehlende Kopplung des L-Systems zum Subsystem der Betriebsgemeinschaft läuft das EFQM-Modell Gefahr, dass sich ausschließlich das Management den Leitbildern verpflichtet und sich somit eine TQM-Subkultur oder auch konträre Subkulturen entwickeln, die nicht von allen Organisationsmitgliedern, sondern eben nur von einer speziellen Gruppe getragen und unterstützt werden. Dies kann zu sog. „Kulturkonflikte[n]" führen, die nicht nur den Implementierungserfolg maßgeblich beeinflussen[1053], sondern anhand des EFQM-Modells weder aufgespürt noch beseitigt werden können. Somit kann auch nicht von einer Gesamt-Unternehmensidentität gesprochen werden, die eine Organisation von anderen Unternehmen sinnhaft abgrenzt und an der sich die Handlungen sämtlicher Mitarbeiter orientieren. Die Werte, Leitbilder, Visionen etc. weisen, analytisch gesehen, durch die Dominanz der sekundär eingebundenen managerialen Logik eine starke Zielspezifikation auf, die nicht genügend generalisiert ist, um eine gewisse Langfristigkeit und Kontinuität über spezielle Ziele hinaus aufzuweisen. Zudem gewährleistet sie weder eine Öffnung gegenüber neuer Informationen und situativer Erfordernisse noch eine gewisse Beharrung. Die kulturellen Vorstellungen werden innerhalb der Betriebsgemeinschaft nicht institutionalisiert, so dass die Organisation auch nicht durch ein gemeinsam geteiltes Symbolmuster als latente Strukturerhaltung zusammengehalten wird. Vielmehr sind die Leitideen durch das Gesetz der Spezifikation an konkrete Zielsetzungen gebunden und tendieren dann dazu, bei jeder Reformulierung der Zielvorgaben neu definiert werden zu müssen.[1054] Gerade auch durch den in *4a. Externe Partnerschaften* geforderten Aufbau von Netzwerken zu Lieferanten, Händlern, Joint Ventures etc. existieren mehrere Unternehmens(bereichs)kulturen, die eine wichtige, verhaltenssteuernde Funktion besitzen, die aber nicht alle so strukturiert sein müssen, dass sie die Umsetzung der TQM-Prinzipien unterstützen. Das Problem verschärft sich, wenn man bedenkt, dass die Strategien und Ziele der Unternehmung im EFQM-Modell nicht durch die Organisationskultur legitimiert sind. Die geforderte Kooperation mit und Zusammenarbeit in Allianzen und Netzwerken als neue Arbeitsform ist demnach ebenso nicht kulturell legitimiert und kann zu erheblichen Widerständen führen.

Das Kriterienraster der EFQM-Konzeption bezieht sich bei der Formulierung und Implementierung von Leitideen stets auf eine gewünschte Soll-Kultur. Die tatsächlichen kulturellen Muster und die Identität eines Unternehmens werden dabei allerdings nicht erfragt[1055], so dass die *bestehende* Kultur und die *aktuelle* Identität unberücksichtigt bleiben: „Die Unternehmenskultur sind die gelebten Grundwerte, nicht die vorgegebenen.“[1056] Die Unternehmenskultur per se und somit auch die tatsächlichen Werte, die Mission und Vision sind kein Bestandteil der Bewertung durch die *EFQM*. Die einzureichenden Bewerbungsunterlagen können zwar einen Überblick über die „grundlegenden Werte und Ziele“ enthalten[1057], diese Angaben sind jedoch konjunktional und befinden sich außerhalb des Kriterienrasters und somit auch außerhalb der Bewertung[1058]. Das EFQM-Modell scheint hier davon auszugehen, dass das Management durch ihr Führungsverhalten und die Formulierung von Soll-Vision, -Mission und -Werten die Organisationskultur kurzerhand umsteuern und anpassen kann; sie wird dann zu einem Teil der „Führung“.[1059] *Finney/ Mitroff* zeigen in einer Fallstudie, dass die Ursache für das Scheitern einer vom Top-Management sorgfältig geplanten Reorganisationsmaßnahme, die in Einklang mit dem offiziellen Selbstbild der Unternehmung stand, auf fundamentale Widersprüche zu den tatsächlich gelebten Deutungsmustern zurückzuführen war. Sie betonen in diesem Zusammenhang, dass sich hinter den tatsächlichen Handlungsweisen der Akteure andere *Annahmen* befinden[1060]. Es ist demnach zu unterscheiden, ob kulturkonformes Verhalten lediglich vorgegeben wird, um etwa Konfrontationen zu vermeiden oder bestimmte Vorteile zu erzielen, oder ob dieses Verhalten als Ausdruck einer Internalisierung von kollektiven Deutungsmustern zu verstehen ist[1061]. Die *EFQM* erfragt diese Divergenz nicht und kann demnach auch nicht erklären, warum die Einführung des TQM nach ihrem Modell nicht zwangsläufig zu verbesserten Geschäftsergebnissen führen muss. Der EFQM-Ansatz geht offenbar wie gewisse traditionelle Vorstellungen des

„Managements von Unternehmenskulturen“[1062] von einer beliebigen Machbarkeit und Steuerbarkeit von Unternehmenskulturen aus. Derartige manipulative Ansätze zur Kulturgestaltung gehen fälschlicherweise davon aus, dass die Mitglieder einer Belegschaft nicht als Subjekte anzuerkennen sind, sondern wie Objekte bearbeitet werden können und sollen. *Steinmann/Löhr* schlagen stattdessen ein „kulturbewußtes Management“ vor, das die Organisationsmitglieder als autonome Subjekte des Veränderungsprozesses ernst nimmt[1063]. Ohne näher auf die Manipulierbarkeit einer Unternehmenskultur und ihre Grenzen eingehen zu wollen, sollen hier kurz die drei Schritte aufgeführt werden, die *Osterloh* zur Assimilierung einer Soll-Kultur vorschlägt:[1064]

- Beschreibung und Bewusstmachung der bestehenden Kultur,
- reflexive Brechung, d.h. kritische Diskussion mit allen Organisationsmitgliedern über die bestehende Unternehmenskultur oder ihre wichtigen Aspekte,
- konkrete Änderungsprozesse zusammen mit den Mitarbeitern einleiten.

Das falsche Verständnis von Unternehmenskultur und der ihr inhärenten Logik führt außerdem zu einer instrumentalistisch verkürzten Auffassung von Wert- und Moralvorstellungen im EFQM-Modell. Im Ergebniskriterium *8. Gesellschaftsbezogene Ergebnisse*, und ebenso in den Befähigern, werden auch Aspekte wie Vermeidung von Müll oder Umweltverschmutzung erfragt. Diese ‚Ethik' hat nach diesem Verständnis ihren Sitz aber nicht als handlungsleitender Orientierungsmaßstab in der Unternehmung, sondern im Markt: Derlei Gesichtspunkte werden hier durch die Stakeholder, z.B. Konsumenten durch ihr Nachfragerverhalten, zur Geltung gebracht. Sie werden also nicht zu gemeinsamen generellen Leitvorstellungen, sondern zweckrational als Mittel zum Zweck und als ökonomischer Faktor interpretiert, der Schwankungen und Interessen des Marktes entspringt. Eine Konstanz der Wahl der Handlungen, die von einzelnen Situationen unabhängig ist, wird so nicht sichergestellt.

Ein weiterer Punkt ist die fehlende partizipative Formulierung der Leitideen, die innerhalb des EFQM-Modells als Managementaufgabe gesehen wird[1065]. Die Mitarbeiter werden nur bei der Formulierung von Personalmanagement-Strategien und -zielsetzungen sowie im MbO und auch nur im Nachfolger *EFQM-Modells für Excellence* einbezogen[1066]. Um das alltägliche Verhalten prägen zu können, reicht es keinesfalls aus, dass kulturelle Werte und Überzeugungen den Organisationsmitgliedern bekannt sind[1067]. Einer der Gründe des Scheiterns bei der TQM-Einführung liegt darin, dass die Unternehmenskultur die Veränderungen nicht trägt und dass diese nicht gemeinschaftlich entwickelt wird[1068]. Gerade der Suchprozess nach einer neuen Orientierung und das Offenlegen und Diskutieren ungeschriebener Gesetze unter Einbezug der Mitarbeiter werden als Erfolgsfaktoren bei der Implementierung von TQM gesehen, da hierdurch ein hohes Maß an Vertrauen und Sicherheit geschaffen, hemmende Faktoren präventiv beeinflusst und die Akzeptanz der Mitarbeiter erhöht werden können[1069]. Änderungen der strukturellen Merkmale der Organisation sind meist schnell vollzogen, mit solch einer Strukturgestaltung ist jedoch noch keine Einstellungs- und Verhaltensänderung der Organisationsteilnehmer bezüglich kultureller Werte und Normen verbunden. Die Ankündigung einer strukturellen Änderung ist ebenso wie deren Durchführung zunächst nur ein Symbol, über das die Individuen die *Absicht* eines tiefer greifenden kulturellen Wandels erfahren[1070]. Bei einer Implementierung von TQM kann der EFQM-Kriterienkatalog somit nicht gewährleisten, dass die anvisierten Leitideen in der Betriebsgemeinschaft verankert oder dass diese nicht noch den „Ideen von gestern“[1071] verpflichtet sind.

Zudem stellt sich die Frage, wie ein Umfassendes Qualitätsmanagement, das ja zu Wettbewerbsvorsprüngen verhelfen soll, anhand des EFQM-Modells nach außen kommuniziert werden soll, um die Aufmerksamkeit bei relevanten Zielgruppen und eine Abgrenzung zur Konkurrenz zu erreichen. Die *EFQM* thematisiert hierbei lediglich, wie das Management TQM außerhalb der Organisation bekannt macht und unterstützt[1072]. Dabei geht es weder um die spezielle Unternehmung oder um deren Leistungen noch um eine systematische Öffentlichkeitsarbeit, sondern um das *Konzept des TQM* im Allgemeinen und das Engagement einzelner Führungskräfte im Hinblick auf dieses, die als Repräsentanten einer Unternehmung in erster Linie für das TQM werben sollen. Das Image einer Unternehmung, das sich in den zu beeinflussenden Ergebniskriterien befindet, kann hingegen maßgeblich u.a. über eine nach außen gerichtete Unternehmenskommunikation gestaltet und beeinflusst werden[1073]. Das EFQM-Modell beinhaltet jedoch keinerlei Kriterien zur systematischen externen Kommunikation, die dazu beitragen könnten, ein gewünschtes Unternehmensimage entstehen zu lassen, und somit auch keine Unterpunkte, die sich auf Öffentlichkeitsarbeit[1074] beziehen. Im *EFQM-Modell für Excellence* wird erstmals bei der ergänzten

Erstellung und Lieferung von Produkten und Dienstleistungen eine nach außen gerichtete Kommunikation in Form von Produktwerbung und –vermarktung angesprochen[1075]. Hierbei handelt es sich jedoch ebenfalls nicht um eine zielgerichtete Öffentlichkeitsarbeit, so dass auch nur Nachfrager angesprochen werden, nicht aber die gesamte Pluralität an Stakeholdern, die in dem Kriterium *8. Gesellschaftsbezogene Ergebnisse* erreicht werden soll. Zudem kann ein vermarktetes Produkt, insbesondere im Konsumgüterbereich, oftmals nicht direkt mit dem Hersteller in Verbindung gebracht werden, da eine Marke beworben wird und nicht das Unternehmensimage. Auch *Beyer* bemängelt das Fehlen einer Kommunikationsstrategie im EFQM-Modell, um durch eine Marktpositionierung die Aktivitäten einheitlich in das Gesamtunternehmen und nach außen kommunizieren zu können. Das entstehende Profil solle der Markt und einzelne Kunde an allen nationalen und internationalen Standorten antreffen[1076]. Ziel ist ein widerspruchsfreies System aus Handlungen und Kommunikation gegenüber internen und externen Gruppen als Basis für Akzeptanz, Glaubwürdigkeit und Identifikation[1077].

6.2.4 Mitarbeiter- und Prozessorientierung

6.2.4.1 Personalmanagement

Die Betriebsgemeinschaft stellt ein von dem EFQM-Modell ebenso weitgehend vernachlässigtes Subsystem dar, so dass stabilisierende und beharrende Kräfte fast vollständig ausgeblendet werden. Arbeitsgruppen und Teams sind in der Sozialdimension der Betriebsgemeinschaft Inhalt des Kriteriums *3d. MITARBEITERBETEILIGUNG, -AUTORISIERUNG UND LEISTUNGSANERKENNUNG* bzw. *3c. Mitarbeiterbeteiligung und -ermächtigung*. Dabei geht es im Wesentlichen um eine Beteiligung der Mitarbeiter und (bestehender) Teams an Verbesserungsaktivitäten und um die Übertragung von Qualitätsverantwortung, Kompetenz und Selbstkontrolle. Die *Schaffung* von Gruppenarbeitsformen ist jedoch kein Bestandteil des EFQM-Katalogs; Teams in allen Unternehmensbereichen sind wiederum ein wichtiges Instrument bei der Implementierung von TQM[1078]. Die Abkehr von einer individuellen Tätigkeitsorientierung wird als Voraussetzung dafür gesehen, unternehmensübergreifend verantwortlich zu handeln und eine höhere Motivation und Zufriedenheit bei den Mitarbeitern zu erzeugen[1079].

Teamarbeit und Kooperation mit Partnern in Netzwerken wird als Managementaufgabe verstanden. Das EFQM-Modell erfasst hier nicht die Gruppenmodellierungen, die Verteilung der Aufgaben oder die Zusammenarbeit in und zwischen verschiedenen Bereichen, Abteilungen oder mit Partnern, sondern beschränkt sich auf die ‚Anregung von Teamarbeit'[1080] und die Entwicklung von Kooperations*fähigkeit* und *-bereitschaft*, wodurch aber nicht die tatsächliche Zusammenarbeit identifiziert und analysiert und keine Verbesserung der Kooperation erreicht wird. Das Subsystem der Betriebsgemeinschaft im AGIL-Schema ist auf Beharrung, Stabilität und Integration ausgelegt, so dass sich die Arbeitsweisen und informellen Regeln nicht einfach durch derlei Personalmanagement-Maßnahmen und Zielsetzungen ändern lassen. Es kann durch die Anwendung des EFQM-Modells nicht ausgeschlossen werden, dass sich die Bereitschaft zur Kooperation nach außen hin durch scheinbares Akzeptieren der neuen Regeln zeigt, gleichzeitig aber die alten Verbindungen und Vorgehensweisen weiter praktiziert und gepflegt werden, da die Geschlossenheit und Abgrenzung der Gemeinschaft nach innen und außen gestört wird. Die Beharrung dieses Subsystems zeigt sich auch in einem Bedürfnis nach Stabilität, die gefährdet wird, wenn – wie im Falle des EFQM-Modells – einerseits die Strategien und Zielsetzungen permanent der Marktsituation angepasst werden und sich in gleichermaßen ändernden Vorgaben für die Betriebsgemeinschaft äußern. Dadurch werden bisherige soziale Regeln in Frage gestellt, und Arbeitsabläufe müssen geändert und neu ausgehandelt werden. Passiver Widerstand, wie bspw. Zurückhaltung von Informationen, Leistungsabsprachen oder erhöhte Fehlzeiten, ist dann eine der möglichen Folgen[1081].

Die Unternehmung als soziales System befindet sich in dem hier zugrunde gelegten analytischen Bezugsrahmen im Spannungsfeld zwischen Bewahrung und Veränderung. Das EFQM-Modell fokussiert primär eine stete Veränderung und Anpassung der integrativen Strukturen, die nicht stabilisiert werden. Die vom symbolisch tiefer liegenden managerialen Subsystem erfolgte Dynamisierung und die weitgehende Vernachlässigung des L- und G-Systems schaffen keine Routinisierung[1082] und Beharrung in der sozialen Gemeinschaft und in den Abläufen, sondern bedingen eher ihre Auflösung[1083]. Organisationsroutinen werden aber eine zentrale Rolle für die Entwicklung von Unternehmen beigemessen[1084]. Die bestehenden Routinen beeinflussen sowohl die Leistungseffizienz als auch -effektivität, indem sie bspw. die Handlungsmöglichkeiten einer Unternehmung prägen und bestimmen, wie Akteure in einer bestimmten Situation auf bestimmte Umweltkonstellationen reagieren oder die Komplexität in problemlösendem Entscheidungsverhalten reduzieren und damit die Reaktionsfähigkeit, Zuverlässigkeit und Kontinuität erhöhen[1085]. Sie werden der Unternehmung anhand des EFQM-Modells weder durch eine Identifizierung oder Analyse bewusst gemacht noch in ihrer Art und Ausgestaltung bewertet[1086]. Insbesondere bei der geforderten Zusammenarbeit mit Partnern in Netzwerken wird die fehlende Routinisierung und Integration zwangsläufig zu erhöhten Kontroll- und Koordinationskosten führen, da weitgehend eine übergeordnete Instanz fehlt, so dass die typischerweise in hierarchischen Strukturen eingesetzten Koordinationsinstrumente wie Weisungen, Programme oder Pläne in Netzwerken schwächer ausgeprägt sind als in hierarchischen Organisationen[1087].

Das I-System ist sowohl in der Sach- als auch in der Sozialdimension durch die sekundäre Einbindung der managerialen Logik gekennzeichnet, so dass die kollektiv geteilten formellen und informellen Normen und Regelungen der Betriebsgemeinschaft auf konkrete Leistungserstellungsziele und Arbeitsabläufe hin spezifiziert werden[1088]. Im Gegensatz zu den Prozessen, die nur einen bestimmten Ausschnitt betrachten, sollen anhand des EFQM-Modells jedoch, analog zu den TQM-Prinzipien, sämtliche Mitarbeiter einbezogen werden. Die der Betriebsgemeinschaft inhärente Soziallogik wird durch den Kriterienkatalog nicht direkt erfragt, was bei einer Anwendung des EFQM-Modells dazu führen kann, dass z.B. die Einbindung der einzelnen Mitarbeiter und Teams in eine Sozialgemeinschaft, Interaktionsbeziehungen, Gruppenloyalitäten und die Stabilität und Routine von Arbeitsabläufen nicht erfasst und beeinflusst werden. Diese sind von den Spezifikationen des Managements abhängig und werden je nach Zielsetzung verändert und berichtigt. So kommt auch *Conti*, immerhin einer der Hauptverantwortlichen bei der Entwicklung des EFQM-Modells, zu dem Schluss, dass die Frage der zwischenmenschlichen Beziehungen im EFQM-Modell vernachlässigt werde und dass diese Beziehungen unvermeidlich auf Macht und Wettbewerb basierten, in der hierarchische Über- und Unterordnungsverhältnisse einen höheren Stellenwert besäßen als „korrekte interpersonelle Beziehungen“[1089]. Durch die strukturelle Dominanz des Managementsystems im Subsystem der Betriebsgemeinschaft, das in seinem Originärcode egalitäre Verhältnisse aufweist, kommt es zu dieser

Hierarchisierung. Die Belegschaft wird dann in Führungskräfte, die laut EFQM-Modell für die Einführung und Durchsetzung des TQM verantwortlich und zuständig sind, und in die übrigen Mitarbeiter aufgeteilt, deren Kompetenz als Ressource verwaltet und wertschöpfend eingesetzt wird.

Durch die fehlende Bindung des I-Systems zur Unternehmenskultur kann durch das EFQM-Modell nicht gewährleistet werden, dass sich die Betriebsgemeinschaft auf die neu formulierten, qualitätsorientierten Leitideen und Werte verpflichtet (hat) und sich ein kollektives „Wir-Gefühl" herausbildet. TQM ist allerdings im erheblichen Maße von der Akzeptanz und Unterstützung der Mitarbeiter und einer Institutionalisierung qualitätsorientierter, verbindlicher Normen, Werte und Gewohnheiten angewiesen. Zudem werden die Arbeitsgruppen und -formen nicht durch die Unternehmenskultur legitimiert. Dies ist jedoch insofern wichtig, da es sich beim TQM und den daraus entwickelten Umsetzungsinstrumentarien hauptsächlich um in Japan entwickelte Konzeptionen handelt und das EFQM-Modell selbst aus dem amerikanischen TQM-Modell abgeleitet wurde. Diese kulturspezifischen Muster lassen sich jedoch nicht ohne weiteres auf den europäischen Kulturkreis übertragen, so dass der TQM-Ansatz nicht direkt übernommen werden kann[1090]. Soziale Akzeptanz bedeutet, dass sich die Organisationsmitglieder freiwillig auf die Werte und Leitideen verpflichtet haben; dieser Aspekt wird innerhalb des EFQM-Modells jedoch nicht hinreichend angesprochen. So wird nicht gewährleistet, dass informelle und in der Tradition verankerte Regeln, Beziehungen und Selbstverständlichkeiten, die nicht den TQM-Prinzipien entsprechen, über diskursive Prozesse kritisch reflektiert werden. Weiterhin bestimmen sie nicht das Handeln der Akteure, so dass eine Qualitätsorientierung eben nicht „gelebt" und im Handeln realisiert wird. Die formalen Regeln und strukturellen Rahmenbedingungen, die durch das Management beeinflusst werden und eine wichtige Voraussetzung zur Qualitätsfähigkeit von Mitarbeitern darstellen[1091], sind zwar anhand der Unterpunkte problematisiert, jedoch wird das tatsächliche Verhalten der Mitarbeiter nicht eruiert[1092]. Das Kriterium *2c. Kommunikation und Implementierung von Politik und Strategie* beinhaltet zwar die Evaluation des Bewusstseins der Mitarbeiter für Leitideen, Werte etc., was aber nicht heißt, dass gleichzeitig das Handeln der Akteure auf der Ebene sozialer Systeme verändert wird[1093].

Die fehlende Kopplung zum Ressourcensystem führt ferner dazu, dass die Verwendung der bereitgestellten Ressourcen innerhalb der

Betriebsgemeinschaft durch das EFQM-Modell und somit auch die Optimierung des Fertigungsablaufs nicht angesprochen werden. Soll TQM mit einer Senkung der Kosten einhergehen, sind der Einsatz der Ressourcen in den einzelnen Arbeitsgruppen und Prozessen, aber auch die Routinisierung und Stabilisierung der Abläufe von entscheidender Bedeutung, um eine gleich bleibende Qualität der Produkte und Leistungen sicherzustellen.

Anhand des EFQM-Katalogs kann somit nicht davon gesprochen werden, dass TQM in der Betriebsgemeinschaft verankert wird. Vielmehr ist diese dann von den Entscheidungen und Spezifikationen des Managements abhängig, welches darauf angewiesen ist, die Handlungen und Prozesse permanent auf ihre Effektivität hin zu überprüfen, da die Organisationsmitglieder sich möglicherweise nicht an übergeordneten Handlungsmaximen orientieren. Die Mitarbeiter werden zwar zu qualitätsorientiertem, selbstverantwortlichem Handeln befähigt und sind somit in der Lage, zum Unternehmenserfolg beizutragen. Jedoch sind sie stark an die strategischen und operativen Zielsetzungen gebunden, was dazu führen kann, dass im Vorhinein nicht definierte Situationen stets der Entscheidung und Unterstützung durch das Management bedürfen. Durch eine enge Verklammerung mit dem L-System würde sich eine „Sinn-Gemeinschaft" herausbilden, bei der es keiner Vorgaben über Zahlen, Marktanteil oder Gewinn bedarf, da die Mitarbeiter vom Sinn der durchzuführenden Maßnahmen überzeugt wären und so freiwillig und aus eigenem Antrieb handelten. Das Prinzip der Freiwilligkeit wird dabei innerhalb des TQM als wirkungsvollste Motivationsmethode angesehen:

> „Ein Unternehmen als Sinn-Gemeinschaft zeichnet sich dadurch aus, daß hier eine Unternehmensphilosophie, ein Leitbild, mit festgeschriebenen, immateriellen, ethischen und somit zeitlosen Werten wirkt, die fast alle Betriebsangehörigen für sich als verbindliche Grundlage ihres Denkens und Handelns ansehen können. [...] Die Gewinnerzielung wird zur sozialen Verpflichtung [...]. Bewußte Minderleistung in der Sinn-Gemeinschaft ist eine Schädigung der Gemeinschaft und wird hier vom Betriebsrat und den Mitarbeitern nicht geduldet. In einer Sinn-Gemeinschaft achten die Menschen sich untereinander als gleichwertige Personen, ungeachtet ihrer betrieblichen Funktion und Rangstellung. [...] Erst hieraus ergibt sich ein Miteinander und Füreinander, ein Teamverhalten aller bei Entscheidungen und bei der Steuerung betrieblicher Abläufe, weil alle sich einem höheren Sinn als Ziel verpflichtet fühlen."[1094]

Bei einer fehlenden Interpenetration von Unternehmenskultur und Betriebsgemeinschaft besteht dann die Gefahr, dass TQM zwar in den Rahmenbedingungen, die durch das Managementsystem verändert werden, implementiert ist und die Unternehmenskultur entsprechende Werte zentriert, die dann auch in Einklang mit dem Managementsystem stehen. Das konkrete Leistungsverhalten wird jedoch durch die isolierte Beziehung zwischen den Handlungsorientierungen der Betriebsgemeinschaft und der Unternehmenskultur nicht legitimiert.[1095] In der Durchführung der konkreten Leistungsprozesse zeigt sich aber das tatsächlich vorherrschende Verhaltensmuster der beteiligten Individuen und der Organisationseinheiten, das vom strategisch intendierten Verhalten nicht selten mehr oder weniger deutlich abweicht[1096]. Gleichzeitig werden die einzelnen (spezialisierten) Tätigkeiten nicht aufeinander abgestimmt. Die Frage der Integration wird im EFQM-Modell aus Sicht der Managementperspektive geführt. Wie in traditionellen Organisationstheorien ist der maßgebliche Integrationsträger das Management[1097], das durch Planung und Kontrolle (Effektivitäts- und Effizienzkontrolle in den Ergebniskriterien) die Systemintegration bestimmt. Zudem stehen die Kooperationsformen bei Zielerreichung oder -änderung zur Disposition, womit zwar einer Verkrustung der Strukturen entgegengebeugt, aber keine Stabilität und Kontinuität des Leistungsprozesses erreicht wird.

Im Subsystem der Betriebsgemeinschaft zeigen sich die Ergänzungen im *EFQM-Modell für Excellence* im Informations- und Wissensmanagement sowie in der Erstellung und Lieferung von Produkten und Dienstleistungen. Beide Aspekte sind stark von der sekundären Einbindung des managerialen Codes geprägt. Beim Wissensmanagement äußert sich dies darin, dass sich Information und Wissen auf für die Unternehmung relevantes Wissen beziehen. Gleichzeitig sind die dazugehörigen Maßnahmen, wie bspw. Wissensteams, Teilnahme an Veranstaltungen, ebenso stark spezifiziert. Sie dienen genau diesem einen Zweck, nämlich der Wissensentwicklung und erstrecken sich nicht auf eine Teamarbeit in allen anderen Bereichen. Wissensentwicklung und -vermehrung wird aber vor allem durch tägliche Teamarbeit als Arbeitsroutine gewährleistet und dient u.a. zur Erreichung hoher Kreativität in Gruppen[1098]. Die Unternehmung soll im EFQM-Modell innovative und kreative „Denkprozesse" zur Erhöhung der Wertschöpfung auslösen. Dies wird mitunter nicht ohne weiteres möglich sein, denn kollektives Wissen befindet sich in der Praxis zu großen Teilen in zwischen Mitarbeitern gebildeten, informellen Netzwerken[1099] und wird vor allem durch alltägliche, routinisierte Teamarbeit verfügbar gemacht[1100]. Das EFQM-Modell thematisiert weder informelle Strukturen noch kooperative Arbeitsformen und gestaltet auch nicht systematisch deren Entstehung oder Fortführung. Vielmehr werden die Mitarbeiter als Kompetenzträger verstanden, die ihr Wissen in dafür vorgesehen Situationen für spezifizierte Unternehmensziele preisgeben sollen. Das Teilen von Wissen in zwischenmenschlichen Beziehungen folgt im AGIL-Schema aber einer pro-sozialen Logik, die auf Vertrauen und sozialem Einfluss basiert und nicht ohne weiteres angeordnet und angefordert werden kann.

„Mitarbeiterorientierung" wird durch das EFQM-Modell hauptsächlich als Management von Humanressourcen übersetzt, dessen Träger die Führungskräfte und Personalabteilungen sind. Auch hier soll nicht die Existenz der Personalmanagement-Aktivitäten, die das EFQM-Modell fordert, oder der Umgang mit den Kompetenzen und Fähigkeiten der Mitarbeiter als Ressource, kritisiert werden. Es wird nicht bestritten, dass „exzellente 'Humanressourcen'" einen langfristigen Wettbewerbsvorteil bieten[1101]. Es soll vielmehr bemängelt werden, dass die Soziallogik des Kollektivakteurs und die Sozialdimension nicht ausreichend berücksichtigt werden. Das EFQM-Modell betrachtet das Personal bzw. dessen Fähigkeiten und Fertigkeiten überwiegend als gestaltbare, anpassungsfähige und knappe Inputfaktoren für den Zielerreichungsprozess, die unabhängig voneinander in den Produktionsprozess eingesetzt werden können. Dazu hält es Hilfsmittel in der Personalentwicklung und -beschaffung bereit, welche die Eignung der einzelnen Ressourcen für bestimmte Aufgaben möglichst genau identifizieren, reflektieren und beeinflussen können. Interaktionen im Sinne einer gegenseitigen Beeinflussung und kooperativem Miteinander finden gar nicht statt. Vielmehr besteht das Hauptziel in der Förderung und Erschließung humaner Potentiale.

Das Unterkriterium *5d. Herstellung, Lieferung und Betreuung von Produkten und Dienstleistungen* thematisiert ebenso nicht die Art und Weise der Arbeitsstrukturierung oder -form, sondern fragt danach, ob die Produktion „gemäß Design"[1102] erfolgt. Dies zielt wiederholt auf die sekundäre Einbindung des Effektivitätsprinzips im I-System und fordert nicht nach integrativen Elementen auf der Sozial- oder Sachdimension. Zu den grundlegenden Prinzipien des TQM gehören aber Kooperation und

Teamarbeit sowie die Partizipation aller Mitarbeiter auf allen Ebenen, auch bei der Strategieentwicklung[1103]. Die *EFQM* berücksichtigt diesen Aspekt allerdings nur bei der Formulierung von Personalmanagement-Strategien und Zielsetzungen sowie im MbO[1104]. Für alle anderen Aspekte der Strategiefindung werden die Mitarbeiterbelange und -bedürfnisse als Informationsressourcen betrachtet. Dies widerspricht der Integration der Belegschaft in den Planungsprozess und damit der Beteiligung der Mitarbeiter, deren Wünsche, Anregungen etc. hier konsumatorisch vom Management genutzt werden, um das Ziel der Mitarbeiterzufriedenheit zu erreichen.

6.2.4.2 Prozessmanagement und Ablauforganisation

Die im vorangegangenen Kapitel vorgetragenen Kritikpunkte auf der sozialen Ebene der Betriebsgemeinschaft können im Wesentlichen auf die Sachebene der Prozesse übertragen werden. Das EFQM-Modell wird der integrativen Logik des Prozessnetzwerks nur bedingt gerecht und versteht die Gestaltung und Lenkung der Prozesse vorwiegend als Managementaufgabe, ohne die Abläufe selbst, deren Durchführung und die daran beteiligten Stellen und Teams zu betrachten und zu analysieren.

In der Sachdimension wird das I-System durch den Kriterienkatalog lediglich durch den Unterpunkt *5b. Systematische Prozessführung* des älteren Modells bzw. durch *5b. Prozessverbesserung und 5d. Erstellung und Betreuung von Produkte und Dienstleistungen* des *Excellence-Modells* angesprochen, wobei der Primat auf einem Prozessmanagement liegt und nur zusätzlich eine Schnittstellenbeseitigung thematisiert wird. Die Prozesse werden in eine hierarchische Anordnung gebracht, deren Rangfolge durch ihren Beitrag zum Unternehmenserfolg determiniert ist. Dies hat zur Folge, dass im *EFQM-Modell für Business Excellence* lediglich diejenigen Abläufe potentiellen Verbesserungsmaßnahmen unterliegen und überprüft werden, die sich als Schlüsselprozesse erweisen. In der Nachfolger-Variante wurde der zu bewertende Prozessausschnitt vergrößert und umfasst nun auch unterstützende Prozesse, jedoch ist infolgedessen bei der Anwendung des EFQM-Modells nicht sichergestellt, dass die gesamte Ablauforganisation optimiert wird. Demgegenüber besteht die Möglichkeit, sich auf einzelne Arbeitsabläufe zu konzentrieren, die im Anschluss aber nicht in einen komplexen, in sich geschlossenen Leistungserstellungs- und -

verwertungs-prozess integriert werden, so dass die unberücksichtigten Prozesse den gewünschten Output gefährden können. TQM ist nun aber gerade durch eine Gesamtprozessorientierung gekennzeichnet, bei der *sämtliche* Prozesse in „Null-Fehler-Qualität" beherrscht und in einen übergeordneten Ablauf integriert werden sollen[1105]:

> „Total Quality Management darf sich nicht darauf beschränken, isoliert die Produktionsprozesse und ihre vor- oder nachgelagerten Bereiche zu überwachen und zu verbessern, sondern muß integrierter Bestandteil einer *gesamtprozeßorientierten* Unternehmensführung sein, in der *alle* Prozesse, auch die, die zum Beispiel Forschung und Entwicklung, Kunden, Lieferanten oder länderübergreifende Zusammenarbeit betreffen, zeitgerecht in Null-Fehler-Qualität kontrolliert und beherrscht werden."[1106]

Ebenso werden die für ein TQM konstitutiven internen Kunden-Lieferanten-Beziehungen nicht explizit angesprochen, so dass eine wesentliche Voraussetzung zur internen Servicequalität fehlt, die jedoch in ausschlaggebendem Maße die externe Kundenzufriedenheit durch präventive Qualitätsverbesserungsmaßnahmen in den vorgelagerten Bereichen beeinflussen soll. Qualität ist keine technische Funktion oder Abteilung, sondern ein systematischer Prozess, der das gesamte Unternehmen durchdringt und deshalb einen entsprechenden organisatorischen Rahmen benötigt, der die Qualität der Zusammenarbeit zwischen Abteilungen sicherstellt[1107].

Abgesehen von der fehlenden Berücksichtigung interner Kernprozesse[1108] finden die in Unterkriterium *2d. Umsetzung von Politik und Strategie durch Schlüsselprozesse* aufgeführten Orientierungspunkte keine Anwendung in den Unterstützungsprozessen, so dass diesen bspw. kein Prozessverantwortlicher zugeordnet wird. Das Prozessmanagement, das im AGIL-Schema im G_I-Feld liegt, selbst ist also außerdem lückenhaft. Ein festgestellter Fehler im Prozessoutput, der im EFQM-Modell über die festgelegten Kennzahlen und Leistungsziele eruiert wird, kann zwei Ursachen haben – entweder im Prozess selbst oder „im Betrieb des Prozesses"[1109]. Letzteres wird durch das im EFQM-Modell angesprochene Prozessmanagement abgedeckt, so dass hier auftauchende Diskonformitäten entsprechend aufgespürt werden können. Der Fehler *im* Ablauf wird durch eine Prozessanalyse systematisch ermittelt, in der die Prozesslogik mit Abhängigkeiten zwischen einzelnen Aktivitäten aufgezeigt und die Aufeinanderfolge dieser dargestellt wird[1110]. Durch die formale Darstellung ergibt sich eine Schwachstellen-Interpretation, die nicht nur die Problemtransparenz erhöht, sondern vor allem die Wechselwirkung zwischen Schwachstelle und Ursache aufzeigt, um das Kurieren an Symptomen zu vermeiden[1111]. Eine solche Prozessanalyse, die auch eine Voraussetzung der präventiven Fehlerverhütung innerhalb des TQM ist[1112], und systematische Fehlersuche sind keine Bestandteile des EFQM-Kriterienrasters.

Der Prozess an sich – seine Stabilität, Fehlerfreiheit, Fähigkeit, Pufferzeiten etc.[1113] –, und eben *nicht* seine Leistungsparameter, wird weder erfasst noch bewertet. Dieses Problem entsteht daraus, dass sich das EFQM-Modell an den prozessualen Elementen der Managementfunktion bei der Strategie- und Zielsetzung orientiert. Damit können andere Handlungslogiken, auch hier auf der Sachebene des I-Systems, nicht erfasst werden. Zwar thematisiert das Europäische TQM-Modell die Prozessverbesserung und Schnittstellenbeseitigung, aber die ist nicht gleichzeitig die Folge einer methodischen und zielgerichteten Prozessanalyse. Die Schwachstellensuche bleibt im EFQM-Modell unbestimmt, sie könnte auch das Resultat des betrieblichen Vorschlagswesens sein. Nun könnte man argumentieren, dass eine Prozessverbesserung grundsätzlich eine Prozessanalyse voraussetze und implizit in den jeweiligen Unterkriterien[1114] vorhanden sei. Diese Annahme wäre in Bezug auf das Kriterienraster und die Ansatzpunkte jedoch rein spekulativ und interpretativ, denn sie ist weder explizit erwähnt noch gefordert. Würde man dies unterstellen, so wäre auch jeder andere denkbare Aspekt implizit im EFQM-Modell vorhanden, denn der Kriterientext ist durch seine offene Struktur mehr oder weniger breit auslegbar. Eine weite Interpretation ergäbe dann aber keinen Sinn mehr, da das Modell zur Tautologie tendieren und sich selbst überflüssig machen würde, wenn seine Aussagen alles beinhalten und bedeuten können. Der Aussagengehalt wäre letztendlich zu Gunsten des logischen Spielraums nicht mehr vorhanden. Zudem ist bei einer zu breiten und individuellen Auslegung die Vergleichsmöglichkeit innerhalb des Benchmarking nicht mehr gegeben.

Das EFQM-Modell erfragt außerdem lediglich eine Kommunikation der Verbesserungen, nicht jedoch die Visualisierung und Transparenz über die Verflechtung und Leistung der einzelnen Arbeitsschritte und die Geschäftsprozesse insgesamt[1115]. Dadurch wird es den Mitarbeitern nicht möglich, die Logik und Sinnhaftigkeit von Abläufen, insbesondere derer, die sich nicht direkt vor oder nach ihrem Tätigkeitsbereich befinden, nachzuvollziehen[1116]. Dieser Sachverhalt rührt aus der fehlenden Beziehung zwischen dem kulturell/kommunikativen Subsystem und der Betriebsgemeinschaft, die sich aus der Gestaltung der EFQM-Kriterien ergibt. Denn die Kommunikation von Verbesserungen resultiert aus der Verbindung des Prozess*managements* (G_I) mit dem L-System.

Wie auch auf der Sozialdimension der Betriebsgemeinschaft wird im EFQM-Modell weder eine Integration noch eine Routinisierung der einzelnen Elemente angesprochen. Die Notwendigkeit einer Prozesskoordination und -integration ergibt sich aus der Arbeitsteilung und den bestehenden Interdependenzen zwischen Bearbeitungsschritten und Prozesselementen, wobei eine Integration *in* und *zwischen* Prozessen zu unterscheiden ist[1117]. Die einzelnen Elemente werden zwar aus Visualisierungsgründen in verschiedenen Ebenen hierarchisiert, in der Gestaltung und im Ablauf durch das Strukturprinzip des I-Systems aber als Gleiche behandelt, denn die Qualität(sfähigkeit) der Prozesse bezieht sich auf den gesamten Leistungserstellungsbereich inkl. vor- und nachgelagerter Bereiche[1118]. Die Integrationsfunktion richtet sich hierbei an die Durchgängigkeit von Prozessen über verschiedene Abteilungen, Bereiche, beteiligte Unternehmen etc. hinweg und ihrer Synchronisation, um einen möglichst hohe Leistungsfähigkeit erzielen zu können. Sie besteht nicht primär aus dem managerialen Engagement und den Leistungsergebnissen. Die *EFQM* beschränkt sich in der Vorgehensweise auf die Festlegung und Überprüfung der Leistungsfähigkeit durch Kennzahlen. Anhand des Kriterienrasters können so aber die *Ursachen* für gute bzw. schlechte Werte weder ermittelt, behoben noch als „Best Practice" im Benchmarking verwendet werden, sondern nur der Wert an sich. Dieser ist dann auch nicht zwangsläufig und ursächlich auf eine Verbesserungsmaßnahme innerhalb der Wertschöpfungs*kette* zurückzuführen.

Durch den Primärcode des I-Systems unterliegen Prozesse, wie auch die einzelnen Elemente auf der Sozialdimension, Beharrungstendenzen, die sich in einer Routinisierung und Standardisierung der Abläufe äußern können. Prozesse bestehen aus einzelnen repititiven Tätigkeiten: die Wiederholbarkeit und damit einhergehende Standardisierbarkeit verfolgen das Ziel, Aktivitätsfolgen in einen Gesamtablauf zu integrieren und zu strukturieren und streben folglich eine Routinisierung der Abläufe an[1119]. Die strukturelle Beharrung in diesem Subsystem erfüllt eine wichtige Funktion im TQM, sie schafft nämlich die Voraussetzung für den

Kontinuierlichen Verbesserungsprozess[1120]. Aufgrund der fehlenden Prozessanalyse kann mittels des EFQM-Modells auf der einen Seite der Beharrungs- bzw. Standardisierungsgrad der Prozesse in einem Unternehmen nicht festgestellt werden. Auf der anderen Seite erfolgt auch keine Routinisierung der Prozessketten anhand des Modells. Dies hat hauptsächlich zwei Folgen in der konkreten Ausgestaltung der strukturellen Dominanz des Managementsystems durch die Logik des EFQM-Rasters: Die Prozesse werden im gleichen Rhythmus geändert wie sich die Zielvorgaben und Strategien ändern, und diese wiederum sind – wie bereits erwähnt – in hohem Maße von den Stakeholder-Ansprüchen geprägt. Daraus ergibt sich, dass die Abläufe nicht standardisiert sind und so auch nicht ihre optimale Leistungsfähigkeit entfalten können. Zudem kann mittels der EFQM-Kriterien auch keine Prozessroutine hergestellt werden, da diese Handlungslogik hier keinen Eingang findet. In dem konkreten Fall, dass die bestehenden Prozesse bereits in hohem Maße routinisiert und standardisiert sind, wird durch die EFQM-Kriterien keine umfassende und systematische Prozessänderung, also auch keine -verbesserung, erreicht werden können, da vorwiegend prozessuale Managementelemente erörtert werden und nicht die eigentlichen Abläufe. Zudem wären die Beharrungstendenzen so groß, dass evtl. einzelne Abschnitte geändert würden, nicht aber die gesamte Prozessorganisation.

6.3 Die TQM-Umsetzung innerhalb des EFQM-Modells

6.3.1 Wirkungsrelationen innerhalb am Beispiel der Kundenzufriedenheit

Die starke Fokussierung des EFQM-Modells auf die konditionalen Faktoren hat zur Folge, dass die Ursachen von Defiziten in den Ergebniskriterien nach Maßgabe der hier zugrunde gelegten Theorieperspektive nicht umfänglich erklärt werden können, so dass die Konsistenz und die sich daraus ergebende inhaltliche Erklärungsrichtung des EFQM-Modells bezweifelt werden müssen. Wie bereits dargestellt[1121], bilden die *Befähiger* Potentialfaktoren, die bei entsprechenden Maßnahmen anhand des Kriterienkatalogs unmittelbar – unter Berücksichtigung konjunktureller Schwankungen – zu positiven *Ergebnissen* führen sollen. Auf der anderen Seite weisen suboptimale *Ergebnisse* auf Verbesserungspotentiale des Unternehmens innerhalb des Maßnahmenkatalogs hin. Legt man die Ausführungen des Kapitels 3.3.5.2 zugrunde, lässt sich anhand der

Dienstleistungsqualität exemplarisch zeigen, dass auf der einen Seite die *Befähiger* nicht unmittelbar zu verbesserten *Ergebnissen* führen können und dass auf der anderen Seite das zugrunde gelegte Zielsystem durch den Maßnahmenkatalog der *EFQM* nicht hinreichend positiv beeinflusst werden kann.
Gemäß dem EFQM-Kriterienraster können weder die der Ursachen negativer Diskonfirmationen erklärt noch eine dauerhafte Kundenzufriedenheit systematisch erzielt werden. Anhand des Gap-Modells ist die Differenz zwischen tatsächlich geleisteten und dem von der Unternehmung versprochenen Service (Gap 4) von einer nach außen gerichteten Kommunikation abhängig, die Bestandteil des kulturell/kommunikativen Subsystems des AGIL-Schemas ist und die durch das EFQM-Modell gar nicht thematisiert wird. Diese Lücke ließe sich nach dessen Maßgabe weder umfänglich eruieren noch schließen, denn die *Befähiger* enthalten keine Kriterien, die zielgruppenspezifische Öffentlichkeitsarbeit zum Inhalt haben. Allenfalls werden die Mitarbeiter über die in Kriterium *3e. Effektiver Dialog zwischen Organisation und Mitarbeitern* bzw. *3d. Dialog zwischen Organisation und Mitarbeitern* angesprochene effektive Kommunikation sowie unternehmenspolitische und -strategische Vorgaben[1122] und Prozessänderungen[1123] frühzeitig informiert. Ein höheres Maß an Kundenzufriedenheit stellt sich aber eben dann ein, wenn zwischen den subjektiven Erwartungen des Kunden und der tatsächlich erlebten Leistung mindestens Kongruenz besteht oder die Kundenerwartungen übererfüllt werden[1124].

Weitere Maßnahmen des Gap-Modells, wie z.B. die Forderung nach horizontaler Kommunikation, werden durch das EFQM-Modell zwar berücksichtigt[1125], dennoch beeinflussen diese Maßnahmen nicht die durch ein Unternehmen bei *Kunden* geweckten Erwartungen, durch deren Erfüllung jedoch die Kundenzufriedenheit maßgeblich beeinflusst wird. Die Diskrepanz zwischen Dienstleistungsvorgaben und dem tatsächlich erstellten Service, die durch defizitäre Prozesse und Leistungen von Arbeitsgruppen entsteht (Gap 3), kann anhand des EFQM-Modells nur partiell ermittelt werden. Durch einen Soll/Ist-Abgleich der Prozessparameter werden Verbesserungspotentiale ausgemacht und implementiert[1126], allerdings nicht über die gesamte Ablauforganisation hinweg, sondern nur auf den oben beschriebenen Prozessausschnitt[1127].

Durch die weitgehende Vernachlässigung der Sozialdimension der Betriebsgemeinschaft kann die durch das GAP-Modell geforderte Teamarbeit nicht eingerichtet oder optimiert werden. Der EFQM-Katalog thematisiert lediglich den Einbezug von (bestehenden) Teams bei Verbesserungsaktivitäten bzw. die „Anregung" von Teamarbeit. Zudem berücksichtigt das EFQM-Modell die Verpflichtung der Mitarbeiter auf Leitbilder und Werte nicht und evaluiert ebenso nicht die Transformation der Qualitätsorientierung in die alltäglichen Handlungen der Beschäftigten, so dass die Ursache des Gap 3 nicht vollständig identifiziert und beseitigt werden kann.

Unter Verwendung des EFQM-Modells können somit die Ursachen und Einflussgrößen einer Kundenzufriedenheit nicht ausreichend ermittelt und beeinflusst werden. Die Identifikation von signifikanten Faktoren der Dienstleistungsqualität und die Erfassung dieser Merkmale sowie ihrer Ausprägung einschließlich ihrer Umsetzung stellen jedoch ein ausschlaggebendes Element zur Erreichung von Kundenzufriedenheit dar, die letztendlich auch die Wettbewerbsvorteile und Geschäftsergebnisse maßgeblich beeinflusst. In empirischen Untersuchungen zeigte sich, dass der Zusammenhang zwischen der durchschnittlichen Kundenzufriedenheit und dem Unternehmenserfolg nicht nur besteht, sondern dass dieser außerdem, gemessen an der Gesamtkapitalrentabilität, hoch ist[1128]. Das EFQM-Modell erfüllt somit nur ansatzweise den eigenen Anspruch, anhand der im Modell aufgelisteten Bewertungskategorien die Umsetzung eines Umfassenden Qualitätsmanagement in einer Organisation zu beurteilen und ein Rahmenmodell zur TQM-Implementierung zu liefern.

6.3.2 Die Kausalzusammenhänge im Kriterienraster

Die organisationstheoretische Analyse auf Basis des AGIL-Schemas hat verdeutlicht, dass das EFQM-Modell nicht dazu geeignet ist, das TQM-Konzept in seinen elementaren Bestandteilen adäquat in ein handlungsanweisendes und -leitendes Modell zu übersetzen. Die Gründe liegen primär darin, dass das Konzept des Umfassenden Qualitätsmanagements aus der hier angelegten Theorieperspektive auf ökonomische, politische, prosoziale *und* kulturelle bzw. diskursive Rationalitäten angewiesen ist. Das EFQM-Modell vermag jedoch hauptsächlich nur die ersten beiden zu erfassen und zu beeinflussen. In der Folge bedeutet dies auch, dass nur zielgerichtete und adaptive Handlungslogiken erfasst, bewertet und gesteuert werden können.

Damit entziehen sich soziale und kulturelle Erfolgsfaktoren und durch sie hervorgerufene Widerstände sowohl der Bewertung als auch der Beeinflussung durch das Unternehmen bzw. die Führungskräfte. Insgesamt kann nicht davon gesprochen werden, dass die Befähigerkriterien die Zielvariablen der *Ergebnisse* erfassen können, und andersherum können die Werte aus den Ergebnissen nicht ursächlich und alleinig auf die Befähiger zurückgeführt werden. Vielmehr muss davon ausgegangen werden, dass sich wichtige Barrieren der TQM-Durchsetzung auf einer vom EFQM-Modell nicht rational steuerbaren und erfassbaren Ebene befinden, die auch in mehrmaliger Anwendung des Modells nicht beseitigt werden können.

Gute oder verbesserte Geschäftsergebnisse treten dann als Zufallsprodukt oder als Resultat des evtl. instinktiven Vorgehens einer empirischen Unternehmung zutage, die sich nicht ausschließlich am EFQM-Raster orientiert. Zudem kann nicht ausgeschlossen werden, dass die Erfolgsfaktoren andere sind als sie vom EFQM-Modell identifiziert werden. Betrachtet man den Fall einer konkreten Organisation mit idealem Punktewert (1000 Punkte), so *kann* dieses Ergebnis nach Maßgabe des hier verwendeten Theorierahmens nicht ausschließlich auf die Anwendung des EFQM-Modells zurückgeführt werden und bedarf daher eines erweiterten Erklärungsmusters. Das Europäische TQM-Modell würde hier hauptsächlich feststellen können, dass die prozessualen Managementelemente dieser Unternehmung und ihre Anpassungsfunktion stark differenziert sind und gemäß Kriterientext umgesetzt werden. Es erklärt die Ursache-Wirkungs-Beziehung jedoch nicht hinreichend.

Dieser Umstand lässt sich schon an der simplen Feststellung zeigen, dass wichtige betriebswirtschaftliche Erfolgsfaktoren nicht erfasst und gesteuert werden, wie bspw. die fehlende Kontrahierungspolitik bei der Erörterung der absatzpolitischen Instrumente. Damit werden weder Preise oder Lieferzeiten als wichtige Kaufentscheidkriterien angesprochen, noch ihr angemessenes Verhältnis zur Qualität bewertet[1129]. Selbst die Produktqualität als häufigste Ursache für Beanstandungen und damit auch einer Haftung des Herstellers[1130] wird im EFQM-Modell ausgeblendet. Diese kann aber besonders negative Folgen, u.a. überhöhte Kosten aus Produkthaftungspflichten, nach sich ziehen[1131], die schließlich die Geschäftsergebnisse in hohem Maße beeinflussen und bereits dazu führen, dass der Punktewert in *9. Schlüsselergebnisse* relativ gering ausfällt. Selbst wenn diese ursächlichen Faktoren für den Misserfolg als Informationsressource aus dem Markt (z.B. Kaufverzicht als Stakeholder-Rückmeldung) beschafft würden, wäre eine Beseitigung des Problems anhand des EFQM-Kriterienrasters nicht möglich, denn dieses thematisiert die Kontrahierungspolitik in keiner Weise.

Diese Aspekte führen dazu, dass hier zwei Sachverhalte nebeneinander stehen: Auf der einen Seite wird die Umsetzung der Kriterien auf der Befähigerseite geprüft und ihnen ein angemessener Wert verliehen, wobei die Angemessenheit aufgrund der wenig präzisierten Unterkriterien möglicherweise nur von EFQM-Auditoren nachvollzogen werden kann:

> „In scoring application award documents, the authors have identified a number of line managers and EFQM-trained assessors who know all the assessment-related language and can put forward why a sub-criterion should be scored at 45 per cent rather than 50, but have lack deep understanding of TQM and continuous improvement. This leads one to believe that a – very expensive – game is played."[1132]

Auf der anderen Seite stehen die Ergebnisse, deren positiver Trend über mehrere Jahre hinweg postuliert wird. Es kann aber nicht nachgewiesen werden, dass das eine zwangsläufig mit dem anderen zusammenhängt. Vielmehr scheint sich die *EFQM* durch die hohe Gewichtung der Ergebniskriterien (50%) absichern zu wollen, dass die systematische Implementierung der *Befähiger* mit positiven Ergebnistrends einhergehen *muss*. So verdeutlicht der Umstand, dass ein Unternehmen, das mit exzellenten Ergebnissen ohne irgendeinen Nachweis in den Befähigerkriterien bereits mit 500 Punkten beurteilt wird, „nur" noch 100-200 Punkte von einer „Excellence"-Beurteilung entfernt ist; und die kann mit einer plausiblen Präsentation der TQM-Umsetzung im Unternehmen erreicht werden[1133]. *Conti* sieht hier vor allem die Gefahr darin, dass die Bewertung der Befähigerelemente mit einer geringeren Punktzahl in den *Ergebnissen* anders ausfällt, dass also nicht die tatsächliche systematische TQM-Umsetzung gemessen werde, sondern die Korrespondenz zwischen der Befähiger- und Ergebnisseite, die aber so nicht ohne weiteres gegeben sei[1134].

7 Das EFQM-Modell als Unternemhmens- und Mitarbeiterführungsmodell

Das Ziel der vorliegenden Untersuchung bestand darin, mit Hilfe eines soziologischen Bezugsrahmens, der in die Theorie Allgemeiner Handlungssysteme von *Parsons* eingebettet ist, die Konzeption des *EFQM-MODELLS FÜR BUSINESS EXCELLENCE* und sein Nachfolgermodell, das *EFQM-Modell für Excellence*, das für die Jahre ab 2000 gültig ist, systematisch zu analysieren. Der Anlass der Untersuchung resultierte aus der Tatsache, dass zum einen das EFQM-Modell ohne wissenschaftlichen Einfluss konzipiert wurde. TQM-Konzepte und -Modelle stammen aus der betrieblichen Beratung und Praxis – die Wissenschaft zieht sich dabei eher auf einen retrospektiven Ansatz zurück[1135]. Zum anderen konnte bisher kein wissenschaftlicher Nachweis dafür erbracht werden, dass die in dem EFQM-Modell aufgeführten Wirkungszusammenhänge und somit der Beitrag als Rahmenmodell zur Implementierung von TQM stichhaltig sind. Mit der Untersuchung des aktuell gültigen Modells sollte außerdem überprüft werden, inwiefern die Auseinandersetzung der *EFQM* mit den Anwendern des Modells in der Praxis dazu geführt haben, die Wirkungsrelationen im Modell zu ändern bzw. zu verbessern.

Im Rahmen der Analyse konnte gezeigt werden, dass das *Europäische Modell für Umfassendes Qualitätsmanagement* durch seine Konsistenz keine zuverlässigen Rahmenvorgaben für die Implementierung in der Praxis liefert. Die Ursache liegt hauptsächlich darin, dass auf der einen Seite wichtige Faktoren und Zusammenhänge vernachlässigt werden, anderen Aspekten hingegen ein relativ hohes Gewicht eingeräumt wird. Der Schwerpunkt wird auf rationale Steuerungsfaktoren und prozessuale Managementelemente gesetzt und aus diesen wesentliche Erfolgsfaktoren für ein TQM abgeleitet.

Die aus dieser Theorieperspektive nahezu vollständig ausgeblendeten Subsysteme Unternehmenskultur/-identität und Betriebsgemeinschaft führen dazu, dass diejenigen systematischen Funktionserfordernisse nicht erfasst werden, welche die latenten Strukturen einer Unternehmung sowie die Solidarität, Identität und Koordination zwischen den Untereinheiten des Systems erhalten. So sind Stabilität und Konstanz verbürgende Elemente von der *EFQM* nahezu vollständig ausgeblendete Faktoren, während die

Zielerreichung und die Funktionen des Managements sowie die Anpassungsleistung einer Organisation im Vordergrund stehen.

Durch die in der Untersuchung festgestellte strukturelle Dominanz des Managementsystems über die anderen Subsysteme kann mit Hilfe des EFQM-Modells nicht erfasst und gewährleistet werden, dass sich die Organisationsmitglieder an qualitätsbezogenen Leitideen orientierten und diese das Handeln im täglichen Geschäft beeinflussen. Vielmehr zielen die Kriterien darauf ab, dass sich eine TQM-Subkultur ausbildet, die sich ausschließlich auf den Managementkreis bezieht. Ebenso wird die Integrationsfunktion einer Unternehmung vernachlässigt. Dies hat zur Folge, dass die Kohärenz zwischen den einzelnen Mitarbeitern, Abteilungen etc. sowie den verschiedenen Arbeitsabläufen und Prozesssegmenten nicht gegeben und auch kein Bestandteil der Bewertung ist. Insbesondere der Herausbildung der für das TQM konstitutiven Aspekte des kollektiven „Wir-Gefühls" und der vielfältigen und vielfachen internen Kunden-Lieferantenbeziehungen wird weitgehend keine Rechnung getragen. TQM ist jedoch auf die Verpflichtung und den Einbezug aller Mitarbeiter sowie auf die Verbesserung aller Prozesse angewiesen, um eine konstante interne und externe (Service-) Qualität in allen Unternehmensbereichen erzeugen zu können. Dazu zählt auch eine Routinisierung und Standardisierung der Arbeitsformen und Prozesse als wichtige Voraussetzungen für die Stabilität und Beherrschbarkeit von Abläufen. Das EFQM-Modell beschränkt den Kontinuierlichen Verbesserungsprozess jedoch auf einen Prozessausschnitt, der in der ehemals gültigen Version nur die Schlüsselprozesse enthält und im *EFQM-Modell für Excellence* zwar die Unterstützungsprozesse im Rahmen des Prozessmanagements in die Betrachtung integriert, aber wichtige Kernprozesse mit internen Kunden-Lieferanten-Beziehungen außen vorlässt.

Die im TQM geforderte Mitarbeiterorientierung ist im Wesentlichen durch die Bereitstellung von Rahmenbedingungen des Managements und das Personalmanagement gekennzeichnet, während bspw. affektuelle Komponenten als Basis einer Teamarbeit nicht berücksichtigt werden. Das TQM wird von der *EFQM* hauptsächlich als Führungsaufgabe und Anpassungsleistung einer Organisation übersetzt; die Mehrdimensionalität der Qualitätsauffassung wird nicht in dem Maße berücksichtigt, wie es für die Umsetzung dieses Konzepts notwendig ist[1136].

Weiterhin muss an der Wirkungsrelation des Modells gezweifelt werden. Die organisationstheoretische Analyse hat gezeigt, dass die *Befähiger* des Modells nicht unmittelbar zu verbesserten *Ergebnissen* führen bzw. dass suboptimale Resultate in den Zielkriterien mittels der Potentialfaktoren nicht direkt und vollständig zu erfassen und zu beeinflussen sind. Anhand von verschiedenen Beispielen wurde dargelegt, dass wesentliche ursächliche Faktoren nicht in den Kriterien des EFQM-Modells enthalten sind. Somit kann auch nicht zielgerichtet auf die Zielvariablen in den *Ergebnissen* eingewirkt werden. Durch die Vernachlässigung wichtiger systemischer Erfordernisse kann durch das EFQM-Modell nicht hinreichend sichergestellt werden, dass die darin aufgeführten Maßnahmen tatsächlich zu den angestrebten Zielkriterien und damit zum Unternehmenserfolg beitragen oder diesen gar garantieren können. Ebenso werden wesentliche Verhaltensabweichungen und pathologische Systemprobleme nicht evident und können somit auch nicht durch die *Befähiger* systematisch beeinflusst werden, um eine Verbesserung des Systemoutputs zu erreichen.

Das EFQM-Modell weist somit aus der hier angelegten Theorieperspektive Lücken in der Abbildung des ihm zugrunde liegenden Konzepts auf. Es dient durch seinen Fokus auf das Managementsystem und die prozessualen Elemente der Managementfunktion vielmehr als ganzheitliches, TQM-bezogenes Unternehmens- und Mitarbeiterführungsmodell. Hierbei enthält es detaillierte und zweckmäßig strukturierte Unterpunkte, die eine qualitätsorientierte Unternehmens- und Mitarbeiterführung erfassen. Als Rahmenmodell zur unternehmensweiten TQM-Implementierung ist es allerdings nur bedingt geeignet, da die Erfolgsvariablen für ein Qualitätsmanagement im Wesentlichen auf Effektivitäts- und Effizienzaspekte reduziert werden. Diskursive Prozesse sowie die Integration der einzelnen Abläufe in einen übergeordneten Gesamtprozess und die Einbeziehung der Mitarbeiter in eine Unternehmensgemeinschaft werden hierbei hauptsächlich als rationale und direkt beeinflussbare Steuerungselemente angesehen und als Führungsaufgabe in eine politische Rationalität übersetzt. Die beiden hier angesprochenen Subsysteme einer Organisation entziehen sich jedoch dieser Handlungslogik und folgen eigenen Strukturprinzipien, so dass sie durch die Betrachtung des EFQM-Modells größtenteils ausgeklammert werden. In der Literatur wird jedoch immer wieder darauf verwiesen, dass wichtige Ursachen des Scheiterns bei der Umsetzung des TQM in die Praxis in der Unternehmenskultur und mangelnder

Kooperation zwischen Mitarbeitern/Abteilungen gesehen werden[1137]. Die Notwendigkeit, eine Unternehmensorganisation und -kultur konsequent auf Qualität auszurichten und alle Unternehmensprozesse hinsichtlich ihrer Durchführung und der entstehenden Ergebnisse zu optimieren, routinisieren und zu standardisieren, ist durch das EFQM-Modell nicht ausreichend berücksichtigt.

Diese Kritikpunkte richten sich an beide Fassungen des EFQM-Modells. Die Revision der ehemals gültigen Variante hat zwar einige Änderungen ergeben, diese beziehen sich aber vorwiegend auf Ergänzungen betrieblicher Funktionen und können die hier getroffenen Aussagen nicht relativieren[1138]. Somit kann der Anspruch der *EFQM*, mittels eines geschlossenen Modells, Rahmenvorgaben für die Anwendung in der Praxis zu liefern[1139], nicht umfänglich eingelöst werden. Diese Beurteilung muss sich auch an die vor kurzem überarbeitete Version des EFQM-Modells, die ab 2004 gültig sein wird, richten: Es kommt dabei nicht zu grundlegenden Änderungen des Modells, sondern vorwiegend wurde die Sprache des Modells verbessert, insbes. auf der Ebene der Ansatzpunkte. Auf Seiten der Unterkriterien wurde lediglich bei *1. Führung* ein fünftes Teilkriterium *1e. „Leaders identify and champion organisational change"* ergänzt, und in *2. Politik und Strategie* wurden zwei Unterpunkte zu einem zusammengefasst.[1140]

Wunderer et al. kritisieren neben der bislang zu unpräzisen und mehrdeutigen Formulierung der Kriterien und Unterpunkte insbesondere die eigentliche Existenz eines Kataloges: Der nahezu „dogmatisch" formulierte und willkürlich gewichtete Kriterienkatalog berge die Gefahr in sich, die einzelnen Unterpunkte i.S. einer Checkliste abzuhaken und andere Erfolgsgrößen, wie z.B. Produktportfolio, Standortwahl oder Beschaffenheit der Eigenkapitalbasis, außen vor zu lassen. Auch bleibe für den Anwender undurchsichtig, welchen Zusammenhängen das EFQM-Modell unterliege, so dass dieser nur noch eine rein ausführende Funktion einnehmen könne[1141]. Dieser Aspekt ist insofern entscheidend, da sich die Kriterien ausschließlich auf Nutzen- und Effektivitätsaspekte beschränken und andere Handlungslogiken weder bewertet noch systematisch beeinflusst werden können, um eine Verbesserung der Geschäftsergebnisse zu erzielen. Die Implementierung von TQM ist jedoch innerhalb des hier verwendeten theoretischen Bezugsrahmens vollständig auf die beschriebenen Systemzusammenhänge angewiesen. Diese ganzheitliche Betrachtung von

Organisationen wird innerhalb des EFQM-Modells a priori nicht ermöglicht. Der Verwender des Modells muss sich hierbei auf die von der *EFQM* als relevant erachteten Erfolgsvariablen verlassen, die für eine unternehmensweite und langfristige Implementierung jedoch nicht ausreichend differenziert sind.

Folglich muss das EFQM-Modell insbesondere im Rahmen der Prozess- und Mitarbeiterorientierung sowie der Unternehmenskultur/-identität modifiziert bzw. ergänzt werden. So kann erreicht werden, dass Faktoren Bestandteil der Erfassung und Bewertung sind, die sich den Handlungslogiken entziehen, welche dem Management- und Ressourcensystem zugrunde liegen[1142]. Ein wesentlicher Problempunkt besteht darin, dass eine sich um den *EQA* bewerbende Unternehmung, welche nicht umfassend auf ein TQM ausgerichtet ist, durchaus eine hohe Punktzahl erreichen und somit als „Beste" ausgezeichnet werden kann. Diese Überlegung ergibt sich aus dem Sachverhalt, dass zum einen die Wirkungsrelation innerhalb des Modells nicht stichhaltig ist und so auch positive Geschäftsergebnisse aus anderen als den in den Potentialfaktoren genannten Elementen entstanden sein können. Zum anderen erfasst das EFQM-Modell weitgehend lediglich Effektivitäts- und Effizienzaspekte; wird hierbei ein hoher Punktwert erreicht, so bedeutet dies zunächst einmal nur eine hohe Zielerreichungs- und Anpassungsleistung der betreffenden Organisation, nicht aber gleichzeitig die Existenz einer unternehmensweiten und erfolgreichen TQM-Implementation[1143]. Die EFQM-Kriterien zielen zwar auf einen Dynamisierungsprozess innerhalb einer Unternehmung ab, jedoch gewährleisten sie nicht, dass die Qualitätsorientierung stabil und konstant ausgerichtet ist. Eine langfristig ausgerichtete Kunden- und Serviceausrichtung, die wesentlich das Handeln der Akteure steuert, kann somit durch die Kriterien des europäischen Qualitätsmodells nicht eruiert und erwirkt werden, da sie sich außerhalb des Kriterienrasters bewegt.

Zu bemängeln ist nicht nur der breit auslegbare Aussagengehalt des Kriterientextes, sondern auch die Anzahl und Qualität kritischer und wissenschaftlicher Literatur zum EFQM-Modell, vor allem in Bezug auf dessen Wirkungsrelationen. Meist handelt es sich in den Sekundärschriften zum Modell um Nacherzählungen, weit interpretierte, aber knapp gehaltene Handlungsempfehlungen oder sehr einfache, teils nicht nachvollziehbare und plausibilitätsgestütze Aussagen[1144]. Forschungsbedarf besteht vor allem in der Ableitung konkreter Gestaltungsmaßnahmen und Umsetzungsempfehlungen, welche die allgemeingültigen Kriterien des EFQM-Modells angemessen und wirkungsvoll übersetzen[1145], damit diese auch zu den gewünschten Resultaten führen können[1146].

Zusammenfassend ist festzustellen, dass das EFQM-Modell durch die Hervorhebung der politischen Handlungsrationalität und damit einhergehenden Betonung der Managementfunktionen und -aufgaben nicht dazu geeignet ist, TQM umfassend in Unternehmen hineinzutragen. Es ist nicht mit TQM gleichzusetzen und stellt auch kein TQM-Modell dar, sondern vielmehr *ein Werkzeug* zur Umsetzung dieses Konzepts[1147].

Das hier als Rahmenmodell zur organisatorischen Analyse verwendete AGIL-Schema eignet sich zwar dazu, differenziert und exakt die Schwachstellen und Schwerpunkte der TQM-Modelle zu identifizieren und in ihren Auswirkungen zu benennen, jedoch betrachtet es in seiner momentanen Ausgestaltung lediglich tiefenstrukturelle Merkmale und keine konkreten Ausgestaltungshinweise für die Umsetzung in der Praxis. Im Gegensatz zum EFQM-Modell überwindet es jedoch theoretische Einseitigkeiten und ist dazu in der Lage – auch auf andere organisationale Methoden und Konzepte sowie konkrete Ausgestaltungen von Unternehmungen angewendet –, Organisationen als soziale Phänomene vollständig und strukturiert zu erfassen.

In dieser Hinsicht ergänzen sich das AGIL-Schema und EFQM-Modell wechselseitig: Das AGIL-Schema dient in erster Linie als abstrakter theoretischer Orientierungsrahmen, während das EFQM-Modell ein konkretes Umsetzungsmodell mit handlungsleitenden Kriterien und Ansatzpunkten bildet. Das EFQM-Modell ist jedoch vielfach theorielos und betrachtet lediglich bestimmte Aspekte des TQM. Auf der anderen Seite bietet das AGIL-Schema dieses generelle theoretische Gerüst, jedoch vermag es in seiner jetzigen Fassung lediglich zu beschreiben, welche Stärken und Schwächen bzw. welche Ausprägungen in den Europäischen TQM-Modellen[1148] vorhanden sind. Es ist momentan jedoch nicht dazu in der Lage, für die vom EFQM-Modell vernachlässigten Bereiche tatsächliche Umsetzungskriterien für die Anwendung in der Praxis zu liefern. Dazu bedarf es einer weiteren Spezifizierung des AGIL-Schemas, wobei die aktuelle Version einen umfassenden und wissenschaftlichen Rahmen dazu bildet. Das *EFQM-Modell für Excellence* kann für diese Weiterentwicklung einen Ausgangspunkt liefern, da es in der Managementfunktion bereits sehr differenziert ausgestaltet ist und für die weiteren funktionalen Bereiche im

AGIL-Schema zumindest Ansatzpunkte liefert. Somit könnte das AGIL-Schema als theoretisches Gerüst im Weiteren dazu verwendet werden, das EFQM-Modell in seinen eigenen Ansprüchen, d.h. in Bezug auf die Stichhaltigkeit und die Wirkungszusammenhänge zu vervollständigen.

LITERATURVERZEICHNIS

Abts, D./Mülder, W. (1998): Grundkurs Wirtschaftsinformatik. Eine kompakte und praxisorientierte Einführung, 2. Aufl., Braunschweig/Wiesbaden.

Achleitner, P.M. (1985): Sozio-politische Strategien multinationaler Unternehmungen. Ein Ansatz gezielten Umweltmanagements, Bern/Stuttgart.

Ackerman, C./Parsons, T. (1976): „Der Begriff 'Sozialsystem' als theoretisches Instrument", in: Jensen, S. (Hg.): Zur Theorie sozialer Systeme (= Studienbücher zur Sozialwissenschaft, Bd. 4), Opladen, S. 69-84.

Adams, H.W. (1994): „Effizienzsteigerung durch Mitarbeiter: Wege zur unternehmensweiten Qualitätskultur", in: Adams, H.W./Rademacher, H. (Hg.): Qualitätsmanagement: Strategie, Struktur, Systeme, Frankfurt a.M., S. 128-142.

Adrian, W. (1989): Strategische Unternehmensführung und Informationssystemgestaltung auf Grundlage kritischer Erfolgsfaktoren, Bergisch Gladbach/Köln.

Albert, H. (1967): Marktsoziologie und Entscheidungslogik. Zur Kritik der reinen Ökonomik, Tübingen.

Alexander, J. (1982): Theoretical Logic in Sociology, 4 Bde., Berkeley/Los Angeles.

Alexander, J./Colomy, P. (1990): „Neofunctionalism Today: Reconstructing a Theoretical Tradition", in: Ritzer, G. (Hg.): Frontiers of Social Theory, New York, S. 33-67.

Allaire, P.A. (1996): „TQM-Auswirkungen auf die Beziehungen zu Lieferanten", in: Mehdorn, H./Töpfer, A. (Hg.): Besser – Schneller – Schlanker. TQM-Konzepte in der Unternehmenspraxis, 2. durchges. Aufl., Neuwied et al., S. 431-437.

Allaire, Y./Firsirotu, M. (1987): „How to Implement Radical Strategies in Large Organizations", in: Schein, E.H. (Hg.): The Art of Managing Human Resources (= Sloan Management Review), New York/Oxford, S. 187-206.

Allweyer, T. (1998): „Modellbasiertes Wissensmanagement", in: *IM Information Management & Consulting*, 13. Jg., Hft. 1, S. 37-45.

Ammon, J./Weiand, A./Lange, K. (1998): „Vorgehen zur flächendeckenden Implementierung des gruppenbezogenen kontinuierlichen Verbesserungsprozesses (KVP)", in: Howaldt, J./Kopp, R./Winther, M. (Hg.): Kontinuierlicher Verbesserungsprozeß. KVP als Motor lernender Organisation, Köln, S. 43-50.

Anderson, E.W./Fornell, C./Lehmann, D.R. (1994): „Customer Satisfaction, Market Share, and Profitability – Findings from Sweden", in: *Journal of Marketing*, Vol. 58, No. 3, S. 53-66.

Ansari, A. (1984): An Empirical Examination of the Implementation of Japanese Just-in-time Purchasing Practices and its Impact on Quality and Productivity in U.S. Firms, Diss., Nebraska-Lincoln.

Aretz, H.-J. (1990): Zwischen Kritik und Dogma: Der wissenschaftliche Diskurs (= DUV: Sozialwissenschaft), Diss., Wiesbaden.

Aretz, H.-J. (1997): „Ökonomischer Imperialismus? Homo Oeconomicus und soziologische Theorie", in: *Zeitschrift für Soziologie*, 26. Jg., Hft. 2, S. 79-95.

Aretz, H.-J. (1999a): Das Management von innovativen Organisationen. Unternehmenserfolg durch Verknüpfung systemischer Eigenlogiken, insbesondere in KMUs, Frankfurt a.M. et al.

Aretz, H.-J. (1999b): „Weder 'Tausch' noch 'Macht': 'Einfluß' als Koordinationsmechanismus internationaler Kooperation. Zur Konstitutionslogik 'Internationaler Regime' als Systeme transnationaler politischer Vergemeinschaftung", in: *Berliner Journal für Soziologie*, 9. Jg., Hft. 1, S. 25-44.

Atkinson, P.E. (1990): Creating Culture Change. The Key to Successful Total Quality Management, Kempston.

Azhashemi, A.A./Ho, S.K.M. (1999): „Achieving Service Excellence: A New Japanese Approach Versus the European Framework“, in: *Managing Service Quality*, Vol. 9, No. 1, S. 40-46.

Bading, A./Frech, J. (1999): Umfassendes Qualitätsmanagement und das EFQM Excellence Modell. Relevanz und Implementierung in Unternehmen in Deutschland, Eine empirische Studie, Stuttgart.

Bagozzi, R.P. (2000): Marketing-Management (= Internationale Standardlehrbücher der Wirtschafts- und Sozialwissenschaften), München et al.

Baranzini, G./Gandolfi, A. (1998): „Selbstbewertung in einer Tessiner Berufsschule nach dem EFQM-Modell“, in: *Management und Qualität*, o. Jg., Hft. 2, S. 20-24.

Barnard, C.I. (1970): Die Führung großer Organisationen (= Schriften der Gesellschaft zur Förderung des Unternehmernachwuchses e.V.), Essen.

Bass, B.M. (1985): Leadership and Performance Beyond Expectations, New York.

Bauer, E. (1996): „Analyse von Kundenerwartungen – intern und extern“, in: Töpfer, A./Mehdorn, H. (Hg.): Besser – Schneller – Schlanker. TQM-Konzepte in der Unternehmenspraxis, 2. durchges. Aufl., Neuwied et al., S. 109-136.

Bauer, S. (1996): „Perspektiven der Organisationsgestaltung“, in: Bullinger, H.-J./Warnecke, H.J. (Hg.): Neue Organisationsformen im Unternehmen. Ein Handbuch für das moderne Management, Berlin et al., S. 87-118.

Bea, F.X./Dichtl, E./Schweitzer, M. (1991): Allgemeine Betriebswirtschaftslehre, Bd. 2: Führung, Stuttgart/New York.

Bea, F.X./Haas, J. (1995): Strategisches Management (= Uni-Taschenbücher; Grundwissen der Ökonomik: Betriebswirtschaftslehre), Stuttgart/Jena.

Becke, G. (1998): „KVP und Umweltmanagement“, in: Howaldt, J./Kopp, R./Winther, M. (Hg.): Kontinuierlicher Verbesserungsprozeß. KVP als Motor lernender Organisation, Köln, S. 128-134.

Becker, J. (1998): Marketing-Konzeption. Grundlagen des strategischen und operativen Marketing-Managements, 6. vollst. überarb. und erw. Aufl., München.

Becker, J. (2001): Strategisches Vertriebscontrolling. Customer Relationship Marketing und Data Mining, 2. völlig überarb. und erw. Aufl., München.

Becker, J./Kahn, D. (2002): „Der Prozess im Fokus“, in: Becker, J./Kugeler, M./Rosemann, M. (Hg.): Prozessmanagement. Ein Leitfaden zur prozessorientierten Organisationsgestaltung, mit 150 Abbildungen und 37 Tabellen, 3. vollst. neubearb. und erw. Aufl., Berlin et al., S. 3-15.

Becker, J./Kugeler, M./Rosemann, M. (Hg.) (2002): Prozessmanagement. Ein Leitfaden zur prozessorientierten Organisationsgestaltung, mit 150 Abbildungen und 37 Tabellen, 3. vollst. neubearb. und erw. Aufl., Berlin et al.

Becker, M. (1993): Personalentwicklung. Förderung und Organisationsentwicklung in Theorie und Praxis, Bad Homburg.

Becker, M. (1995): „Personalmanagement im Umbruch. Perspektiven für marktorientierte Veränderungsprozesse“, in: Bruhn, M. (Hg.): Internes Marketing. Integration der Kunden- und Mitarbeiterorientierung, Wiesbaden, S. 303-342.

Beer, S. (1981): Brain of the Firm, New York.

Bellmann, K. (Hg.) (2001): Kooperations- und Netzwerkmanagement. Festgabe für Gert v. Kortzfleisch zum 80. Geburtstag (= Abhandlungen aus dem Industrieseminar der Universität Mannheim; Hft. 56), Berlin.

Benkenstein, M. (1997): Strategisches Marketing. Ein wettbewerbsorientierter Ansatz, Stuttgart/Berlin/Köln.

Berger, P.L./Luckmann, T. (1980 [1966]): Die gesellschaftliche Konstruktion der Wirklichkeit. Eine Theorie der Wissenssoziologie, Frankfurt a.M.

Berthel, J. (1996): Personalmanagement, 3. Aufl., Stuttgart.

Betzl, K. (1996): „Entwicklungsansätze in der Arbeitsorganisation und aktuelle Unternehmenskonzepte – Visionen und Leitbilder“, in: Bullinger, H.-J./Warnecke, H.J. (Hg.): Neue Organisationsformen im Unternehmen. Ein Handbuch für das moderne Management, Berlin et al., S. 29-64.

Betzl, K./Hase, B./Moll, K. (1997): „Information und Qualifikation als Voraussetzung für ein mitarbeiterorientiertes, umfassendes Qualitätsmanagement“, in: Hirsch-Kreinsen, H. (Hg.): Organisation und Mitarbeiter im TQM (= Reihe Qualitätsmanagement, hrsg. v. F. Mikosch), Berlin et al., S. 137-163.

Beyer, R. (2001): „Der Weg ist das Ziel. Wissensbasierte Dienstleistungsunternehmen definieren Qualitätsziele neu“, in: *Qualität und Zuverlässigkeit*, 46. Jg., Hft. 2, S. 162-165.

Binner, H.F. (1997): Integriertes Organisations- und Prozeßmanagement (= REFA-Fachbuchreihe Unternehmensentwicklung), München/Wien.

Bleicher, K. (1995): „Aufgaben der Unternehmensführung“, in: Corsten, H./Reiß, M. (Hg.): Handbuch der Unternehmensführung. Konzepte – Instrumente – Schnittstellen, Wiesbaden, S. 19-32.

Bleicher, K. (1996): Das Konzept Integriertes Management (= Schriften zum St. Gallener Management-Konzept, Bd. 1), 4. rev. und erw. Aufl. Frankfurt a.M./New York.

Bloech, J. (1984): „Problembereiche der Logistik“, in: Schriften zur Unternehmensführung, Bd. 32: Logistik, hrsg. v. H. Jacob, Wiesbaden, S. 5-30

Bloech, J./Bogaschewsky, R./Götze, U./Roland, F. (1993): Einführung in die Produktion, 2. überarb. und erw. Aufl., Heidelberg.

Bock, F. (1996): „Der Hochleistungsansatz von Arthur D. Little“, in: Nippa, M./Picot, A. (Hg.): Prozeßmanagement und Reengineering. Die Paxis im deutschsprachigen Raum, 2. Aufl., Frankfurt a.M./New York, S. 78-92.

Bogaschewsky, R. (2000): „Informations- und Kommunikationssysteme zur Unterstützung des Beziehungsmanagements“, in: Hildebrandt, H./Koppelmann, U. (Hg.): Beziehungsmanagement mit Lieferanten. Konzepte, Instrumente, Erfolgsnachweise (= Schriftenreihe der Schmalenbach-Gesellschaft für Betriebswirtschaft e.V.), Stuttgart, S. 137-163.

Bomke, P. (1995): „Unternehmungspolitik – Begriff und Inhalt“, in: Bartscher, S./Bomke, P. (Hg.): Unternehmungspolitik, 2. überarb. und erw. Aufl., Stuttgart, S. 1-26.

Borowsky, R. (2000): Wissensgemeinschaften. Konzeption und betriebliche Umsetzung eines Knowledge Management-Instrumentes, http://www.iwi.uni-sb.de/iwi-hefte/heft163.pdf (Stand 02.09.2001).

Bourricaud, F. (1977): The Sociology of Talcott Parsons, Chicago, Ill.

Brandenburg, W./Hahn, G. (1978): Grundzüge des Sozialrechts. Die ersten vier Bücher des Sozialgesetzbuches, München.

Brandt, S. (1993): Religiöses Handeln in moderner Welt. Talcott Parsons' Religionssoziologie im Rahmen seiner allgemeinen Handlungs- und Systemtheorie, Diss., Frankfurt a.M.

Braun, J. (1996a): „Aufgaben und Ziele der Organisationsgestaltung“, in: Bullinger, H.-J./ Warnecke, H.J. (Hg.): Neue Organisationsformen im Unternehmen. Ein Handbuch für das moderne Management, Berlin et al., S. 7-27.

Braun, J. (1996b): „Einführung“, in: Bullinger, H.-J./Warnecke, H.J. (Hg.): Neue Organisationsformen im Unternehmen. Ein Handbuch für das moderne Management, Berlin et al., S. 1-6.

Braun, J. (1996c): „Leitsätze moderner Organisationsgestaltung“, in: Bullinger, H.-J./Warnecke, H.J. (Hg.): Neue Organisationsformen im Unternehmen. Ein Handbuch für das moderne Management, Berlin et al., S. 119-145.

Braun, K./Lawrence, C. (1997): TQM-Trainer. Ziele vereinbaren, Werte identifizieren, Benchmarks festlegen, kontinuierliche Verbesserung, München/Wien.

Braun, W. (1991): Kooperation im Unternehmen. Organisation und Steuerung von Innovationen, Wiesbaden.

Bruckmeier, K. (1986): Kritik der Organisationsgesellschaft. Wege der systemtheoretischen Auflösung der Gesellschaft von M. Weber, Parsons, Luhmann und Habermas, Diss., Münster.

Bruhn, M. (1995a): „Internes Marketing als Baustein der Kundenorientierung", in: *Die Unternehmung*, 49. Jg., Hft. 6, S. 381-402.

Bruhn, M. (1995b): „Sicherstellung der Dienstleistungsqualität durch integrierte Kommunikation", in: Bruhn, M. (Hg.): Dienstleistungsqualität: Konzepte, Methoden, Erfahrungen, 2. überarb. und erw. Aufl., Wiesbaden, S. 161-186.

Bruhn, M. (1996): „Das Unternehmen in der Dienstleistungsgesellschaft", in: Bullinger, H.-J./Warnecke, H.J. (Hg.): Neue Organisationsformen im Unternehmen. Ein Handbuch für das moderne Management, Berlin et al., S. 177-190.

Bruhn, M. (1997): Qualitätsmanagement für Dienstleistungen. Grundlagen, Konzepte, Methoden, 2. überab. und erw. Aufl., Berlin et al.

Bruhn, M. (2001): Marketing. Grundlagen für Studium und Praxis, 5. überarb. Aufl., Wiesbaden.

Bruhn, M. (Hg.) (1995): Internes Marketing: Integration der Kunden- und Mitarbeiterorientierung, Wiesbaden.

Bruhn, M./Georgi, D. (1999): Kosten und Nutzen des Qualitätsmanagements. Grundlagen, Methoden, Fallbeispiele, München/Wien.

Bryman, A. (1996): „Leadership in Organizations", in: Clegg et al. (Hg.): Handbook of Organization Studies, London, S. 276 - 291.

Buchholz, W. (1994): Inhaltliche und formale Gestaltungsaspekte der Prozeßorganisation (= Arbeitspapiere des Fachbereichs Wirtschaftswissenschaften, hrsg. v. W. Krüger, Justus-Liebig-Universität Gießen), Gießen.

Bühner, R. (Hg.) (2001): Management-Lexikon, München/Wien.

Bullinger, H.-J./Hermann, S. (Hg.) (2000): Wettbewerbsfaktor Kreativität. Strategien, Konzepte und Werkzeuge zur Steigerung der Dienstleistungsperformance, Wiesbaden.

Bungard, W./Jöns, I. (1998): Der European Quality Award als Herausforderung für das Personalmanagement, http://www.psychologie.uni-mannheim.de/psycho1/mabei/ 98-02/98_2_01.pdf (Stand 25.09.2001).

Burns, T./Stalker, G.M. (1961): The Management of Innovation, London: Tavistock Publications.

Busse von Colbe, W./Laßmann, G. (1991): Betriebswirtschaftstheorie, Bd. 1: Grundlagen, Produktions- und Kostentheorie, 5. Aufl., Berlin et al.

Chenet, P./Tynan, C./Money, A. (2000): „The Service Performance Gap: Testing the Redeveloped Causal Model", in: *European Journal of Marketing*, Vol. 34, No. 3/4, S. 472-495.

Civi, E. (2000): „Knowledge Management as a Competitive Asset: A Review", in: *Marketing Intelligence & Planning*, Vol. 18, No. 4, S. 166-174.

Coenenberg, A./Schmitz, J. (1996): „Elemente des Qualitätscontrolling", in: Wildemann, H. (Hg.): Controlling im TQM. Methoden und Instrumente zur Verbesserung der Unternehmensqualität (= Reihe Qualitätsmanagement, hrsg. v. F. Mikosch), Berlin et al., S. 11-31.

Cohen, M.D./Bacdayan, P. (1994): „Organizational Routines Are Stored as Procedural Memory. Evidence from a Laboratory Study", in: *Organization Science*, Vol. 5, S. 554-568.

Colomy, P. (Hg.) (1990): Neofunctionalist Sociology (= Schools of Thought in Sociology, hrsg. v. P. Colomy et al.), Aldershot.

Conger, J.A. (1989): The Charismatic Leader: Behind the Mystic of Exceptional Leadership, San Francisco.

Conradi, W. (1983): Personalentwicklung (= Basistexte Personalwesen, Bd. 2), Stuttgart.

Conti, T. (1999): Self-Assessment. Ein Werkzeug zur Verbesserung der Wettbewerbsfähigkeit, München/Wien.

Cornelsen, J. (2000): Kundenwertanalysen im Beziehungsmarketing. Theoretische Grundlegung und Ergebnisse einer empirischen Studie im Automobilbereich (= Schriften zum innovativen Marketing, hrsg. Von der GIM, Gesellschaft für Innovatives Marketing e.V.; Bd. 3), Nürnberg.

Corsten, H. (1997a): „Geschäftsprozessmanagement – Grundlagen, Elemente und Konzepte ", in: Corsten, H. (Hg.): Management von Geschäftsprozessen. Theoretische Ansätze – praktische Beispiele, Stuttgart et al., S. 9-57.

Corsten, H. (Hg.) (1997b): Management von Geschäftsprozessen. Theoretische Ansätze – praktische Beispiele, Stuttgart et al.

Corsten, H. (1998): Grundlagen der Wettbewerbsstrategie (= Teubner Studienbücher Wissenschaften, hrsg. v. U. Blum und S. Zelewski), Stuttgart et al.

Crosby, P.B. (1986): Qualität ist machbar, 2. durchges. Aufl., Hamburg et al.

Crosby, P.B. (1994): Qualität 2000: kundennah, teamorientiert, umfassend, München/Wien.

Dale, B.G. (1994): „A Framework for the Introduction of a Process of Quality Improvement in Retail Organizations", in: *International Journal of Retail & Distribution Management*, Vol. 22, No. 8, S. 25-32.

Dale, B.G. et al. (2000): "Quality is Dead in Europe – Long Live Excellence. True or False?", in: *Measuring Business Excellence*, Vol. 4, No. 3, S. 4-10.

Davenport, T.H./Prusak, L. (1997): Information Ecology. Mastering the Information and Knowledge Environment, New York/Oxford.

Davenport, T.H./Prusak, L. (1998): Working Knowledge. How Organizations Manage the Way They Know, Boston.

Davis, L.E./Cherns, A.B. (Hg.) (1975): The Quality of Working Life, New York.

Davis, S./Botkin, J. (1994): „The Coming of Knowledge-Based Business", in: *Harvard Business Review*, Vol. 72, No. 4, S. 165-170.

Day, G.S./Wensley, R. (1988): „Assessing Advantage. A Framework for Diagnosing Competitive Superiority", in: *The Journal of Marketing*, Vol. 52, No. 4, S. 1-20.

de Sousa, B. (1997): „Wege, Instrumente und Probleme bei der Umsetzung von TQM durch das Europäische Qualitätsmodell – Erfahrungen bei der CIBA-GEIGY AG", in: Wunderer, R./Gerig, V./Hauser, R. (Hg.): Qualitätsorientiertes Personalmanagement. Das Europäische Qualitätsmodell als unternehmerische Herausforderung, München, S. 168-182.

Deal, T.E./Allen, A. (1982): Corporate Cultures. The Rites and Rituals of Corporate Life, Reading.

Deal, T.E./Kennedy, A. (1987): Unternehmenserfolg durch Unternehmenskultur, Bonn.

Dean, J.W./Bowen, D.E. (1994): „Management Theory and Total Quality Management", in: *Academy of Management Review*, Vol. 1, No. 3, S. 392-418.

Deiß, M. (1997): „Qualitätsmanagement in unternehmensübergreifenden Produktionsnetzwerken der Automobilindustrie – Anforderungen, Probleme, Ansatzpunkte", in: Hirsch-Kreinsen, H. (Hg.): Organisation und Mitarbeiter im TQM (= Reihe Qualitätsmanagement, hrsg. v. F. Mikosch), Berlin et al., S. 189-243.

Deutsche Gesellschaft für Qualität e.V. (Hg.) (1990): TQM – eine unternehmensweite Verpflichtung. Vorlagen zur Vorbereitung und Einführung im Unternehmen (= DGQ-Schrift 14-13), ausgearb. v. d. Arbeitsgruppe 141 „Qualitätszirkel/TQM" der DGQ, Berlin.

Deutsches Institut für Normung e.V. (Hg.) (1992): DIN ISO 8402/E03.92 – Normenentwurf – Qualitätsmanagement und Qualitätssicherung, Berlin.

Deutsches Institut für Normung e.V. (Hg.) (2000): DIN EN ISO 9001. Qualitätsmanagementsysteme – Anforderungen (ISO 9001:2000-09); Ausgabe: 2000-12, Dreisprachige Fassung EN ISO 9001:2000, Berlin/Wien/Zürich.

Dierkes, M./Hähner, K./Raske, B. (1996): „Theoretisches Konzept und praktischer Nutzen der Unternehmenskultur", in: Bullinger, H.-J./Warnecke, H.J. (Hg.): Neue Organisationsformen im Unternehmen. Ein Handbuch für das moderne Management, Berlin et al., S. 315-332.

Dill, P./Hügler, G. (1997): „Unternehmenskultur und Führung betriebswirtschaftlicher Organisationen – Ansatzpunkte für ein kulturbezogenes Management", in: Fank, M. (Hg.): Unternehmenskultur. Perspektiven für Wissenschaft und Praxis, begr. von Edmund Heinen, 2. bearb. und erw. Aufl., München/Wien, S. 141-209.

Dittmar, M. (2000): Profitabilität durch das Management von Kundentreue, Wiesbaden.

Dlugos, G. (1974): „Unternehmungspolitik als betriebswirtschaftlich-politische Teildisziplin", in: Wild, J. (Hg.): Unternehmungsführung. Festschrift für Erich Kosiol zu seinem 75. Geburstag, Berlin, S. 43-73.

Dlugos, G. (1987): „Unternehmenspolitik als Führungsaufgabe", in: Kieser, A./Reber, G./Wunderer, R. (Hg.): Handwörterbuch der Führung, Stuttgart, Sp 1985-1994.

Domdey, W. (2001): „Partner des Managements. Personalarbeit im Umbruch: das EFQM-Modell", in: *Frankfurter Allgemeine Zeitung*, 15.06.2001, Nr. 136, B6.

Domsch, M./Ladwig, D./Siemers, S. (1995): Innovation durch Partizipation. Eine erfolgsversprechende Strategie für den Mittelstand, Stuttgart.

Donahue, K.T. (1998): „ISO, EFQM, Baldrige and Health Care Accreditation – a Comparison", in: Paeger, A. (Hg.): Die Gesundheitsversorgung von morgen, hrsg. v. den Asklepios Kliniken, Kronberg, S. 149-160.

Dopfer, W./Dörr, S. (1994): „Total Quality Management in der Hypo-Bank. Der NochBesser-Prozeß", in: *Personalführung*, 27. Jg., Hft. 10, S. 888-898.

Dorow, W. (1982): Unternehmungspolitik, Stuttgart et al.

Drach, W./Neumann, W. (1997): „Qualitätssteigerung durch Gruppenarbeit – Das Cost-Center Elektrik bei der Carl Schenck AG", in: Hirsch-Kreinsen, H. (Hg.): Organisation und Mitarbeiter im TQM (= Reihe Qualitätsmanagement, hrsg. v. F. Mikosch), Berlin et al., S. 121-135.

Drösser, A. (1997): Wettbewerbsvorteile durch Qualitätskommunikation. Bewertungsmodell für traditionelle Marktsignale und zertifizierte Managementsysteme, mit einem Geleitwort von Gerhard Bodenstein (= Gabler Edition Wissenschaft), Diss., Wiesbaden.

Drucker, F.P. (1993): Post-Capitalist Society, Oxford.

Drumm, H.J. (1995): Personalwirtschaftslehre, 3. neu bearb. und erw. Aufl., Berlin et al.

Ebeling, J. (2000): „Die sieben elementaren Werkzeuge der Qualität", in: Kamiske, G.F. (Hg.): Unternehmenserfolg durch Excellence, überarb. Neufassung, München/Wien, S. 277-307.

Eberhardt, S. (1998): Wertorientierte Unternehmensführung. Der modifizierte Stakeholder-Value-Ansatz, mit einem Geleitwort von Helmut Kuhnle (= Gabler Edition Wissenschaft), Diss., Wiesbaden.

Eggert, A. (2000): „Konzeptualisierung und Operationalisierung der Kundenbindung aus Kundensicht", in: *Marketing – Zeitschrift für Forschung und Praxis*, 22. Jg., Hft. 2, S. 119-130.

Eggert, A. (2001): „Die zwei Perspektiven des Kundenwerts: Darstellung und Versuch einer Integration", in: Günter, B./Helm, S. (Hg.): Kundenwert. Grundlagen – Innovative Konzepte – Praktische Umsetzungen, Wiesbaden, S. 39-55.

Ehrhart, K.J. (1994): „Das Qualitätsmanagementsystem, ein Schritt auf dem Wege zu TQM", in: Kamiske, G.F. (Hg.): Die Hohe Schule des Total Quality Management, Berlin/Heidelberg, S. 233-254.

Elgass, P./Krcmar, H. (1993): "Computergestützte Geschäftsprozeßplanung", in: *Information Management,* 8. Jg., Hft. 1, S. 42-49.
Elšik, W. (1996): „Prozessorganisation im Marketing", in: *Marktforschung & Management,* 40. Jg., S. 22-29, hier: S. 26.
Elter, V.-C. (1997): „Basiswissen BWL: Total Quality Management (TQM)", in: *Das Wirtschaftsstudium (WISU),* 26. Jg., Hft. 3, S. 207-210.
Engelmann, T. (1995): Business Process Reengineering. Grundlagen – Gestaltungsempfehlungen – Vorgehensmodell, Wiesbaden.
Erikson, E.H. (1980): Identität und Lebenszyklus. Drei Aufsätze, 6. Aufl., Frankfurt a.M.
Esser, H. (1993): Soziologie. Allgemeine Grundlagen, Frankfurt a.M./New York.
Etzioni, A. (1961): A Comparative Analysis of Complex Organizations. On Power, Involvement, and their Correlates, New York.
Etzioni, A. (1967): Soziologie der Organisationen (= Grundfragen der Soziologie, Bd. 12), München.
European Foundation for Quality Management (Hg.) (1994): Der European Quality Award. Bewerbungsbroschüre, Brüssel.
European Foundation for Quality Management (Hg.) (1995): Selbstbewertung – 1996 – Richtlinien für Unternehmen, Brüssel.
European Foundation for Quality Management (Hg.) (1996a): Der European Quality Award – 1997 – Informationsbroschüre, Brüssel.
European Foundation for Quality Management (Hg.) (1996b): Self-Assessment – 1997 – Guidelines for Companies, Brüssel.
European Foundation for Quality Management (Hg.) (1998a): Der European Quality Award 1999. Informationsbroschüre, Brüssel.
European Foundation for Quality Management (Hg.) (1998b): The European Quality Award 1999. Information Brochure, Brüssel.
European Foundation for Quality Management (Hg.) (1999a): „EFQM Excellence Model Q&A", in: *Quality Link* (= Newsletter), Vol. 11, No. 61, August 1999, S. 3.
European Foundation for Quality Management (Hg.) (1999b): Assessing for Excellence. A Practical Guide for Self-Assessment, Brüssel.
European Foundation for Quality Management (Hg.) (1999c): Criterion 1 – Leadership, http://www.efqm.org/imodel/change1.htm (Stand 02.08.1999).
European Foundation for Quality Management (Hg.) (1999d): Criterion 2 – Policy and Strategy, http://www.efqm.org/imodel/change2htm (Stand 02.08.1999).
European Foundation for Quality Management (Hg.) (1999e): Criterion 3 – People, http://www.efqm.org/imodel/change3.htm (Stand 02.08.1999).
European Foundation for Quality Management (Hg.) (1999f): Criterion 4 – Partnerships and Resources, http://www.efqm.org/imodel/change4.htm (Stand 02.08.1999).
European Foundation for Quality Management (Hg.) (1999g): Criterion 5 – Processes, http://www.efqm.org/imodel/change5.htm (Stand 02.08.1999).
European Foundation for Quality Management (Hg.) (1999h): Criterion 6 – Customer Results, http://www.efqm.org/imodel/change6.htm (Stand 02.08.1999).
European Foundation for Quality Management (Hg.) (1999i): Criterion 7 – People Results, http://www.efqm.org/imodel/change7.htm (Stand 02.08.1999).
European Foundation for Quality Management (Hg.) (1999j): Criterion 8 – Society Results, http://www.efqm.org/imodel/change8.htm (Stand 02.08.1999).
European Foundation for Quality Management (Hg.) (1999k): Criterion 9 – Key Performance Results, http://www.efqm.org/imodel/change9.htm (Stand 02.08.1999).
European Foundation for Quality Management (Hg.) (1999l): Determining Excellence. A Questionnaire Approach, Brüssel.
European Foundation for Quality Management (Hg.) (1999m): EFQM 2000 Vision and Mission, http://www.efqm.org/efqm2000.htm (Stand 02.08.1999).

European Foundation for Quality Management (Hg.) (1999n): EFQM and Self-Assessment, http://www.efqm.org/selfas.htm (Stand 02.08.1999).
European Foundation for Quality Management (Hg.) (1999o): Eight Essentials of Excellence. The Fundamental Concepts and Their Benefits, Brüssel
European Foundation for Quality Management (Hg.) (1999p): Excellence bestimmen. Eine Fragebogen-Methode, vorläufige Version, Brüssel.
European Foundation for Quality Management (Hg.) (1999q): Excellence bewerten. Eine praktische Anleitung zur Selbstbewertung, vorläufige Version, Brüssel.
European Foundation for Quality Management (Hg.) (1999r): History of the EFQM, http://www.efqm.org/history.htm (Stand 02.08.1999).
European Foundation for Quality Management (Hg.) (1999s): Introducing Excellence, Brüssel.
European Foundation for Quality Management (Hg.) (1999t): The EFQM Excellence Model, http://www.efqm.org/imodel/modelintro.htm (Stand 02.08.1999).
European Foundation for Quality Management (Hg.) (1999u): The EFQM Excellence Model Changes, http://www.efqm.org/imodel/changes1.htm (Stand 02.08.1999).
European Foundation for Quality Management (Hg.) (1999v): The EFQM in Action 1999, Brüssel.
European Foundation for Quality Management (Hg.) (1999w): The EFQM Excellence Model 1999, Brüssel.
European Foundation for Quality Management (Hg.) (1999x): The European Quality Award 2001. Information Brochure, Brüssel.
European Foundation for Quality Management (Hg.) (2000a [1999]): Das EFQM-Modell für Excellence (= überarb. deutsche Version der englischen Original-Ausgabe von 1999), Brüssel.
European Foundation for Quality Management (Hg.) (2000b): European Foundation for Quality Management, Brüssel.
European Foundation for Quality Management (Hg.) (2000c): The EFQM in Action – 2001, Brüssel.
European Foundation for Quality Management (Hg.) (2000d): The EFQM Excellence Model Changes, http://www.efqm.org/imodel/changes1.html (Stand 28.01.2000).
European Foundation for Quality Management (Hg.) (2001a): EFQM Levels of Excellence. European Quality Award Information Brochure, Brüssel.
European Foundation for Quality Management (Hg.) (2001b): European Quality Award Results Sounds Alarm Bells for Europe's Big Business, http://www.efqm.org/pressrel/eqa_results.htm (Stand 25.10.2001).
European Foundation for Quality Management (Hg.) (2003): EQA 2002 Winners, http://www.efqm.org/model_awards/eqa/history_pass_winners.htm (12.04.2003).
Farnschläder, F./Stoyan, H./Müller, M. (2001): „Von Masse zu Klasse. Kontrollierter Aufbau von hypertextuellen Wissenssystemen", in: *Qualität und Zuverlässigkeit*, 46. Jg., Hft. 2, S. 158-160.
Fatzer, G. (1998): „Ansätze zur 'lernenden Organisation'", in: Howaldt, J./Kopp, R./Winther, M. (Hg.): Kontinuierlicher Verbesserungsprozeß. KVP als Motor lernender Organisation, Köln, S. 20-26.
Finney, M./Mitroff, I.I. (1986): „Strategic Plan Failures", in: Sims, H.P. Jr./Gioia, D.A. (Hg.): The Thinking Organization, San Francisco et al., S. 317-335.
Fiol, C.M./Lyles, M.A. (1985): „Organizational Learning", in: *Academy of Management Review*, Vol. 10, S. 803-813.
Fleischmann, G. (1966): Nationalökonomie und sozialwissenschaftliche Integration (= Die Einheit der Gesellschaftswissenschaften, Bd. 5), Diss., Tübingen.

Franzpötter, R. (1997): Organisationskultur – Begriffsverständnis und Analyse aus interpretativ-soziologischer Sicht (= Nomos Universitätsschriften, Kulturwissenschaft, Bd. 4), Diss., Baden-Baden.

Fraunhofer Institut für Arbeitswissenschaft und Organisation (Hg.) (2001): Lösungen zur Implementierung von Total Quality Management nach dem EFQM Excellence Modell, http://www.rdm.iao.fhg.de/www/qm/qm22.htm (Stand 25.09.2001).

Frehr, H.-U. (1994): „Die Qualität des Unternehmens – eine neue Dimension der Qualität", in: Zink, K.J. (Hg.): Qualität als Managementaufgabe. Total Quality Management, 3. Aufl., Landsberg a.L., S. 125-152.

Frese, E. (1995): Grundlagen der Organisation. Konzept – Prinzipien – Strukturen, 6. Aufl., Wiesbaden.

Fritz, W. (1989): Marketing, ein Schlüsselfaktor des Unternehmenserfolges? Eine kritische Analyse vor dem Hintergrund der empirischen Erfolgsfaktorenforschung, Mannheim.

Funck, D./Mayer, M./Schwendt, S. (2001): Integrierte Managementsysteme im Spiegel einer internationalen Expertenbefragung. Stand und Entwicklung im Handels- und Dienstleistungssektor (= IMS-Forschungsberichte Nr. 3, hrsg. v. Göttinger Handelswissenschaftliche Schriften e.V.), Göttingen.

Gairola, A. (1996): „Kunden-Lieferanten-Beziehungen im Unternehmen", in: Bullinger, H.-J./Warnecke, H.J. (Hg.): Neue Organisationsformen im Unternehmen. Ein Handbuch für das moderne Management, Berlin et al., S. 467-487.

Gaitanides, M. (1983): Prozessorganisation. Entwicklung, Ansätze und Programme prozeßorientierter Organisationsgestaltung, München.

Gaitanides, M. et al. (1994): Prozeßmanagement. Konzepte, Umsetzungen und Erfahrungen des Reengineering; mit 89 Bildern und 20 Tabellen, München/Wien.

Gaitanides, M./Scholz, R./Vrohlings, A. (1994): „Prozeßmanagement – Grundlagen und Zielsetzungen", in: Gaitanides, M. et al.: Prozeßmanagement. Konzepte, Umsetzungen und Erfahrungen des Reengineering; mit 89 Bildern und 20 Tabellen, München/Wien, S. 1-20.

Garvin, D.A. (1984): „What Does Product Quality Really Mean?", in: *Sloan Management Review*, Vol. 25, No. 1, S. 25-43.

Gerpott, T.J./Wittkemper, G. (1996): „Business Process Design. Der Ansatz von Booz • Allen & Hamilton", in: Nippa, M./Picot, A. (Hg.): Prozeßmanagement und Reengineering. Die Paxis im deutschsprachigen Raum, 2. Aufl., Frankfurt a.M./New York, S. 144-164.

Gersick, C./Hackmann, J.R. (1990): „Habitual Routines in Task-Performing Groups", in: *Organizational Behaviour and Human Decision Processes*, Vol. 47, S. 65-97.

Gitlow, H.S./Gitlow, S.J. (1987): The Deming Guide to Quality and Competitive Position, Englewood Cliffs, N.J.

Göttgens, O. (1996): Erfolgsfaktoren in stagnierenden und schrumpfenden Märkten. Instrumente einer erfolgreichen Unternehmenspolitik, Wiesbaden.

Gomez, P./Zimmermann, T. (1992): Unternehmensorganisation. Profile, Dynamik, Methodik (= Schriften zum St. Gallener Management-Konzept, Bd. 3), Frankfurt a.M./New York.

Gouldner, A.W. (1959): „Organizational Analysis", in: Merton, R.K./Broom, L./Cotrell, L.S. (Hg.): Sociology Today. Problems and Prospects, New York, S. 400-428.

Greene, R.T. (1997): „Von planmäßiger zu eigendynamischer organisatorischer Veränderung", in: Nippa, M./Scharfenberg, H. (Hg.): Implementierungsmanagment. Über die Kunst, Reengineeringkonzepte erfolgreich umzusetzen, Wiesbaden, S. 59-78.

Greipel, B. (1988): Strategie und Kultur. Grundlagen und mögliche Handlungsfelder im kulturbewußten strategischen Management, Berlin.

Groth, T. (1996): Wie systemtheoretisch ist „Systemische Organisationsberatung?" Neuere Beratungskonzepte für Organisationen im Kontext der Luhmannschen Systemtheorie, Münster.

Gulati, R./Nohria, N./Zaheer, A. (2000): „Strategic Networks", in: *Strategic Management Journal*, Vol. 21, Special Issue, S. 203-216.
Günter, B./Helm, S. (Hg.) (2001): Kundenwert. Grundlagen – Innovative Konzepte – Praktische Umsetzungen, Wiesbaden.
Gussmann, B./Breit, C. (1997): „Ansatzpunkte für eine Theorie der Unternehmenskultur", in: Fank, M. (Hg.): Unternehmenskultur. Perspektiven für Wissenschaft und Praxis, begr. v. Edmund Heinen, 2. bearb. und erw. Aufl., München/Wien, S. 107-139.
Gutenberg, E. (1962): Unternehmensführung. Organisation und Entscheidungen, Wiesbaden.
Gutenberg, E. (1969): „Unternehmensführung", in: Grochla, E. (Hg.): Handwörterbuch der Organisation, Stuttgart, Sp. 1647-1685.
Gutenberg, E. (1983): Grundlagen der Betriebswirtschaftslehre, Bd. 1: Die Produktion (= Enzyklopädie der Rechts- und Staatswissenschaften: Abt. Staatswissenschaft), Berlin et al.
Habermas, J. (1983): „Diskursethik – Notizen zu einem Begründungsprogramm", in: Habermas, J.: Moralbewusstsein und kommunikatives Handeln, Frankfurt a.M., S. 53-125.
Habermas, J. (1997a [1981]): Theorie des kommunikativen Handelns, Bd. 1: Handlungsrationalität und gesellschaftliche Rationalisierung, 2. Aufl., Frankfurt a.M.
Habermas, J. (1997b [1981]): Theorie des kommunikativen Handelns, Bd. 2: Zur Kritik der funktionalistischen Vernunft, 2. Aufl., Frankfurt a.M.
Hammer, M./Champy, J. (1993): Reengineering the Corporation: A Manifesto for Business Revlution, New York.
Handlbauer, G. (1999): „Kundenorientiertes Wissensmanagement", in: Hinterhuber, H.H./Matzler, K. (Hg.): Kundenorientierte Unternehmensführung. Kundenorientierung, Kundenzufriedenheit, Kundenbindung, Wiesbaden, S. 129-147.
Hansen, U./Jeschke, K. (1995): „Nachkaufmarketing – Ein neuer Trend im Konsumgütermarketing?", in: Hansen, U. (Hg.): Verbraucher- und Umweltorientiertes Marketing, Stuttgart, S. 254-271.
Harker, M.J. (1999): „Relationship Marketing Defined? An Examination of Current Relationship Marketing Definitions", in: *Marketing Intelligence & Planning*, Vol. 17, No. 1, S. 13-20.
Hauser, J./Thurmann, F. (1993): „Prozeßmanagement und Systemunterstützung für Concurrent Engineering", in: *CIM-Management*, 9. Jg., Hft. 2, S. 17-22.
Hausschildt, J. (1997): Innovationsmanagement (= Vahlens Handbücher der Wirtschafts- und Sozialwissenschaften), 2. völlig überarb. und erw. Auflage, München.
Hausschildt, J./Gemünden, H.G./Grotz-Martin, S./Haidle, U. (1983): Entscheidungen der Geschäftsführung, Tübingen.
Hawrylyshyn, B. (1983): „Management Education – A Conceptual Framework", in: Taylor, B.W./Lippitt, R. (Hg.): Management Development and Training Handbook, 2. Aufl., London et al., S. 245-256.
Haynes, A./Lackman, C./Guskey, A. (1999): „Comprehensive Brand Presentation: Ensuring Consistent Brand Image", in: *Journal of Product & Brand Management*, Vol. 8, No. 4, S. 28-300.
Heinen, E. (1997): „Unternehmenskultur als Gegenstand der Betriebswirtschaftslehre", in: Fank, M. (Hg.): Unternehmenskultur. Perspektiven für Wissenschaft und Praxis, begr. v. Edmund Heinen, 2. bearb. und erw. Aufl., München/Wien, S. 2-48.
Heisig, P. (1998): „KVP und Wissensmanagement", in: Howaldt, J./Kopp, R./Winther, M. (Hg.): Kontinuierlicher Verbesserungsprozeß. KVP als Motor lernender Organisation, Köln, S. 215-229.

Helm, S./Günter, B. (2001): „Kundenwert – eine Einführung in die theoretischen und praktischen Herausforderungen der Bewertung von Kundenbeziehungen", in: Günter, B./Helm, S. (Hg.): Kundenwert. Grundlagen – Innovative Konzepte – Praktische Umsetzungen, Wiesbaden, S. 3-35.

Hendricks, K.B./Singhal, V.R. (2000): The Impact of Total Quality Management on Financial Performance: Evidence from Quality Award Winners, März 2000, http://www.efqm.org/new_website/model_awards/downloads/keyabstract.pdf (Stand 18.04.2002).

Hentsche, C./Perwein, A. (1996): „Servicequalität aus Kunden- und Mitarbeitersicht. Konsequenzen für die Personalarbeit", in: *Personalführung*, 29. Jg., Hft. 1, S. 34-39.

Hentze, J. (1991a): Personalwirtschaftslehre, Bd. 1: Arbeitsbuch Personalwirtschaftslehre, 5. überarb. und erg. Aufl., Bern/Stuttgart.

Hentze, J. (1991b): Personalwirtschaftslehre, Bd. 2: Personalerhaltung und Leistungsstimulation, Personalfreistellung und Personalinformationswirtschaft, 5. überarb. und erg. Aufl., Bern/Stuttgart.

Hentze, J./Kammel, A./Lindert, K. (1997): Personalführungslehre. Grundlagen, Funktionen und Modelle der Führung, 3. Aufl., Bern/Stuttgart/Wien.

Heppner, K. (1997): Organisation des Wissentransfers. Grundlagen, Barrieren und Instrumente; Mit einem Geleitwort von Erich Frese, Diss., Wiesbaden.

Herbst, D. (1998): Corporate Identity. Das professionelle 1x1, 1. Aufl., Berlin.

Herp, T./Brand, S. (1996): „Reengineering aus Management-Sicht", in: Nippa, M./Picot, A. (Hg.): Prozeßmanagement und Reengineering. Die Praxis im deutschsprachigen Raum, 2. Aufl., Frankfurt a.M./New York, S. 126-143.

Herzberg, F. (1967): Work and the Nature of Men, Cleveland, Ohio.

Herzberg, F. (1975): „One More Time: How to Motivate Employees?", in: Steers, R.M./Porter, L.W. (Hg.): Motivation and Work Behavior, New York et al., S. 91-104.

Herzberg, F./Mausner, B.M./Snyderman, B.B. (1959): The Motivation to Work, New York.

Heß, G. (1991): Marktsignale und Wettbewerbsstrategie. Theoretische Fundierung und Fälle aus der Unternehmenspraxis, Stuttgart.

Hildebrandt, H./Koppelmann, U. (Hg.) (2000): Beziehungsmanagement mit Lieferanten. Konzepte, Instrumente, Erfolgsnachweise (= Schriftenreihe der Schmalenbach-Gesellschaft für Betriebswirtschaft e.V.), Stuttgart.

Hinterhuber, H.H. (1992): Strategische Unternehmensführung, 2 Bde., 5. Aufl., Berlin/New York.

Hinterhuber, H.H. (1999): „Die Rolle der Kundenzufriedenheit in der strategischen Unternehmensführung", in: Hinterhuber, H.H./Matzler, K. (Hg.): Kundenorientierte Unternehmensführung. Kundenorientierung, Kundenzufriedenheit, Kundenbindung, Wiesbaden, S. 3-23.

Hinterhuber, H.H./Friedrich, S.A. (1997): „Markt- und ressourcenorientierte Sichtweise zur Steigerung des Unternehmenswertes", in: Hahn, D./Taylor, B. (Hg.): Strategische Unternehmensplanung – Strategische Unternehmungsführung. Stand und Entwicklungstendenzen, 7. völlig neu bearb. und erw. Aufl., Heidelberg, S. 988-1016.

Hinterhuber, H.H./Matzler, K. (Hg.) (1999): Kundenorientierte Unternehmensführung. Kundenorientierung, Kundenzufriedenheit, Kundenbindung, Wiesbaden.

Hirsch-Kreinsen, H. (1997a): „Einführung: Wechselwirkungen zwischen Qualitätsmanagement und Organisation", in: Hirsch-Kreinsen, H. (Hg.): Organisation und Mitarbeiter im TQM (= Reihe Qualitätsmanagement, hrsg. v. F. Mikosch), Berlin et al., S. 1-11.

Hirsch-Kreinsen, H. (Hg.) (1997b): Organisation und Mitarbeiter im TQM (= Reihe Qualitätsmanagement, hrsg. v. F. Mikosch), Berlin et al.

Ho, S.K.M./Fung, C.K.H. (1994): „Developing a TQM Excellence Model", in: *The TQM Magazine*, Vol. 6, No. 6, S. 24-30.

Hobbes, T. (1966 [1651]): „Leviathan“, in: Molesworth, W. (Hg.): Collected English Works of Thomas Hobbes, Bd. 3, Aalen.

Hoeth, U./Reddemann, A./Gillner, A. (1997): „Balance zwischen Verdienen und Vertrauen. Von der Dienstleistungsqualität zur Dienstleistungsmentalität“, in: *Personalführung*, 30. Jg., Hft. 11, S. 1056-1063.

Hofbauer, W. (1991): Organisationskultur und Unternehmensstrategie, München.

Hofer, C.W./Schendel, D. (1978): Strategy Formulation, St. Paul.

Hopfenbeck, W. (1992): Allgemeine Betriebswirtschafts- und Managementlehre – Das Unternehmen im Spannungsfeld zwischen ökonomischen, sozialen und ökologischen Interessen, 7. überarb. Aufl., Landsberg a.L.

Horvath & Partner (Hg.) (1997): Qualitätscontrolling. Ein Leitfaden zur betrieblichen Navigation auf dem Weg zum Total Quality Management, Stuttgart.

Howald, J. (1998): „Vom Nutzen externer Beratung bei der Einführung von KVP“, in: Howaldt, J./Kopp, R./Winther, M. (Hg.): Kontinuierlicher Verbesserungsprozeß. KVP als Motor lernender Organisation, Köln, S. 183-190.

Howaldt, J./Kopp, R./Winther, M. (Hg.) (1998): Kontinuierlicher Verbesserungsprozeß. KVP als Motor lernender Organisation, Köln.

Hummel, T./Malorny, C. (1997): Total Quality Management. Tips für die Einführung, hrsg. v. G.F. Kamiske, 2. Aufl., München/Wien.

Hunger, J.D./Wheelen, T.L. (1996): Strategic Management, 5. Aufl., Reading.

IMP-Group (1990): „An Interaction Approach“, in: Ford, D. (Hg.): Understanding Business Markets. Interaction, Relationships and Networks, London, S. 7-26.

Ishikawa, K. (1985): What Is Total Quality Control? The Japanese Way, Englewood Cliffs, N.J.

Jackson, S. (1999): „Exploring the Possible Reasons Why the UK Government Commended the EFQM Excellence Model as the Framework for Delivering Governance in the New NHS“, in: *International Journal of Health Care Quality Assurance*, Vol. 12, No. 6, 244-253.

Jacobi, H.-J. (1993): „Unterschiedliche Ansätze zur Realisierung von Total Productive Maintenance (TPM)“, in: Biedermann, H. (Hg.): Instandhaltungsmanagement im Wandel, Köln, S. 112-116.

Jacobi, H.-J. (1996): „Instrumentarien zur monetären und nichtmonetären Bewertung von Geschäftsprozessen“, in: Kamiske, G. (Hg.): Rentabel durch Total-Quality-Mangement. Return on Quality – ROQ, Berlin et al., S. 31-72.

Jänike, M./Kunig, P./Stitzel, M. (1999): Lern- und Arbeitsbuch Umweltpolitik. Politik, Recht und Management des Umweltschutzes in Staat und Unternehmen, Bonn.

Jarke, M. et al. (1996a): „Integrationsbasis – der durchgängige Qualitätskreis“, in: Pfeifer, T. (Hg.): Wissensbasierte Systeme in der Qualitätssicherung. Methoden zur Nutzung verteilten Wissens, mit 56 Abbildungen, (= Qualitätsmanagement, hrsg. v. F. Mikosch), Berlin et al., S. 14-34.

Jarke, M. et al. (1996b): „Von der Datenverarbeitung zum Wissensmanagement“, in: Pfeifer, T. (Hg.): Wissensbasierte Systeme in der Qualitätssicherung. Methoden zur Nutzung verteilten Wissens, mit 56 Abbildungen, (= Qualitätsmanagement, hrsg. v. F. Mikosch), Berlin et al., S. 1-13.

Jedlicka, M. (1992): „Total Quality Management (TQM) – Paradigmenwechsel für Spitzenunternehmen“, in: o.V.: Total Quality Management (TQM) als Strategie im internationalen Wettbewerb (= Reihe Qualitätsmanagement aktuell, hrsg. v. H.E. Zsifkovits), Köln, S. 21-32.

Jehle, E./Stüllenberg, F. (2001): „Kooperationscontrolling am Beispiel eines Logistikdienstleisters", in: Bellmann, K. (Hg.): Kooperations- und Netzwerkmanagement. Festgabe für Gert v. Kortzfleisch zum 80. Geburtstag (= Abhandlungen aus dem Industrieseminar der Universität Mannheim; Hft. 56), Berlin, S. 209-230.

Jensen, S. (1976): „Einleitung", in: Jensen, S. (Hg.): Zur Theorie sozialer Systeme (= Studienbücher zur Sozialwissenschaft, Bd. 14), Opladen: Westdeutscher Verlag, S. 9-68.

Johnson, R./Tsiros, M./Lancioni, R. (1995): „Measuring Service Quality: A Systems Approach", in: *Journal of Services Marketing*, Vol. 9, No. 5, S. 6-19.

Jöns, I. (1995): Managementstrategien und Organisationswandel. Die Integration neuer Philosophien in Unternehmen (= Arbeits- und Organisationspsychologie in Forschung und Praxis, hrsg. von Prof. Dr. Walter Bungard; 2), Diss., Weinheim.

Jung, M. (1996): „Business Process Management: Eine TQM-Voraussetzung", in: Mehdorn, H./Töpfer, A. (Hg.): Besser – Schneller – Schlanker. TQM-Konzepte in der Unternehmenspraxis, 2. durchges. Aufl., Neuwied et al., S. 137-163.

Juran, J.M. (1990): Handbuch der Qualitätsplanung, 2. überarb. Aufl., Landsberg.

Kalbfleisch, D./Schellenberg, A./Gröf, S. (2001): „Wissen braucht Engagement. Wissensmanagementsysteme als Plattform für prozessorientiertes Qualitätsmanagement", in: *Qualität und Zuverlässigkeit*, 46. Jg., Hft. 2, S. 132-133.

Kalkowski, P. (1997): „Qualitätsproduktion als Aufgabe der Betriebsorganisation", in: Hirsch-Kreinsen, H. (Hg.): Organisation und Mitarbeiter im TQM (= Reihe Qualitätsmanagement, hrsg. v. F. Mikosch), Berlin et al., S. 137-163.

Kambartel, F. (1974): „Moralisches Argumentieren – Methodische Analysen zur Ethik", in: Kambartel, F. (Hg.): Praktische Philosophie und konstruktive Wissenschaftstheorie, Frankfurt a.M., S. 54-72.

Kamiske, G.F. (Hg.) (1994): Die Hohe Schule des Total Quality Management, Berlin/Heidelberg.

Kamiske, G.F. (1996): „Problemstellung und Zielsetzung", in: Kamiske, G.F. (Hg.): Rentabel durch Total-Quality-Management. Return on Quality – ROQ, Berlin et al., S. 1-9.

Kamiske, G.F. (Hg.) (2000): Unternehmenserfolg durch Excellence, überarb. Neufassung, München/Wien.

Kamiske, G.F./Brauer, P. (1995): Qualitätsmanagement von A bis Z. Erläuterungen moderner Begriffe des Qualitätsmanagements, 2. überarb. und erw. Aufl., München/Wien.

Kamiske, G.F./Malorny, C. (1994): „Total Qualiy Management – ein bestechendes Führungsmodell mit hohen Anforderungen und großen Chancen", in: Kamiske, G.F. (Hg.): Die Hohe Schule des Total Quality Mangement, Berlin/Heidelberg, S. 1-18.

Karapetrovic, S./Willborn, W. (2001): „Audit And Self-Assessment in Quality Management: Comparison And Compatibility", in: *Managerial Auditing Journal*, Vol. 16, No. 6, S. 366-377.

Katz, D./Kahn, R. (1978): The Social Psychology of Organizations, 2. Aufl., New York et al.

Kern, W. (1990): Industrielle Produktionswirtschaft (= Sammlung Poeschel; P 5), 4. neu bearb. und erw. Aufl., Stuttgart.

Kieser, A. (1997): „Implementierungsmanagement im Zeichen von Moden und Mythen des Organisierens", in: Nippa, M./Scharfenberg, H. (Hg.): Implementierungsmanagement. Über die Kunst, Reengineeringkonzepte erfolgreich umzusetzen, Wiesbaden, S. 81-102.

Kieser, A./Kubicek, H. (1983): Organisation, 2. neubearb. und erw. Aufl., Berlin/New York.

Kilmann, R.H. (1985): „Five Steps for Closing Culture-Gaps", in: Kilmann, R.H./Saxton, M./Serpa, R. (Hg.): Gaining Control of the Corporate Culture (= Management Series), San Francisco, S. 355-369.

Kilmann, R.H./Saxton, M.J./Serpa, R. (Hg.) (1985): Gaining Control of the Corporate Culture (= Management Series), San Francisco.

Kirsch, J./Georg, W. (1994): „Qualitätsmanagement und Personalentwicklung“, in: *Personalführung*, 27. Jg., Hft. 10, S. 926-930.
Kirstein, H. (1994): Der Einfluß Demings auf die Entwicklung des Total Quality Managements (TQM), Diss., München/Wien.
Kirstein, H. (2000a): Diskussion möglicher Modellalternativen zur Bewertung von Business Excellence, http://www.deutsche-efqm.de/efqm/modellvarianten.html (Stand 31.10.2000).
Kirstein, H. (2000b): EFQM-Modell 2000. Das neue EFQM Excellence Modell für das Jahr 2000, http://www.deutsche-efqm.de/efqm/modell2000-1.htm (Stand 08.06.2000).
Kirstein, H. (2000c): EFQM-Modell 2000. Das neue EFQM Excellence Modell für das Jahr 2000, http://www.deutsche-efqm.de/efqm/modell2000-4.htm (Stand 31.10.2000).
Kirstein, H. (2000d): EFQM-Modell Grundlagen. Die Grundlagen des EFQM-Modells, http://www.deutsche-efqm.de/efqm/modellgrund-1.html (Stand 08.06.2000).
Kirstein, H. (2000e): EFQM-Modell Grundlagen. 4. Unterkriterien – hier gibt es Änderungen, http://www.deutsche-efqm.de/efqm/modell2000-2.html (Stand 08.05.2000).
Kirstein, H. (2000f): ISO 9000 – Von ISO zu TQM, http://www.deutsche-efqm.de/iso9000/iso_tqm.html (Stand 31.10.2000).
Kirstein, H. (2000g): Was ich schon immer über die Balanced Scorecard wissen wollte, http://www.deutsche-efqm.de/efqm/balanscore-1.html (Stand 31.10.2000).
Kirstein, H. (2001): „Drei Stufen zum Olymp. Einfacher Einstieg in das Excellence-Modell“, in: *Qualität und Zuverlässigkeit*, 46. Jg., Hft. 7, S. 870-871.
Kleinmann, P. (1996): „Veränderte Unternehmensphilosophie am Standort Deutschland“, in: Mehdorn, H./Töpfer, A. (Hg.): Besser – Schneller – Schlanker. TQM-Konzepte in der Unternehmenspraxis, 2. durchges. Aufl., Neuwied et al., S. 65-79.
Koerber, E. (1996): „Ansätze zur Überwindung der Strukturkrise in der Wirtschaft: Das Erfolgsbeispiel ABB“, in: Töpfer, A./Mehdorn, H. (Hg.): Besser – Schneller – Schlanker. TQM-Konzepte in der Unternehmenspraxis, 2. durchges. Aufl., Neuwied et al., S. 53-64.
Kolks, U. (1990): Strategieimplementierung. Ein anwendungsorientiertes Konzept, Wiesbaden.
Kouzes, J.M./Posner, B.Z. (1993): Credibility: How Leaders Gain and Lose it, Why People Demand it, San Francisco.
Kraege, R. (1997): Controlling strategischer Unternehmenskooperationen. Aufgaben, Instrumente und Gestaltungsempfehlungen, München.
Kraus, W. (1982): Die japanische Herausforderung. Fernöstliche Mentalität und Strategie, Berlin.
Kreikebaum, H. (1996): Grundlagen der Unternehmensethik (= UTB für Wissenschaft: Betriebswirtschaftslehre), Stuttgart.
Kreikebaum, H. (1997): Strategische Unternehmensplanung, 6. überarb. und erw. Aufl., Stuttgart/Berlin/Köln.
Kreuz, W. (1996): „‚Transforming the Enterprise‘. Die nächste Generation des Business Process Engineering“, in: Nippa, M./Picot, A. (Hg.): Prozeßmanagement und Reengineering. Die Praxis im deutschsprachigen Raum, 2. Aufl., Frankfurt a.M./New York, S. 93-107.
Krüger, S. (1997): Profitabilitätsorientierte Kundenbindung durch Zufriedenheitsmanagement. Kundenzufriedenheit und Kundenwert als Steuerungsgröße für die Kundenbindung in marktorientierten Dienstleistungsunternehmen (= Schriftenreihe Schwerpunkt Marketing; Bd. 47), Diss., München.
Kubicek, H./Welter, G. (1985): Messung der Organisationsstruktur, Stuttgart.
Kuß, A. (2001): Marketing-Einführung. Grundlagen, Überblick, Beispiele,Wiesbaden.
Lascelles, D./Peacock, R. (1996): Self-Assessment for Business Excellence, Berkshire.
Lawrence, P.R./Lorsch, J.W. (1967): Organization and Environment. Managing Differentiation and Integration, Boston.

Lee, T.H./Woll, T.W. (1996): „The Center for Quality Management. Eine amerikanische Fallstudie zur TQM-Einführung“, in: Töpfer, A./Mehdorn, H. (Hg.): Besser – Schneller – Schlanker. TQM-Konzepte in der Unternehmenspraxis, 2. durchges. Aufl., Neuwied et al., S. 31-51.

Lenzen, A. (1996): Corporate Identity in Banken. Wie sich Unternehmenskultur in Rendite verwandelt, Wiesbaden.

Levitt, B./March, J.G. (1988): "Organizational Learning", in: *Annual Review in Sociology*, Vol. 4, S. 319-340.

Lietz, J.H. (1994): „Von der Zweck-Gemeinschaft zur Sinn-Gemeinschaft“, in: Kamiske, G.F. (Hg.): Die Hohe Schule des Total Quality Management, Berlin/Heidelberg, S. 111-130.

Likert, R. (1972): Neue Ansätze der Unternehmensführung, Bern/Stuttgart.

Löhr, A. (1991): Unternehmensethik und Betriebswirtschaftslehre, Stuttgart.

Lübbe, U. (1994): „Qualität als Zukunftssicherung“, in: Dale, B./Jammernegg, W. et al. (Hg.): Integrative Strategien des Qualitätsmanagements (= Proceedings zum internationalen Hochschulkurs im Rahmen von Comet II), Wien, S. 11-38.

Lübbe, U. (1996a): „Qualität als entscheidender Wettbewerbsfaktor“, in: Bullinger, H.-J./Warnecke, H.J. (Hg.): Neue Organisationsformen im Unternehmen. Ein Handbuch für das moderne Management, Berlin et al., S. 753-757.

Lübbe, U. (1996b): „Qualitätsmanagementsysteme“, in: Bullinger, H.-J./Warnecke, H.J. (Hg.): Neue Organisationsformen im Unternehmen. Ein Handbuch für das moderne Management, Berlin et al., S. 769-785.

Luger, A.E./Geisbüsch, H.-G./Neumann, J. (1991): Allgemeine Betriebswirtschaftslehre, 3. erw. Aufl., München et al.

Luhmann, N. (1984): „Die Wirtschaft der Gesellschaft als autopoietisches System“, in: *Zeitschrift für Soziologie*, 13. Jg., Hft. 4, S. 308-327.

Luhmann, N. (1988): „Organisation“, in: Küpper, W./Ortmann, G. (Hg.): Mikropolitik. Rationalität, Macht und Spiele in Organisationen, Opladen, S. 165-185.

Luhmann, N. (1994a): „Die Gesellschaft und ihre Organisationen“, in: Derlien, H.-U./Gerhardt,U./Scharpf, F.W. (Hg.): Systemrationalität und Partialinteresse, Festschrift für Renate Mayntz, Baden-Baden, S. 189-201.

Luhmann, N. (1994b): Soziale Systeme. Grundriß einer allgemeinen Theorie, 5. Aufl., Frankfurt a.M.

Luhmann, N. (1995): Funktionen und Folgen formaler Organisationen, 4. Aufl., Berlin.

Mairamhof, G./Thelen, E./Botschen, G./Etzel, M. (1995): „Ein Modell des Reaktionsprozesses von Dienstleistern auf Diskonfirmationen des Kunden“, in: Bruhn, M. (Hg.): Dienstleistungsqualität: Konzepte, Methoden, Erfahrungen, 2. überarb. und erw. Aufl., Wiesbaden, S. 295-316.

Malorny, C. (1999): TQM umsetzen. Weltklasse neu definieren, Leistungsoffensive einleiten, Business Excellence erreichen, 2. überarb. und aktual. Aufl., Stuttgart.

March, J.G./Simon, H.A. (1958): Organizations, New York.

Markus, M.L. (1984): Systems in Organizations, Boston et al.

Marr, R./Stitzel, M. (1979): Personalwirtschaft, München.

Marré, R. (1997): Die Bedeutung der Unternehmenskultur für die Personalentwicklung, Diss., Frankfurt a.M. et al.

Martensen, A./Dahlgaard, J.J. (1999): „Strategy And Planning for Innovation Management – A Business Excellence Approach“, in: *International Journal of Quality & Reliability Management*, Vol. 16, No. 8, S. 734-755.

May, T. (1997): Organisationskultur. Zur Rekonstruktion und Evaluation heterogener Ansätze in der Organisationstheorie (= Studien zur Sozialwissenschaft, Bd. 189), Opladen.

Mayring, P. (1990): Einführung in die qualitative Sozialforschung. Eine Anleitung zum qualitativen Denken, München.

McAdam, R./O'Neill, E. (1999): „Taking a Critical Perspective to the European Business Excellence Model Using a Balanced Scorecard Approach: A Case Study in the Service Sector", in: *Managing Service Quality*, Vol. 9, No. 3, S. 191-197.

McAdam, R./Welsh, W. (2000): „A Critical Review of the Business Excellence Quality Model Applied to Further Education Colleges", in: *Quality Assurance in Education*, Vol. 8, No. 3, S. 120-130.

McGregor, D. (1986): Der Mensch im Unternehmen, 3. Aufl., Düsseldorf.

Mead, G.H. (1995 [1934]): Geist, Identität und Gesellschaft aus der Sicht des Sozialbehaviorismus, 10. Aufl., Frankfurt a.M.

Meffert, H. (1991): Marketing – Grundlagen der Absatzpolitik. Mit Fallstudien Einführung und Relaunch des VW-Golf (= Gabler-Lehrbuch), 7. überarb. und erw. Aufl., Wiesbaden.

Meffert, H. (2000): Marketing. Grundlagen marktorientierter Unternehmensführung; Konzepte, Instrumente, Praxisbeispiele; mit neuer Fallstudie VW Golf, 9. überarb. und erw. Aufl., Wiesbaden.

Meffert, H./Bruhn, M. (1997): Dienstleistungsmarketing. Grundlagen – Konzepte – Methoden. Mit Fallbeispielen, 2. überarb. und erw. Aufl., Wiesbaden.

Meier, K. (1997): „Ergebnisse und Erkenntnisse aus einem Assessment nach dem Europäischen Qualitätsmodell für Personalmanagement und Personalabteilung", in: Wunderer, R./Gerig, V./Hauser, R. (Hg.): Qualitätsorientiertes Personalmanagement. Das Europäische Qualitätsmodell als unternehmerische Herausforderung, München/Wien, S. 234-253.

Meindl, R. (1996): „Beurteilung und Überwindung innerbetrieblicher Hemmnisse", in: Bullinger, H.-J./Warnecke, H.J. (Hg.): Neue Organisationsformen im Unternehmen. Ein Handbuch für das moderne Management, Berlin et al., S. 1062-1077.

Mei-Pochtler, A. (1999): „Kundenbindung durch Discovery", in: Hinterhuber, H.H./Matzler, K. (Hg.): Kundenorientierte Unternehmensführung. Kundenorientierung, Kundenzufriedenheit, Kundenbindung, Wiesbaden, S. 239-256.

Mellerowicz, K. (1976): Unternehmenspolitik, 3 Bde., 3. Aufl., Freiburg.

Miebach, B. (1984): Strukturalistische Handlungstheorie: Zum Verhältnis von soziologischer Theorie und empirischer Forschung im Werk von Talcott Parsons, Opladen.

Miles, R.E. (1975): Theories of Management, New York et al.

Miles, R.E./Snow, C.C. (1986): Unternehmensstrategien, Hamburg et al

Mitchell, R.K./Agle, B.R./Wood, D.J. (19997): "Toward a Theory of Stakeholder Identification and Salience. Defining the Principle of Who and What Really Counts", in: *The Academy of Management Review*, Vol. 22, No. 4, S. 853-886.

Moerniam, P.A./Commandeur, H.R./Langerak, F. (1996): „Strategische Zusammenarbeit mit industriellen Zulieferern", in: Bullinger, H.-J./Warnecke, H.J. (Hg.): Neue Organisationsformen im Unternehmen. Ein Handbuch für das moderne Management, Berlin et al., S. 453-465.

Mohr-Jackson, I. (1998): „Conceptualizing Total Quality Orientation", in: *European Journal of Marketing*, Vol. 32, No. 1/2, S. 13-22.

Moldaschl, M. (1997): „Arbeitsorganisation und Leistungspolitik im Qualitätsmanagement", in: Hirsch-Kreinsen, H. (Hg.): Organisation und Mitarbeiter im TQM (= Reihe Qualitätsmanagement, hrsg. v. F. Mikosch), Berlin et al., S. 63-95.

Mollenhauer, M. (1994): „Total Quality Management und Markeneinführung", in: Bruhn, M. (Hg.): Handbuch Markenartikel, Bd. 3, Stuttgart, S. 1403-1429.

Möller, J. (1999): „Das Europäische Modell für Qualität. Was jeder über EFQM wissen sollte", in: *Krankenhaus Umschau*, Sonderheft „EFQM – das Qualitätsmodell der European Foundation for Quality Management", Hft. 9, S. 9-11.

Morgan, G. (1997 [1986]): Bilder der Organisation, Newburry Park, Cal.

Mühlbauer, B.H. (1999): „Vergessene Dimension? Projektmanagement Evaluation für das EFQM-Modell", in: *Krankenhaus Umschau*, Sonderheft „EFQM – das Qualitätsmodell der European Foundation for Quality Management", o. Jg., Hft. 9, S. 53-54.

Münch, R. (1980): „Über Parsons zu Weber: Von der Theorie der Rationalisierung zur Theorie der Interpenetration", in: *Zeitschrift für Soziologie*, 9. Jg., S. 18-53.

Münch, R. (1986): Die Kultur der Moderne, 2 Bde., Frankfurt a.M.

Münch, R. (1988 [1982]): Theorie des Handelns. Zur Rekonstruktion der Beiträge von Talcott Parsons, Emile Durkheim und Max Weber, Frankfurt a.M.

Münch, R. (1991): Dialektik der Kommunikationsgesellschaft (= Suhrkamp-Taschenbuch Wissenschaft; 880), Frankfurt a.M.

Münch, R. (1992 [1984]): Die Struktur der Moderne. Grundmuster und differentielle Gestaltung des institutionellen Aufbaus der modernen Gesellschaften, Frankfurt a.M.

Münch, R. (1994): Sociological Theory. From the 1920s to the 1960s, Vol. 2, Chicago, Ill.

Münch, R. (1995): Dynamik der Kommunikationsgesellschaft, Frankfurt a.M.

Murmann, B. (1999): Qualität mehrstufiger Dienstleistungsinteraktionen. Besonderheiten bei Dienstleistungsunternehmen mit direktem und indirektem Kundenkontakt (= Basler Schriften zum Marketing; Bd. 5, hrsg. v. M. Bruhn), Diss., Wiesbaden.

Nagel, G. (1996): „Steuerung der Unternehmensentwicklung und Umsetzung in das Tagesgeschäft", in: Bullinger, H.-J./Warnecke, H.J. (Hg.): Neue Organisationsformen im Unternehmen. Ein Handbuch für das moderne Management, Berlin et al., S. 387-393.

Nakajima, S. (1988): Introduction to TPM, Cambridge.

Nelson, R.R./Winter, S.G. (1982): An Evolutionary Theory of Economic Change, Cambridge et al.

Neuberger, O. (1973): Das Mitarbeitergespräch (= München-Augsburger Studienreihe für Psychologie im Betrieb, Bd. 3), München.

Neuberger, O. (1991): Personalentwicklung (= Basistexte Personalwesen, Bd. 2), Stuttgart.

Neumann, S./Probst, C./Wernsmann, C. (2002): „Kontinuierliches Prozessmanagement", in: Becker, J./Kugeler, M./Rosemann, M. (Hg.): Prozessmanagement. Ein Leitfaden zur prozessorientierten Organisationsgestaltung, mit 150 Abbildungen und 37 Tabellen, 3. vollst. neubearb. und erw. Aufl., Berlin et al., S. 297-324.

Newman, R.G. (1988): „The Buyer-Supplier-Relationship under Just-in-time", in: *Production And Inventory Management Journal*, Vol. 29, No. 3, S. 45-49.

Nippa, M. (1996a): „Anforderungen an das Management prozeßorientierter Unternehmen", in: Nippa, M./Picot, A. (Hg.): Prozeßmanagement und Reengineering. Die Paxis im deutschsprachigen Raum, 2. Aufl., Frankfurt a.M./New York, S. 39-60.

Nippa, M. (1996b): „Bestandsaufnahme des Reengineering-Konzepts. Leigedanken für das Management", in: Nippa, M./Picot, A. (Hg.): Prozeßmanagement und Reengineering. Die Paxis im deutschsprachigen Raum, 2. Aufl., Frankfurt a.M./New York, S. 61-77.

Nippa, M./Picot, A. (Hg.) (1996): Prozeßmanagement und Reengineering. Die Praxis im deutschsprachigen Raum, 2. Aufl., Frankfurt a.M./New York.

Nippa, M./Scharfenberg, H. (Hg.) (1997): Implementierungsmanagement. Über die Kunst, Reengineeringkonzepte erfolgreich umzusetzen, Wiesbaden.

Nonaka, I. (1994): „Dynamic Theory of Organizational Knowledge Creation", in: *Organization Science*, Vol. 5, No. 1, S. 14-37.

Nonaka, I./Takeuchi, H. (1995): The Knowledge-Creating Company. How Japanese Companies Create the Dynamics of Innovation, New York/Oxford.

North, K./Romhardt, K./Probst, G. (2000): „Wissensgemeinschaften. Keimzellen lebendigen Wissensmanagements", in: *io Management*, 69. Jg., Hft. 7/8, S. 52-62.

O'Malley, L./Tynan, C. (2000): „Relationship Marketing in Consumer Markets", in: *European Journal of Marketing*, Vol. 34, No. 7, S. 797-815.

Oess, A. (1993): Total Quality Management. Die ganzheitliche Qualitätsstrategie, 3. Aufl., Wiesbaden.

Olemotz, T. (1995): Strategische Wettbewerbsvorteile durch industrielle Dienstleistungen, Frankfurt a.M., S. 27.

Olfert, K./Rahn, H.-J. (2000): Lexikon der Betriebswirtschaftslehre (= Kompendium der praktischen Betriebswirtschaft, hrsg. v. K. Olfert), 3. überarb. Aufl.. Ludwigs-hafen.

Oliver, R.L. (1997): Satisfaction. A Behavioral Perspective on the Consumer (= McGraw-Hill Series in Marketing), New York et al.

Osterloh, M. (1989): „Unternehmensethik und Unternehmenskultur", in: Steinmann, H./Löhr, A. (Hg.): Unternehmensethik, Stuttgart, S. 143-161.

Otala, M./Hartwich, E. (1996): „Vier Jahre TQM-Unternehmen: Bereichsegoismus versus Innovation", in: Mehdorn, H./Töpfer, A. (Hg.): Besser – Schneller – Schlanker. TQM-Konzepte in der Unternehmenspraxis, 2. durchges. Aufl., Neuwied et al., S. 517-558.

o.V. (1998a): Arbeitsgesetze (= Textausgabe mit ausführlichem Sachverzeichnis und einer Einführung von Professor Dr. Reinhard Richardi), 54. neubearb. Aufl., Stand: 1. September 1998, München.

o.V. (1998b): Handelsgesetzbuch 1, 31. überarb. Aufl., Stand: 1. November 1997 (= Beck-Texte im dtv), München.

o.V. (2000a): „Eine Vision nimmt Gestalt an. QM-Experten diskutieren die Potenziale des Wissensmanagements", in: *Qualität und Zuverlässigkeit*, 45. Jg., Hft. 10, S. 1214-1217.

o.V. (2000b): „ISO ade. VDA sagt sich von Zertifizierung los", in: *Qualität und Zuverlässigkeit*, 45. Jg., Hft. 12, S. 1514-1515.

o.V. (2000c): „Welche Anforderungen stellt das Wissensmanagement an den Einzelnen?", Interview mit Klaus Henning, in: *Frankfurter Allgemeine Zeitung*, 8. Juli 2000, Nr. 156, S. 65.

o.V. (2001a): „Stakeholder or Shareholder Value?", in: *EFQM Magazine*, Vol. 1, No. 1, S. 6-9.

o.V. (2001b): EFQM-Modell 2000 – Vergleiche mit der vorhergehenden Version, http://merlin.it-security-world.de/QMW/PDB/Qualitaet_110928.html (Stand 04.04.2001).

Panichi, M. (1996): Wirtschaftlichkeitsanalyse produktionssynchroner Beschaffungen mit Hilfe eines prozeßorientierten Logistikkostenmodells, Diss., Lohmar/Köln.

Parasuraman, A./Zeithaml, V.A., Berry, L.L. (1988): „SERVQUAL: A Multiple-Item Scale for Measuring Customer Perceptions of Service Quality", in: *The Journal of Marketing*, Vol. 52, No. 49, S. 41-50.

Parasuraman, A./Zeithaml, V.A./Berry, L.L. (1990): Delivering Quality Service. Balancing Customer Perceptions and Expectations, New York.

Parsons, T. (1951): The Social System, Glencoe, Ill.

Parsons, T. (1953): „A Revised Analytical Approach to the Theory of Social Stratification", in: Bendix, R./Lipset, S.M. (Hg.), Class, Status and Power: A Reader in Social Stratification, Glencoe, Ill., S. 92-129.

Parsons, T. (1960a): „A Sociological Approach to the Theory of Organizations", in: Parsons, T.: Structure and Process in Modern Societies, New York, S. 16-58.

Parsons, T. (1960b): „Some Ingredients of a General Theory of Formal Organizations", in: Parsons, T.: Structure and Process in Modern Societies, New York, S. 59-96.

Parsons, T. (1961): „An Outline of the Social System", in: Parsons, T./Shils, E.A./Naegele, K.D./Pitts, J.R. (Hg.): Theories of Society, New York, S. 30-79.

Parsons, T. (1966): Societies. Evolutionary and Comparative Perspectives, Englewood Cliffs.

Parsons, T. (1967): Sociological Theory and Modern Society, New York.

Parsons, T. (1968 [1937]): The Structure of Social Action, New York.

Parsons, T. (1969a): „On the Concept of Political Power", in: Parsons, T.: Politics and Social Structure, New York, S. 352-404.

Parsons, T. (1969b): Politics and Social Structure, New York.

Parsons, T. (1971): The System of Modern Societies, Englewood Cliffs.

Parsons, T. (1976): „Sozialsysteme", in: Jensen, S. (Hg.): Zur Theorie sozialer Systeme (= Studienbücher zur Sozialwissenschaft, Bd. 4), Opladen., S. 275-318.

Parsons, T. (1977): The Social Systems and the Evolution of Action Theory, New York.
Parsons, T. (1978): Action Theory and the Human Condition, New York.
Parsons, T. (1986 [1939]): Aktor, Situation und normative Muster. Ein Essay zur Theorie sozialen Handelns, übers., eingel. und hrsg. v. H. Wenzel, Frankfurt a.M.
Parsons, T./Bales, R.F. (1956): Familiy, Socialization and Interaction Process, London.
Parsons, T./Bales, R.F./Shils, E.A. (1953): Working Papers in the Theory of Action, New York.
Parsons, T./Shils, E.A. (Hg.) (1951): Toward a General Theory of Action, Cambridge, Mass.
Parsons, T./Smelser, N.J. (1966): Economy and Society, 4. Aufl., London.
Pascale, R.T./Athos, A.G. (1986): The Art of Japanese Management, Harmondsworth.
Pautzke, G. (1989): Die Evolution der organisatorischen Wissensbasis. Bausteine zu einer Theorie des organisationalen Lernens, München.
Pawlowsky, P. (1998): Wissensmanagement. Erfahrungen und Perspektiven, Wiesbaden.
Pepels, W. (1998): Produktmanagement. Produktinnovation, Markenpolitik, Programmplanung, Prozessorganisation, München/Wien.
Pepels, W. (1999): Das Marketing-Konzept. Denkhaltung und Aktionsfelder, München et al.
Pepels, W. (2000): Marketing. Lehr- und Handbuch, 3. völlig überarb. Aufl., München et al.
Peters, T.J./Waterman, R.H. (1994): Auf der Suche nach Spitzenleistungen. Was man von den bestgeführten US-Unternehmen lernen kann, 5. Aufl., München/Landsberg a.L.
Pfeffer, J. (1981): „Management as Symbolic Action: The Creation and Maintenance of Organizational Paradigms", in: *Research in Organizational Behavior*, Vol. 3, S. 1-52.
Pfeifer, T. (2001): Qualitätsmanagement. Strategien, Methoden, Techniken, 3. völlig überarb. und erw. Aufl. mit 323 Abbildungen und 3 Tabellen, München/Wien.
Pfeifer, T. (Hg.) (1990): Untersuchung zur Qualitätssicherung – Stand und Bewertung, Empfehlung für Maßnahmen (= Forschungsbericht KfK-PFT 155), Karlsruhe.
Pfeifer, T. (Hg.) (1996): Wissensbasierte Systeme in der Qualitätssicherung. Methoden zur Nutzung verteilten Wissens, mit 56 Abbildungen (= Qualitätsmanagement, hrsg. v. F. Mikosch), Berlin et al.
Pfeiffer, W./Dögl, R./Schneider, W. (1989): „Das Technologie-Portfolio-Konzept als Tool zur strategischen Vorsteuerung von Innovationsaktivitäten", in: *Das Wirtschaftsstudium (WISU)*, 18. Jg., Hft. 8/9, S. 486-503.
Pheng, L.S. (1999): „The Extension of Construction Partnering for Relationship Marketing", in: *Marketing Intelligence & Planning*, Vol. 17, No. 3, S. 155-160.
Pitschesrieder, B. (2001): „Entscheidender Schritt in Richtung Kunde", in: *Qualität und Zuverlässigkeit*, 46. Jg., Hft. 4, S. 380-381.
Plötner, O. (1995): Vertrauen des Kunden. Relevanz, Aufbau und Steuerung auf industriellen Märkten (= Neue betriebswirtschaftliche Forschung; 156), Diss., Wiesbaden.
Polanyi, M. (1967): The Tacit Dimension (= A Doubleday Anchor Book; 540), Garden City/New York.
Porter, M.E. (1989): „Der Wettbewerb auf globalen Märkten – Ein Rahmenkonzept", in: Porter, M.E. (Hg.): Globaler Wettbewerb. Strategien der neuen Internationalisierung, Wiesbaden, S. 17-68.
Preißner, A. (1996): Marketing-Controlling, München.
Probst, G./Raub. S./Romhardt. K. (1997): Wissen managen. Wie Unternehmen ihre wertvollste Ressource optimal nutzen, Wiesbaden.
Pümpin, C. (1986): Management strategischer Erfolgspositionen. Das SEP-Konzept als Grundlage wirkungsvoller Unternehmensführung (= Schriftenreihe Unternehmung und Unternehmungsführung, Bd. 10), 3. überarb. Aufl., Bern/Stuttgart.
Pümpin, C./Prange, J. (1991): Management der Unternehmensentwicklung. Phasengerechte Führung und der Umgang mit Krisen (= Schriften zum St. Gallener Management-Konzept, Bd. 2), Frankfurt a.M./New York.

Quaglia, G. (1998): „Model Development and Deployment", in: *Quality Link* (= Newsletter, hrsg. von der European Foundation for Quality Management), Vol. 10, No. 54, June 1998, S. 14-17.

Radtke, P./Wilmes, D. (2000): European Quality Award. Die Kriterien des EQA umsetzen, Praktische Tips zur Anwendung des EFQM-Modells, 2. Aufl., München/Wien.

Raidl, M.E. (2001): Qualitätsmanagement in Theorie und Praxis – eine Verbindung von Instrumenten der empirischen Sozialforschung und der Einsatz und Nutzen für die Praxis. Eine empirische Studie in einer süddeutschen Privatklinik (= Wissenschaftsedition im Rainer Hampp Verlag, Profession; Bd. 29), Diss., München/Mering.

Rationalisierungs-Kuratorium der Deutschen Wirtschaft (Hg.) (1996): RKW-Handbuch der Personalplanung, 3. Aufl., Neuwied/Kriftel.

Redley, R. (2001): „Qualitätsmanagement durch Werte. Was kommt nach Total Quality Management und Business Excellence?", in: *Qualität und Zuverlässigkeit*, 46. Jg., Hft. 8, S. 990-991.

Rehäuser, J./Krcmar, H. (1996): „Wissensmanagement im Unternehmen", in: Schreyögg, G./Conrad, P. (Hg.): Managementforschung 6: Wissensmanagement, Berlin/New York, S. 1-39.

Reichheld, F.F. (1993): „Treue Kunden müssen auch profitabel sein", in: *Harvard Manager*, 15. Jg., Hft. 3, S. 106-114.

Reichheld, F.F. (1996): The Loyalty Effect. The Hidden Force Behind Growth, Profits, And Lasting Value, Boston, MA.

Reichheld, F.F./Sasser, W.E. (1991): „Zero-Migration: Dienstleister im Sog der Qualitätsrevolution", in: *Harvard Manager*, 13. Jg., Hft. 4, S. 108-116.

Reichwald, R./Rohloff, M. (1993): „Alternative zur Gestaltung der industriellen Prozeßorganisation", in: Scharfenberg, H. (Hg.). Strukturwandel in Management und Organisation. Neue Konzepte sichern die Zukunft, Baden-Baden, S 413-433.

Reiß, M. (1992): „Integriertes Projekt-, Produkt- und Prozessmanagement", in: *Führung und Organisation*, 61. Jg., Hft. 2, S. 25-31.

Rich, M. (2000): „The Direction of Marketing Relationships", in: *Journal of Business & Industrial Marketing*, Vol. 15, No. 2/3, S. 170-179.

Richter, M. (1999): Personalführung. Grundlagen und betriebliche Praxis (= UTB für Wissenschaft: Betriebswirtschaftslehre), 4. erw. und überarb. Aufl., Stuttgart.

Riesenhuber, H. (1990): „Qualitätszeichen 'Made in Germany' durch Forschung sichern", in: *Qualität und Zuverlässigkeit*, 35. Jg., Hft. 12, S. 691-692.

Robson, A./Prabhu, V.B. (2001): What Can We Learn From 'Leading' Service Practitioners About Business Excellence?", in: *Managing Service Quality*, Vol. 11, No. 4, S. 249-261.

Rolfes, B. (1992): Moderne Investitionsrechnung. Einführung in die klassische Investitionstheorie und Grundlagen marktorientierter Investitionsentscheidungen, München et al.

Ronzal, W. (1996): „Die kleinen Dinge schätzt der Kunde", in: *Bank Magazin*, 8. Jg., Hft. 5, S. 26-28.

Roos, A./ Bullinger, H.-J./Wiedmann, G. (1994): „Amerikanisches Business Reengineering oder japanisches Lean Management?", in: *Office Management*, Hft 7/8, S. 14-20.

Rose, G./Glorius-Rose, C. (1995): Unternehmungsformen und -verbindungen. Rechtsformen, Beteiligungsformen, Konzerne, Kooperationen, Umwandlungen (Formwechsel, Verschmelzungen und Spaltungen) in betriebswirtschaftlicher, rechtlicher und steuerlicher Sicht, 2. überarb. Aufl., Köln.

Rückle, H. (1982): „Feedback", in: o.V.: Management-Enzyklopädie. Das Managementwissen unserer Zeit in sechs Bänden, Bd. 3, 2. Aufl., München.

Rudolf-Sipötz, E./Tomczak, T. (2001): Kundenwert in Forschung und Praxis (= Thexis Fachbericht für Marketing, Hft. 2), St. Gallen.

Sandig, C. (1953): Die Führung des Betriebs. Betriebswirtschaftspolitik. Stuttgart.

Saurwein, K.-H. (1988): Ökonomie und soziologische Theoriekonstruktion. Zur Bedeutung ökonomischer Theorieelemente in der Sozialtheorie Talcott Parsons', Opladen.

Scharf, A./Schubert, B. (2001): Marketing. Einführung in Theorie und Praxis (= Sammlung Poeschel, Bd. 159), 3. überarb. und erw. Aufl., Stuttgart.

Scharfenberg, H. (1997): „Implementierungsmanagement – effektiv und effizient", in: Nippa, M./Scharfenberg, H. (Hg.): Implementierungsmanagement. Über die Kunst, Reengineeringkonzepte erfolgreich umzusetzen, Wiesbaden, S. 11-17.

Schein, E.H. (1984): „Coming to a New Awareness of Organizational Culture", in: *Sloan Management Review*, Winter 1984, Vol. 25, No. 2, S. 3-16.

Schein, E.H. (1992): Organizational Culture and Leadership, 2. Aufl., San Francisco.

Schemuth, J. (1996): Möglichkeiten und Grenzen der Bestimmung des Wertes eines Kunden für ein Unternehmen der Automobilindustrie, München.

Schildknecht, R. (1992): Total Quality Management. Konzeption und State of the Art, Frankfurt a.M./New York.

Schimank, U. (1996): Theorien gesellschaftlicher Differenzierung, Opladen.

Schmidt, C. (1996): Personalmanagement-Konzept für Dienstleistungsunternehmungen. Theoretisches Gerüst und Anwendungsfall (= Schriften zum Management, hrsg. v. C. Steinle, Bd. 8), München/Mering.

Schmidt, H.-J. (1996): „Analyse der Ausgangssituation: Aufgaben und Tätigkeiten", in: Bullinger, H.-J./Warnecke, H.J. (Hg.): Neue Organisationsformen im Unternehmen. Ein Handbuch für das moderne Management, Berlin et al., S. 1023-1031.

Schmitz, C./Zucker, B. (1996): Wissen gewinnt. Knowledge Flow Management, Düsseldorf et al.

Schneider, D. (1970): Investition und Finanzierung. Ein Lehrbuch der Investitions-, Finanzierungs- und Ungewißheitstheorie (= Moderne Lehrtexte: Wirtschaftswissenschaften, Bd. 4), Köln/Opladen.

Schneider, D. (1992): Investition, Finanzierung und Besteuerung, 7. vollst. überarb. und erw. Aufl., Wiesbaden.

Schneider, U. (1996): Wissensmanagement. Die Aktivierung des intellektuellen Kapitals, Frankfurt a.M.

Schnetzer, R./Soukup, M. (2001): Business Excellence effizient und verständlich. Praxisrelevantes Wissen in 24 Schritten, Braunschweig/Wiesbaden.

Schoen, S. (1999): „Gestaltung und Unterstützung von Communities of Practice", in: Scheer, A.-W. (Hg.): Electronic Business and Knowledge Management. Neue Dimensionen für den Unternehmenserfolg, 20. Saarbrücker Arbeitstagung für Industrie, Dienstleistung und Verwaltung, Heidelberg, S. 543-574.

Scholz, C. (1987): Strategisches Management. Ein integrativer Ansatz, Berlin/New York.

Scholz, C. (1994): Personalmanagement. Informationsorientierte und verhaltenstheoretische Grundlagen, 4. verb. Aufl., München.

Scholz, C. (1995a): „Strategisches Personalmanagement als Konzept zwischen Fata Morgana und aufkommender Morgenröte (Überblick)", in: Scholz, C./Djarrahzadeh, M. (Hg.): Strategisches Personalmanagement. Konzeptionen und Realisationen (USW-Schriften für Führungskräfte, Bd. 28), Stuttgart, S. 3-18.

Scholz, C. (1995b): „Strategische Personalentwicklung (Überblick)", in: Scholz, C./Djarrahzadeh, M. (Hg.): Strategisches Personalmanagement. Konzeptionen und Realisationen, Stuttgart, S. 171-181.

Scholz, C. (2000): Strategische Organisation. Multiperspektivität und Virtualität, 2. Aufl., Landsberg a.L.

Scholz, C./Hofbauer, W. (1990): Organisationskultur. Die vier Erfolgsprinzipien, Wiesbaden.

Scholz, R./Vrohlings, A. (1994): „Prozeß-Struktur-Transparenz", in: Gaitanides, M. et al.: Prozeßmanagement. Konzepte, Umsetzungen und Erfahrungen des Reengineering; mit 89 Bildern und 20 Tabellen, München/Wien, S. 37-56.

Schonberger, R.J. (1988): Produktion auf Weltniveau. Wettbewerbsvorteile durch integrierte Fertigung, Frankfurt/New York.
Schoen, S. (1999): „Gestaltung und Unterstützung von Communities of Practice", in: Scheer, A.-W. (Hg.): Electronic Business and Knowledge Management. Neue Dimensionen für den Unternehmenserfolg, 20. Saarbrücker Arbeitstagung für Industrie, Dienstleistung und Verwaltung, Heidelberg, S. 543-574.
Schönsleben, P. (1994): „Umfassendes Qualitätsmanagement: Verbesserung der betrieblichen Abläufe im Vordergrund", in: *io Management Zeitschrift*, 63. Jg., Nr. 11, S. 7.
Schreyögg, G. (1989): „Zu den problematischen Konsequenzen starker Unternehmenskulturen", in: *Zeitschrift für betriebswirtschaftliche Forschung*, 41. Jg., S. 94-113.
Schreyögg, G./Conrad, P. (Hg.) (1996): Wissensmanagement (= Managementforschung; Bd. 6), Berlin et al.
Schröder, H.-H. (1998): „Erfolgreiche Produktentwicklung aus der Sicht der empirischen Forschung", in: Wildemann, H. (Hg.): Strategien zur Marktführerschaft. Die Kundenanforderungen von morgen gestalten, Frankfurt a.M., S. 149-166.
Schuh, G./Katzy, B.R./Dresse, S. (1995): Prozessmanagement erfolgreich einführen", in: *io Management,* 64. Jg., Hft. 12, S. 64-67.
Schulze, H.S. (1995): „Erhöhung der Dienstleistungsqualität durch transaktionsanalytisch orientierte Personalschulungen", in: Bruhn, M. (Hg.): Dienstleistungsqualität, 2. überarb. und erw. Aufl., Wiesbaden, S. 319-341.
Schumpeter, J. (1993 [1950]): Kapitalismus, Sozialismus und Demokratie, 7. Aufl., Tübingen/Basel.
Schüppel, J. (1996): Wissensmanagement. Organisatorisches Lernen im Spannungsfeld von Wissens- und Lernbarrieren, Wiesbaden.
Schütze, R. (1992): Kundenzufriedenheit. After-Sales-Marketing auf industriellen Märkten (= Neue betriebswirtschaftliche Forschung; 91), Diss., Wiesbaden.
Schwaner, J. (1996): Integration von Kunden und Lieferanten. Analyse langfristiger Geschäftsbeziehungen auf Businessmärkten (= Neue betriebswirtschaftliche Forschung; Bd. 205), Diss., Wiesbaden.
Schwaninger, M. (1994): Managementsysteme (= St. Gallener Management-Konzept; Bd. 4), Frankfurt a.M./New York.
Schwedler, E. (2000): Kompaktwissen Marketing. Grundlagen für Studium und Praxis (= Gabler-Lehrbuch), Wiesbaden.
Schwinn, T. (1993): Jenseits von Subjektivismus und Objektivismus. Max Weber, Alfred Schütz und Talcott Parsons, Diss., Berlin.
Scott, R.W. (1986): Grundlagen der Organisationstheorie, Frankfurt a.M./New York.
Seghezzi, H.D. (1994): „Qualität und Perfektion", in: Die Klein- und Mittelunternehmen auf dem Weg ins nächste Jahrhundert, Kongressband 20. Internationaler KMU-Kongress Interlaken/Schweiz, hrsg. v. J. Pleitner, 2. Aufl., o.O., S. 287-297.
Seidler, D. (1997): Unternehmenskultur, Unternehmenskommunikation & Unternehmenskulturmanagement (= Beiträge zur Wirtschaftskommunikation, Bd. 17), Tostedt.
Selbmann, H.-K. (1999): „EFQM – Ein Finales Qualitäts-Modell? Qualitätsmanagement aus der Sicht der Gesundheitspolitik", in: *Krankenhaus Umschau,* Sonderheft „EFQM – das Qualitätsmodell der European Foundation for Quality Management", Hft. 9, S. 4-8.
Sempf, U. (1993): „Steigerung der organisatorischen Leistungsfähigkeit durch Geschäftsprozeß-Optimierung", in: Scharfenberg, H. (Hg.): Strukturwandel in Management und Organisation. Neue Konzepte sichern die Zukunft, Baden-Baden, S. 365-381.
Senge, P.M. (1996 [1990]): Die fünfte Disziplin, Stuttgart.

Shergold, K./Reed, D.M. (1996): „Striving for Excellence", in: *The TQM Magazine*, Vol. 8, No. 6, S. 48-52.

Shrivastava, P. (1983): „A Typology of Organizational Learning Systems", in: *Journal of Management Studies*, Vol. 20, S. 7-28.

Simon, H. (1992): Preismanagement. Analyse, Strategie, Umsetzung, 2. Aufl., Wiesbaden.

Sims, H.P./Lorenzi, P. (1992): The New Leadership Paradigm, Newbury Park.

Singhal, V./Hendricks, K./Schnauber, H. (2000): „Mit Geduld zum Erfolg. US-Studie untersucht wirtschaftliche Entwicklung TQM-geführter Unternehmen" in: *Qualität und Zuverlässigkeit*, 45. Jg., Hft. 12, S. 1537-1540.

Smircich, L./Morgan, G. (1982): „The Management of Meaning", in: *The Journal of Applied Behavioral Science*, Vol. 18., No. 3, S. 257-273.

Speckle, K./Fank, M. (1996): „Qualität und Kundennutzen", in: Bullinger, H.-J./Warnecke, H.J. (Hg.): Neue Organisationsformen im Unternehmen. Ein Handbuch für das moderne Management, Berlin et al., S. 758-768.

Sommerhoff, B. (2003): Das EFQM-Modell für Excellence, http://deutsche-efqm.deinhseiten/247.htm (Stand 10.02.2003).

Staehle, W.H. (1994): Management. Eine verhaltenswissenschaftliche Perspektive, 7. Aufl., München.

Staubmann, H. (1995): Die Kommunikation von Gefühlen. Ein Beitrag zur Soziologie der Ästhetik auf der Grundlage von Talcott Parsons' Allgemeiner Theorie des Handelns (= Soziologische Schriften, Bd. 61), Habil., Berlin.

Staud, J. (1999): Geschäftsprozeßanalyse mit ereignisgesteuerten Prozeßketten. Grundlagen des Business Reeingneering für SAP R/3 und andere betriebswirtschaftliche Standardsoftware, Berlin et al.

Stauss, B. (1995): „Internes Marketing als personalorientierte Qualitätspolitik", in: Bruhn, M. (Hg.): Dienstleistungsqualität: Konzepte, Methoden, Erfahrungen, 2. überarb. und erw. Aufl., Wiesbaden, S. 257-276.

Stauss, B./Hentschel, B. (1991): „Dienstleistungsqualität", in: *Wirtschaftswissenschaftliches Studium (WiSt)*, 20. Jg., Hft. 5, S. 238-244.

Stauss, B./Neuhaus, P. (1999): „Das Qualitative Zufriedenheitsmodell (QZM)", in: Hinterhuber, H.H./Matzler, K. (Hg.): Kundenorientierte Unternehmensführung. Kundenorientierung, Kundenzufriedenheit, Kundenbindung, Wiesbaden, S. 25-39.

Steinle, C./Schmidt, C./Lawa, D. (1995): „Erfolgsfaktorenkonzepte und ihre Relevanz für Planungssysteme", in *Das Wirtschaftsstudium*, 24. Jg., Hft. 4, S. 311-323.

Steinmann, H./Löhr, A. (1991): Grundlagen der Unternehmensethik (= Sammlung Poeschel; SP 131), Stuttgart.

Steinmann, H./Oppenrieder, B. (1985): „Brauchen wir eine Unternehmensethik? Ein thesenartiger Aufriss einzulösender Argumentationspflichten", in: *Die Betriebswirtschaft*, 45. Jg., S. 170-183.

Steinmann, H./Schreyögg, G. (1993): Management. Grundlagen der Unternehmensführung, Konzepte – Funktionen – Fallstudien, 3. überarb. und erw. Aufl., Wiesbaden.

Stoelzle, W. (1999): Industrial Relationships, München.

Stoelzle, W. (2000): „Beziehungsmanagement – Konzeptverständnis und Implikation für die Beschaffung", in: Hildebrandt, H./Koppelmann, U. (Hg.): Beziehungsmanagement mit Lieferanten. Konzepte, Instrumente, Erfolgsnachweise (= Schriftenreihe der Schmalenbach-Gesellschaft für Betriebswirtschaft e.V.), Stuttgart, S. 1-23.

Stöger, W. (1996): „Umsetzung des Dienstleistungsprinzips", in: Bullinger, H.-J./Warnecke, H.J. (Hg.): Neue Organisationsformen im Unternehmen. Ein Handbuch für das moderne Management, Berlin et al., S. 379-386.

Striening, H.-D. (1994): „Qualität im indirekten Bereich durch Prozeß-Management", in: Zink, K.J. (Hg.): Qualität als Managementaufgabe. Total Quality Management, 3. Aufl., Landsberg a.L., S. 153-184.

Terreberry, S. (1968): „The Evolution of Organizational Environments", in: Azumi, K./Hage, J. (Hg.): Organizational Systems, Lexington, Ma.

Teufel, P. (1996): „Der Prozeß der ständigen Verbesserung (Kaizen) und dessen Einführung", in: Bullinger, H.-J./Warnecke, H.J. (Hg.): Neue Organisationsformen im Unternehmen. Ein Handbuch für das moderne Management, Berlin et al., S. 526-547.

Thom, N. (1987): Personalentwicklung als Instrument der Unternehmensführung. Konzeptionelle Grundlagen und empirische Studien, Habil., Stuttgart.

Thommen, J.-P. (1996): Glaubwürdigkeit. Die Grundlage unternehmerischen Denkens und Handelns, Zürich.

Thommen, J.-P. (2000): Lexikon der Betriebswirtschaft. Management-Kompetenz von A bis Z, mit Beitr. v. Rudolf Ergenzinger, 2. Aufl., Zürich.

Tichy, N.M./Devanna, M.A. (1995): Der Transformational-Leader: Das Profil der neuen Führungskraft, Stuttgart (1986).

Tomczak, T./Dittrich, S. (1999): „Kundenbindung – bestehende Kundenpotentiale langfristig nutzen", in: Hinterhuber, H.H./Matzler, K. (Hg.): Kundenorientierte Unternehmensführung. Kundenorientierung, Kundenzufriedenheit, Kundenbindung, Wiesbaden, S. 63-83.

Tomczak, T./Reinecke, S./Finsterwalder, J. (2000): „Kundenausgrenzung", in: Bruhn, M./Stauss, B. (Hg.): Jahrbuch Dienstleistungsmanagement 2000, S. 399-422.

Töpfer, A./Mehdorn, H. (1995): Total Quality Management. Anforderungen und Umsetzung im Unternehmen, 4. aktual. Aufl., Neuwied et al.

Töpfer, A./Mehdorn, H. (1996): „TQM – Lean – Kaizen: Der Weg zum Unternehmenserfolg", in: Töpfer, A./Mehdorn, H. (Hg.): Besser – Schneller – Schlanker. TQM-Konzepte in der Unternehmenspraxis, 2. durchges. Aufl., Neuwied et al., S. 3-29.

Ulrich, H. (1987): Unternehmungspolitik (= Schriftenreihe Unternehmung und Unternehmungsführung, Bd. 6), 2. durchges. Aufl., Bern/Stuttgart.

Ulrich, H./Krieg, W. (1974): St. Gallener Management Modell, 3. Aufl. Bern/Stuttgart.

Ulrich, H./Probst, G. (1988): Anleitung zum ganzheitlichen Denken und Handeln. Ein Brevier für Führungskräfte, Bern/Stuttgart.

Ulrich, P. (1984): „Systemsteuerung und Kulturentwicklung", in: *Die Unternehmung*, 38. Jg., S. 303-325.

Ulrich, P. (1987): „Unternehmensethik – Diesseits oder jenseits der betriebswirtschaftlichen Vernunft", in: Lattmann, C. (Hg.): Ethik und Unternehmensführung, Heidelberg, S. 96-116.

Ulrich, P. (1990): „'Symbolisches Management'. Ethisch-kritische Anmerkungen zur gegenwärtigen Diskussion über Unternehmenskultur", in: Lattmann, C. (Hg.): Die Unternehmenskultur. Ihre Grundfragen und ihre Bedeutung für die Führung der Unternehmung, Heidelberg, S. 277-302.

Ulrich, P. (1995): „Führungsethik", in: Kieser, A./Reber, G./Wunderer, R. (Hg.): Handwörterbuch der Führung, 2. Aufl., Sp. 52-573.

Ulrich, P./Fluri, E. (1992): Management. Eine konzentrierte Einführung, 6. Aufl., Bern/Stuttgart.

Van der Wiele, A./Williams, A.R.T./Dale, B.G. (2000): „ISO 9000 Series Registration to Business Excellence: The Migration Path", in: *Business Process Management Journal*, Vol. 6, No. 5, S. 417-427.

Vanberg, V. (1975): Die zwei Soziologien. Individualismus und Kollektivismus in der Sozialtheorie (= Die Einheit der Gesellschaftswissenschaften; Bd. 17), Tübingen.

Verbeck, A. (1998): TQM versus QM. Wie Unternehmen sich richtig entscheiden, Zürich.

Vogt, W. (Hg.) (2000): Total Quality Management und die Bewertung nach dem Modell der European Foundation for Quality Management. Anwendung auf das Medizinische Laboratorium (= Klinische Chemie und molekulare Diagnostik; Themenhefte, Bd. 4), Oldenburg.

Wahren, H.-K. (1996): Das lernende Unternehmen. Theorie und Praxis des organisationalen Lernens, Berlin et al.
Waldner, G. (1995): „Erfahrungen mit dem 'European Quality Award'", in: *io Management Zeitschrift*, 64. Jg., Hft. 11, S. 75-78.
Weber, K. (2001): „Schiffbruch oder Aufbruch? Für eine kritische Überprüfung der QM-Prinzipien", in: *Qualität und Zuverlässigkeit*, 46. Jg., Hft. 7, S. 862-863.
Weber, M. (1985 [1921]): Wirtschaft und Gesellschaft. Grundriß der verstehenden Soziologie, Tübingen.
Weiß, E. (1996): „Optimierung von Produktionsnetzwerken auf der Basis des ‚Wirtschaftsglobus-Modells'", in: Wildemann, H. (Hg.): Produktions- und Zuliefernetzwerke (= Tagungsband zur Sitzung der Wissenschaftlichen Kommission Produktionswirtschaft am 28./29. September 1995 in München), München, S. 105-144.
Welge, M.K./Al Laham, A. (1992): Planung. Prozesse, Strategien, Maßnahmen, Wiesbaden.
Welge, M.K./Al Laham, A. (1993): „Der Prozeß der strategischen Planung", in: *Das Wirtschaftsstudium*, 22. Jg., Hft. 11, S. 193-200.
Wenger, E.C. (1998): Communities of Practice. Learning, Meaning and Identity, Cambridge.
Wenzel, H. (1991): Die Ordnung des Handelns. Talcott Parsons' Theorie des allgemeinen Handlungssystems, Frankfurt a.M.
Werani, T. (1999): „Die Stabilität kooperativer Geschäftsbeziehungen in industriellen Märkten. Ergebnisse einer empirischen Untersuchung unter besonderer Berücksichtigung des Beziehungswert-Konzeptes", in: Engelhard, J./Sinz, E.J. (Hg.): Kooperation im Wettbewerb. Neue Formen und Gestaltungskonzepte im Zeichen von Globalisierung und Informationstechnologie, Wiesbaden, S. 326-345.
Wiegand, M. (1995): Prozesse organisationalen Lernens (= Neue betriebswirtschaftliche Forschung; Bd. 174), Diss., Wiesbaden.
Wieselhuber, N. (1996): „Formulierung strategischer Unternehmensziele", in: Bullinger, H.-J./Warnecke, H.J. (Hg.): Neue Organisationsformen im Unternehmen. Ein Handbuch für das moderne Management, Berlin et al., S. 333-345.
Wildemann, H. (1994): Fertigungsstrategien. Reorganisationskonzepte für eine schlanke Produktion und Zulieferung, 2. Aufl., München.
Wildemann, H. (1995): „Kooperation über die Wertschöpfungskette", in: Handbuch Unternehmungsführung, hrsg. v. H. Corsten und M. Reiß, Wiesbaden, S. 743-751.
Wildemann, H. (1996a): „Dezentralisierung von Kompetenz und Verantwortung", in: Bullinger, H.-J./Warnecke, H.J. (Hg.): Neue Organisationsformen im Unternehmen. Ein Handbuch für das moderne Management, Berlin et al., S. 360-378.
Wildemann, H. (1996b): „Management von Produktions- und Zuliefernetzwerken", in: Wildemann, H. (Hg.): Produktions- und Zuliefernetzwerke (= Tagungsband zur Sitzung der Wissenschaftlichen Kommission Produktionswirtschaft am 28./29. September 1995 in München), München, S. 13-45.
Wildemann, H. (Hg.) (1996c): Produktions- und Zuliefernetzwerke (= Tagungsband zur Sitzung der Wissenschaftlichen Kommission Produktionswirtschaft am 28./29. September 1995 in München), München.
Wildemann, H. (1998a): „Entwicklungsstrategien zur Marktführerschaft", in: Wildemann, H. (Hg.): Strategien zur Marktführerschaft. Kundenanforderungen von morgen gestalten, Frankfurt a.M., S. 17-39.
Wildemann, H. (Hg.) (1998b): Strategien zur Marktführerschaft. Die Kundenanforderungen von morgen gestalten, Frankfurt a.M.
Wildemann, H. (1999): „Kundenorientierung durch modulare Organisationsstrukturen und segmentierte Auftragsabwicklungsprozesse", in: Hinterhuber, H.H./Matzler, K. (Hg.): Kundenorientierte Unternehmensführung. Kundenorientierung, Kundenzufriedenheit, Kundenbindung, Wiesbaden, S. 257-287.

Wildemann, H./Keller, S. (1996): „Konzeption und Aufgabenfelder des Qualitätscontrollings", in: Wildemann, H. (Hg.): Controlling im TQM. Methoden und Instrumente zur Verbesserung der Unternehmensqualität (= Reihe Qualitätsmanagement, hrsg. v. F. Mikosch), Berlin et al., S. 1-10.

Wildemann, H./Keller, S./Schnerring, M./Strich, D. (1996): „Qualitätscontrolling von Leistungsprozessen", in: Wildemann, H. (Hg.): Controlling im TQM. Methoden und Instrumente zur Verbesserung der Unternehmensqualität (= Reihe Qualitätsmanagement, hrsg. v. F. Mikosch), Berlin et al., S. 99-137.

Wilkinson, A. (1992): „The Other Side of Quality: 'Soft' Issues and the Human Resource Dimension", in: *Total Quality Management*, Vol. 3, No. 3, S. 323-329.

Wirtz, B.W. (1999): „Stand und Entwicklungsperspektiven der empirischen Beziehungsmarketingforschung im Business-to-Business-Bereich", in: *Jahrbuch der Absatz- und Verbrauchsforschung*, 45. Jg., Hft. 4, S. 380-401.

Witte, E. (1986): „Erfolgsmuster von Innovationen", in: Gaugler, E./Meissner, H.G./Thom, N. (Hg.): Zukunftsaspekte der anwendungsorientierten Betriebswirtschaftslehre, Stuttgart, S. 235-246.

Wöhe, G. (1993): Einführung in die Allgemeine Betriebswirtschaftslehre, 18. überarb. und erw. Aufl., München.

Wonigeit, J. (1994): Total Quality Management. Grundzüge und Effizienzanalyse, Wiesbaden.

Wunderer, R. (1997): Führung und Zusammenarbeit. Beiträge zu einer unternehmerischen Führungslehre, 2. Aufl., Stuttgart.

Wunderer, R./Gerig, V./Hauser, R. (1997): „Qualitätsmanagement durch und im Personalmanagement – Konzeptionelle Grundlagen und Folgerungen für die Personalarbeit", in: Wunderer, R./Gerig, V./Hauser, R. (Hg.) Qualitätsorientiertes Personalmanagement. Das Europäische Qualitätsmodell als unternehmerische Herausforderung, München, S. 1-105.

Wunderer, R./Grunwald, W. (1980): Führungslehre, Bd. 1: Grundlagen der Führung, Berlin/ New York.

Wunderer, R./Kuhn, T. (1992): Zukunftstrends in der Personalarbeit. Schweizerisches Personalmanagement 2000, Bern et al.

Wunderer, R./Kuhn, T. (1993): Unternehmerisches Personalmanagement. Konzepte, Prognosen und Strategien für das Jahr 2000, Frankfurt a.M./New York.

Zahn, E. (2001): „Lernen in Allianzen", in: Bellmann, K. (Hg.): Kooperations- und Netzwerkmanagement. Festgabe für Gert v. Kortzfleisch zum 80. Geburtstag (= Abhandlungen aus dem Industrieseminar der Universität Mannheim; Hft. 56), Berlin, S. 11-29.

Zeithaml, V.A./Parasuraman, A./Berry, L.L. (1992): Qualitätsservice. Was Ihre Kunden erwarten – was Sie leisten müssen, Frankfurt/New York.

Zerres, M. P. (2000): Marketing (= Klausur-Intensivtraining BWL; Bd. 10), Stuttgart/Berlin/Köln.

Zibell, R.M. (1990): Just-in-time. Philosophie, Grundlagen und Wirtschaftlichkeit, München.

Zink, K.J. (1994a): „Differenzierte Kleingruppenkonzepte als wesentlicher Bestandteil eines umfassenden, integrierten Qualitätsmanagements", in: Zink, K.J. (Hg.): Qualität als Managementaufgabe. Total Quality Management, 3. Aufl., Landsberg a.L., S. 245-274.

Zink, K.J. (1994b): „Prozeßorientierung – ein Baustein umfassender Veränderungskonzepte", in: Zülch, G. (Hg.): Vereinfachen und verkleinern: Die neuen Strategien in der Produktion, Stuttgart, S. 53-83.

Zink, K.J. (1994c): „Total Quality Management", in: Zink, K.J. (Hg.): Qualität als Managementaufgabe. Total Quality Management, 3. Aufl., Landsberg a.L., S. 9-52.

Zink, K.J. (Hg.) (1994d): Qualität als Managementaufgabe. Total Quality Management, 3. Aufl., Landsberg a.L.

Zink, K.J. (1995): Total Quality Management as a Holistic Management Concept. The European Model for Business Excellence, Berlin et al.

Zink, K.J. (1997): „Erfahrungen bei der Implementierung des EFQM-Modells", in: Wunderer, R./Gerig, V./Hauser, R. (Hg.): Qualitätsorientiertes Personalmanagement. Das Europäische Qualitätsmodell als unternehmerische Herausforderung, München, S. 119-134.

Zink, K.J./Bäuerle, T. (1999): „Kundenorientierung und -zufriedenheit in Business Excellence-Konzepten", in: Hinterhuber, H.H./Matzler, K. (Hg.): Kundenorientierte Unternehmensführung. Kundenorientierung, Kundenzufriedenheit, Kundenbindung, Wiesbaden, S. 291-319.

Zink, K.J./Hauer, R./Schmidt, A. (1992): „Quality Assessment. Instrumentarium zur Analyse von Qualitätskonzepten auf der Basis von EN 29000, Malcolm Badrige Award und European Quality Award, Teil 1", in: *Qualität und Zuverlässigkeit*, 37. Jg., Hft. 10, S. 585-590.

Zink, K.J./Schildknecht, R. (1994): „Total Quality Konzepte – Entwicklungslinien und Überblick", in: Zink, K.J. (Hg.): Qualität als Managementaufgabe. Total Quality Management, 3. Aufl., Landsberg a.L., S. 73-107.

Zsifkovits, H.E. (1992): „Qualität – Schlagwort oder Überlebensstrategie für Europa?", in: o.V.: Total Quality Management (TQM) als Strategie im internationalen Wettbewerb (= Reihe Qualitätsmanagement aktuell, hrsg. v. H.E. Zsifkovits), Köln, S. 9-20.

Zürn, P. (1990): „Unternehmensethik und Führungskultur", in: Bullinger, H.-J./Warnecke, H.J. (Hg.) Neue Organisationsformen im Unternehmen. Ein Handbuch für das moderne Management, Berlin et al., S. 297-314.

VERWEISE

[1] Vgl. in diesem Zusammenhang auch Kieser, A. (1997): „Implementierungsmanagement im Zeichen von Moden und Mythen des Organisierens“, in: Nippa, M./Scharfenberg, H. (Hg.): Implementierungsmanagment. Über die Kunst, Reengineeringkonzepte erfolgreich umzusetzen, Wiesbaden, S. 81-102; Roos, A./ Bullinger, H.-J./Wiedmann, G. (1994): „Amerikanisches Business Reengineering oder japanisches Lean Management?“, in: *Office Management*, Hft. 7/8, S. 14-20.

[2] Vgl. bspw. Steinle, C./Schmidt, C./Lawa, D. (1995): „Erfolgsfaktorenkonzepte und ihre Relevanz für Planungssysteme“, in *Das Wirtschaftsstudium*, 24. Jg., Hft. 4, S. 311-323; hier: S. 311f.; Göttgens, O. (1996): Erfolgsfaktoren in stagnierenden und schrumpfenden Märkten. Instrumente einer erfolgreichen Unternehmenspolitik, Wiesbaden, S. 29, und die dort jeweils angegebene Literatur.

[3] Vgl. Nippa, M./Picot, A. (Hg.) (1996): Prozeßmanagement und Reengineering. Die Praxis im deutschsprachigen Raum, 2. Aufl., Frankfurt a.M./New York, S. 7.

[4] Vgl. Zsifkovits, H.E. (1992): „Qualität – Schlagwort oder Überlebensstrategie für Europa?“, in: o.V. (Hg.): Total Quality Management (TQM) als Strategie im internationalen Wettbewerb (= Reihe Qualitätsmanagement aktuell, hrsg. v. H.E. Zsifkovits), Köln, S. 9-20; hier: S. 14f.

[5] Vgl. Hummel, T./Malorny, C. (1997): Total Quality Management. Tips für die Einführung, hrsg. v. G.F. Kamiske, 2. Aufl., München/Wien, S. 3; Kamiske, G.F. (Hg.) (1994): Die Hohe Schule des Total Quality Management, Berlin/Heidelberg, S. VII; Töpfer, A./Mehdorn, H. (1996): „TQM – Lean – Kaizen: Der Weg zum Unternehmenserfolg“, in: Töpfer, A./Mehdorn, H. (Hg.): Besser – Schneller – Schlanker. TQM-Konzepte in der Unternehmenspraxis, 2. durchges. Aufl., Neuwied et al., S. 3-29; hier: S. 6f.

[6] Vgl. Coenenberg, A./Schmitz, J. (1996): „Elemente des Qualitätscontrolling“, in: Wildemann, H. (Hg.): Controlling im TQM. Methoden und Instrumente zur Verbesserung der Unternehmensqualität (= Reihe Qualitätsmanagement, hrsg. v. F. Mikosch), Berlin et al., S. 11-31; hier: S. 11f.; Hirsch-Kreinsen, H. (1997a): „Einführung: Wechselwirkungen zwischen Qualitätsmanagement und Organisation“, in: Hirsch-Kreinsen, H. (Hg.): Organisation und Mitarbeiter im TQM (= Reihe Qualitätsmanagement, hrsg. v. F. Mikosch), Berlin et al., S. 1-11; hier: S. 3.

[7] Vgl. Zink, K.J./Hauer, R./Schmidt, A. (1992): „Quality Assessment. Instrumentarium zur Analyse von Qualitätskonzepten auf der Basis von EN 29000, Malcolm Baldrige Award und European Quality Award, Teil 1“, in: *Qualität und Zuverlässigkeit*, 37. Jg., Hft. 10, S. 585-590; hier: S. 588f.; Malorny, C. (1999): TQM umsetzen. Weltklasse neu definieren, Leistungsoffensive einleiten, Business Excellence erreichen, 2. überarb. und aktual. Aufl., Stuttgart, S. XXXIXf. und 18.

[8] Vgl. European Foundation for Quality Management (Hg.) (1999v): The EFQM in Action – 1999, Brüssel, S. 4ff.

[9] Seit 1952 dient die Vergabe des nationalen *Deming Prize* durch die *Union Of Japanese Scientists and Engineers (JUSE)* als Anreizsystem für die japanische Industrie, zu den im Qualitätsmanagement erfolgreichsten Unternehmen zu gehören. Der fortschreitende Verlust von Marktanteilen amerikanischer Unternehmen in den 80er Jahren führte dazu, die bisher zur nachgelagerten Qualitätssicherung durchgeführten Maßnahmen in präventive Aktivitäten umzugestalten. Diese Entwicklung wurde in den USA – durch den seit 1987 von der amerikanischen Regierung vergebenen *Malcolm Baldrige National Quality Award (MBNQA)* – gefördert. Vgl. Verbeck, A. (1998): TQM versus QM. Wie Unternehmen sich richtig entscheiden, Zürich, S. 5ff.

[10] European Foundation for Quality Management (Hg.) (1996a): Der European Quality Award – 1997 – Informationsbroschüre, Brüssel, S. 4.

[11] Vgl. European Foundation for Quality Management (Hg.) (1999o): Eight Essentials of Excellence. The Fundamental Concepts and Their Benefits, Brüssel, S. 4ff. Vgl. hierzu auch Kap. 4.1.

[12] Vgl. McAdam, R./Welsh, W. (2000): „A Critical Review of the Business Excellence Quality Model Applied to Further Education Colleges“, in: *Quality Assurance in Education*, Vol. 8, No. 3, S. 120-130; hier: S. 121.

[13] Vgl. Fraunhofer Institut für Arbeitswissenschaft und Organisation (Hg.) (2001): Lösungen zur Implementierung von Total Quality Management nach dem EFQM Excellence Modell, http://www.rdm.iao.fhg.de/www/qm/qm22.htm (Stand 25.09.2001).

[14] *Wildemann* und *Keller* kritisieren hierbei insbesondere die Vernachlässigung einer Überprüfung der Wirkungszusammenhänge und der Bereitstellung von Managementmethoden zur Qualitätsverbesserung; vgl. Wildemann, H./Keller, S. (1996): „Konzeption und Aufgabenfelder des Qualitätscontrollings“, in: Wildemann, H. (Hg.): Controlling im TQM. Methoden und Instrumente zur Verbesserung der Unternehmensqualität (= Reihe Qualitätsmanagement, hrsg. v. F. Mikosch), Berlin et al., S. 1-10; hier: S. 2f.

[15] Beispielhaft sei hier verwiesen auf die Diskussionsbeiträge der Sammelbände Zink, K.J. (Hg.) (1994d): Qualität als Managementaufgabe. Total Quality Management, 3. Aufl., Landsberg a.L.; Hirsch-Kreinsen, H. (Hg.) (1997b): Organisation und Mitarbeiter im TQM (= Reihe Qualitätsmanagement, hrsg. v. F. Mikosch), Berlin et al. Hiermit werden die betriebswirtschaftlich konzipierten und empirischen Arbeiten in ihrer Aussagekraft nicht in Frage gestellt, sondern es soll lediglich auf den festgestellten Zusammenhang hingewiesen werden. Eine Begründung für den hohen Anteil deskriptiver Diskussionsbeiträge könnte auch darin gesehen werden, dass die Konzeption des TQM in ihrer Gesamtheit zu umfangreich und zu komplex ist, um sie in einem theoretischen Modell hinreichend genau in ihren Wirkungen abzubilden.

[16] Zu dieser Kritik vgl. auch Kieser (1997).

[17] Kieser (1997): 89.

[18] In ähnlicher Weise äußern sich kritisch: Braun, K./Lawrence, C. (1997): TQM-Trainer. Ziele vereinbaren, Werte identifizieren, Benchmarks festlegen, kontinuierliche Verbesserung, München/Wien, S. VII, und Drösser, A. (1997): Wettbewerbsvorteile durch Qualitätskommunikation. Bewertungsmodell für traditionelle Marktsignale und zertifizierte Managementsysteme, mit einem Geleitwort von Gerhard Bodenstein (= Gabler Edition Wissenschaft), Diss., Wiesbaden, S. 41.Beispielhaft sei hier verwiesen auf Atkinson, P.E. (1990): Creating Culture Change. The Key to Successful Total Quality Management, Kempston; Crosby, P.B. (1986): Qualität ist machbar, 2. durchges. Aufl., Hamburg et al.; Crosby, P.B. (1994): Qualität 2000: kundennah, teamorientiert, umfassend, München/Wien; Gitlow, H.S./Gitlow, S.J. (1987): The Deming Guide to Quality and Competitive Position, Englewood Cliffs, N.J. Eine empirisch gestützte Effektivitätsbetrachtung des TQM nimmt *Wonigeit* vor, der sich jedoch lediglich der aus dem PIMS-Programm schon bekannten Variablen bedient, weshalb die Schlussfolgerung, dass über die qualitätsfördernde Wirkung eines TQM auch positive Einflüsse auf die Rentabilität ausgehen, keine neue Erkenntnis darstellt. Vgl. Wonigeit, J. (1994): Total Quality Management. Grundzüge und Effizienzanalyse, Wiesbaden, S. 244f.

[19] Vgl. Malorny (1999): 15. Zur Kritik und Notwendigkeit einer intensiven wissenschaftlichen Auseinandersetzung mit der Problematik des Total Quality Management vgl. Pfeifer, T. (Hg.) (1990): Untersuchung zur Qualitätssicherung – Stand und Bewertung, Empfehlung für Maßnahmen (= Forschungsbericht KfK-PFT 155), Karlsruhe; Riesenhuber, H. (1990): „Qualitätszeichen ‘Made in Germany’ durch Forschung sichern“, in: *Qualität und Zuverlässigkeit*, 35. Jg., Hft. 12, S. 691-692.

[20] Vgl. Malorny (1999): 284.

[21] Vgl. auch McAdam, R./O'Neill, E. (1999): „Taking a Critical Perspective to the European Business Excellence Model Using a Balanced Scorecard Approach: A Case Study in the Service Sector", in: *Managing Service Quality*, Vol. 9, No. 3, S. 191-197; hier: S. 191.

[22] Kritisch zu dieser Herangehensweise der Betriebswirtschaftslehre äußert sich bspw. Drösser (1997): 59f.

[23] Parsons, T. (1968 [1937]): The Structure of Social Action, New York; Parsons, T. (1951): The Social System, Glencoe, Ill; Parsons, T. (1961): „An Outline of the Social System", in: Parsons, T./Shils, E.A./Naegele, K.D./Pitts, J.R. (Hg.): Theories of Society, New York, S. 30-79; Parsons, T. (1966): Societies. Evolutionary and Comparative Perspectives, Englewood Cliffs; Parsons, T. (1967): Sociological Theory and Modern Society, New York; Parsons, T. (1969b): Politics and Social Structure, New York; Parsons, T. (1971): The System of Modern Societies, Englewood Cliffs; Parsons, T. (1977): The Social Systems and the Evolution of Action Theory, New York; Parsons, T. (1978): Action Theory and the Human Condition, New York; Parsons, T./Bales, R.F. (1956): Family, Socialization and Interaction Process, London; Parsons, T./Bales, R.F./Shils, E.A. (1953): Working Papers in the Theory of Action, New York; Parsons, T./Shils, E.A. (Hg.) (1951): Toward a General Theory of Action, Cambridge, Mass.; Parsons, T./Smelser, N.J. (1966): Economy and Society, 4. Aufl., London.

[24] Vgl. Aretz, H.-J. (1999a): Das Management von innovativen Organisationen. Unternehmenserfolg durch Verknüpfung systemischer Eigenlogiken, insbesondere in KMUs, Frankfurt a.M. et al.

[25] Vgl. etwa Beer, S. (1981): Brain of the Firm, New York; Etzioni, A. (1967): Soziologie der Organisationen (= Grundfragen der Soziologie, Bd. 12), München; Katz, D./Kahn, R. (1978): The Social Psychology of Organizations, 2. Aufl., New York et al.; Morgan, G. (1997 [1986]): Bilder der Organisation, Newburry Park, Cal.; Parsons, T. (1960a): „A Sociological Approach to the Theory of Organizations", in: Parsons, T.: Structure and Process in Modern Societies, New York, S. 16-58; Parsons, T. (1960b): „Some Ingredients of a General Theory of Formal Organizations", in: Parsons, T.: Structure and Process in Modern Societies, New York, S. 59-96; Luhmann, N. (1995): Funktionen und Folgen formaler Organisationen, 4. Aufl., Berlin; Senge, P.M. (1996 [1990]): Die fünfte Disziplin, Stuttgart.

[26] Vgl. Wilkinson, A. (1992): „The Other Side of Quality: 'Soft' Issues and the Human Resource Dimension", in: *Total Quality Management*, Vol. 3, No. 3, S. 323-329; hier: S. 323f.

[27] Ausführlicher zum Theorieprogramm *Parsons*' vgl. bspw. Münch, R. (1988 [1982]): Theorie des Handelns. Zur Rekonstruktion der Beiträge von Talcott Parsons, Emile Durkheim und Max Weber, Frankfurt a.M.; Bourricaud, F. (1977): The Sociology of Talcott Parsons, Chicago, Ill. Der Zugang zu der Theorie der Sozialsysteme wird über die allgemeine Handlungstheorie genommen: Soziale Systeme sind in erster Linie als Handlungssysteme zu begreifen, und die konstitutiven Aussagen über soziale Systeme sind in diesen Grundaussagen *Parsons*' fundamentiert; vgl. Jensen, S. (1976): „Einleitung", in: Jensen, S. (Hg.): Zur Theorie sozialer Systeme (= Studienbücher zur Sozialwissenschaft, Bd. 14). Opladen, S. 9-68; hier: S. 20ff. Hierbei wird *Münchs* Auffassung gefolgt, dass es in der Theorieentwicklung von *Parsons* keinen Bruch zwischen einer Handlungs- und einer Systemtheorie gibt, da *Parsons* seine voluntaristische Sichtweise auch in seinen späteren Arbeiten übernimmt; vgl. Münch (1988): 190ff. Hierzu kritisch: Habermas, J. (1997b [1981]): Theorie des kommunikativen Handelns. Bd. 2: Zur Kritik der funktionalistischen Vernunft, Frankfurt a.M., S. 299ff.; Schwinn, T. (1993): Jenseits von Subjektivismus und Objektivismus. Max Weber, Alfred Schütz und Talcott Parsons, Diss., Berlin, S. 257f.

[28] *Parsons'* Theorieprogramm entzieht sich dabei der gängigen Unterscheidung zwischen einer individualistisch-ökonomischen und kollektiv-soziologischen Theorieauffassung und kann aufgrund seiner deduktiven Anlage auf ökonomische Belange spezifiziert werden; vgl. Münch, R. (1992 [1984]): Die Struktur der Moderne. Grundmuster und differentielle Gestaltung des

institutionellen Aufbaus der modernen Gesellschaften, Frankfurt a.M., S. 8. Zum Verhältnis ökonomischer und soziologischer Theoriekonstruktionen und Einbettung in *Parsons'* Theorieprogramm vgl. Saurwein, K.-H. (1988): Ökonomie und soziologische Theoriekonstruktion. Zur Bedeutung ökonomischer Theorieelemente in der Sozialtheorie Talcott Parsons', Opladen, S. 1ff. Zur Integrationsproblematik zwischen Soziologie und Ökonomie aus der Sicht des kritischen Rationalismus vgl. vor allem: Albert, H. (1967): Marktsoziologie und Entscheidungslogik. Zur Kritik der reinen Ökonomik, Tübingen; Fleischmann, G. (1966): Nationalökonomie und sozialwissenschaftliche Integration (= Die Einheit der Gesellschaftswissenschaften, Bd. 5), Diss., Tübingen.

[29] Vgl. Aretz (1999a).

[30] Die dem EFQM-Modell zugrunde liegenden Komponenten sind durch einen geringen Operationalisierungsgrad und kurze inhaltliche Erläuterungen gekennzeichnet, aus denen sich implizite Vorstellungen des Umsetzungsprozesses ableiten lassen, die jedoch keine präskriptiven, detaillierten Handlungsanweisungen darstellen; vgl. hierzu etwa Malorny (1999): 246; Verbeck (1998): 117; Zink, K.J. (1995): Total Quality Management as a Holistic Management Concept. The European Model for Business Excellence, Berlin et al., S. 93. Vgl. auch EFQM (1996a): 5; European Foundation for Quality Management (Hg.) (1999t): The EFQM Excellence Model, http://www.efqm.org/imodel/modelintro.htm (Stand 02.08.1999); European Foundation for Quality Management (Hg.) (1996b): Self-Assessment – 1997 – Guidelines for Companies, Brüssel.

[31] Vgl. Kamiske (1994): VII.

[32] Für viele: Malorny (1999): XXXIX.

[33] Als mögliche Gründe für die Popularität derartiger organisationsübergreifender, qualitätsorientierter Ansätze und deren Notwendigkeit zur Implementierung in die betriebliche Praxis werden häufig „internationale Wettbewerbsfähigkeit", „veränderte gesetzliche Rahmenbedingungen", ein „verändertes Wertebewußtsein der Mitarbeiter und des gesellschaftlichen Umfelds" und „schnelle Technologieentwicklung" genannt. Vgl. etwa Zink, K. J. (1994c): „Total Quality Management", in: Zink, K.J. (Hg.): Qualität als Managementaufgabe. Total Quality Management, 3. Aufl., Landsberg a.L., S. 9-52; hier: S. 11ff.; Kamiske, G.F./Malorny, Ch. (1994): „Total Quality Management – ein bestechendes Führungsmodell mit hohen Anforderungen und großen Chancen", in: Kamiske, G.F. (Hg.): Die Hohe Schule des Total Quality Management, Berlin/Heidelberg, S. 1-18; hier: S. 3ff.; Lübbe, U. (1996a): „Qualität als entscheidender Wettbewerbsfaktor", in: Bullinger, H.-J./Warnecke, H.J. (Hg.): Neue Organisationsformen im Unternehmen. Ein Handbuch für das moderne Management, Berlin et al., S. 753-757; hier: S. 753ff.

[34] Vgl. Töpfer/Mehdorn (1996): 5.

[35] Vgl. hierzu insbes. Porter, M.E. (1989): „Der Wettbewerb auf globalen Märkten – Ein Rahmenkonzept", in: Porter, M.E. (Hg.): Globaler Wettbewerb. Strategien der neuen Internationalisierung, Wiesbaden, S. 17-68; hier: S. 18ff.

[36] Vgl. Töpfer, A./Mehdorn, H. (1995): Total Quality Management. Anforderungen und Umsetzung im Unternehmen, 4. aktual. Aufl., Neuwied et al., S. 1.

[37] Vgl. Hirsch-Kreinsen (1997a): 2f. Zum Qualitätsbegriff vgl. auch Kap. 2.2.

[38] Vgl. Verbeck (1998): 8f.

[39] Vgl. hierzu auch Zink (1994c): 20f.

[40] Aretz (1999a): 39.

[41] Ulrich, H./Krieg, W. (1974): St. Gallener Management Modell, 3. Aufl., Bern/Stuttgart; Bleicher, K. (1996): Das Konzept Integriertes Management (= Schriften zum St. Gallener Management-Konzept; Bd. 1), 4. rev. und erw. Aufl., Frankfurt a.M./New York; Gomez, P./Zimmermann, T. (1992): Unternehmensorganisation. Profile, Dynamik, Methodik (= Schriften zum St. Gallener Management-Konzept, Bd. 3), Frankfurt a.M./New York; Pümpin,

C./Prange, J. (1991): Management der Unternehmensentwicklung. Phasengerechte Führung und der Umgang mit Krisen (= Schriften zum St. Gallener Management-Konzept, Bd. 2), Frankfurt a.M./New York.

[42] Vgl. Ulrich, H./Probst, G. (1988): Anleitung zum ganzheitlichen Denken und Handeln. Ein Brevier für Führungskräfte, Bern/Stuttgart; Bleicher (1996). Managementmodelle wie das St. Gallener Management-Konzept sind aber nicht dazu geeignet, das TQM-Konzept in ihren Ansatz vollumfänglich zu integrieren, da sie „Qualität" auf der operativen Ebene ansiedeln und als ein Zielkriterium unter vielen anderen betrachten. Vgl. auch Malorny (1999): 376.

[43] Peters, T.J./Waterman, R.H. (1994): Auf der Suche nach Spitzenleistungen. Was man von den bestgeführten US-Unternehmen lernen kann, 5. Aufl., München/Landsberg a.L., S. 7f.

[44] Vgl. Wildemann/Keller (1996): 2f. Es wird nicht zuletzt im Bewusstsein der Eigenarten japanischer Unternehmungen behauptet, dass Unternehmungen ihren Mitgliedern übergeordnete Ziele im Sinne von geistigen Orientierungen vermitteln können, die letztendlich als erfolgsbestimmende Faktoren angesehen werden. Vgl. Heinen, E. (1997): „Unternehmenskultur als Gegenstand der Betriebswirtschaftslehre", in: Fank, M. (Hg.): Unternehmenskultur. Perspektiven für Wissenschaft und Praxis, begr. v. Edmund Heinen, 2. bearb. und erw. Aufl., München/Wien, S. 2-48; hier: S. 13.

[45] Vgl. Bleicher (1996): 40f.

[46] Nach Auffassung von *Heinen* sei in der bisher vorliegenden organisationstheoretischen Literatur bspw. die Bedeutung von Symbolen für die Strukturen und Prozesse in Organisationen weitgehend verkannt bzw. nicht in ausreichendem Maße gewürdigt worden; vgl. Heinen (1997): 15.

[47] Bleicher (1996): 43; Hervorh. wegg. „Unser Instrumentenkasten war bislang vor allem mit *harten* Managementfaktoren, Methoden und Techniken ausgerüstet. Heute entdecken wir, daß die Bedeutung sogenannter *weicher* Faktoren im Management zunehmend kritischer wird, wie dies vorhergehend unter dem Einfluß zeitlicher Beschleunigung bereits herausgestellt wurde. Das Gewicht hat sich deutlich hin zur Bedeutung von weichen Faktoren der '*software*' statt der '*hardware*' und vor allem hin zur Problemlösungsqualität humaner Faktoren verschoben."; aus: Ibid., S. 59; Hervorh. i. O.

[48] Vgl. Ulrich/Probst (1988): 8ff.

[49] Dierkes, M./Hähner, K./Raske, B. (1996): „Theoretisches Konzept und praktischer Nutzen der Unternehmenskultur", in: Bullinger, H.-J./Warnecke, H.J. (Hg.): Neue Organisationsformen im Unternehmen. Ein Handbuch für das moderne Management, Berlin et al., S. 315-332; hier: S. 315; Hervorh. wegg.

[50] Vgl. Saurwein (1988): 18.

[51] Vgl. hierzu etwa Groth, T. (1996): Wie systemtheoretisch ist 'Systemische Organisationsberatung'? Neuere Beratungskonzepte für Organisationen im Kontext der Luhmannschen Systemtheorie, Münster; Luhmann, N. (1984): „Die Wirtschaft der Gesellschaft als autopoietisches System", in: *Zeitschrift für Soziologie*, 13. Jg., Hft. 4, S. 308-327; Luhmann, N. (1994b): Soziale Systeme. Grundriß einer allgemeinen Theorie, 5. Aufl., Frankfurt a.M.; Luhmann (1995); Morgan (1986).

[52] Vgl. Aretz (1999a): 32f., 48f. und 62ff.

[53] Dazu zählen bspw. Mitwirkungsmöglichkeiten, Weiterbildungsmaßnahmen, Qualität der Zusammenarbeit innerhalb und zwischen den Abteilungen; vgl. Zink (1994c): 18.

[54] Vgl. Ehrhart, K.J. (1994): „Das Qualitätsmanagementsystem, ein Schritt auf dem Wege zu TQM", in: Kamiske, G.F. (Hg.): Die Hohe Schule des Total Quality Management, Berlin/Heidelberg, S. 233-254; hier: S. 235ff.

[55] Kamiske/Malorny (1994): 8.

[56] Ferner wird der Mitarbeiter zu einem Schlüsselfaktor für Qualität, da die Aufgabenerfüllung, die Identifizierung mit ihr und die Wahrnehmung der Bedeutung seiner Leistung für den

Kunden und somit für den Unternehmenserfolg das tägliche Verhalten bestimmt. Diese Tätigkeitsorientierung des Qualitätsbegriffes ist in der angelsächsischen Literatur unter dem Begriff „Quality of Working Life" bekannt; vgl. z.B. Davis, L.E./Cherns, A.B. (Hg.) (1975): The Quality of Working Life, New York.

[57] Vgl. Frehr, H.-U. (1994): „Die Qualität des Unternehmens – eine neue Dimension der Qualität", in: Zink, K.J. (Hg.): Qualität als Managementaufgabe. Total Quality Management, 3. Aufl., Landsberg a.L., S. 125-152; hier: S. 129f. Die Umweltbeziehungen einer Organisation sind zusätzlicher Bestandteil des hier zugrunde gelegten Qualitätsverständnisses, so dass unter einer „Qualität der Außenbeziehungen" u.a. die gesellschaftliche Verantwortung (z.B. Umweltschutz, Entsorgung der Produkte) zum Ausdruck kommt; vgl. Zink (1994c): 23.

[58] Vgl. Oess, A. (1993): Total Quality Management. Die ganzheitliche Qualitätsstrategie, 3. Aufl., Wiesbaden, S. 24ff.

[59] Vgl. Elter, V.-C. (1997): „Basiswissen BWL: Total Quality Management (TQM)", in: *Das Wirtschaftsstudium (WISU),* 26. Jg., Hft. 3, S. 207-210; hier: S. 207. Zu Begriff und Geschichte des Qualitätsmanagements vgl. auch Drösser (1997): 15ff. und 33ff., und Pfeifer, T. (2001): Qualitätsmanagement. Strategien, Methoden, Techniken, 3. völlig überarb. und erw. Aufl. mit 323 Abbildungen und 3 Tabellen, München/Wien, S. 4ff.

[60] Vgl. Wunderer, R./Gerig, V./Hauser, R. (1997): „Qualitätsmanagement durch und im Personalmanagement – Konzeptionelle Grundlagen und Folgerungen für die Personalarbeit", in: Wunderer, R./Gerig, V./Hauser, R. (Hg.): Qualitätsorientiertes Personalmanagement. Das Europäische Qualitätsmodell als unternehmerische Herausforderung, München, S. 1-105; hier: S. 1f.

[61] Vgl. Elter (1997): 207. Das *Deutsche Institut für Normung e.V.* definiert in der DIN 55 350 Qualität als „... die Gesamtheit von Eigenschaften und Merkmalen eines Produkts oder einer Tätigkeit, die sich auf deren Eignung zur Erfüllung gegebener Erfordernisse beziehen"; zitiert nach Ehrhart (1994): 234.

[62] Vgl. Seghezzi, H.D. (1994): „Qualität und Perfektion", in: Die Klein- und Mittelunternehmen auf dem Weg ins nächste Jahrhundert, Kongressband 20. Internationaler KMU-Kongress Interlaken/Schweiz, hrsg. v. J. Pleitner, 2. Aufl., o. O., S. 287-297; hier: S. 289.

[63] Wunderer et al. (1997): 3.

[64] Vgl. Garvin, D.A. (1984): „What Does Product Quality Really Mean?", in: *Sloan Management Review*, Vol. 25, No. 1, S. 25-43; hier: S. 26. *Stauss* und *Hentschel* unterscheiden zwischen absoluter, produkt-, kunden-, herstellungs- und wertorientierter Dimension der Qualität, vgl. Stauss, B./Hentschel, B. (1991): „Dienstleistungsqualität", in: *Wirtschaftswissenschaftliches Studium (WiSt)*, 20. Jg., Hft. 5, S. 238-244; hier: S. 238ff. So hat der Konsument einer Leistung ein anderes Verständnis von Qualität als der Anbieter, oder es bestehen organisationsinterne Abweichungen: bspw. bewertet die Verkaufsabteilung eher das Preis/Leistungs-Verhältnis unter Berücksichtigung der Produkteigenschaften, während die Fertigung hingegen zu einer herstellungsbezogenen Sichtweise tendiert; vgl. Verbeck (1998): 17. Der Preis einer Ware oder Leistung ist dabei kein Bestandteil der Qualität, sondern dieser stellt das Entgelt für die gebotene Qualität dar, so dass Qualität und Preis als zwei eigenständige Dimensionen des Kundenutzens betrachtet werden müssen, der durch das relative Preis-/Leistungsverhältnis ausgedrückt wird; vgl. Speckle, K./Fank, M. (1996): „Qualität und Kundennutzen", in: Bullinger, H.-J./Warnecke, H.J. (Hg.): Neue Organisationsformen im Unternehmen. Ein Handbuch für das moderne Management, Berlin et al., S. 758-768; hier: S. 759ff.

[65] Hinsichtlich der Interpretation des Qualitätsbegriffes ist ein Wandel im Zeitablauf zu beobachten. Ausführlicher zur geschichtlichen Entwicklung des Qualitätsbegriffs und zur Differenzierung verschiedener Qualitätsauffassungen vgl. Oess (1993): 17ff.

[66] Vgl. Töpfer/Mehdorn (1995): 9.
[67] Vgl. Juran, J.M. (1990): Handbuch der Qualitätsplanung, 2. überarb. Aufl., Landsberg, S. 12ff.
[68] Vgl. Oess (1993): 90.
[69] Vgl. Verbeck (1998): 8f.
[70] Vgl. Zink (1994c): 18. In diesem Zusammenhang wurde der Begriff „Internes Marketing" geprägt; vgl. hierzu vor allem Bruhn, M. (Hg.) (1995a): Internes Marketing: Integration der Kunden- und Mitarbeiterorientierung, Wiesbaden.
[71] Vgl. Bauer, S. (1996): „Perspektiven der Organisationsgestaltung", in: Bullinger, H.-J./Warnecke, H.J. (Hg.): Neue Organisationsformen im Unternehmen. Ein Handbuch für das moderne Management, Berlin et al., S. 87-118; hier: S. 91.
[72] Zink (1994c): 18.
[73] Vgl. Ehrhart (1994): 239.
[74] Vgl. Betzl, K. (1996): „Entwicklungsansätze in der Arbeitsorganisation und aktuelle Unternehmenskonzepte – Visionen und Leitbilder", in: Bullinger, H.-J./Warnecke, H.J. (Hg.): Neue Organisationsformen im Unternehmen. Ein Handbuch für das moderne Management, Berlin et al., S. 29-64; hier: S. 41f.
[75] Vgl. Elter (1997): 208.
[76] Vgl. Frehr (1994): 128.
[77] Der Begriff TQM hat seinen Ursprung in den USA. Er geht zurück auf den von *Feigenbaum* 1956 erstmalig publizierten Begriff *Total Quality Control (TQC)* und den von *Ishikawa* geprägten Begriff *Company Wide Quality Control (CWQC)*. Vgl. Ishikawa, K. (1985): What Is Total Quality Control? The Japanese Way, Englewood Cliffs, N.J. Dennoch ist die tatsächliche Herkunft des Begriffs ungeklärt; vgl. Kamiske, G.F./Brauer, J.-P. (1995): Qualitätsmanagement von A-Z, 2. Aufl., München et al., S. 243ff. Zur geschichtlichen Entwicklung von Qualitätsphilosophien und -konzepten vgl. Zink, K.J./Schildknecht, R. (1994): „Total Quality Konzepte – Entwicklungslinien und Überblick", in: Zink, K.J. (Hg.): Qualität als Managementaufgabe. Total Quality Management, 3. Aufl., Landsberg a.L., S. 73-107.
[78] Jedlicka, M. (1992): „Total Quality Management (TQM) – Paradigmenwechsel für Spitzenunternehmen", in: o.V.: Total Quality Management (TQM) als Strategie im internationalen Wettbewerb (= Reihe „Qualitätsmanagement aktuell", hrsg. v. H.E. Zsifkovits), Köln, S. 21-32; hier: S. 25.
[79] Vgl. Kirstein, H. (1994): Der Einfluß Demings auf die Entwicklung des Total Quality Managements (TQM), Diss., München/Wien, S. 31. *Redley* weist zudem darauf hin, dass es zur Zeit keine fundierte und detaillierte Beschreibung des TQM gebe; vgl. Redley, R. (2001): „Qualitätsmanagement durch Werte. Was kommt nach Total Quality Management und Business Excellence?", in: *Qualität und Zuverlässigkeit*, 46. Jg., Hft. 8, S. 990-991; hier: S. 990. Vgl. auch Mohr-Jackson, I. (1998): „Conceptualizing Total Quality Orientation", in: *European Journal of Marketing*, Vol. 32, No. 1/2, S. 13-22; hier: S. 16.
[80] Deutsches Institut für Normung e.V. (Hg.) (1992): DIN ISO 8402/E03.92 – Normenentwurf – Qualitätsmanagement und Qualitätssicherung, Berlin, S. 25; zitiert nach Kamiske/Malorny (1994): 1.
[81] Vgl. Kamiske/Malorny (1994): 6f.
[82] Malorny (1999): 374ff.
[83] Vgl. ibid., S. 376. Vgl. Auch Dean, J.W./Bowen, D.E. (1994): „Management Theory and Total Quality. Improving Research and Practice through Theory Development", in: *Academy of Management Review*, Vol. 1, No. 3, S. 392-418; hier: S. 392ff.
[84] Abbildung in weitgehender Anlehnung an Kamiske/Malorny (1994): 9.
[85] Vgl. Betzl (1996): 61.
[86] Kamiske/Malorny (1994): 8.

[87] Vgl. ibid.
[88] Vgl. Hirsch-Kreinsen (1997a): 3.
[89] Vgl. Saurwein (1988): 1. *Habermas* schätzt den Status *Parsons'* als Klassiker in der soziologischen Theoriegeschichte jedoch als nicht unbestritten ein; vgl. Habermas (1997b): 297.
[90] Vgl. Saurwein (1988): 1.
[91] Vgl. Wenzel, H. (1991): Die Ordnung des Handelns. Talcott Parsons' Theorie des Allgemeinen Handlungssystems, Frankfurt a.M., S. 22f. Als Quellen der weiteren Theorieentwicklung nennt *Münch* u.a. *Sigmund Freud*, *Georg Simmel*, *George H. Mead* und *Jean Piaget*; vgl. Münch (1988): 13. Der theoretische Bezugsrahmen von *Parsons* ist im Laufe der Zeit weiter ausgearbeitet und fortgeführt worden, vgl. etwa Alexander, J. (1982): Theoretical Logic in Sociology, 4 Bde., Berkeley/Los Angeles; Colomy, P. (Hg.) (1990): Neofunctionalist Sciology (= Schools of Thought in Sociology, hrsg. v. P. Colomy et al.), Aldershot; Münch, R. (1980): „Über Weber zu Parsons: Von der Theorie der Rationalisierung zur Theorie der Interpenetration", in: *Zeitschrift für Soziologie*, 9. Jg., S. 18-53; Münch (1988); Münch (1992); Münch, R. (1986): Die Kultur der Moderne, 2 Bde., Frankfurt a.M.; Münch, R. (1995): Dynamik der Kommunikationsgesellschaft, Frankfurt a.M. Als allgemeine Selbstdarstellung des sog. „Neofunktionalismus" vgl. Alexander, J./Colomy, P. (1990): „Neofunctionalism Today: Reconstructing a Theoretical Tradition", in: Ritzer, G. (Hg.): Frontiers of Social Theory, New York, S. 33-67.
[92] Vgl. Schimank, U. (1996): Theorien gesellschaftlicher Differenzierung, Opladen, S. 83.
[93] Vgl. Aretz, H.-J. (1997): „Ökonomischer Imperialismus? Homo Oeconomicus und soziologische Theorie", in: *Zeitschrift für Soziologie*, 26. Jg., Hft. 2, S. 79-95; hier: S. 79f.
[94] Vgl. Hobbes, T. (1966 [1651]): „Leviathan", in: Molesworth, W. (Hg.): Collected English Works of Thomas Hobbes, Bd. 3, Aalen.
[95] Vgl. Münch, R. (1994): Sociological Theory. From the 1920s to the 1960s, Vol. 2, Chicago, Ill., S. 4.
[96] Vgl. Brandt, S. (1993): Religiöses Handeln in moderner Welt. Talcott Parsons' Religionssoziologie im Rahmen seiner allgemeinen Handlungs- und Systemtheorie, Diss., Frankfurt a.M., S. 56. *Parsons* sieht hierin eine Lücke dieser Art von Handlungstheorie: „The utilitarian type of theory concentrated on the means-end relationship and left the character of ends on the whole uninvestigated. [...] it was forced to the assumption that ends were random [...]."; aus: Parsons (1968): 699.
[97] Vgl. auch Vanberg, V. (1975): Die zwei Soziologien. Individualismus und Kollektivismus in der Sozialtheorie (= Die Einheit der Gesellschaftswissenschaften; Bd. 17), Tübingen, S. 14.
[98] Schimank (1996): 83.
[99] Aretz (1997): 79ff.
[100] Vgl. Schimank (1996): 84f.
[101] Münch (1994): 6.
[102] Vgl. Münch (1988): 41ff.
[103] Vgl. Aretz (1997): 80; Schimank (1996): 82ff.
[104] Jensen (1976): 22ff.
[105] Aretz (1997): 80.
[106] „Action must always be thought of as involving a state of tension between two different orders of elements, the normative and the conditional. As process, action is, in fact, the process of alteration of the conditional elements in the direction of conformity with norms. Elimination of the normative aspect altogether eliminates the concept of action itself and leads to the radical positivistic position. Elimination of conditions, of the tension from that side, equally eliminates action and results in idealistic emanationism. Thus conditions may be conceived at

one pole, ends and the normative rules at the other, means and effort as the connection links between them.“; aus: Parsons (1968): 732; Hervorh. wegg.
[107] Vgl. Parsons et al. (1953).
[108] Zwischen den o.g. Werken *Parsons'* befinden sich weitere theorietechnische Instrumentarien, auf die hier nicht eingegangen werden soll; vgl. dazu Münch (1988): 59ff.
[109] Vgl. Münch (1994): 34f.; Münch (1988): 82f.; Schimank (1996): 94f.
[110] Vgl. hierzu Münch (1988): 77ff.
[111] In der Weiterführung von *Parsons'* Theoriewerk leitet *Münch* das AGIL-Schema anders ein, und zwar durch die Unterscheidung der Achsen „Symbolkomplexität“ und „Handlungskontingenz“, auf denen der Handlungsraum aufgespannt wird. Der Bezugsrahmen des Handelns wird hierbei durch die zwei zueinander in Beziehung stehenden Variablen „Symbole“ und „Handlungen“ definiert. Die vier Extrempunkte des Handlungsraumes entsprechen den vier Funktionen des AGIL-Schemas. Vgl. Münch (1994): 42; Münch (1988): 224ff.
[112] Abbildung in Anlehnung an Miebach, B. (1984): Strukturalistische Handlungstheorie: Zum Verhältnis von soziologischer Theorie und empirischer Forschung im Werk von Talcott Parsons, Opladen, S. 208.
[113] Vgl. Münch (1988): 83.
[114] Vgl. ibid., S. 83f.
[115] Parsons/Smelser (1966): 18.
[116] Vgl. Münch (1992): 33f.; Aretz, H.-J. (1990): Zwischen Kritik und Dogma: Der wissenschaftliche Diskurs, Diss., Wiesbaden, S. 11f.
[117] Münch (1988): 92.
[118] Abbildung in Anlehnung an Aretz (1990): 13.
[119] Ibid., S. 93.
[120] Vgl. Parsons/Smelser (1966): 196f.
[121] Parsons/Smelser (1966): 20f.; Hervorh. i. O.
[122] Ibid., S. 196; Hervorh. i. O.
[123] Abbildung in Anlehnung an Münch (1988): 113.
[124] Vgl. ibid., S. 112f.
[125] Zur Unterscheidung von volkswirtschaftlichen und betriebswirtschaftlichen Produktionsfaktoren vgl. insbes. Gutenberg, E. (1983): Grundlagen der Betriebswirtschaftslehre, Bd. 1: Die Produktion (= Enzyklopädie der Rechts- und Staatswissenschaft: Abt. Staatswissenschaft), Berlin et al., S. 1ff. *Gutenberg* unterscheidet zwischen den volkswirtschaftlichen Elementarfaktoren *Arbeit, Boden* und *Kapital* sowie den betriebswirtschaftlichen Elementarfaktoren *Arbeitsleistung, Betriebsmittel* und *Werkstoffe* und den dispositiven Faktoren *Geschäfts- und Betriebsleitung, Planung* und *Organisation.*
[126] Nach *Parsons* bildet „Organisation“ den vierten Produktionsfaktor im ökonomischen System; vgl. auch Bruckmeier, K. (1986): Kritik der Organisationsgesellschaft. Wege der systemtheoretischen Auflösung der Gesellschaft von M. Weber, Parsons, Luhmann und Habermas, Diss., Münster, S. 17.
[127] Parsons, T. (1976): „Sozialsysteme“, in: Jensen, S. (Hg.): Zur Theorie sozialer Systeme, (= Studienbücher zur Sozialwissenschaft, Bd. 4), Opladen., S. 275-318; hier: S. 288f. *Schumpeter* sah den Unternehmer als Triebfeder des „Prozesses der schöpferischen Zerstörung“ und als dasjenige Wirtschaftssubjekt, dessen Funktion die Durchsetzung neuer Kombinationen ist; vgl. Schumpeter, J. (1993): Kapitalismus, Sozialismus und Demokratie, 7. Aufl., Tübingen/Basel, S. 140. Vgl. auch die Ausführungen von *Kieser* und *Kubicek*: „In fast allen Definitionen von 'Organisation' wird die Eigenschaft der Zielgerichtetheit oder Zweckbezogenheit hervorgehoben. In einem solchen Ziel wird der Hauptgrund für die Bildung von Organisationen gesehen [...]. Wenn Menschen bestimmte Ziele verfolgen, die sie alleine nicht

realisieren können, so versuchen sie, diese Ziele mit Hilfe anderer zu erreichen. Handelt es sich um dauerhafte Ziele, die von allen Beteiligten verfolgt werden, bezeichnet man einen solchen Zusammenschluß als Organisation."; aus: Kieser, A./Kubicek, H. (1983): Organisation, 2. neubearb. und erw. Aufl., Berlin/New York, S. 2; Hervorh. wegg. Zudem besteht in der Betriebswirtschaftslehre und Rechtswissenschaft weitgehende Übereinstimmung darin, dass es sich beim Unternehmen um eine Entscheidungs- und Vermögenseinheit handelt, die einem Träger (z.B. einer juristischen Person) zugeordnet werden kann; vgl. Rose, G./Glorius-Rose, C. (1995): Unternehmungsformen und -verbindungen. Rechtsformen, Beteiligungsformen, Konzerne, Kooperationen, Umwandlungen (Formwechsel, Verschmelzungen und Spaltungen) in betriebswirtschaftlicher, rechtlicher und steuerlicher Sicht, 2. überarb. Aufl., Köln, S. 94.

[128] Vgl. dazu Parsons/Smelser (1966).

[129] Münch (1992): 25; Hervorh. wegg.

[130] Zur Überwindung dieser usuellen Unterscheidungen in Bezug auf *Parsons* vgl. Münch (1992): 8. Die Integration individualistischer und kollektivistischer Theorietradition in *Parsons'* Theorieprogramm sieht *Vanberg* jedoch als nicht erfüllt an; vgl. Vanberg (1975): 174, Anm. 29.

[131] Aretz (1999a): 39.

[132] Die beiden Hauptströmungen der Organisationstheorien können zudem mit den zwei menschlichen Gehirnhälften verglichen werden und von dieser organischen Ebene wiederum auf eine soziale übertragen werden: Die linke Gehirnhälfte ist rational orientiert und für das „Rechnerische" und „Planerische" zuständig, so dass sie der Rationalität per se und dem „rationalistischen" Paradigma in den Organisationstheorien zugeordnet werden kann. Diese Annahmen entsprechen den Funktionen des AGIL-Schemas, die an Effizienz und Effektivität ausgerichtet sind, nämlich dem adaptiven Funktionssystem und dem der Zielrealisierung. Die rechte Gehirnhälfte ist interpretativ und für „Kreativität" und „Ganzheitlichkeit" zuständig und entspricht somit dem „Natural Systems" Paradigma in den Organisationstheorien. In *Parsons'* Vierfunktionenschema übernehmen diese Funktionen das L- und I-System, indem sie an der latenten Strukturerhaltung des gesamten Systems und der Integration der einzelnen Systemelemente orientiert sind. Da eine Organisation nicht ausschließlich auf ihre rationalen Elemente reduzierbar und zudem auf Kreativität, Beharrungsvermögen und Integration angewiesen ist, muss eine adäquate Organisationstheorie all diese Aspekte a priori berücksichtigen, um strukturelle Probleme ganzheitlich erfassen zu können. Diese Anregungen und die des vorangegangenen Textabschnitts stammen von H.-J. Aretz, Hauptseminar „Organisationssoziologie", Heinrich-Heine-Universität Düsseldorf, Sommersemester 1998.

[133] Vgl. etwa Parsons (1951); Parsons, T. (1953): „A Revised Analytical Approach to the Theory of Social Stratification", in: Bendix, R./Lipset, S.M. (Hg.), Class, Status and Power: A Reader in Social Stratification, New York, S. 92-129; Parsons et al. (1953); Parsons (1960a); Parsons (1960b); Parsons (1961); Parsons/Smelser (1966); Parsons, T. (1986 [1939]): Aktor, Situation und normative Muster. Ein Essay zur Theorie sozialen Handelns, übers., eingel. und hrsg. v. H. Wenzel, Frankfurt a.M.

[134] *Aretz* verwendet in seinen Ausführungen die Nutzenlogik (A-System) als Primärcodierung der Unternehmung. Wie in Kap. 3.2.2ff. erörtert, wird im Rahmen dieser Analyse jedoch vom Effektivitätsprinzip (G-System) als handlungsleitendem Code eines Unternehmens ausgegangen. Abgesehen von diesem Aspekt sind sämtliche folgende grundlegenden Ausführungen der Kap. 3.2.2 bis einschließlich Kap. 3.3.5 zum AGIL-Schema auf organisationaler Ebene, wenn nicht anders gekennzeichnet, entnommen aus: Aretz (1999a): 31-49.

[135] Vgl. auch Scott, R.W. (1986): Grundlagen der Organisationstheorie, Frankfurt a.M./New York, S. 41.

[136] Vgl. Luhmann, N. (1994a): „Die Gesellschaft und ihre Organisationen“, in: Derlien, H.-U./Gerhardt, U./Scharpf, F.W. (Hg.): Systemrationalität und Partialinteresse. Festschrift für Renate Mayntz, Baden-Baden, S. 189-201.

[137] Vgl. auch Steinmann, H./Schreyögg, G. (1993): Management. Grundlagen der Unternehmensführung, Konzepte – Funktionen – Fallstudien, 3. überarb. und erw. Aufl., Wiesbaden, S. 413ff.

[138] Terreberry, S. (1968): „The Evolution of Organizational Environments“, in: Azumi, K./Hage, J. (Hg.): Organizational Systems, Lexington, Mass., S. 75-90; zitiert nach Schimank (1996): 142.

[139] Vgl. hierzu Burns, T./Stalker, G.M. (1961): The Management of Innovation, London. *Lawrence* und *Lorsch* machen darauf aufmerksam, dass verschiedene Organisationen von ihrer Umwelt nicht in identischer Weise beeinflusst werden und auf diese reagieren; vgl. Lawrence, P.R./Lorsch, J.W. (1969): Organization and Environment. Managing Differentation and Integration, Boston.

[140] Auch die betriebswirtschaftlich-organisationstheoretische Literatur, und insbesondere auch zu TQM-Ansätzen, geht von Organisationen aus, die als offene Systeme charakterisiert werden, weil sie von ihrer Umwelt – Kunden, Lieferanten, Märkten, Gesetzgeber etc. – abhängig sind und selbst auch in diese hineinwirken; vgl. u.a Braun, J. (1996a): „Einführung“, in: Bullinger, H.-J./Warnecke, H.J. (Hg.): Neue Organisationsformen im Unternehmen. Ein Handbuch für das moderne Management, Berlin et al., S. 1-6; hier: S. 2.

[141] *Jensen* weist darauf hin, dass die Originalbezeichnung der Anpassungsfunktion eines Systems in *Parsons'* AGIL-Schema „adaptation“ laute, deren Übersetzung ins Deutsche mit der des Begriffes „adaption“ identisch sein kann. Der Unterschied läge darin, dass „adaptation“ ein „wechselseitiges Arrangieren“ zwischen Umwelt und System bezeichne, während „adaption“ eine einseitige Anpassung meine; vgl. Jensen (1976): 64, Anm. 41.

[142] Gouldner, A.W. (1959): „Organizational Analysis“, in: Merton, R.K./Broom, L./Cottrell, L.S. (Hg.): Sociology Today. Problems and Prospects, New York, S. 400-428; hier: S. 405; zitiert nach Scott (1986): 121. Auch in der betriebswirtschaftlichen Literatur wird die Sicherung der Überlebensfähigkeit (Liquidität) als Primärziel des Zielsystems einer Unternehmung *als Bestandsvoraussetzung* zur Erreichung anderer Zielgrößen genannt; vgl. Wieselhuber, N. (1996): „Formulierung strategischer Unternehmensziele“, in: Bullinger, H.-J./Warnecke, H.J. (Hg.): Neue Organisationsformen im Unternehmen. Ein Handbuch für das moderne Management, Berlin et al., S. 333-345; hier: S. 333.

[143] So unterliegen bspw. politische Parteien, Gerichte oder Regierungsbehörden einem anderen Primärcode als religiöse Organisationen oder Universitäten; vgl. Parsons (1966): 44ff.

[144] Abbildung in Anlehnung an Aretz (1999a): 36.

[145] Vgl. auch Etzioni, A. (1961): A Comparative Analysis of Complex Organizations. On Power, Involvement, and Their Correlates, New York.

[146] Vgl. auch Gutenberg (1983): 131ff.

[147] Zur Unvollständigkeit der ökonomischen Handlungstheorie in Bezug auf soziale Phänomene vgl. Aretz (1997).

[148] Vgl. auch Kap. 3.2.

[149] Aretz (1999a): 39.

[150] Vgl. Kap. 2.1 und Hoeth, U./Reddemann, A./Gillner, A. (1997): „Balance zwischen Verdienen und Vertrauen. Von der Dienstleistungsqualität zur Dienstleistungsmentalität“, in: *Personalführung*, 30. Jg., Hft. 11, S. 1056-1063; hier: S. 1057ff.

[151] Vgl. auch Braun (1996a): 2f.

[152] Vgl. Betzl (1996): 42.

[153] Vgl. Lübbe, U. (1996b): „Qualitätsmanagementsysteme“, in: Bullinger, H.-J./Warnecke, H.J. (Hg.): Neue Organisationsformen im Unternehmen. Ein Handbuch für das moderne Management, Berlin et al., S. 769-785.
[154] Vgl. Hirsch-Kreinsen (1997a): 3.
[155] Hensche, C./Perwein, A. (1996): „Servicequalität aus Kunden- und Mitarbeitersicht. Konsequenzen für die Personalarbeit“, in: *Personalführung*, 29. Jg., Hft. 1, S. 34-39; hier: S. 39.
[156] Vgl. Gairola, A. (1996): „Kunden-Lieferanten-Beziehungen im Unternehmen“, in: Bullinger, H.-J./Warnecke, H.J. (Hg.): Neue Organisationsformen im Unternehmen. Ein Handbuch für das moderne Management, Berlin et al., S. 467-487; hier: S. 468ff.
[157] Vgl. Bauer, S. (1996): 92ff.
[158] Vgl. Wildemann, H./Keller, S./Schnerring, M./Strich, D. (1996): „Qualitätscontrolling von Leistungsprozessen“, in: Wildemann, H. (Hg.): Controlling im TQM. Methoden und Instrumente zur Verbesserung der Unternehmensqualität (= Reihe Qualitätsmanagement, hrsg. v. F. Mikosch), Berlin et al., S. 99-137; hier: S. 115.
[159] In Anlehnung an Jensen (1976): 34.
[160] Stöger, W. (1996): „Umsetzung des Dienstleistungsprinzips (Externe Beziehungen)“, in: Bullinger, H.-J./Warnecke, H.J. (Hg.): Neue Organisationsformen im Unternehmen. Ein Handbuch für das moderne Management, Berlin et al., S. 379-386; hier: S. 379ff.
[161] Vgl. Herbst, D. (1998): Corporate Identity. Das professionelle 1x1, 1. Aufl., Berlin, S. 22ff.
[162] Aretz (1999a): 35.
[163] Vgl. Aretz (1997): 82.
[164] Lübbe, U. (1994): „Qualität als Zukunftssicherung“, in: Dale, B./Jammernegg, W. et al. (Hg.): Integrative Strategien des Qualitätsmanagements (= Proceedings zum internationalen Hochschulkurs im Rahmen von Comet II), Wien, S. 11-38; hier: S. 16.
[165] Vgl. Hirsch-Kreinsen (1997a): 2ff.
[166] Aretz (1997): 81.
[167] Vgl. ibid., S. 82.
[168] Vgl. Braun, J. (1996c): „Leitsätze moderner Organisationsgestaltung“, in: Bullinger, H.-J./Warnecke, H.J. (Hg.): Neue Organisationsformen im Unternehmen. Ein Handbuch für das moderne Management, Berlin et al., S. 119-145; hier: S. 134ff.
[169] Abbildung in Anlehnung an Aretz (1999a): 36.
[170] Vgl. hierzu auch ibid., S. 133.
[171] Vgl. Zürn, P. (1996): „Unternehmensethik und Führungskultur“, in: Bullinger, H.-J./Warnecke, H.J. (Hg.): Neue Organisationsformen im Unternehmen. Ein Handbuch für das moderne Management, Berlin et al., S. 297-314; hier: S. 309.
[172] Vgl. Meindl, R. (1996): „Beurteilung und Überwindung innerbetrieblicher Hemmnisse“, in: Bullinger, H.-J./Warnecke, H.J. (Hg.): Neue Organisationsformen im Unternehmen. Ein Handbuch für das moderne Management, Berlin et al, S. 1062-1077; hier: S. 1062.
[173] Nagel, G. (1996): „Steuerung der Unternehmensentwicklung und Umsetzung in das Tagesgeschäft“, in: Bullinger, H.-J./Warnecke, H.J. (Hg.): Neue Organisationsformen im Unternehmen. Ein Handbuch für das moderne Management, Berlin et al., S. 387-393; hier: S. 387ff.
[174] Aretz (1997): 91.
[175] Vgl. Braun, J. (1996c): 119.
[176] Gairola (1996): 468ff.
[177] Vgl. Wildemann, H. (1996a): „Dezentralisierung von Kompetenz und Verantwortung“, in: Bullinger, H.-J./Warnecke, H.J. (Hg.): Neue Organisationsformen im Unternehmen. Ein Handbuch für das moderne Management, Berlin et al., S. 360-378; hier: S. 372f.
[178] Vgl. Hirsch-Kreinsen (1997a): 5.

[179] Vgl. Aretz (1997): 82.
[180] „Jede sprachliche 'Verweisung', kraft deren voneinander abgesonderte Wirklichkeitssphären überspannt werden, kann als Symbol bezeichnet werden." Aus: Berger, P.L./Luckmann, T. (1980 [1966]): Die gesellschaftliche Konstruktion der Wirklichkeit. Eine Theorie der Wissenssoziologie, Frankfurt a.M., S. 42. Vgl. auch Gussmann, B./Breit, C. (1997): „Ansatzpunkte für eine Theorie der Unternehmenskultur", in: Fank, M. (Hg.): Unternehmenskultur. Perspektiven für Wissenschaft und Praxis, begr. v. Edmund Heinen, 2. bearb. und erw. Aufl., München/Wien, S. 107-139; hier: 111ff.
[181] Aretz (1999a): 37f.
[182] Vgl. Moldaschl, M. (1997): „Arbeitsorganisation und Leistungspolitik im Qualitätsmanagement", in: Hirsch-Kreinsen, H. (Hg.): Organisation und Mitarbeiter im TQM (= Reihe Qualitätsmanagement, hrsg. v. F. Mikosch), Berlin et al., S. 63-95; hier: S. 66f.
[183] Aretz (1999a): 38.
[184] Vgl. Nagel (1996): 389ff.
[185] Stöger (1996): 380f.
[186] Aretz (1999a): 34f.
[187] Vgl. bspw. Moldaschl (1997): 86f.
[188] Als Vertreter dieser in der Unternehmenskulturforschung dominierenden betriebswirtschaftlich-instrumentalistischen Sichtweise vgl. als repräsentativ für viele: Dill, P./Hügler, G. (1997): „Unternehmenskultur und Führung betriebswirtschaftlicher Organisationen – Ansatzpunkte für ein kulturbezogenes Management", in: Fank, M. (Hg.): Unternehmenskultur. Perspektiven für Wissenschaft und Praxis, begr. v. Edmund Heinen, 2. bearb. und erw. Aufl., München/Wien, S. 141-209; Kilmann, R.H. (1985): „Five Steps for Closing Culture-Gaps", in: Kilmann, R.H./Saxton, M./Serpa, R. (Hg.): Gaining Control of the Corporate Culture (= Management Series), San Francisco, S. 355-369; Scholz, C./Hofbauer, W. (1990): Organisationskultur. Die vier Erfolgsprinzipien, Wiesbaden.
[189] Aretz (1999a): 38f. Einen kritischen Überblick über konzeptionelle Ansätze von Organisationskultur gibt Franzpötter, R. (1997): Organisationskultur – Begriffsverständnis und Analyse aus interpretativ-soziologischer Sicht (= Nomos Universitätsschriften, Kulturwissenschaft, Bd. 4), Diss., Baden-Baden, S. 17-38.
[190] Münch (1988): 96; Hervorh. wegg.
[191] Aretz (1997): 82.
[192] Aretz (1990): 15.
[193] Vgl. Münch (1992): 23ff.
[194] Münch (1994): 59.
[195] Vgl. hierzu insbes. Kap. 3.3.4.
[196] Vgl. Schimank (1996): 112.
[197] Darstellung abgeleitet aus Esser, H. (1993): Soziologie. Allgemeine Grundlagen, Frankfurt a.M./New York, S. 382.
[198] Aretz (1999a): 39; Hervorh. wegg.
[199] Vgl. Ackerman, Ch./Parsons, T. (1976): „Der Begriff 'Sozialsystem' als theoretisches Instrument", in: Jensen, S. (Hg.): Zur Theorie sozialer Systeme (= Studienbücher zur Sozialwissenschaft, Bd. 4), Opladen, S. 69-84; hier: S. 78ff.
[200] Vgl. Hirsch-Kreinsen (1997a): 7ff.
[201] Vgl. bspw. Dopfer, W./Dörr, S. (1994): „Total Quality Management in der Hypo-Bank. Der NochBesser-Prozeß", in: *Personalführung*, 27. Jg., Hft. 10, S. 888-898; hier: S. 893.
[202] Vgl. Bruhn, M. (1995c): „Sicherstellung der Dienstleistungsqualität durch integrierte Kommunikation", in: Bruhn, M. (Hg.): Dienstleistungsqualität: Konzepte, Methoden, Erfahrungen, 2. überarb. und erw. Aufl., Wiesbaden, S. 161-186; hier: S. 167f.

[203] Vgl. Kirsch, J./Georg, W. (1994): „Qualitätsmanagement und Personalentwicklung“, in: *Personalführung*, 27. Jg., Hft. 10, S. 926-930; hier: S. 928ff.
[204] Eine Diskonfirmation wird als der Unterschied zwischen den Erwartungen eines Kunden an eine Dienstleistung und seinen Wahrnehmungen der tatsächlichen Leistung definiert. Wenn die wahrgenommene Leistung hinter den Erwartungen zurückbleibt, spricht man von einer negativen Diskonfirmation; vgl. Mairamhof, G./Thelen, E./Botschen, G./Etzel, M. (1995): „Ein Modell des Reaktionsprozesses von Dienstleistern auf Diskonfirmationen des Kunden“, in: Bruhn, M. (Hg.): Dienstleistungsqualität: Konzepte, Methoden, Erfahrungen, 2. überarb. und erw. Aufl., Wiesbaden, S. 295-316; hier: S. 298.
[205] Bruhn, M. (1995a): „Internes Marketing als Baustein der Kundenorientierung“, in: *Die Unternehmung*, 49. Jg., Hft. 6, S. 381-402; hier: S. 393.
[206] Vgl. Peters/Waterman (1994): 25.
[207] Vgl. Hirsch-Kreinsen (1997a): 4.
[208] Braun, J. (1996b): „Aufgaben und Ziele der Organisationsgestaltung“, in: Bullinger, H.-J./ Warnecke, H.J. (Hg.): Neue Organisationsformen im Unternehmen. Ein Handbuch für das moderne Management, Berlin et al., S. 7-27; hier: S. 20.
[209] Auf die *double interchanges* zu den übergeordneten Systemen (politisches, sozialkulturelles, telisches System etc.) und den Beziehungen zu den anderen Subsystemen des ökonomischen Systems wird hier nicht eingegangen, obwohl hier ebenfalls vielfältige Austauschbeziehungen bestehen. Denkbar wäre z.B. ein durch staatliche Ausgabenkürzungen bedingtes, relativ niedriges Bildungsniveau in der Bevölkerung, aufgrund dessen Unternehmen Schwierigkeiten haben, qualifiziertes Personal zu rekrutieren.
[210] Vgl. zum Folgenden Aretz (1999a): 41ff.
[211] Stauss, B. (1995): „Internes Markteting als personalorientierte Qualitätspolitik“, in: Bruhn, M. (Hg.): Dienstleistungsqualität: Konzepte, Methoden, Erfahrungen, 2. überarb. und erw. Aufl., Wiesbaden, S. 257-276; hier: S. 265.
[212] Dies kann sich z.B. in der Personalpolitk einer Unternehmung äußern, die Vorgaben in Bezug auf Personalbeschaffungsmaßnahmen setzt, so etwa dass ausschließlich auf dem Markt der Hochschulabsolventen diejenigen Bewerber rekrutiert werden, die eine hohe soziale Kompetenz aufweisen und dass Fachwissen anschließend innerbetrieblich vermittelt wird; vgl. Ronzal, W. (1996): „Die kleinen Dinge schätzt der Kunde“, in: *Bank Magazin*, 9. Jg., Hft. 8, S. 26-28.
[213] Beispiel entnommen aus: Adams, H.W. (1994): „Effizienzsteigerung durch Mitarbeiter: Wege zur unternehmensweiten Qualitätskultur“, in: Adams, H.W./Rademacher, H. (Hg.): Qualitätsmanagement: Strategie, Struktur, Systeme, Frankfurt a.M., S. 128-142.
[214] Vgl. Peters/Waterman (1994): 15.
[215] Vgl. Bruhn, M. (1996): „Das Unternehmen in der Dienstleistungsgesellschaft“, in: Bullinger, H.-J./Warnecke, H.J. (Hg.): Neue Organisationsformen im Unternehmen. Ein Handbuch für das moderne Management, Berlin et al., S. 177-190; hier: S. 187.
[216] Vgl. Aretz (1999a): 43.
[217] Vgl. Oess (1993): 90.
[218] Vgl. Malorny (1999): 16ff.
[219] Vgl. Drach, W./Neumann, W. (1997): „Qualitätssteigerung durch Gruppenarbeit – Das Cost-Center Elektrik bei der Carl Schenck AG“, in: Hirsch-Kreinsen, H. (Hg.): Organisation und Mitarbeiter im TQM (= Reihe Qualitätsmanagement, hrsg. v. F. Mikosch), Berlin et al., S. 121-135; hier: 125f.
[220] Abbildung in Anlehnung an Aretz (1999a): 42.
[221] Schimank (1996): 108.
[222] „Eine Idee ist nichts wert, wenn sie nicht realisiert wird. Das gilt auch für alle organisatorischen oder innovativen Konzepte und Projekte. Bevor sie umgesetzt werden,

bringen sie keinen Nutzen. [...] Darum muß der Umsetzungs-, also Implementierungsphase in organisatorischen Prozessen hohe Aufmerksamkeit zuteil werden."; aus: Scharfenberg, H. (1997): „Implementierungsmanagement – effektiv und effizient", in: Nippa, M./Scharfenberg, H. (Hg.): Implementierungsmanagement. Über die Kunst, Reengineeringkonzepte erfolgreich umzusetzen, Wiesbaden, S. 11-17; hier: S. 17.

223 Deutsche Gesellschaft für Qualität e.V. (Hg.) (1990): TQM – eine unternehmensweite Verpflichtung. Vorlagen zur Vorbereitung und Einführung im Unternehmen (= DGQ-Schrift 14-13), ausgearb. v. der Arbeitsgruppe 141 „Qualitätszirkel/TQM" der DGQ, Berlin, S. 8.

224 Vgl. Greene, R.T. (1997): „Von planmäßiger zu eigendynamischer organisatorischer Veränderung", in: Nippa, M./Scharfenberg, H. (Hg.): Implementierungsmanagement. Über die Kunst, Reengineeringkonzepte erfolgreich umzusetzen, Wiesbaden, S. 59-78; hier: S. 60.

225 Vgl. auch Hirsch-Kreinsen (1997a): 7.

226 Vgl. auch Malorny (1999): 374ff.

227 Kalkowski, P. (1997): „Qualitätsproduktion als Aufgabe der Betriebsorganisation", in: Hirsch-Kreinsen, H. (Hg.): Organisation und Mitarbeiter im TQM (= Reihe Qualitätsmanagement, hrsg. v. F. Mikosch), Berlin et al., S. 13-61; hier: S. 60.

228 Die Einführung von TQM wird auch als organisatorische Innovation beschrieben; vgl. Greene (1997): 60f.

229 Aretz (1999a): 61.

230 Vgl. Lee, T.H./Woll, T.W. (1996): „The Center for Quality Management. Eine amerikanische Fallstudie zur TQM-Einführung", in: Töpfer, A./Mehdorn, H. (Hg.): Besser – Schneller – Schlanker. TQM-Konzepte in der Unternehmenspraxis, 2. durchges. Aufl., Neuwied et al., S. 31-51; hier: S. 31f.

231 Vgl. Töpfer/Mehdorn (1995): 8 und 151f.

232 Aretz (1999a): 102f.

233 Vgl. Lenzen, A. (1996): Corporate Identity in Banken. Wie sich Unternehmenskultur in Rendite verwandelt, Wiesbaden, S. 155ff.

234 Vgl. Kirstein (1994): 71ff.

235 Vgl. Lenzen (1996): 75ff.

236 Koerber, E. (1996): „Ansätze zur Überwindung der Strukturkrise in der Wirtschaft: Das Erfolgsbeispiel ABB", in: Töpfer, A./Mehdorn, H. (Hg.): Besser – Schneller – Schlanker. TQM-Konzepte in der Unternehmenspraxis, 2. durchges. Aufl., Neuwied et al., S. 53-64; hier: S. 56f.

237 Vgl. Deiß, M. (1997): „Qualitätsmanagement in unternehmensübergreifenden Produktionsnetzwerken der Automobilindustrie – Anforderungen, Probleme, Ansatzpunkte", in: Hirsch-Kreinsen, H. (Hg.): Organisation und Mitarbeiter im TQM (= Reihe Qualitätsmanagement, hrsg. v. F. Mikosch), Berlin et al., S. 189-243; hier: S. 200; Töpfer/Mehdorn(1995): 133ff.

238 Vgl. Oess (1993): 91f. und 107f.

239 Repräsentativ für viele: Betzl, K./Hase, B./Moll, K. (1997): „Information und Qualifikation als Voraussetzung für ein mitarbeiterorientiertes, umfassendes Qualitätsmanagement", in: Hirsch-Kreinsen, H. (Hg.): Organisation und Mitarbeiter im TQM (= Reihe Qualitätsmanagement, hrsg. v. F. Mikosch), Berlin et al., S. 137-163; hier: S. 139ff.; Kalkowski (1997): 60f.; Kirstein (1994): 55f.

240 Moldaschl (1997): 77.

241 Vgl. Betzl (1996): 61.

242 Vgl. Schmidt, H.-J. (1996): „Analyse der Ausgangssituation: Aufgaben und Tätigkeiten", in: Bullinger, H.-J./Warnecke, H.J. (Hg.): Neue Organisationsformen im Unternehmen. Ein Handbuch für das moderne Management, Berlin et al., S. 1023-1031; hier: S. 1023; Nagel (1996): 8; Wildemann/Keller (1996): 2.

[243] Moldaschl (1997): 92.
[244] Ibid., S. 94.
[245] Vgl. Crosby (1994): 60ff.
[246] Vgl. Schildknecht, R. (1992): Total Quality Management. Konzeption und State of the Art, Frankfurt a.M./New York, S. 98f.
[247] Vgl. Aretz (1999a): 89.
[248] Vgl. Oess (1993): 93f.
[249] Abbildung abgeleitet aus Aretz (1999a): 90.
[250] Aretz (1999a): 44.
[251] Moldaschl (1997): 64f.
[252] In Anlehnung an Aretz (1999a): 76.
[253] Vgl. Zeithaml, V.A./Parasuraman, A./Berry, L.L. (1992): Qualitätsservice. Was Ihre Kunden erwarten – was Sie leisten müssen, Frankfurt/New York, S. 28f.
[254] Vgl. Töpfer/Mehdorn (1995): 32f.
[255] Vgl. Kap. 2.2.
[256] Vgl. Hummel/Malorny (1997): 44.
[257] Der Begriff der Dienstleistung wird in der Literatur gleichbedeutend mit „Service" verwendet, da es sich bei letzterem lediglich um eine Übersetzung aus dem Englischen handelt. Abweichend zu dem umgangssprachlichen Begriffsverständnis, es handele sich hierbei um eine Mehrleistung, werden beide Begriffe synonym verwendet; vgl. auch Bruhn (1995a): 616. Ausführlicher zum Begriff der Dienstleistung vgl. Schulze, H.S. (1995): „Erhöhung der Dienstleistungsqualität durch transaktionsanalytisch orientierte Personalschulungen", in: Bruhn, M. (Hg.): Dienstleistungsqualität, 2. überarb. und erw. Aufl., Wiesbaden, S. 319-341; Stauss/Hentschel (1991): 238-244.
[258] Vgl. Meffert, H./Bruhn, M. (1997): Dienstleistungsmarketing. Grundlagen – Konzepte – Methoden, 2. überarb. und erw. Aufl., Wiesbaden, S. 3ff.
[259] Schmidt, C. (1996): Personalmanagement-Konzept für Dienstleistungsunternehmungen. Theoretisches Gerüst und Anwendungsfall (= Schriften zum Management, hrsg. v. C. Steinle, Bd. 8), München/Mering, S. 69.
[260] Vgl. Becker, M. (1995): „Personalmanagement im Umbruch. Perspektiven für marktorientierte Veränderungsprozesse", in: Bruhn, M. (Hg.): Internes Marketing. Integration der Kunden- und Mitarbeiterorientierung, Wiesbaden, S. 303-342; hier: S. 305ff.
[261] Vgl. Parasuraman, A./Zeithaml, V.A./Berry, L.L. (1988): „SERVQUAL: A Multiple-Item Scale for Measuring Customer Perceptions of Service Quality", in: *The Journal of Marketing*, 52. Jg., Hft. 49, S. 41-50; hier: S. 35-38. Vgl. auch Parasuaram, A./Zeithaml, V.A./Berry, L.L. (1990): Delivering Quality Service. Balancing Customer Perceptions and Expectations, New York.
[262] Vgl. Meffert/Bruhn (1997): 236ff.
[263] Abbildung entnommen aus Meffert/Bruhn (1997): 237.
[264] Zur kritischen Betrachtung und Weiterentwicklung des Gap-Modells vgl. insbes.: Johnson, R./Tsiros, M./Lancioni, R. (1995): „Measuring Service Quality: A Systems Approach", in: *Journal of Services Marketing*, Vol. 9, No. 5, S. 6-19; Chenet, P./Tynan, C./Money, A. (2000): „The Service Performance Gap: Testing the Redeveloped Causal Model", in: *European Journal of Marketing*, Vol. 34, No. 3/4, S. 472-495 und die dort angegebene Literatur.
[265] Vgl. Stauss/Hentschel (1991): 241ff.
[266] Quellen: Stauss/Hentschel (1991): 243, und Meffert/Bruhn (1997): 239.
[267] Vgl. European Foundation for Quality Management (Hg.) (1999r): History of the EFQM, http://www.efqm.org/history.htm (Stand 02.08.1999). Ausführlicher zur historischen Entwicklung der *EFQM* vgl. Verbeck (1998): 71ff.

[268] Der *EQA* wurde im Jahre 1992 zum ersten Mal, d.h. 41 Jahre nach der erstmaligen Vergabe des japanischen *Deming Application Prize* vergeben; vgl. Malorny (1999): 238.

[269] Jährlich werden mehrere Qualitätspreise vergeben. Mit dem *EQA* wird dasjenige Unternehmen ausgezeichnet, das als das Beste unter den Finalisten der Preise beurteilt wird. Den *European Quality Prize* erhalten diejenigen Bewerber, die nachweislich ein hervorragendes System für Qualitätsverbesserungen entwickelt haben; vgl. EFQM (1996a): 2. Im Jahre 2001 initiierte die *EFQM* zum ersten Mal ein differenzierteres Auszeichnungssystem – das *European Recognition Scheme* –, welches nun drei Preismöglichkeiten für Unternehmen enthält. Mit diesen Zwischenstufen soll der Einstieg ins Modell erleichtert und Organisationen stärker dazu motiviert werden, TQM tatsächlich zu implementieren; vgl. Kirstein, H. (2001): „Drei Stufen zum Olymp. Einfacher Einstieg in das Excellence-Modell“, in: *Qualität und Zuverlässigkeit*, 46 Jg., Hft. 7, S. 870-871; hier: S. 870.

[270] Die *EFQM* ist offizieller Träger des Modells und der damit verbundenen Auszeichnungen; die Organisation und Administration der Auszeichnungsprozedere obliegt dem EFQM-Award-Sekretariat in Brüssel. Neben der Auslobung des *EQA* werden der *Doctoral Award* (Kriterium ist hierbei nicht der wissenschaftliche Aussagewert, sondern der Nutzen der Ausführungen für die praktische Umsetzung), der *Media Award* (journalistische Arbeiten zum Thema TQM), *Leadership Award* (Auszeichnungen von qualitätsorientierten Führungspersönlichkeiten und Management-Teams; bis auf Weiteres ausgesetzt) und *Thesis Award* (akademische Studienabschlussarbeiten) verliehen; vgl. Malorny (1999): 242.

[271] Vgl. Malorny (1999): 239.

[272] Vgl. EFQM (1999r). Unterstützt wird die Vergabe des *EQA* auch durch Mittel des europäischen Projekts *SPRINT* (*European Community Programme for Innovation and Technology Transfer*); vgl. Malorny (1999): 328, Anm. 416.

[273] *Malorny* weist in diesem Zusammenhang darauf hin, dass es sich bei den Kriterien des EFQM-Modells weitgehend um eine Übersetzung und geringfügige Anpassung des *MBNQA* handelt, mit der Folge, dass sich der erhebliche Einfluss des amerikanischen TQM-Verständnisses in den Kriterien des europäischen TQM-Modells widerspiegelt. Von einem originär europäischen Ansatz könne aufgrund dessen nur schwerlich gesprochen werden; vgl. Malorny (1999): 241. Diese Meinung vertreten auch Wunderer et al. (1997): 14.

[274] Vgl. Zink (1995): 89f.

[275] Zur besseren Übersichtlichkeit werden im Folgenden das ehemals gültige EFQM-Modell und seine (Unter-)Kriterien in *KURSIVEN GROSSBUCHSTABEN* und sein Nachfolger-Modell in *kursiv* dargestellt.

[276] Entnommen aus: Wunderer et al. (1997): 8.

[277] Hierbei wird auch von „Potentialfaktoren“ oder „Maßnahmen“ gesprochen; vgl. Malorny (1999): 331, Anm. 465.

[278] Vgl. Wunderer et al. (1997): 9.

[279] © EFQM. Zitat entnommen aus: EFQM (1996a): 14. Um eine laufende Wiederholung zu vermeiden, sei an dieser Stelle angemerkt, dass sämtliche in der vorliegenden Untersuchungen verwendeten und den EFQM-Veröffentlichungen entnommenen Zitate und Abbildungen dem Copyright der *EFQM* unterliegen.

[280] Abbildung in Anlehnung an EFQM (1996a): 14.

[281] EFQM (1996a): S. 4.

[282] Vgl. ibid., S. 4f.

[283] Vgl. Verbeck (1998): 73f.

[284] Vgl. EFQM (1996a): 10. Das hier vorgestellte EFQM-Grundmodell ist gleichermaßen für alle vier Kategorien verbindlich, jedoch werden die jeweiligen Preiskategorien in separaten Veröffentlichungen behandelt, da bspw. für KMU eine vereinfachte Konzeption mit nur 22 statt 32 Unterpunkten gilt. Die hier dargelegten Ausführungen beziehen sich im Folgenden auf

Unternehmen der 1. Kategorie. Zu den allgemeinen Teilnahmeberechtigungen vgl. EFQM (1996a): 10ff. Im Jahr 2001 gab es keinen Gesamtgewinner eines *EQA* bei den „Unternehmen" und „operationelle Unternehmenseinheiten". In der 10-jährigen Geschichte des Awards ist dies das erste Mal, dass der Preis in diesen Kategorien nicht vergeben wurde. Vgl. European Foundation for Quality Management (Hg.) (2001b): European Quality Award Results Sounds Alarm Bells for Europe's Big Business, http://efqm.org/pressrel/eqa_results.htm (Stand 25.10.2001).

[285] Vgl. European Foundation for Quality Management (Hg.) (2001b): European Quality Award Results Sounds Alarm Bells for Europe's Big Business, http://www.efqm.org/pressrel/eqa_results.htm (Stand 25.10.2001).

[286] Vgl. European Foundation for Quality Management (Hg.) (2003): EQA 2002 Winners, http://www.efqm.org/model_awards/eqa/history_pass_winners.htm (Stand 12.04.2003).

[287] Zum Prozess der Selbstbewertung vgl. EFQM (1996b).

[288] Vgl. European Foundation for Quality Management (Hg.) (1995): Selbstbewertung – 1996 – Richtlinien für Unternehmen, Brüssel, S. 5f.

[289] Vgl. Wunderer et al. (1997): 18.

[290] Vgl. Pitschesrieder, B. (2001): „Entscheidender Schritt in Richtung Kunde", in: *Qualität und Zuverlässigkeit*, 46. Jg., Hft. 4, S. 380-381; hier: S. 381, und o.V. (2000b): „ISO ade. VDA sagt sich von Zertifizierung los", in: *Qualität und Zuverlässigkeit*, 45. Jg., Hft. 12, S. 1514-1515.

[291] Vgl. Selbmann, H.-K. (1999): „EFQM – Ein finales Qualitäts-Modell? Qualitätsmanagement aus der Sicht der Gesundheitspolitik", in: *Krankenhaus Umschau*, Sonderheft „EFQM – das Qualitätsmodell der European Foundation for Quality Management", Hft. 9, S. 4-8; hier: S. 4f. Vgl. auch Donahue, K.T. (1998): „ISO, EFQM, Baldrige and Health Care Accreditation – a Comparison", in: Paeger, A. (Hg.): Die Gesundheitsversorgung von morgen, hrsg. v. den Asklepios Kliniken, Kronberg, S. 149-160.

[292] Vgl. European Foundation for Quality Management (Hg.) (2000c): The EFQM in Action – 2001, Brüssel, S. 18.

[293] Vgl. auch Kirstein, H. (2000d): EFQM-Modell Grundlagen. Die Grundlagen des EFQM-Modells, http://www.deutsche-efqm.de/efqm/modellgrund-1.html (Stand 08.06.2000); Quaglia, G. (1998): „Model Development and Deployment", in: *Quality Link* (= Newsletter), hrsg. von der European Foundation for Quality Management, Vol. 10, No. 54, Juni 1998, S. 14-17; hier: S. 14; Malorny (1999): 246. Die Änderungen in den vorangegangenen Jahren bezogen sich nicht primär auf das Modell selbst, sondern auf Rahmenbedingungen, wie etwa Bewertungsverfahren und Preis-Kategorien. Seit dem Jahr 1997 können sich z.B. auch einzelne Organisationseinheiten und KMU um einen Preis bewerben; vgl. European Foundation for Quality Management (Hg.) (1998b): The European Quality Award 1999. Information Brochure, Brüssel, S. 7.

[294] Vgl. EFQM (1998b): 17.

[295] Vgl. auch Kirstein, H. (2000b): EFQM-Modell 2000. Das neue EFQM Excellence Modell für das Jahr 2000, http://www.deutsche-efqm.de/efqm/modell2000-1.html (Stand 08.06.2000).

[296] Für das Jahr 2003 ist diese Modell-Variante nach wie vor gültig; vgl. European Foundation for Quality Management (Hg.) (2001a): EFQM Levels of Excellence. European Quality Award Information Brochure, Brüssel, S. 21ff. Ab 2004 ist wiederum eine modifizierte Version des EFQM-Modells gültig, auf die in Kap. 7 kurz eingegangen werden soll.

[297] Vgl. Pfeifer (2001): 144.

[298] Vgl. European Foundation for Quality Management (Hg.) (2000d): The EFQM Excellence Model Changes, http://www.efqm.org/imodel/changes1.html (Stand 28.01.2000).

[299] Vgl. Dale, B.G. et al. (2000): "Quality is Dead in Europe – Long Live Excellence. True or False?", in: *Measuring Business Excellence*, Vol. 4, No. 3, S. 4-10; hier: S. 4ff. *Dale et al.*

merken zudem an, dass es bei der Ersetzung des Begriffs „quality“ durch „excellence“ nur konsequent wäre, dies auch auf den Namen der *European Foundation for Quality Management* anzuwenden; vgl. ibid., S. 6.

300 Das *EFQM-Modell für Excellence* wird jedoch nicht mehr mit diesen Prozent-Angaben veröffentlicht werden, damit die Selbstbewertung nach selbst gesetzten Schwerpunkten des Unternehmens erfolgen kann. Der *EQA* basiert allerdings weiterhin auf diesem prozentualen Bewertungsschema; vgl. EFQM (1999v): 17.

301 Vgl. auch Kirstein, H. (2000e): EFQM-Modell Grundlagen. 4. Unterkriterien – hier gibt es Änderungen, http://www.deutsche-efqm.de/efqm/modell2000-2.html (Stand 08.06.2000).

302 Vgl. Radtke/Wilmes (2000): 17.

303 Vgl. Pfeifer (2001): 7.

304 Abb. in Anlehnung an: European Foundation for Quality Management (Hg.) (1999q): Excellence bewerten. Eine praktische Anleitung zur Selbstbewertung, Brüssel, S. 4; Hervorh. d. Verf. Die Hervorhebungen markieren die Veränderungen im Vergleich zum Vorgängermodell.

305 © EFQM. Zitat entnommen aus: European Foundation for Quality Management (Hg.) (1999s): Introducing Excellence, Brüssel, S. 4.

306 Vgl. Kirstein (2000e).

307 Vgl. hierzu o.V. (2001b): EFQM-Modell 2000 – Vergleiche mit der vorhergehenden Version, http://merlin.it-security-world.de/QMW/PDB/Qualitaet_110928.html (Stand 04.04.2001).

308 European Foundation for Quality Management (Hg.) (1999w): The EFQM Excellence Model 1999, Brüssel, S. 11ff.

309 Vgl. Kirstein (2000e).

310 EFQM (1999w): 11ff.

311 Vgl. Kirstein (2000e).

312 Vgl. dazu ausführlich Kap. 5.

313 EFQM (1996a): 5.

314 Vgl. Zink (1995): 93. Zudem dient das grobe Raster des Modells nach *Verbeck* dazu, eine Anregung für neue und eigene Ideen zu geben. Man erhoffe sich auf diese Weise, neue Entwicklungen im Bereich des TQM zu finden, welche die europäischen Organisationen zu den erfolgreichsten der Welt machen sollen; vgl. Verbeck (1998): 116f.

315 Die Zahlenangaben sind das Ergebnis eines Abstimmungsprozesses, an dem EFQM-Mitglieder und andere europäische Institutionen beteiligt waren; vgl. EFQM (1996a): 15; *Wunderer et al.* kritisieren diesen Gewichtungsansatz als „willkürlich“; Wunderer et al. (1997): 14.

316 Zum Vorgang der Punktebewertung und Berechnung der Gesamtpunktzahl vgl. ausführlicher EFQM (1996a): 13ff.

317 Vgl. EFQM (1999v): 12.

318 Dabei wird jedem Unterpunkt das gleiche Gewicht beigemessen. Auf Kriterium *1a.* bis *1d.* z.B. fallen jeweils 25% der für Kriterium *1. Führung* zu vergebenden Gesamtpunkte. Ausnahmen bestehen lediglich bei den Ergebnis-Komponenten *6.* bis *8* ; vgl. EFQM (1996a): 18.

319 Im Idealfall über einen Zeitraum von drei oder mehr Jahren.

320 Vgl. Zink (1995): V.

321 Vgl. EFQM (1996a): 5ff.

322 Vgl. ibid., S. 16f. „‘Results’ are caused by ‘Enablers’.“; aus: EFQM (1999t).

323 Vgl. EFQM (1996a): 17.

324 Vgl. Malorny (1999): 249.

[325] Vgl. hierzu Wunderer, R./Kuhn, T. (1992): Zukunftstrends in der Personalarbeit. Schweizerisches Personalmanagement 2000, Bern et al., S. 58f.; Bruhn (1995a): 390.
[326] Ähnlich argumentieren auch Zink (1994c): 15f., und Frehr (1994).
[327] Vgl. EFQM (1996a): 5.
[328] Ibid., S. 17.
[329] Vgl. Schildknecht (1992): 17. Vgl. hierzu insbes. auch Pfeifer (1990), und Riesenhuber (1990).
[330] Vgl. Malorny (1999): 15.
[331] Vgl. ibid., S. 284.
[332] Vgl. Hendricks, K.B./Singhal, V.R. (2000): The Impact of Total Quality Management on Financial Performance: Evidence from Quality Award Winners, März 2000, http://www.efqm.org/new_website/ model_awards/downloads/keyabstract.pdf (Stand 18.04.2002).
[333] Vgl. http://www.excellence-barometer.de.
[334] Kieser (1997): 84: „Wenn andere Unternehmen die neuen Prinzipien umgesetzt haben, dann kann es auch im eigenen Unternehmen gelingen!“
[335] Eines der bekanntesten und populärsten Beispiele ist wohl das im Jahr 2000 bereits in der 8. Auflage erschienene Werk von *Peters* und *Waterman* „Auf der Suche nach Spitzenleistungen“. Eine kritische Auseinandersetzung mit Managementbestsellern liefert Kieser (1997). Kritisch zu *Peters/Waterman* vgl. Fritz, W. (1989): Marketing, ein Schlüsselfaktor des Unternehmenserfolges? Eine kritische Analyse vor dem Hintergrund der empirischen Erfolgsfaktorenforschung, Mannheim, S. 12f.
[336] *Lenzen* weist darauf hin, dass eine einfache Kausalität z.B. zwischen verschiedenen Unternehmenskulturtypen und dem Unternehmenserfolg anhand wissenschaftlicher Untersuchungen nicht belegt werden konnte; vgl. Lenzen (1996): 140.
[337] Vgl. zu dieser Auffassung des EFQM-Modells: Conti, T. (1999): Self-Assessment. Ein Werkzeug zur Verbesserung der Wettbewerbsfähigkeit, München/Wien, S. 26f.
[338] Vgl. European Foundation for Quality Management (Hg.) (1999n): EFQM and Self-Assessment, http://www.efqm.org/selfas.htm (Stand: 02.08.1999).
[339] „Although each organisation is unique, this model provides a generic framework of criteria that can be applied widely to any organisation or part of an organisation.“; aus: EFQM (1996b): 9; vgl. auch ibid., S. 11.
[340] Die *EFQM* differenziert zwar zwischen verschiedenen Preis-Kategorien (KMU, Organisationen des Öffentlichen Dienstes etc.), das Grundmodell bleibt jedoch in allen Fällen gleich. Die hier vorliegende Variation des AGIL-Schemas bezieht sich allerdings ausschließlich auf erwerbswirtschaftliche Unternehmungen und nicht etwa auf Universitäten, während durch das EFQM-Modell Organisationen jeder Art angesprochen werden sollen. *Wunderer et al.* kritisieren hierbei, dass der Gewichtungsansatz für alle Wirtschaftszweige gleich sei, da bestimmte Merkmale des EFQM-Modells für die jeweiligen Organisationstypen unterschiedliche Bedeutung hätten; vgl. Wunderer et al. (1997): 59.
[341] Vgl. ibid., S. 53.
[342] Vgl. hierzu Conti (1999): 18f.
[343] Vgl. Oess (1993): 90. Zudem wurde der Kriterienkatalog des EFQM-Modells weitgehend aus dem amerikanischen MBNQA-Modell übernommen; vgl. Kap. 4.1.
[344] Vgl. European Foundation for Quality Management (Hg.) (1999m): EFQM 2000 Vision and Mission, http://www.efqm.org/efqm2000.htm (Stand: 02.08.1999).
[345] Vgl. Zink (1995): 93 und Verbeck (1998): 117.
[346] Vgl. auch Wunderer et al. (1997): 41.
[347] Malorny (1999): 246.
[348] Vgl. EFQM (1999t).

[349] Vgl. Zink, K.J. (1997): „Erfahrungen bei der Implementierung des EFQM-Modells“, in: Wunderer, R./Gerig, V./Hauser, R. (Hg.) (1997): Qualitätsorientiertes Personalmanagement. Das Europäische Qualitätsmodell als unternehmerische Herausforderung, München, S. 119-134; hier: S. 123.
[350] Malorny (1999): 248. Vgl. auch de Sousa, B. (1997): „Wege, Instrumente und Probleme bei der Umsetzung von TQM durch das Europäische Qualitätsmodell – Erfahrungen bei der CIBA-GEIGY AG“, in: Wunderer, R./Gerig, V./Hauser, R. (Hg.): Qualitätsorientiertes Personalmanagement. Das Europäische Qualitätsmodell als unternehmerische Herausforderung, München, S. 168-182; hier: S. 180.
[351] So z.B. Kirstein (1994): 102.
[352] Vgl. EFQM (1996a): 13.
[353] *Wunderer et al.* kritisieren ebenfalls das Fehlen von Vorschlägen zur Implementierung, da diese in hohem Maße für den Erfolg des TQM ausschlaggebend seien; vgl. Wunderer et al. (1997): 15.
[354] Vgl. Kap. 3.3.5.1.
[355] Radtke, P./Wilmes, D. (2000): European Quality Award. Die Kriterien des EQA umsetzen, Praktische Tips zur Anwendung des EFQM-Modells, 2. Aufl., München/Wien, S. 15.
[356] Vgl. Zink (1995): 93.
[357] © EFQM. Sämtliche, folgende, aus den *EFQM*-Veröffentlichungen zitierte Unterkriterien und Orientierungspunkte des Vorgängermodells *EFQM-MODELL FÜR BUSINESS EXCELLENCE* unterliegen dem Copyright der *EFQM* und sind, wenn nicht anders vermerkt, entnommen aus: EFQM (1996a): 23-26.
[358] Vgl. EFQM (1996a): 29, und Wunderer et al. (1997): 10.
[359] Vgl. Hentze, J./Kammel, A./Lindert, K. (1997): Personalführungslehre. Grundlagen, Funktionen und Modelle der Führung, 3. Aufl., Bern et al. Die Unterscheidung zwischen diesen Dimensionen der Führung findet sich durchgängig in der Literatur zur Personalführung, vgl. z.B. auch Wunderer, R. (1997): Führung und Zusammenarbeit. Beiträge zu einer unternehmerischen Führungslehre, 2. Aufl., Stuttgart; Wunderer, R./Grunwald, W. (1980): Führungslehre. Bd. 1: Grundlagen der Führung, Berlin/New York. Einen Überblick, insbesondere zu neueren Ansätzen der Führungsforschung, gibt Bryman, A. (1996): „Leadership in Organizations“, in: Clegg et al. (Hg.): Handbook of Organization Studies, London, S. 276-291.
[360] Synonym dazu werden auch die Begriffe *Management* und *Personalführung* verwendet; vgl. Hentze, J. (1991b): Personalwirtschaftslehre 2, Personalerhaltung und Leistungsstimulation, Personalfreistellung und Personalinformationswirtschaft, 5. überarb. und erg. Aufl., Bern/Stuttgart, S. 171.
[361] Ibid., S. 171f.; Hervorh. wegg.
[362] Vgl. Staehle, W.H. (1994): Management. Eine verhaltenswissenschaftliche Perspektive, 7. überarb. Aufl., München, S. 70 und 308f.
[363] „Die Führung ist somit auf die *Erfüllung* der Aufgaben- und Mitarbeiter*ziele* ausgerichtet.“; aus: Hentze (1991b): 171; Hervorh. d. Verf.
[364] Vgl. auch Hopfenbeck, W. (1992): Allgemeine Betriebswirtschafts- und Managementlehre – Das Unternehmen im Spannungsfeld zwischen ökonomischen, sozialen und ökologischen Interessen, 7. ü-berarb. Aufl., Landsberg a.L., S. 455.
[365] Vgl. Hentze (1991b): 171f.
[366] © EFQM. Zitat entnommen aus EFQM (2000a): 12. Sämtliche folgende, aus den *EFQM*-Veröffentlichungen zitierte Kriterien, Unterkriterien und Orientierungspunkte des neueren *EFQM-Modells für Excellence* unterliegen dem Copyright der *EFQM* und sind, wenn nicht anders vermerkt, entnommen aus: Ibid., S. 12ff.

[367] In einer der EFQM-Veröffentlichungen [European Foundation for Quality Management (Hg.) (1999p): Excellence bestimmen. Eine Fragebogen-Methode, vorläufige Version, Brüssel, S. 14.] heißt es, das Kriterium *1. Führung* ziele auf „die oberen Führungskräfte", wobei hierbei explizit die oberste Führungsebene eines Unternehmens, d.h. die Geschäftsführung und die ihr direkt Unterstellten gemeint seien. Da es sich hierbei um eine vorläufige Version handelt und alle anderen Broschüren der *EFQM* nach wie vor von allen Führungskräften einer Organisation ausgehen, wird letztere Version beibehalten. Vgl. hierzu bspw. EFQM (2000a): 30.
[368] Vgl. EFQM (1999p): 14.
[369] Vgl. Hentze et al. (1997): 552ff.
[370] Vgl. auch Radtke/Wilmes (2000): 29.
[371] Eine Unterscheidung der Termini „Bezugs-, Interessen-, Anspruchs- und Strategische Anspruchsgruppen" findet sich bei: Achleitner, P.M. (1985): Sozio-politische Strategien multinationaler Unternehmungen. Ein Ansatz gezielten Umweltmanagements, Bern/Stuttgart, S. 76. Im Folgenden werden diese Gruppen synonym als Stakeholder bezeichnet und meinen Anspruchsträger, die aufgrund des Unternehmungsverhaltens anlässlich persönlicher Betroffenheit oder Betroffenheit Dritter Ansprüche an ein Unternehmen stellen oder diese Ansprüche geltend machen könnten; vgl. Thommen, J.-P. (1996): Glaubwürdigkeit. Die Grundlage unternehmerischen Denkens und Handelns, Zürich, S. 22.
[372] Vgl. European Foundation for Quality Management (1999c): Criterion 1 – Leadership, http://www.efqm.org/imodel/change1.htm (Stand 31.01.2000); vgl. auch Radtke/Wilmes (2000): 19f.
[373] Vgl. hierzu auch EFQM (1999c), und EFQM (2000a): 11f.
[374] EFQM (1996b): 15; Hervorh. i. O. Sobald bei der Führung mit Verhaltensleitsätzen Kollektivregelungen angesprochen werden, die eine äußere Ordnung des Betriebes als Ganzes betreffen, etwa bei einer Betriebsvereinbarung, sind die Mitwirkungsrechte des Betriebsrates zu beachten, da es sich um *Fragen der Ordnung des Betriebes und des Verhaltens der Arbeitnehmer im Betrieb* gemäß §87 Abs. 1 Ziffer 1 BetrVG handelt, in denen dem Betriebsrat ein Mitbestimmungsrecht zusteht; vgl. o.V. (1998a): Arbeitsgesetze (= Textausgabe mit ausführlichem Sachverzeichnis und einer Einführung von Professor Dr. Reinhard Richardi), 54. neubearb. Aufl., Stand: 1. September 1998, München, S. 512.
[375] Vgl. auch Wunderer et al. (1997): 10.
[376] Die Vorbildfunktion für die unternehmerischen Werte und Erwartungen („act as role models"; „leading by example") ist ebenso ein Vorschlag der EFQM zur Ausgestaltung des Unterpunktes; vgl. EFQM (1996b): 15.
[377] Vgl. auch ibid., S. 15.
[378] Vgl. auch den Bewertungsvorschlag der EFQM: „... how leaders: [...] make themselves accessible, listen and respond to the organisation's people [...]."; aus: EFQM (1996b): 15; Hervorh. wegg.
[379] Zink (1995): 94ff.
[380] Wunderer et al. (1997): 31.
[381] Vgl. ibid., S. 26.
[382] In Anlehnung an Aretz (1999a): 142f.
[383] Aretz (1999a): 70.
[384] Vgl. ausführlicher hierzu ibid., S. 61ff.
[385] Ibid., S. 144. Vgl. auch Smircich, L./Morgan, G. (1982): „The Management of Meaning", in: *The Journal of Applied Behavioral Science*, Vol. 18, No. 3, S. 257-273; Pfeffer, J. (1981): „Management as Symbolic Action: The Creation and Maintenance of Organizational Paradigms", in: *Research in Organizational Behavior*, Vol. 3, S. 1-52. *Aretz* merkt hierbei an, dass gerade in dieser Kopplung zwischen Managementsystem und kulturellem System von einigen Autoren der elementare Unterschied zwischen „Führung" und „Management" (i. e. S.)

gesehen werde, „das nur an kurzfristigen Strategien orientiert ist und sich nicht mit den 'Sinnfragen' und einem Identitätsaufbau beschäftigt."; aus: Aretz (1999a): 144.

386 Entnommen aus Aretz (1999a): 147. Hierbei handelt es sich um analytische Grundtypen, die empirisch nur annäherungsweise oder in Kombination anzutreffen sind.

387 Vgl. Bass, B.M. (1985): Leadership and Performance Beyond Expectations, New York; Tichy, N.M./Devanna, M.A. (1995 [1986]): Der Transformational-Leader: Das Profil der neuen Führungskraft, Stuttgart.

388 Vgl. Kouzes, J.M./Posner, B.Z. (1993): Credibility: How Leaders Gain and Lose It, Why People Demand It, San Francisco.

389 Vgl. Conger, J.A. (1989): The Charismatic Leader: Behind the Mystic of Exceptional Leadership, San Francisco.

390 Vgl. Sims, H.P./Lorenzi, P. (1992): The New Leadership Paradigm, Newbury Park.

391 Vgl. Aretz (1999a): 145f.

392 Vgl. auch Abb. 3-7.

393 Vgl. Kap. 3.3.4.

394 Vgl. Aretz (1999a): 146.

395 Vgl. EFQM (1996b): 15.

396 In Anlehnung an Aretz (1999a): 150.

397 In Anlehnung an Aretz (1999a): 144f.

398 Vgl. auch Kap. 3.3.3.

399 Aretz, H.-J. (1999b): „Weder 'Tausch' noch 'Macht': 'Einfluß' als Koordinationsmechanismus internationaler Kooperation. Zur Konstitutionslogik 'Internationaler Regime' als Systeme transnationaler politischer Vergemeinschaftung", in: *Berliner Journal für Soziologie*, 9. Jg., Hft. 1, S. 25-44; hier: S. 30; Hervorh. i. O.

400 Vgl. dazu den Bewertungsvorschlag der EFQM: „... *how* leaders: [...] make themselves accessible, listen and respond to the organisations's people [...]."; aus: EFQM (1996b): 15; Hervorh. i.O.

401 Vgl. ibid., S. 15.

402 Vg. Kap. 3.2.1 und 3.3.

403 Vgl. auch Kap. 3.3.5.1.

404 Vgl. auch Kap. 3.3.3.

405 Vgl. Abb. 3-7.

406 Zur Bestimmung von Kern-Geschäftstätigkeiten vgl. Unterkriterium *5a. IDENTIFIZIERUNG VON SCHLÜSSELPROZESSEN*, Kap. 5.5.3 und Kap. 5.5.7.

407 Vgl. hierzu auch den Bewertungsvorschlag der EFQM (1996b): 15.

408 Vgl. Kap. 3.3.4.

409 Vgl. Zink (1995): 98f; vgl. dazu auch die „areas to address": EFQM (1996b): 15.

410 Vgl. hierzu Bewertungsvorschlag: „... how leaders [...] enable people to participate in improvement activities [...]"; aus: Ibid., S. 15; Hervorh. wegg.

411 Die Unternehmenskultur wird hierbei von der *EFQM* jedoch nicht angesprochen. In der Literatur lassen sich Hinweise auf betriebliche Verbesserungsprogramme finden, die von den Mitarbeitern nicht akzeptiert und umgesetzt werden, da diese Gedanken u.a. durch die Organisation nicht „gelebt" werden und Verbesserungsvorschläge eher intern auf Abneigung stoßen, missachtet oder falsch bewertet werden; vgl. bspw. Moldaschl (1997): 79ff.

412 Vgl. Zink (1995): 99.

413 Vgl. ibid., S. 100.

414 EFQM (1996b): 15.

415 Strategien können auch nach der angestrebten Entwicklungsrichtung des Unternehmens (Wachstum, Stabilisierung, Schrumpfung) differenziert werden, vgl. Welge, M.K./Al-Laham, A. (1992): Planung. Prozesse, Strategien, Maßnahmen, Wiesbaden, S. 180f. Zu den

verschiedenen Strategietypen vgl. Preißner, A. (1996): Marketing-Controlling, München; Becker, J. (1998): Marketing-Konzeption. Grundlagen des strategischen und operativen Marketing-Managements, 6. vollst. überarb. und erw. Aufl., München; Hofbauer, W. (1991): Organisationskultur und Unternehmensstrategie, München.

416 „... how leaders [...] establish and participate in partnerships [...]"; aus: EFQM (1996b): 16; Hervorh. wegg.

417 Vgl. Kap. 2.2.

418 Gemeint sind hier die externen Kunden einer Unternehmung – interne Kunden werden gesondert in den Kriterien *3. MITARBEITERORIENTIERUNG* bzw. *3. Mitarbeiter* und *6. MITARBEITERZUFRIEDENHEIT* bzw. *6. Mitarbeiterbezogene Ergebnisse* behandelt.

419 Denkbar wären andere Unternehmen, die nicht in einem direkten Konkurrenzverhältnis stehen, oder Behörden. Wird hierbei ein Stakeholder-Konzept zugrunde gelegt, so umfasst dies alle Individuen oder Gruppen, welche die Ziele einer Organisation beeinflussen können oder welche von deren Zielerreichung betroffen sind; vgl. hierzu Staehle (1994): 401ff.

420 Die Handhabung von Lieferantenbeziehungen ist zudem Bestandteil des Unterkriteriums *4c. LIEFERANTENBEZIEHUNGEN UND MATERIALBEWIRTSCHAFTUNG* des EFQM-Modells, innerhalb dessen Kooperationen mit Lieferanten nicht ausschließlich auf den Funktionsbereich des Managements übertragen werden; vgl. hierzu Kap. 5.4.5.

421 Vgl. Aretz (1999a): 70 und 154.

422 Vgl. hierzu auch Newman, R.G. (1988): „The Buyer-Supplier-Relationship under Just-in-time", in: *Production and Inventory Management Journal*, Vol. 29, No. 3, S. 45-49; hier: S. 47.

423 Vgl. EFQM (1996b): 16.

424 „... how leaders [...] establish and participate in joint improvement activities [...]"; aus: EFQM (1996b): 16; Hervorh. wegg.

425 Die Führungskräfte könnten wohl kaum in gemeinsamen Verbesserungsteams zusammenarbeiten, wenn diese nicht existierten.

426 So werden bspw. nicht der Materialfluss vom Lieferanten zum Abnehmer oder die Verfügbarkeit fremdbezogener Materialien und Teile zum Untersuchungsobjekt.

427 „These common activities contribute considerably to [...] increasing the effectiveness of measures and supporting partnerships – every aspect helping to achieve a common obejctive."; aus: Zink (1995): 101.

428 Vgl. ibid., S. 100.

429 „... how leaders [...] establish and participate in joint improvement activities [...]"; aus: EFQM (1996b): 16; Hervorh. wegg.

430 Vgl. Zink (1995): 100.

431 „... how leaders [...] promote and support Total Quality Management outside the organisation."; aus: EFQM (1996b): 16; Hervorh. wegg.

432 Vgl. Zink (1995): 101.

433 Zink (1995): 101f.

434 *Zink* nennt hier als Beispiele Theatergruppen, Jugendzentren oder Sportvereine; vgl. ibid., S. 103.

435 Bspw. Quality Function Deployment oder Simultaneous Engineering.

436 EFQM (1996a): 23.

437 Vgl. hierzu auch Lascelles, D./Peacock, R. (1996): Self-Assessment for Business Excellence, Berkshire, S. 153.

438 Vgl. Schnetzer, R./Soukup, M. (2001): Business Excellence effizient und verständlich. Praxisrelevantes Wissen in 24 Schritten, Braunschweig/Wiesbaden, S. 15.

439 Vgl. European Foundation for Quality Management (Hg.) (1999x): The European Quality Award 2001. Information Brochure, S. 25. Vgl. auch Eberhardt, S. (1998): Wertorientierte

Unternehmensführung. Der modifizierte Stakeholder-Value-Ansatz, mit einem Geleitwort von Helmut Kuhnle (= Gabler Edition Wissenschaft), Diss., Wiesbaden, S. 5.

[440] Vgl. Eberhardt (1998): 146.

[441] Vgl. Conti (1999): 20ff. Vgl. auch o.V. (2001a): „Stakeholder or Shareholder Value?", in: *EFQM Magazine*, Vol. 1, No. 1, S. 6-9; hier: S. 6. Einen ausführlichen Überblick über verschiedene theoretische Ansätze zum Stakeholder-Konzept gibt: Eberhardt (1998): 33ff.

[442] Vgl. Eberhardt (1998): 36. Die verschiedenen Arten von Ansprüchen, wie bspw. explizite und implizite Ansprüche, sollen an dieser Stelle nicht unterschieden werden. Vgl. dazu ibid.

[443] Vgl. Parsons (1960b).

[444] Zu den Methoden der Stakeholder-Identifizierung vgl. insbes. Mitchell, R.K./Agle, B.R./Wood, D.J. (1997): "Toward a Theory of Stakeholder Identification and Salience. Defining the Principle of Who and What Really Counts", in: *The Academy of Management Review*, Vol. 22, No. 4, S. 853-886.

[445] Vgl. EFQM (1999x): 25. Zu den Unterschieden zwischen partnerschaftlichen und rein marktlichen Beziehungen vgl. Stoelzle, W. (2000): „Beziehungsmanagement – Konzeptverständnis und Implikation für die Beschaffung", in: Hildebrandt, H./Koppelmann, U. (Hg.) (2000): Beziehungsmanagement mit Lieferanten. Konzepte, Instrumente, Erfolgsnachweise (= Schriftenreihe der Schmalenbach-Gesellschaft für Betriebswirtschaft e.V.), Stuttgart, S. 1-23; hier: S. 6ff. Vgl. auch Pheng, L.S. (1999): „The Extension of Construction Partnering for Relationship Marketing", in: *Marketing Intelligence & Planning*, Vol. 17, No. 3, S. 155-160.

[446] Vgl. Eberhardt (1998): 261.

[447] Vgl. EFQM (2000a): 30f.

[448] Bsp. entnommen aus: EFQM (1999p): 20.

[449] Bsp. entnommen aus: Radtke/Wilmes (2000): 34f.

[450] Die *EFQM* erwähnt in der Zusammenfassung der Änderungen dieses Unterkriterium nicht; vgl. EFQM (1999c). Hierbei sei erneut angemerkt, dass Begriff und Bedeutung von „Excellence" mit „Total Quality Management" gleichgesetzt werden. Vgl. hierzu nochmals Dale et al. (2000): 4ff.

[451] Vgl. EFQM (1996b): 16.

[452] Vgl. hierzu auch die Ausführungen der Anreiz-Beitrags-Theorie, bspw. Barnard, C.I. (1970): Die Führung großer Organisationen (= Schriften der Gesellschaft zur Förderung des Unternehmernachwuchses e.V.), Essen; March, J.G./Simon, H.A. (1958): Organizations, New York.

[453] Vgl. Hinterhuber, H.H./Friedrich, S.A. (1997): „Markt- und ressourcenorientierte Sichtweise zur Steigerung des Unternehmenswertes", in: Hahn, D./Taylor, B. (Hg.): Strategische Unternehmensplanung – Strategische Unternehmungsführung. Stand und Entwicklungstendenzen, 7. völlig neu bearb. und erw. Aufl., Heidelberg, S. 988-1016; hier: S. 989.

[454] Vgl. auch Kap. 3.3.4.

[455] Vgl. Rückle, H. (1982): „Feedback", in: o.V.: Management-Enzyklopädie. Das Managementwissen unserer Zeit in sechs Bänden, Bd. 3, 2. Aufl., München, S. 487f.

[456] Zu Voraussetzungen erfolgreicher Mitarbeiterkommunikation durch Anerkennung und Belohnung vgl. Neuberger, O. (1973): Das Mitarbeitergespräch (= München-Augsburger Studienreihe für Psychologie im Betrieb, Bd. 3), München.

[457] Zu dem hier verwendeten „Performance-Sanction-Schema" vgl. Parsons, T. (1969a): „On the Concept of Political Power", in: Parsons, T.: Politics and Social Structure, New York, S. 352-404.

[458] Zink (1995): 104; Übersetzung d. Verf.

[459] Vgl. Zink (1995): 106.

[460] Vgl. EFQM (1996b): 16.
[461] Vgl. Zink (1995): 105.
[462] Vgl. hierzu auch Aretz (1999b): 30.
[463] Allerdings ist die negativ situationale Sanktionierung des Managementsystems in Bezug auf externe Akteure äußert begrenzt, da dessen Macht außerhalb der Organisation nicht legitimiert ist. Die Anerkennung positiver Leistungen kann durch persönliche Danksagungen oder Briefe, Zahlungen, materielle Belohnungen, Geschenke oder Zertifikate erfolgen, die entweder von den Führungskräften oder von dazu ermächtigten Verantwortlichen ausgehen. Auf der Kundenseite können Erfolge durch Gewährung von Rabatten, schnelle und effektive Lösungen von Kundenproblemen, besondere Verpflichtungen gegenüber dem Abnehmer, strenge Einhaltung der Kundentermine und Stichtage gewürdigt werden, die auch dann eingehalten werden, wenn die Umstände schwierig erscheinen. Beispiele entnommen aus Zink (1995): 105f.
[464] Aretz (1999b): 35.
[465] In Anlehnung an Aretz (1999b): 31.
[466] Vgl. EFQM (2000a): 13.
[467] Vgl. hierzu EFQM (1996a): 18.
[468] Vgl. hierzu EFQM (1996a): 15.
[469] Vgl. EFQM (2000a): 13.
[470] Vgl. hierzu EFQM (1996a): 15.
[471] Vgl. EFQM (1999c).
[472] Vgl. Schwaninger, M. (1994): Managementsysteme (= St. Gallener Management-Konzept; Bd. 4), Frankfurt a.M./New York, S. 15. An dieser Stelle sei darauf hingewiesen, dass sich in der Literatur verschiedene Auffassungen zum Begriff Managementsystem bzw. Führungssystem finden lassen. Manche Autoren beziehen sich im Wesentlichen auf den Organisationsaspekt i. S. von ‚Organisationssystem'; vgl. bspw. Likert, R. (1972): Neue Ansätze der Unternehmensführung, Bern/Stuttgart; Luger, A.E./Geisbüsch, H.-G./Neumann, J. (1991): Allgemeine Betriebswirtschaftslehre, 3. erw. Aufl., München et al.; Pascale, R.T./Athos, A.G. (1986): The Art of Japanese Management, Harmondsworth. Andere wieder verwenden den Begriff Managementsystem häufig technisch oder synonym zu ‚Informationssystem'; vgl. bspw. Markus, M.L. (1984): Systems in Organizations, Boston et al. Einen Überblick über den Stand der Forschung und zu weiteren Begriffsauffassungen liefert: Schwaninger (1994): 28ff.
[473] Vgl. Schwaninger (1994): 16.
[474] Vgl. EFQM (2000a): 31.
[475] Vgl. ibid., S. 13.
[476] Vgl. Bleicher (1995): 19ff.
[477] Vgl. hierzu auch Schwaninger (1994): 26f.
[478] Vgl. Hentze et al. (1997): 558. Es sei an dieser Stelle darauf hingewiesen, dass unter „Struktur" *nicht* eine „Organisatorische Architektur" i. S. einer formalen Struktur in einer holistischen Sichtweise des Systems verstanden wird, welche bspw. die Definition der Arbeitsweisen und die informelle Organisation umfasst; Conti (1999): 26. Zur Bedeutung von „Struktur" in dieser Sichtweise vgl. auch Aretz (1999a): 44ff.
[479] Vgl. Schwaninger (1994): 59f.
[480] Vgl. hierzu die Unterkriterien *2a. Entwicklung von Politik und Strategie auf den Bedürfnissen der Interessengruppen, 5c. Entwicklung von Produkten und Dienstleistungen, 5d. Erstellung und Betreuung von Produkten und Dienstleistungen* und *5e. Pflege und Vertiefung von Kundenbeziehungen.*
[481] Vgl. Zink (1994c): 29.
[482] Vgl. Zink (1995): 108.

[483] Vgl. vor allem Sandig, C. (1953): Die Führung des Betriebs. Betriebswirtschaftspolitik, Stuttgart; Dorow, W. (1982): Unternehmungspolitik, Stuttgart et al. Unternehmungspolitik wird gemeinhin als „betriebswirtschaftlich-politologische" Teildisziplin aufgefasst, die vor allem Fragen von Macht, Herrschaft und Konflikt bei der Formulierung und Realisierung von Unternehmenszielen zum Gegenstand hat; vgl. Dlugos, G. (1974): „Unternehmungspolitik als betriebswirtschaftlich-politische Teildisziplin", in: Wild, J. (Hg.): Unternehmungsführung. Festschrift für Erich Kosiol zu seinem 75. Geburtstag, Berlin, S. 43-73; Dlugos, G. (1987): „Unternehmenspolitik als Führungsaufgabe", in: Kieser, A./Reber, G./Wunderer, R. (Hg.): Handwörterbuch der Führung, Stuttgart, Sp. 1985-1994.

[484] *Gutenberg* unterscheidet zwischen Führungsentscheidungen und Ressortentscheidungen, wobei „echte" Führungsentscheidungen nur aus dem „Ganzen" der Unternehmung heraus getroffen werden, nicht delegierbar und von besonderer Bedeutung für die Vermögens- und Ertragslage der Unternehmung sind. Diese drei Merkmale führen dazu, die Festlegung der Unternehmenspolitik auf weite Sicht zu einer „echten" Führungsentscheidung anzusehen; vgl. Gutenberg, E. (1962): Unternehmensführung. Organisation und Entscheidungen, Wiesbaden, S. 61. Vgl. auch Gutenberg, E. (1969): „Unternehmensführung", in: Grochla, E. (Hg.): Handwörterbuch der Organisation, Stuttgart, Sp. 1647-1685. *Hausschildt et al.* sehen unternehmenspolitische Richtlinienentscheidungen ebenso als reine Führungsentscheidungen an; vgl. Hausschildt, J./Gemünden, H.G./Grotz-Martin, S./Haidle, U. (1983): Entscheidungen der Geschäftsführung, Tübingen, S. 101. *Mellerowicz* versteht die Unternehmenspolitik (neben „Theorie" und „Technik") als einen der drei großen Teilbereiche der Betriebswirtschaftslehre, die sich mit dem Treffen von Entscheidungen grundsätzlicher Art beschäftigt und damit als zentrale Aufgabe der Unternehmensführung bzw. des Managements aufzufassen sei. Die Grundfunktionen des Managements sind dabei Planung, Organisation, Koordinierung, Kontrolle und Information, die allesamt Mittel zur Durchsetzung der Unternehmungspolitik darstellen; vgl. Mellerowicz, K. (1976): Unternehmenspolitik, 3 Bde., 3. Aufl., Freiburg. Einen Überblick unternehmenspolitischer Ansätze gibt: Bomke, P. (1995): „Unternehmungspolitik – Begriff und Inhalt", in: Bartscher, S./Bomke, P. (Hg.): Unternehmungspolitik, 2. überarb. und erw. Aufl., Stuttgart, S. 1-26.

[485] Vgl. Ulrich, H. (1987): Unternehmungspolitik (= Schriftenreihe Unternehmung und Unternehmungsführung, Bd. 6), 2. durchges. Aufl., Bern/Stuttgart, S. 18ff.

[486] EFQM (1996b): 36.

[487] „Unternehmensstrategie [..] umfaßt [..] die Festlegung der langfristigen Ziele einer Unternehmung, der Politiken und Richtlinien sowie die Mittel und Wege zur Erreichung der Ziele."; aus: Staehle (1994): 575. Zum Strategiebegriff vgl. auch insbes. Hinterhuber, H.H. (1992): Strategische Unternehmensführung, 2 Bde., 5. Aufl., Berlin/New York. Zur Übersicht von Strategietypologien vgl. z.B. Adrian, W. (1989): Strategische Unternehmensführung und Informationssystemgestaltung auf Grundlage kritischer Erfolgsfaktoren, Bergisch Gladbach/Köln, S. 27ff.; Kolks, U. (1990): Strategieimplementierung. Ein anwendungsorientiertes Konzept, Wiesbaden, S. 49; Kreikebaum, H. (1997): Strategische Unternehmensplanung, 6. überarb. und erw. Aufl., Stuttgart et al., S. 58.

[488] EFQM (1996a): 30.

[489] Zu den Aufgaben einer konsensorientierten Unternehmungspolitik auf einer normativen Ebene vgl. Ulrich, P./Fluri, E. (1992): Management. Eine konzentrierte Einführung, 6. Aufl., Bern/Stuttgart.

[490] Vgl. Bleicher (1996): 73ff.

[491] Vgl. Bleicher, K. (1995): „Aufgaben der Unternehmensführung", in: Corsten, H./Reiß, M. (Hg.): Handbuch der Unternehmensführung. Konzepte – Instrumente – Schnittstellen, Wiesbaden, S. 19-32; Bleicher (1996): 73ff.

[492] Vgl. hierzu nochmals Kap. 2.2.

[493] Vgl. auch European Foundation for Quality Management (Hg.) (1999d): Criterion 2 – Policy and Strategy, http//:www.efqm.org/imodel/change2.htm (Stand 31.01.2000).
[494] EFQM (1996b): 17.
[495] Vgl. auch Zink (1995): 109.
[496] Die *EFQM* verlangt unter diesem Kriterium explizit Angaben darüber, wie bestimmte Daten und Informationen, die sich auf alle an der Organisation Beteiligte beziehen, *verwendet* werden: „... how the organisation uses informations relating to [..] customers and suppliers [...].“; aus: EFQM (1996b): 17; Hervorh. wegg. Hierbei wird nicht gefragt, in welchen zeitlichen Abständen und auf welche Weise welche Informationen beschafft werden. Gemeint ist demnach nicht die *instrumentelle* Handlungsorientierung zum Zwecke der Ressourcenbereitstellung und weiteren Verwendung und Zielerreichung, sondern es wird davon ausgegangen, dass diese Daten bereits vorliegen, die dann als Grundlage für eine (Re-)Formulierung der Unternehmensziele dienen. Anhand der instrumentell-konsumatorischen Achse des AGIL-Schemas wird eben gerade diese Differenzierung zwischen Mitteln und Zwecken vorgenommen (vgl. Kap. 3.1.1), wobei bei dem Kriterium *2a.* die angesprochenen Informationen Mittel für weitere Ziele darstellen und von dem Managementsystem zur Politik- und Strategieformulierung konsumiert werden.
[497] Zink (1995): 108. Die im Zuge des Planungs- und Entscheidungsprozesses auftauchenden Fragen (hinsichtlich Entscheidungsmöglichkeiten, Umweltzuständen, erwarteten Ergebnissen etc.) lassen sich nach Beschaffung entsprechender Informationen beantworten, wobei die Vollständigkeit und Zuverlässigkeit der Informationen die Genauigkeit der Planung und die Gefahr von Fehlentscheidungen und somit letztendlich den Zielerreichungsgrad beeinflussen; vgl. Wöhe, G. (1993): Einführung in die Allgemeine Betriebswirtschaftslehre, 18. überarb. und erw. Aufl., München, S. 205f.
[498] Wie z.B. Informationen in Bezug auf Kunden, Lieferanten, Gesellschaft, Benchmarking-Daten, neue Technologien, ökonomische und demographische Indikatoren der Umwelt und des Unternehmens; vgl. EFQM (1996b): 17. Der Ausgangspunkt jeglicher strategischer Überlegungen ist die Analyse der generellen Ziele, Absichten und Wertorientierungen. Anschließend werden die Analyse der Umwelt (Chancen und Risiken) sowie die internen Ressourcen (Stärken und Schwächen) der Unternehmung integriert; vgl. bspw. Staehle (1994): 586ff.
[499] Vgl. Bleicher (1996): 75; Pümpin, C. (1986): Management strategischer Erfolgspositionen. Das SEP-Konzept als Grundlage wirkungsvoller Unternehmensführung (= Schriftenreihe Unternehmung und Unternehmungsführung, Bd. 10), 3. überarb. Aufl., Bern/Stuttgart, S. 33ff.
[500] Vgl. auch Peters/Waterman (1994): 34f.
[501] Vgl. Kap. 2.2.
[502] Vgl. auch Peters/Waterman (1994): 131f.
[503] Als Kunden werden dann alle an einer Organisation beteiligten Gruppen bezeichnet, so auch Lieferanten, Anteilseigner, der Staat, die Öffentlichkeit, die Mitarbeiter etc.; vgl. Bauer, E. (1996): „Analyse von Kundenerwartungen – intern und extern“, in: Mehdorn, H./Töpfer, A. (Hg.): Besser – Schneller – Schlanker. TQM-Konzepte in der Unternehmenspraxis, Neuwied/Kriftel/Berlin, S. 110-139; hier: S. 111ff.
[504] Vgl. hierzu auch EFQM (2000d).
[505] Vgl. auch Radtke/Wilmes (2000): 20.
[506] Vgl. EFQM (2000a): 14f. Vgl. auch Radtke/Wilmes (2000): 41ff. Zur Notwendigkeit messbarer Fakten für die Strategieformulierung vgl. bspw. Kreikebaum (1997a): 19; Scholz, C. (1987): Strategisches Management. Ein integrativer Ansatz, Berlin/New York, S. 5f. Zum Unterschied zwischen Daten und Informationen vgl. Kap. 5.4.4.
[507] EFQM (2000a): 15.
[508] Vgl. Corsten (1998): 3f.

[509] Vgl. EFQM (2000a): 15.
[510] Vgl. ibid., S. 15.
[511] Vgl. hierzu Schwaninger (1994): 80f. Eberhardt (1998): 42; Hervorh. wegg.: „Unternehmungsziele sind [..] von einer Unternehmung als einem Kollektiv angestrebte erwünschte künftige Zustände dieser Unternehmung."
[512] Vgl. Meffert, H. (1991): Marketing – Grundlagen der Absatzpolitik. Mit Fallstudie Einführung und Relaunch des VW-Golf (= Gabler-Lehrbuch), 7. überarb. und erw. Aufl., Wiesbaden, S. 76f. Zu der hier erwähnten Umwelt- und Unternehmensanalyse als Ausgangspunkt für eine strategische Orientierung vgl. z.B. Adrian (1989): 63ff.; Corsten, H. (1998): Grundlagen der Wettbewerbsstrategie (= Teubner Studienbücher Wissenschaften, hrsg. v. U. Blum und S. Zelewski), Stuttgart et al., S. 26ff.; Kreikebaum (1997a): 40ff.; Olemotz, T. (1995): Strategische Wettbewerbsvorteile durch industrielle Dienstleistungen, Frankfurt a.M., S. 27; Welge, M.K./Al Laham, A. (1993): „Der Prozeß der strategischen Planung", in: *Das Wirtschaftsstudium*, 22. Jg., Hft. 11, S. 193-200; hier: S. 198. *Becker* zählt den Umgang mit Daten über den Markt und den Wettbewerb zu den zentralen Aufgaben des strategischen Vertriebscontrolling und gibt einen umfassenden Überblick über den Methoden-Pool der erforderlichen Analyseinstrumente; vgl. Becker, J. (2001): Strategisches Vertriebscontrolling. Customer Relationship Marketing und Data Mining, 2. völlig überarb. und erw. Aufl., München, S. 61ff.
[513] Vgl. Aretz (1999a): 47ff. Vgl. auch Kap. 3.2.2.
[514] Vgl. Hunger, J.D./Wheelen, T.L. (1996): Strategic Management, 5. Aufl., Reading, S. 115.
[515] Vgl. Eberhardt (1998): 147.
[516] Zur Abgrenzung des relevanten Marktes existiert in der betriebswirtschaftlichen und volkswirtschaftlichen Literatur eine Vielzahl von möglichen Ansätzen. Ein kritischer Überblick findet sich bei Benkenstein, M. (1997): Strategisches Marketing. Ein wettbewerbsorientierter Ansatz, Stuttgart/Berlin/Köln, S. 24ff.
[517] Vgl. Wöhe (1993): 661f., und Pepels, W. (1999): Das Marketing-Konzept. Denkhaltung und Aktionsfelder, München et al., S. 90ff.
[518] Vgl. Pepels, W. (1998): Produktmanagement. Produktinnovation, Markenpolitik, Programmplanung, Prozessorganisation, München/Wien, S. 430.
[519] Vgl. Wöhe (1993): 636f.
[520] Vgl. Helm, S./Günter, B. (2001): „Kundenwert – eine Einführung in die theoretischen und praktischen Herausforderungen der Bewertung von Kundenbeziehungen", in: Günter, B./Helm, S. (Hg.): Kundenwert. Grundlagen – Innovative Konzepte – Praktische Umsetzungen, Wiesbaden, S. 3-35; hier: S. 23.
[521] Vgl. Pepels (1998): 89f.
[522] Vgl. Zink (1995): 110.
[523] Vgl. Bleicher (1996): 73f.
[524] Vgl. Zink (1995): 111.
[525] Vgl. Meier, K. (1997): „Ergebnisse und Erkenntnisse aus einem Assessment nach dem Europäischen Qualitätsmodell für Personalmanagement und Personalabteilung", in: Wunderer, R./Gerig, V./Hauser, R. (Hg.): Qualitätsorientiertes Personalmanagement. Das Europäische Qualitätsmodell als unternehmerische Herausforderung, München/Wien, S. 234-253; hier: S. 251f.
[526] EFQM (1996b): 18; Hervorh. i. O.
[527] An dieser Stelle wird nicht ersichtlich, warum die Werte, Mission und Vision von der Unternehmenspolitik getrennt dargestellt werden, da es sich hierbei nach der Definition der *EFQM* (vgl. Kap. 5.1.1) um denselben Sachverhalt handelt. Bei einer erstmaligen Implementierung von TQM, bei der durch die Bewerbung am *EQA* auch immer mit ausgegangen werden muss, sollen ja gerade diese Elemente der Unternehmenskultur/-identität

verändert bzw. qualitätsorientiert formuliert werden. Hierbei bleibt offen, inwiefern Werte, Mission und Vision bei gleichzeitiger Erhaltung der Konsistenz mit denselbigen entwickelt werden sollen.

[528] Vgl. hierzu auch die „areas to address "; EFQM (1996b): 18. Zur Vorgehensweise bei der Entwicklung von Strategien und zur Nutzung geeigneter Instrumentarien und Techniken, die sowohl Unternehmenspotentiale als auch Umwelt-, Branchen-, Markt- und Konkurrenzbeobachtungen (wie z.B. Portfolio-Analyse, strategische Lückenplanung) einschließen vgl. z.B. Hopfenbeck (1992): 626-679.

[529] Z.B. die gegenüber den Verbrauchern, der Region, der Gesellschaft; vgl. auch Staehle (1994): 587ff.

[530] Vgl. auch Kriterium *2a. Informationen als Basis der Politik- und Strategieformulierung*, Kap. 5.2.2.

[531] Zink (1995): 116; Übersetzung d. Verf.

[532] EFQM (1996b): 18; Hervorh. i. O.

[533] Vgl. auch Kap. 3.3.

[534] Die Verfahrensweisen werden hierbei von der *EFQM* offen gelassen. *Zink* nennt als Beispiele: Selbstbewertung, Umfragen und Benchmarking auf der Basis des EFQM-Modells; vgl. Zink (1995): 116.

[535] Vgl. Kriterium *5. Prozesse*, Kap. 5.5.

[536] Vgl. hierzu auch EFQM (1999d).

[537] Vgl. Radtke/Wilmes (2000): 20.

[538] Vgl. EFQM (2000a): 15.

[539] Vgl. hierzu auch Radtke/Wilmes (2000): 45.

[540] Hierbei zeigen sich im Übrigen Parallelen zu den *Kriterien 2a. Entwicklung von Politik und Strategie auf den Bedürfnissen der Interessengruppen* und *2b. Entwicklung von Politik und Strategie auf datenorientierter Basis*, da wiederum externe Anforderungen als Informationsbasis zum Politik- und Strategieaufbau dienen sollen.

[541] Vgl. EFQM (2000a): 15.

[542] Peters/Waterman (1994): 18.

[543] Vgl. Kieser/Kubicek (1983): 109.

[544] Vgl. auch Zink (1995): 113.

[545] Vgl. auch Kap. 3.3.3.

[546] „... how the organisation [...] cascades policy and strategy to all levels of the organisation [..] uses policy and strategy as the basis for planning of activities and setting of objectives throughout the organisation [...]."; aus: EFQM (1996b): 18; Hervorh. wegg.

[547] Vgl. Bewertungsvorschlag der EFQM (1996b): 18.

[548] Vgl. Zink (1995): 113.

[549] Zur Vorgehensweise bei der Implementierung strategischer Konzepte vgl. Hinterhuber (1992).

[550] Vgl. EFQM (1996b): 18.

[551] Vgl. Zink (1995): 116.

[552] Vgl. auch Hopfenbeck (1992): 742ff.

[553] So werden die schriftlich fixierten Leitideen der Unternehmung auch oftmals vor allem neuen Mitarbeitern zur Unterschrift vorgelegt und bilden einen Bestandteil der dadurch vermeintlich akzeptierten „Hausordnung", deren Verweigerung mit einer Nichteinstellung einhergehen kann.

[554] Vgl. EFQM (1996b): 18.

[555] Vgl. Zink (1995): 116.

[556] Vgl. auch Abb. 3-2.

[557] Vgl. EFQM (2000a): 15.

[558] Vgl. Kap. 5.5.2.
[559] Vgl. EFQM (1999p): 22. Ausführlich hierzu vgl. auch Kap. 5.5.3 und 5.5.7.
[560] Vgl. hierzu insbes. Kap. 2.2.
[561] Vgl. Malorny (1999): 249.
[562] Vgl. Zink (1995): 119.
[563] Wunderer et al. (1997): 11; Hervorh. wegg.
[564] „Gegenstand [...] sind die Humanpotentiale der Mitarbeiter [...]. Man sollte oder könnte deshalb bei dieser Komponente zutreffender von 'Personalmanagement' oder 'Human Resources Management' sprechen."; aus: Ibid., S. 53.
[565] Ausführlicher zu den Funktionen des Personalmanagements vgl. unter vielen: Drumm, H.J. (1995): Personalwirtschaftslehre, 3. neu bearb. und erw. Aufl., Berlin et al.; Berthel, J. (1996): Personalmanagement, 3. Aufl., Stuttgart.
[566] Vgl. hierzu auch Radtke/Wilmes (2000): 51.
[567] EFQM (2000a): 17.
[568] Vgl. *3c. Mitarbeiterbeteiligung und -ermächtigung.*
[569] *Radtke/Wilmes* sehen in den Änderungen des Kriteriums *3. Mitarbeiter* ein bloßes Verschieben von Inhalten; vgl. Radtke/Wilmes (2000): 20.
[570] Vgl. auch Wunderer/Kuhn (1992): 20.
[571] Vgl. Zink (1995): 119.
[572] Vgl. Pepels (1999): 45.
[573] Vgl. Drumm (1995): 176ff. Träger der Personalplanung sind u.a. die Unternehmensleitung, die Personalabteilungen und Führungskräfte, die Entscheidungen darüber fällen, wie, wo und zu welchen Zeitpunkten bspw. Personal beschafft wird und welches Personal freigesetzt wird; vgl. ibid.
[574] Vgl. Abb. 3-7.
[575] Vgl. hierzu Scholz, C. (1995a): „Strategisches Personalmanagement als Konzept zwischen Fata Morgana und aufkommender Morgenröte (Überblick)", in: Scholz, C./Djarrahzadeh, M. (Hg.): Strategisches Personalmanagement. Konzeptionen und Realisationen (= USW-Schriften für Führungskräfte, Bd. 28), Stuttgart, S. 3-18; hier: S. 4.
[576] Rationalisierungs-Kuratorium der Deutschen Wirtschaft (Hg.) (1996): RKW-Handbuch der Personalplanung, 3. Aufl., Neuwied/Kriftel, S. 3.
[577] Die Personalplanung, differenziert nach verschiedenen Entscheidungsbereichen, führt zu der Aufteilung in folgende fünf Personalplanungsfelder: Qualitative und quantitative Personalbedarfsplanung, qualitative und quantitative Personalbestandsprognose mit Elementen der Bestandsplanung, Personalfreisetzungsplanung, Personalbeschaffungs- und -zuweisungsplanung, Personalausbildungs- und -entwicklungsplanung; vgl. Drumm (1995): S. 178.
[578] Vgl. Wunderer et al. (1997): 53.
[579] Vgl. Hentze, J. (1991a): Personalwirtschaftslehre. Bd. 1: Arbeitsbuch Personalwirtschaftslehre, 5. überarb. und erg. Aufl., Bern/Stuttgart, S. 390, und RKW (1996): 403.
[580] Staehle (1994): 823; Hervorh. i. O. Die Begriffsauffassung der Personalentwicklung ist in der Literatur sehr vielfältig und uneinheitlich. *Conradi* bspw. definiert die Personalentwicklung als „... Summe von Maßnahmen [..], die systematisch, positions- und laufbahnorientiert eine Verbesserung der Qualifikationen der Mitarbeiter zum Gegenstand haben mit der Zwecksetzung, die Zielverwirklichung der Mitarbeiter und des Unternehmens zu fördern."; aus: Conradi, W. (1983): Personalentwicklung (= Basistexte Personalwesen, Bd. 2), Stuttgart, S. 3. Vgl. auch die Definitionensammlung der Personalentwicklung in: Neuberger, O. (1991): Personalentwicklung (= Basistexte Personalwesen, Bd. 2), Stuttgart, S. 4f. Einen Überblick

liefert auch Becker, M. (1993): Personalentwicklung. Bildung, Förderung und Organisationsentwicklung, Bad Homburg, S. 30ff.

581 Vgl. auch Kap. 3.3.4.

582 Vgl. EFQM (1996b): 19.

583 Vgl. RKW (1996): 18.

584 Vgl. Wunderer et al. (1997): 76ff.

585 EFQM (1996b): 19.

586 Vgl. ibid., S. 19.

587 *Wunderer et al.* nennen hier als Beispiel das Unternehmen ABB: „Die Mitarbeiter erwarten eine 'optimale Einführung' bei der Einarbeitung, einen 'optimalen Einsatz' sowie die 'ständige Ansprechbarkeit' der Personalabteilungen bei Problemen. [..] Der Betriebsrat wünscht eine 'faire und korrekte Bewerberauswahl'. [..] Die Vorgesetzten verlangen einen 'zügigen Ablauf des Bewerbervorgangs und der Stellenbesetzung' und 'Beratung und Unterstützung im Konflikt'."; aus: Wunderer et al. (1997): 77; Hervorh. wegg.

588 Vgl. EFQM (1996b): 19.

589 Vgl. auch ibid., S. 52.

590 Vgl. den Bewertungsvorschlag der *EFQM*: „Personalpläne mit der Politik und Strategie[,] der Organisationsstruktur und dem Netzwerk der Schlüsselprozesse abstimmen"; aus: EFQM (2000a): 16.

591 Vgl. Kap. 5.3.2.

592 Vgl. hierzu nochmals Kap. 5.3.2.

593 Vgl. EFQM (2000a): 16.

594 Vgl. Abb. 5-9.

595 Vgl. EFQM (1999p): 18.

596 Vgl. EFQM (2000a): 16. Der letztere Punkt ist ähnlich der Forderung im Unterkriterium *2a. Politik und Strategie beruhen auf Bedürfnissen der Interessengruppen* zu sehen, bei dem ebenfalls Mitarbeiterumfragen etc. genutzt werden können, um die Unternehmenspolitik und -strategie zu entwickeln.

597 Vgl. EFQM (2000a): 16. Das Gebot zur Gleichbehandlung ist im Übrigen im Betriebsverfassungsgesetz verankert und gebietet, im Gebrauch von Macht in gleichartigen Situationen gleich zu verfahren; vgl. BetrVG §75 (1), in: o.V. (1998a): Arbeitsgesetze (= Textausgabe mit ausführlichem Sachverzeichnis und einer Einführung von Prof. Dr. Reinhard Richardi), 54. neubearb. Aufl., Stand: 1. September 1998, München, S. 507.

598 Zu Fragen der Ethik unternehmerischen Handelns aus betriebswirtschaftlicher Sicht vgl. etwa Steinmann, H./Oppenrieder, B. (1985): „Brauchen wir eine Unternehmensethik? Ein thesenartiger Aufriss einzulösender Argumentationspflichten", in: *Die Betriebswirtschaft*, 45. Jg., S. 170-183; Ulrich (1987); Ulrich, P. (1995): „Führungsethik", in: Kieser, A./Reber, G./Wunderer, R. (Hg.): Handwörterbuch der Führung, 2. Aufl., Sp. 52-573; Löhr, A. (1991): Unternehmensethik und Betriebswirtschaftslehre, Stuttgart; Kreikebaum, H. (1996): Grundlagen der Unternehmensethik (= UTB für Wissenschaft: Betriebswirtschaftslehre), Stuttgart.

599 Vgl. EFQM (2000a): 16.

600 Vgl. bspw. Richter, M. (1999): Personalführung. Grundlagen und betriebliche Praxis (= UTB für Wissenschaft: Betriebswirtschaftslehre), 4. erw. und überarb. Aufl., Stuttgart, S. 209.

601 Vgl. Richter (1999): 282f.

602 Ibid., S. 283; Hervorh. wegg.

603 Vgl. auch Aretz (1999a): 151f.

604 Vgl. Richter (1999): 36.

605 Vgl. RKW (1996): 18.

[606] „... how the organisation: [..] identifies, classifies and matches people's competences with its needs [...]"; aus: EFQM (1996b): 19; Hervorh. wegg. Vgl. auch Zink (1995): 122f.
[607] Stellenanforderungen beschreiben die Kenntnisse und Fähigkeiten, über die ein Mitarbeiter bei seinem Einsatz verfügen soll.
[608] Vgl. Scholz, Ch. (1994): Personalmanagement. Informationsorientierte und verhaltenstheoretische Grundlagen, 4. verb. Aufl., München, S. 171ff.
[609] Diese sind nach *Bruhn* insbesondere Sach-, Methoden-, Sozial- und psychologische Kompetenz; vgl. Bruhn, M. (1997): Qualitätsmanagement für Dienstleistungen. Grundlagen, Konzepte, Methoden, 2. überab. und erw. Aufl., Berlin et al., S. 167.
[610] Vgl. EFQM (1996b): 19.
[611] Ibid., S. 19; Hervorh. wegg.
[612] Hierzu zählen bspw. Beschaffungsmarkt, -weg, -mittel, -zeitpunkt, -ort und geforderte Qualifikationen; vgl. Scholz (1994): 233f.
[613] So z.B., ob tatsächlich serviceorientiertes Personal mit ausgeprägten Teamfähigkeiten eingestellt wird und ob die Personalbeschaffung geeignete Methoden, wie die Assessment-Center-Technik, zur Ermittlung dieser Qualifikationen einsetzt; vgl. Zink (1995): 122f.
[614] In Anlehnung an Drumm (1995): 286.
[615] EFQM (1996b): 19; Hervorh. wegg.
[616] Diese Aufteilung entspricht der Differenzierung der Personalentwicklungsmaßnahmen nach Lehrzielen (Vermittlung von Sachwissen, Verbesserung von Fähigkeiten, Bildung neuer Einstellungen); vgl. etwa: Hawrylyshyn, B. (1983): „Management Education – A Conceptual Framework", in: Taylor, B.W./Lippitt, R. (Hg.): Management Development and Training Handbook, 2. Aufl., London et al., S. 245-256; Marr, R./Stitzel, M. (1979): Personalwirtschaft, München, S. 340; Staehle (1994): 835.
[617] Die Mitarbeiterentwicklung durch Arbeitserfahrung wird durch Entwicklungsmaßnahmen „on-the-job" erreicht, die u.a. Erfahrungslernen am Arbeitsplatz, Arbeitsplatzwechsel, job enlargement, job enrichment und job rotation beinhalten; vgl. Wunderer et al. (1997): 82f. Vgl. hierzu ausführlicher Conradi (1983).
[618] Vgl. Scholz, Ch. (1995b): „Strategische Personalentwicklung (Überblick)", in: Scholz, Ch./Djarrahzadeh, M. (Hg.): Strategisches Personalmanagement. Konzeptionen und Realisationen, Stuttgart, S. 171-181; hier: S. 232f.
[619] Vgl. Zink (1995): 123.
[620] Vgl. Neuberger (1991): 3, und Staehle (1994): 825f. Diese These findet auch empirische Bestätigung; vgl. Thom, N. (1987): Personalentwicklung als Instrument der Unternehmensführung. Konzeptionelle Grundlagen und empirische Studien, Habil., Stuttgart, S. 341f.
[621] Vgl. Scholz (1995b): 238f.
[622] Abbildung entnommen aus: Wunderer et al. (1997): 82.
[623] Vgl. Scholz (1995b): 238; RKW (1996): 282f.; Drumm (1995): 328ff.
[624] Vgl. Wunderer, R./Kuhn, T. (1993): Unternehmerisches Personalmanagement. Konzepte, Prognosen und Strategien für das Jahr 2000, Frankfurt a.M./New York, S. 160.
[625] Ausführlicher zum Bildungscontrolling und zur Notwendigkeit der Erfassung von Kosten, Effizienz *und* Effektivität der Weiterbildungsmaßnahmen vgl. Saamann/Zunft (1997): 30ff.
[626] Der Funktionsbereich der Personalbeschaffung ist hierbei zugleich im G- als auch im A-System verortet, da dieser sowohl die Strategien der Personalrekrutierung als auch die Beschaffung selbst beinhaltet.
[627] Vgl. Wunderer et al. (1997): 80f.
[628] Vgl. Zink (1995): 128f.
[629] Vgl. EFQM (1996b): 20.

[630] Vgl. Wunderer et al. (1997): 53f. *Kirstein* äußert sich gegenüber der Methode des MbO kritisch und schlägt als unternehmensweite Umsetzungsmethode von Visionen und Strategien das Policy Management (Deployment) vor; vgl. Kirstein (1994): 108f.

[631] MbO wird mit unterschiedlichen Zielen eingesetzt. Einerseits kann es als ein motivationstheoretisch fundiertes Führungskonzept verstanden werden, das die Personalentwicklung mit einbezieht. Wird dagegen im MbO eine Methode zur Erzeugung operationaler, akzeptabler Ziele gesehen, stellt es lediglich eine Management-Technik dar. Vgl. Staehle (1994): 805, Anm. 8.

[632] Vgl. ibid., S. 805.

[633] In Anlehnung an Aretz (1999a): 145ff.

[634] Innerhalb des Kriteriums *2. POLITIK UND STRATEGIE* wird zwar thematisiert, *wie* Strategien, Ziele etc. entwickelt, aktualisiert und verbessert werden, was eine partizipative Formulierung unter Einbezug der Mitarbeiter nicht ausschließt, jedoch auch nicht explizit fordert. Im Mittelpunkt steht vielmehr, ob die strategischen Vorgaben auf relevanten Informationen beruhen, sowie ob sie auf die verschiedenen Bereiche und Ebenen des Unternehmens heruntergebrochen werden. Aufgrund dessen wird davon ausgegangen, dass die Mitarbeiter erst auf dieser operativen Ebene in die Zielvereinbarung einbezogen werden.

[635] Vgl. Aretz (1999a): 148ff.

[636] Hierbei sind Parallelen zu dem Menschenbild der Theorie Y von *McGregor* und zu den Annahmen des Human Resources Ansatzes erkennbar; vgl. McGregor, D. (1986): Der Mensch im Unternehmen, 3. Aufl., Düsseldorf; Miles, R.E. (1975): Theories of Management, New York et al.

[637] Vgl. Staehle (1994): 806f.

[638] Vgl. Zink (1995): 130; Staehle (1994): 806.

[639] Vgl. hierzu Staehle (1994): 806.

[640] Hierdurch lässt sich auch eine optimale Ausschöpfung der Fähigkeiten des Einzelnen erreichen; vgl. Wunderer/Kuhn (1992): 83.

[641] Vgl. hierzu Domsch, M./Ladwig, D./Siemers, S. (1995): Innovation durch Partizipation. Eine erfolgsversprechende Strategie für den Mittelstand, Stuttgart.

[642] Vgl. auch European Foundation for Quality Management (Hg.) (1999e): Criterion 3 – People, http://www.efqm.org/imodel/change3.htm (Stand 02.08.1999). Der Ansatzpunkt, die Personalbeschaffung und Karriereentwicklung zu managen, ist allerdings, wie bereits in Kap. 5.3.1 erörtert, nach *3a. Planung und Verbesserung der Mitarbeiterressourcen* verschoben worden.

[643] EFQM (2000a): 17.

[644] Zu dieser Definition der Personalentwicklung vgl. Scholz (1995b): 232f.; Neuberger (1991): 3; Staehle (1994): 825f.

[645] Borowsky, R. (2000): Wissensgemeinschaften. Konzeption und betriebliche Umsetzung eines Knowledge Management-Instruments (= Veröffentlichungen des Instituts für Wirtschaftsinformatik der Universität des Saarlandes, hrsg. v. A.-W. Scheer), Heft 163, Saarbrücken, http://www.iwi.uni-sb.de/iwi-hefte/heft163.pdf (Stand 02.09.2001); auch erschienen in: Scheer, A.-W. (Hg.) (2000): Veröffentlichungen des Instituts für Wirtschaftsinformatik der Universität des Saarlandes, Hft. 163, Saarbrücken. Das Thema organisationales Wissen bzw. Wissensmanagement wird separat in dem Unterkriterium *4e. Management von Informationen und Wissen behandelt*, vgl. Kap. 5.4.4.

[646] Vgl. Scholz, C. (2000): Strategische Organisation. Multiperspektivität und Virtualität, 2. Aufl., Landsberg/Lech, S. 281. Vgl. ausführlich Kap. 5.4.4.

[647] Vgl. Aretz (1999a): 137. *Aretz* bezieht diese Ausführungen auf das Management von Innovationen, wobei die Einführung von TQM, wie auch schon an früherer Stelle bemerkt, auch als eine organisatorische Innovation aufgefasst werden kann.

[648] Vgl. Zink (1995): 130.
[649] Vgl. ibid., S. 133.
[650] Vgl. Wildemann (1996a): 360-378.
[651] *3a. Planung und Verbesserung der Mitarbeiterressourcen, 3b. Aufrechterhaltung und Weiterentwicklung der Mitarbeiterfähigkeiten.*
[652] Witte, E. (1986): „Erfolgsmuster von Innovationen", in: Gaugler, E./Meissner, H.G./Thom, N. (Hg.): Zukunftsaspekte der anwendungsorientierten Betriebswirtschaftslehre, Stuttgart, S. 235-246; hier: S. 238.
[653] Vgl. auch Aretz (1999a): 156f.
[654] Vgl. Zink (1995): 130.
[655] Vgl. Kleinmann, P. (1996): „Veränderte Unternehmensphilosophie am Standort Deutschland", in: Mehdorn, H./Töpfer, A. (Hg.): Besser – Schneller – Schlanker. TQM-Konzepte in der Unternehmenspraxis, 2. durchges. Aufl., Neuwied et al., S. 65-79; hier: S. 72ff.
[656] Vgl. Kleinmann (1996): 75; Zink (1995): 103.
[657] *Hentze* unterteilt die wesentlichen Anreizsysteme des Vorschlagswesens in *Wettbewerbssysteme* (Preissauschreiben u. ä.), *Ersparnisprämien* (prozentualer Anteil an der Ersparnis im ersten Nutzungsjahr), *Vergütung nach persönlichen Faktoren* (Prämie richtet sich nach der Stellung des Mitarbeiters im Betrieb oder nach eigenem oder fremden Arbeitsbereich), *Sachprämien*, *schriftliche Anerkennungen*; vgl. Hentze (1991b): 158f.
[658] Vgl. Kleinmann (1996): 72.
[659] Aretz (1999a): 122.
[660] Vgl. Otala, M./Hartwich, E. (1996): „Vier Jahre TQM-Unternehmen: Bereichsegoismus versus Innovation", in: Mehdorn, H./Töpfer, A. (Hg.): Besser – Schneller – Schlanker. TQM-Konzepte in der Unternehmenspraxis, 2. durchges. Aufl., Neuwied et al., S. 517-558; hier: S. 526.
[661] Vgl. EFQM (1996b): 20.
[662] Vgl. hierzu den Bewertungsvorschlag der *EFQM*: „... *how* the organisation [...] empowers people to take action and evaluates the effectiveness [...]"; aus: EFQM (1996b): 20; Hervorh. i. O.
[663] Vgl. auch Aretz (1999a): 70.
[664] Vgl. ibid., S. 123.
[665] Hentze (1991b): 156.
[666] Diese Komponente befindet sich nun im Unterkriterium *3e. Mitarbeiterbelohnung, -anerkennung und -betreuung*; vgl. Kap. 5.3.10.
[667] Vgl. EFQM (2000a): 17.
[668] Vgl. nochmals Kap. 5.3.7.
[669] Vgl. EFQM (1996b): 20; Wunderer et al. (1997): 54.
[670] So bspw. reguläre Meetings mit Teilnehmern verschiedener Abteilungen und Hierarchiestufen, Teamsitzungen, regelmäßige Feedbackgespräche zwischen Vorgesetzten und Mitarbeitern, Mitarbeiterzeitschriften, Visualisierung der wichtigsten Unternehmensziele und des aktuellen Status' ihrer Realisation. Vgl. Zink (1995): 135. Nach *Wunderer et al.* beschreibt dieses Kriterium zudem die Konzeption von Personalinformationssystemen; vgl. Wunderer et al. (1997): 54.
[671] Vgl. Aretz (1999a): 113; vgl. auch Habermas, J. (1997a [1981]): Theorie des kommunikativen Handelns, Bd. 1: Handlungsrationalität und gesellschaftliche Rationalisierung, 2. Aufl., Frankfurt a.M., und Habermas (1997b).
[672] Aretz (1999a): 70f.
[673] Vgl. auch den *EFQM*-Bewertungsvorschlag: „... how the organisation [...] evaluates and improves communication effectiveness [...]."; aus: EFQM (1996b): 20; Hervorh. wegg.

[674] Vgl. auch Wunderer et al. (1997): 54.
[675] Vgl. EFQM (2000a): 17.
[676] Vgl. EFQM (1996b): 20.
[677] „Unter betrieblichen Sozialleistungen versteht man die freiwilligen, zusätzlichen, aber nicht gesetzlich oder tarifvertraglich festgelegten Zuwendungen des Betriebs, die weder als Arbeitsentgelt noch als Erfolgsbeteiligung gelten."; aus: Hentze (1991b): 144. Die Abgrenzung zwischen betrieblichen, gesetzlichen und tariflich geregelten Sozialleistungen ist nicht immer eindeutig bestimmbar, so dass als „freiwillig" diejenigen Leistungen bezeichnet werden, über deren Abschaffung oder Beibehaltung der Unternehmer jederzeit autonom entscheiden kann, wobei jedoch auch hier Gewohnheitsrechte, Betriebsvereinbarungen oder vertragliche Abmachungen berücksichtigt werden müssen; vgl. ibid. Zu gesetzlichen und tariflich festgelegten Sozialleistungen vgl. insbes. Brandenburg, W./Hahn, G. (1978): Grundzüge des Sozialrechts. Die ersten vier Bücher des Sozialgesetzbuches, München, S. 57ff.
[678] Vgl. Hentze (1991b): 145.
[679] Vgl. ibid. Allerdings konnten die aus den Ergebnissen der Human-Relations-Untersuchungen erhofften produktivitäts- und Verhaltensänderungen nicht beobachtet werden. Die instrumentelle Wirksamkeit betrieblicher Sozialleistungen zur Erhaltung und Verbesserung der Arbeitszufriedenheit scheint jedoch begründet. Es gibt Anhaltspunkte dafür, dass mit materiellen Anreizen gleichzusetzende Sozialleistungen weniger verhaltensbestimmend sind als Maßnahmen, die auf qualitative Verbesserung der Arbeitsbedingungen und/oder auf den individuellen Handlungsspielraum der Mitarbeiter abzielen; ibid.
[680] Vgl. ibid., S. 145f.
[681] Bei dieser Differenzierung lassen sich die drei Gruppen der Geld- und Sachleistungen und Nutzungsgewährungen bilden. Betriebliche Sozialleistungen können auch nach *Häufigkeit des Leistungsempfangs* (Dauerleistungen, periodische und einmalige Leistungen), nach *Empfängerkreis* (Mitarbeiter und deren Angehörige und ehemalige Mitarbeiter sowie deren Angehörige) sowie nach dem *Grad der betrieblichen Freiwilligkeit* (betriebsnotwendige, betrieblich zweckmäßige und neutrale Leistungen) unterschieden werden; vgl. ibid, S. 146f.
[682] Vgl. Wöhe (1993): 256f.
[683] Vgl. ibid., S. 298.
[684] Zu den nicht-monetären Anreizen dagegen gehören bspw. Aufstiegsmöglichkeiten, Gruppenmitgliedschaft, Arbeitsinhalte oder Arbeits- und Pausenregelungen.
[685] Vgl. Hentze (1991b): 63f.
[686] „Bei einer nüchternen Betrachtung der betrieblichen Sozialpolitik ist die zentrale Zielsetzung auf mittelbare Weise auf die *Leistungssteigerung* und die *direkte Bindung an das Unternehmen* ausgerichtet. Der Aspekt der Fürsorge, Wohltätigkeit und der Wohlfahrtspflege wird oft als Ziel der betrieblichen Sozialleistungen herausgestellt, wobei sie dann teilweise Mittel zum Zweck ist."; aus: Ibid., S. 147f.; Hervorh. i. O.
[687] So können sich auch Steuerersparnisse bzw. Steuerverschiebungen ergeben, insbesondere mit Hilfe von Pensionsrückstellungen. Zusätzlich wird eine Bindung der Arbeitnehmer an den Betrieb erreicht, z.B. durch eine betriebliche Alterversorgung, durch Überlassung von Werkswohnungen und damit Verminderung der wirtschaftlichen Nachteile der Fluktuation, die für das Unternehmen insbesondere bei höher qualifizierten Arbeitskräften darin bestehen, dass es gut eingearbeitete und ggf. im Betrieb ausgebildete oder weitergebildete Arbeitnehmer an die Konkurrenz verliert; vgl. Wöhe (1993): 299f.
[688] Vgl. Wöhe (1993): 300, und Hentze (1991b): 148.
[689] So z.B. Gleitzeitregelungen, verkürzte Arbeitswochen, Teilzeitarbeitsformen; vgl. hierzu ausführlicher: Hentze (1991b): 213ff.
[690] Vgl. ibid., S. 219.
[691] Vgl. hierzu die Bewertungsvorschläge aus: EFQM (2000a): 17.

[692] Vgl. EFQM (2000a): 17.

[693] Parallel hierzu enthalten die Unterkriterien *2e. Kommunikation und Einführung von Politik und Strategie* und *3a. Planung, Handhabung und Verbesserung von Mitarbeiterressourcen* in ihren Forderungen diesen Ansatzpunkt.

[694] Vgl. EFQM (2000a): 17.

[695] Vgl. Kap. 5.3.7.

[696] Zur näheren Erläuterung der Einordnung vgl. die jeweiligen oben aufgeführten Kap. der vormaligen Unterkriterien.

[697] Aretz (1999a): 170.

[698] Vgl. hierzu auch Wunderer et al. (1997): 11f.

[699] Vgl. Zink (1995): 138.

[700] *Hofer* und *Schendel* unterscheiden fünf Arten von Ressourcen: finanzielle, physische, Human-, organisatorische und technologische Ressourcen; vgl. Hofer, C.W./Schendel, D. (1978): Strategy Formulation, St. Paul, S. 149. *Bock* hingegen zählt zu den klassischen Unternehmensressourcen Mitarbeiter, Produktionsanlagen, Informationen, Technologien und Finanzmittel; vgl. Bock, F. (1996): „Der Hochleistungsansatz von Arthur D. Little", in: Nippa, M./Picot, A. (Hg.): Prozeßmanagement und Reengineering. Die Praxis im deutschsprachigen Raum, 2. Aufl., Frankfurt a.M./New York, S. 78-92; hier: S. 81.

[701] Vgl. auch Aretz (1999a): 170f. Zur Analyse der Kernkompetenzen in Relation zu den wichtigsten Konkurrenten vgl. Day, G.S./Wensley, R. (1988): „Assessing Advantage. A Framework for Diagnosing Competitive Superiority", in: *The Journal of Marketing*, 52. Jg., Hft. 4, S. 1-20. Die Stärken/Schwächen der Unternehmung werden jedoch bei der Politik- und Strategieentwicklung berücksichtigt; vgl. Kap. 5.2.2.1ff.

[702] Vgl. Jacobi, H.-J. (1996): „Instrumentarien zur monetären und nichtmonetären Bewertung von Geschäftsprozessen", in: Kamiske, G. (Hg.): Rentabel durch Total-Quality-Management. Return on Quality – ROQ, Berlin et al., S. 31-72; hier: S. 37f.

[703] Vgl. EFQM (1999p): 20.

[704] Vgl. EFQM (2000a): 19.

[705] Vgl. EFQM (2000a): 29.

[706] Vgl. Radtke/Wilmes (2000): 64.

[707] Vgl. Steinmann/Schreyögg (1993): 174.

[708] Unter „Liquidität" wird hierbei eine relative Liquidität verstanden, die durch das Verhältnis zwischen Zahlungsmittelbedarf und -deckung gekennzeichnet ist. Liquidität in diesem Sinne ist „... die Fähigkeit, allen Zahlungsverpflichtungen und Zahlungsnotwendigkeiten fristgerecht nachzukommen." Die Erhaltung der Liquidität kann aber nicht das Hauptziel der Unternehmung sein, da ein zu hoher Zahlungsmittelbestand durch eine hohe Zinsbelastung bzw. zu einer geringeren Verzinsung der Liquiditätsreserven führt und somit die Rentabilität verringert. Um dem Ziel der Gewinnmaximierung nachzukommen, ist es von besonderer Bedeutung, die Zahlungsströme im Hinblick auf das Zielsystem der Unternehmung abzustimmen und somit eine möglichst „optimale" Liquidität zu erreichen; aus: Wöhe (1993): 781ff.

[709] Vgl. Schneider, D. (1992): Investition, Finanzierung und Besteuerung, 7. vollst. überarb. und erw. Aufl., Wiesbaden, S. 19ff.

[710] Vgl. Wöhe (1993): 772f.

[711] Gemeint ist hier sowohl die Außen- als auch Innenfinanzierung bzw. Eigen- und Fremdfinanzierung.

[712] Vgl. Schneider, D. (1970): Investition und Finanzierung. Ein Lehrbuch der Investitions-, Finanzierungs- und Ungewißheitstheorie (= Moderne Lehrtexte: Wirtschaftswissenschaften, Bd. 4), Köln/Opladen, S. 136ff.

[713] „Der gesamt[e] Betriebsprozeß läßt sich [...] als ein Prozeß laufender Investitionen und Desinvestionen, d.h. als ein Prozeß laufender Bindung und Wiederfreisetzung finanzieller Mittel bezeichnen."; aus: Wöhe (1993): 774.

[714] Die Vorteilhaftigkeit einer Investition wird in erster Linie ausschließlich durch ihre Zahlungsströme bestimmt. Jedoch ist eine Investitionsentscheidung auch immer im Zusammenhang mit der angestrebten Finanzierung zu beurteilen. Im engeren Sinne ist die Finanzierungsform *kein* Bestandteil der Investitionsbeurteilung; Investitionsentscheidungen müssen aber stets als einheitliches Investitions- *und* Finanzierungsprogramm verstanden werden, so dass die Frage nach den Kapitalkosten nicht getrennt von einzelnen Investitionsbewertungen gesehen werden kann. Hierbei spielt das Verhältnis zwischen eingesetztem Kapital und Investition eine wesentliche Rolle, da Vorteilhaftigkeitsüberlegungen einerseits stets von den unterschiedlichen Kosten (Zinssätzen) der Mittel zur Bedarfsdeckung und alternativen Investitionsentscheidungen und andererseits von dem optimalen Verhältnis zueinander abhängig sind. Vgl. hierzu insbes. Rolfes, B. (1992): Moderne Investitionsrechnung, Einführung in die klassische Investitionstheorie und Grundlagen marktorientierter Investitionsentscheidungen, München et al.

[715] Vgl. hierzu auch Wöhe (1993): 836.

[716] Vgl. auch Bewertungsvorschlag des EFQM-Modells: „... how the organisation: [..] uses financial management to support policy and strategy [...]"; aus: EFQM (1996b): 20; Hervorh. wegg.

[717] Bestände an Material, Halb- und Fertigerzeugnissen etc. binden das Kapital des Unternehmens und verdecken Probleme: „Läger, in denen Material über Tage und Wochen liegt, stellen ein Eingeständnis dar, daß ungelöste Probleme vorliegen. Material muß fließen."; aus: Kamiske, G.F. (1996): „Problemstellung und Zielsetzung", in: Kamiske, G.F. (Hg.): Rentabel durch Total-Quality-Mangement. Return on Quality – ROQ, Berlin et al., S. 1-9; hier: S. 7.

[718] Diesen Aspekt enthalten auch die Bewertungsvorschläge, vgl. EFQM (1996b): 20.

[719] Vgl. ibid., S. 20.

[720] Vgl. Zink (1995): 139f. Zur Struktur qualitätsbezogener Kosten vgl. Jacobi (1996): 53ff.

[721] Vgl. Jacobi (1996): 52. Als Beispiele geschäftsprozessorientierter Kennzahlen nennt *Jacobi* u.a. Garantiekosten, Reklamationshäufigkeit, Entsorgungskosten, Angebotsintensität; vgl. ibid., S. 67.

[722] Vgl. ibid., S. 66ff.

[723] Auch die „areas to address" enthalten keinerlei Änderungen; vgl. EFQM (2000a): 20.

[724] Vgl. hierzu Kap. 5.6.

[725] Vgl. auch Kap. 5.2.3ff.

[726] Unter „Information" wird nicht jedes beliebige Wissen verstanden, sondern zweckbezogenes, entscheidungsrelevantes Wissen; vgl. Busse von Colbe, W./Laßmann, G. (1991): Betriebswirtschaftstheorie. Bd. 1: Grundlagen, Produktions- und Kostentheorie, 5. Aufl., Berlin et al., S. 8.

[727] „Planen ist die Projektion gewollten Tuns in die Zukunft und damit Inbegriff jeder rationalen Handlungsweise."; aus: RKW (1996): 2.

[728] „Das Wissen, das zur Erstellung von Plänen erforderlich ist, muß stets vor der Realisation der Pläne verfügbar sein und es ermöglichen, beabsichtigtes Handeln gedanklich vorwegzunehmen sowie vorausschauend vorzubereiten."; aus: Bea, F.X./Dichtl, E./Schweitzer, M. (1991): Allgemeine Betriebswirtschaftslehre, Bd. 2: Führung, Stuttgart/New York, S. 25; zitiert nach Wöhe (1993): 155f.

[729] Vgl. Wöhe (1993): 160.

[730] Vgl. ibid., S. 205.

[731] Vgl. Aretz (1999a): 174.

[732] Vgl. Staehle (1994): 280.
[733] Zum Wirtschaftlichkeitsprinzips des hier aufgeführten Informationsgrades vgl. ibid., S. 548.
[734] Vgl. EFQM (1996b): 20.
[735] Vgl. Staehle (1994): 548.
[736] Auf die Verbindung des Ressourcensystems zu den anderen Subsystemen des AGIL-Schemas wird hierbei nicht eingegangen, da die übergeordnete Bewertungseinheit *4. RESSOURCEN* ausschließlich eine effiziente und effektive Handhabung der Ressourcen meint.
[737] Vgl. Zink (1995): 143f.
[738] Vgl. Zink (1995): 146.
[739] Vgl. hierzu auch Pfeifer (2001): 143f.
[740] Vgl. EFQM (1999f).
[741] Civi, E. (2000): „Knowledge Management as a Competitive Asset: A Review", in: *Marketing Intelligence & Planning*, Vol. 18, No. 4, S. 166-174; hier: S. 166.
[742] Vgl. Civi (2000): 172.
[743] Zum Unterschied zwischen Daten, Wissen und Information vgl. auch Davenport, T.H./Prusak, L. (1997): Information Ecology. Mastering the Information and Knowledge Environment, New York/Oxford, S. 8ff.; Probst, G./Raub. S./Romhardt. K. (1997): Wissen managen. Wie Unternehmen ihre wertvollste Ressource optimal nutzen, Wiesbaden, S. 36f.; Rehäuser, J./Krcmar, H. (1996): „Wissensmanagement im Unternehmen", in: Schreyögg, G./Conrad, P. (Hg.): Managementforschung 6: Wissensmanagement, Berlin/New York, S. 1-39; hier: S. 3ff.
[744] Abbildung entnommen aus: Aretz (1999a): 59.
[745] Aretz (1999a): 58.
[746] Vgl. auch Davis, S./Botkin, J. (1994): „The Coming of Knowledge-Based Business", in: *Harvard Business Review*, Vol. 72, No. 4, S. 165-170; hier: S. 165f.
[747] Vgl. auch Davenport, T.H./Prusak, L. (1998): Working Knowledge. How Organizations Manage the Way They Know, Boston, S. 3f.
[748] Vgl. Aretz (1999a): 58f.
[749] Vgl. EFQM (1999o): 7.
[750] Vgl. hierzu und im Folgenden ausführlich: Aretz (1999a): 51ff.
[751] An dieser Stelle sollen die verschiedenen Arten, z.B. Regel- und Hintergrundwissen oder lokales und übergeordnetes bzw. globales Wissen, nicht unterschieden werden, da im EFQM-Modell diese Differenzierung bei der hier vorliegenden Analyse unerheblich ist. Zu verschiedenen Wissensarten vgl. bspw. Drucker, F.P. (1993): Post-Capitalist Society, Oxford, S. 23ff.; Nonaka, I./Takeuchi, H. (1995): The Knowledge-Creating Company. How Japanese Companies Create the Dynamics of Innovation, New York/Oxford, S. 8ff.
[752] In der organisationstheoretischen Literatur wird die Nutzung vorhandenen und die Entwicklung neuen Wissens besonders im Zusammenhang mit einem Wissensmanagement und mit Prozessen organisationalen Lernens erörtert. Vgl. unter der Vielzahl der Veröffentlichungen zum Wissensmanagement repräsentativ: Schmitz, C./Zucker, B. (1996): Wissen gewinnt. Knowledge Flow Management, Düsseldorf et al.; Schneider, U. (1996): Wissensmanagement. Die Aktivierung des intellektuellen Kapitals, Frankfurt a.M.; Schreyögg, G./Conrad, P. (Hg.) (1996): Wissensmanagement (= Managementforschung; Bd. 6), Berlin et al.; Schüppel, J. (1996): Wissensmanagement. Organisatorisches Lernen im Spannungsfeld von Wissens- und Lernbarrieren, Wiesbaden. Zum Thema organisatorischen Lernens vgl. bspw. Fiol, C.M./Lyles, M.A. (1985): „Organizational Learning", in: *Academy of Management Review*, Vol. 10, S. 803-813; hier: S. 808ff.; Shrivastava, P. (1983): „A Typology of Organizational Learning Systems", in: *Journal of Management Studies*, Vol. 20, S. 7-28; hier: S. 9ff.; Wahren, H.-K. (1996): Das lernende Unternehmen. Theorie und Praxis des organisationalen Lernens, Berlin et al., S. 43ff.; Wiegand, M. (1995): Prozesse

Organisationalen Lernens (= Neue betriebswirtschaftliche Forschung; Bd. 174), Diss., Wiesbaden, S. 171ff.

[753] Als organisationale Wissensbasis, die auch „Organizational Memory" und „Corporate Knowledge" genannt wird, versteht man die Ansammlung des *für* die Mitarbeiter einer Organisation prinzipiell zugänglichen bzw. verfügbaren Wissens; vgl. Pautzke, G. (1989): Die Evolution der organisatorischen Wissensbasis. Bausteine zu einer Theorie des organisationalen Lernens, München, S. 15f.

[754] Aretz (1999a): 55; Hervorh. wegg.

[755] Von der individuellen Ebene psychischer Systeme sind soziale Systeme auf einer kollektiven Ebene zu unterscheiden, da sie eigenen Gesetzmäßigkeiten folgen. Gleiches gilt für psychische bzw. soziale Phänomene (wie z.B. Wissen): Sie haben einen eigenständigen Charakter und sind nicht aufeinander reduzierbar. Vgl. zu dem hier erwähnten sozialtheoretischen Kollektivismus insbes. den Überblick bei: Vanberg, V. (1975): Die zwei Soziologien. Individualismus und Kollektivismus in der Sozialtheorie (= Die Einheit der Gesellschaftswissenschaften; Bd. 17), Tübingen, S. 134ff. Zur Unterscheidung zwischen dem im Gedächtnis eines Individuums gespeicherten Wissen und dem Wissen im sozialen Kontext von Organisationseinheiten vgl. insbes. Heppner, K. (1997): Organisation des Wissenstransfers. Grundlagen, Barrieren und Instrumente, mit einem Geleitwort von Erich Frese, Diss., Wiesbaden, S. 104ff.

[756] Vgl. Kap. 5.3.4.

[757] Zu dieser Definition des Wissensmanagements vgl. Allweyer, T. (1998): „Modellbasiertes Wissensmanagement", in: *IM Information Management & Consulting*, 13. Jg., Hft. 1, S. 37-45; hier: S. 37f. Einen Überblick zur Entstehung und Entwicklung des Wissensmanagements gibt: Civi (2000): 166ff.

[758] Vgl. hierzu auch Scholz (2000): 281.

[759] Vgl. Civi (2000): 166.

[760] Dazu zählen bspw. auch technische Zeichnungen oder Patente; vgl. Civi (2000): 166. Damit soll an dieser Stelle nochmals *Radtke/Wilmes* widersprochen werden, dass sich die Handhabung von Patenten in dem Unterkriterium *4d. Management der Technologie* befinde; vgl. Kap. 6.2.4.5.

[761] Vgl. Drucker (1993): 23ff.; Polanyi, M. (1967): The Tacit Dimension (= A Doubleday Anchor Book; 540), Garden City/New York. *Nonaka* und *Takeuchi* haben überdies ein Konzept des organisationalen Lernens entwickelt, das die Grundmuster der Wissensumwandlung durch Sozialisation, Externalisierung, Internalisierung und Kombination beschreibt. Diese vier verschiedenen Formen des Wissenstransfers entstehen durch das Zusammenwirken von implizitem und explizitem Wissen. Vgl. Nonaka/Takeuchi (1995); Nonaka, I. (1994): „Dynamic Theory of Organizational Knowledge Creation", in: *Organization Science*, Vol. 5, No. 1, S. 14-37.

[762] Vgl. EFQM (2000a): 19; vgl. auch Radtke/Wilmes (2000): 72.

[763] Vgl. Radtke/Wilmes (2000): 72f.

[764] Vgl. auch den Bewertungsvorschlag der *EFQM*: „Informationen und Wissen sammeln, strukturieren und managen, so dass Politik und Strategie unterstützt wird"; aus: EFQM (2000a): 19.

[765] EFQM (2000a): 19.

[766] Vgl. auch Heppner (1997): 237f.

[767] Vgl. hierzu das Strategiekonzept von *Miles* und *Snow*, die in Abhängigkeit vom jeweiligen strategischen Anpassungsverhalten zu verschiedenen Unternehmungstypen kommen, welche sich jeweils durch einen spezifischen Umgang mit organisationalem Wissen unterscheiden: Miles, R.E./Snow, C.C. (1986): Unternehmensstrategien, Hamburg et al.

[768] Vgl. Probst/Raub/Romhardt (1997).

[769] Vgl. hierzu auch Pawlowsky, P. (1998): Wissensmanagement. Erfahrungen und Perspektiven, Wiesbaden, S. 37ff.
[770] Vgl. hierzu Pfeifer (2001): 139f.
[771] Abb. in enger Anlehnung an: Pfeifer (2001): 140.
[772] Vgl. EFQM (2000a): 19.
[773] Vgl. zu diesen Maßnahmen zur Entwicklung des individuellen Wissens im Unternehmen auch Heppner (1997): 257f.
[774] Vgl. Civi (2000): 173. Eine andere Aufteilung nach Gestaltungsdimensionen bzw. Rahmenbedingungen findet sich bspw. bei: North, K./Romhardt, K./Probst, G. (2000): „Wissensgemeinschaften. Keimzellen lebendigen Wissensmanagements", in: *io Management*, 69. Jg., Hft. 7/8, S. 52-62; Schoen, S. (1999): „Gestaltung und Unterstützung von Communities of Practice", in: Scheer, A.-W. (Hg.): Electronic Business and Knowledge Management. Neue Dimensionen für den Unternehmenserfolg, 20. Saarbrücker Arbeitstagung für Industrie, Dienstleistung und Verwaltung, Heidelberg, S. 543-574.
[775] Vgl. Borowsky (2000): 5ff.
[776] Vgl. hierzu o.V. (2000a): „Eine Vision nimmt Gestalt an. QM-Experten diskutieren die Potenziale des Wissensmanagements", in: *Qualität und Zuverlässigkeit*, 45. Jg., Hft. 10, S. 1214-1217; hier: S. 1214; vgl. auch o.V. (2000c): „Welche Anforderungen stellt das Wissensmanagement an den Einzelnen?", Interview mit Klaus Henning, in: *Frankfurter Allgemeine Zeitung*, 8. Juli 2000, Nr. 156, S. 65.
[777] *Borowsky* unterscheidet in Anlehnung an *Wenger* vier Formen von Wissensgemeinschaft nach dem Grad ihrer Legitimität durch und Sichtbarkeit für die Unternehmung. Mit dem Grad der bewussten Initiierung von Wissensgemeinschaft steigt zwar die gewährte Ressourcenunterstützung und die Zahl an Handlungsmöglichkeiten, jedoch wirkt sich die starke Zielorientierung und die damit verbundene Kontrolle auch negativ auf die Arbeit aus, letztlich auch aufgrund des zunehmenden Verlustes an Freiwilligkeit. Vgl. Borowsky (2000): 9ff; Wenger, E.C: (1998): Communities of Practice. Learning, Meaning and Identity, Cambridge.
[778] Vgl. EFQM (2000a): 19.
[779] Vgl. ibid., S. 19.
[780] Ibid., S. 19.
[781] An dieser Stelle wären auch individuelle, personenbezogene „Denkprozesse" einzelner Organisationsmitglieder denkbar, die sich dann auf einer psychischen Ebene befänden und nicht kollektiv transformiert würden. Eine derartige Selbstreflexion Einzelner wird hier aber aus Plausibilitätsgründen ausgeschlossen.
[782] Vgl. Pfeifer (2001): 139.
[783] Vgl. hierzu auch Jarke, M. et al. (1996b): „Von der Datenverarbeitung zum Wissensmanagement", in: Pfeifer, T. (Hg.): Wissensbasierte Systeme in der Qualitätssicherung. Methoden zur Nutzung verteilten Wissens, mit 56 Abbildungen, (= Qualitätsmanagement, hrsg. v. F. Mikosch), Berlin et al., S. 1-13; hier: S. 11f.
[784] Vgl. Kalbfleisch, D./Schellenberg, A./Gröf, S. (2001): „Wissen braucht Engagement. Wissensmanagementsysteme als Plattform für prozessorientiertes Qualitätsmanagement", in: *Qualität und Zuverlässigkeit*, 46. Jg., Hft. 2, S. 132-133; hier: S. 132. Vgl. auch Farnschläder, F./Stoyan, H./Müller, M. (2001): „Von Masse zu Klasse. Kontrollierter Aufbau von hypertextuellen Wissenssystemen", in: *Qualität und Zuverlässigkeit*, 46. Jg., Hft. 2, S. 158-160; hier: S. 158.
[785] Vgl. EFQM (2000a): 19.
[786] Vgl. hierzu die Komponente *Wissens(ver)teilung* des *Probst et al.*-Modells (1997).

[787] Die kursiven Elemente stellen die zum EFQM-Unterkriterium *4e. Informations- und Wissensmanagement* korrespondierenden Komponenten aus dem Wissensmanagement-Modell von *Probst et al.* (1997) dar.
[788] Vgl. Koerber (1996): 59f.
[789] Der Begriff „Lean Production" bezieht sich im Gegensatz zu Just-in-time auf alle Funktionen des Unternehmens und nicht nur auf die Fertigung. Um die Inhalte des Konzeptes der Lean Production über den eigentlichen Fertigungsbereich hinaus zu betonen, werden ebenso Bezeichnungen wie Lean Industry oder Lean Management gebraucht. In der Literatur sind auch Gleichstellungen der Begriffe Just-in-time und Lean Production zu finden. Dies geschieht insbesondere dann, wenn Just-in-time in einer weiten Begriffsfassung verwendet wird; vgl. Panichi, M. (1996): Wirtschaftlichkeitsanalyse produktionssynchroner Beschaffungen mit Hilfe eines prozeßorientierten Logistikkostenmodells, Diss., Lohmar/Köln, S. 7, Anm. 19.
[790] Vgl. Zink (1995): 146.
[791] Vgl. Bloech, J./Bogaschewsky, R./Götze, U./Roland, F. (1993): Einführung in die Produktion, 2. überarb. und erw. Aufl., Heidelberg, S. 310f. Das Just-in-time-Konzept beruht auf der Zielsetzung, der hohen Wettbewerbsdichte auf den internationalen Märkten durch eine stärkere Ausrichtung der Funktionsbereiche Beschaffung, Produktion und Absatz an den geänderten Marktstrukturen zu begegnen. Mit kürzeren Reaktionszeiten in der Produktion und Reduktion der Wiederbeschaffungszeiten für Roh-, Hilfs- und Betriebsstoffe sowie fremdbezogener Teile durch Integration der Zulieferer in das bereichsübergreifende Konzept sollen Wettbewerbsvorteile gegenüber der Konkurrenz geschaffen werden. Vgl. Ansari, A. (1984): An Empirical Examination of the Implementation of Japanese Just-in-time Purchasing Practices and its Impact on Quality and Productivity in U.S. Firms, Diss., Nebraska/Lincoln, S. 33f.
[792] Vgl. EFQM (1996b): 21.
[793] „Die Vorteilhaftigkeit produktionssynchroner Beschaffungen als optimale Anlieferungsstrategie ist dann gegeben, wenn es keine alternative Gestaltungsstrategie für die Steuerung des Materialflusses gibt, die zu niedrigeren Gesamtkosten in dem betrachteten Logistiksystem führt."; aus: Panichi (1996): 2.
[794] Der Materialfluss vom Lieferanten zum Abnehmer als Untersuchungsobjekt ist der Logistik zuzuordnen. Es wird somit der Logistik im engeren Sinne die Grundfunktion der Veränderung von Gütern hinsichtlich ihrer räumlichen und zeitlichen Dimension zugeordnet. Entsprechend der funktionalen Organisation der Unternehmen werden den Funktionsbereichen Beschaffung, Produktion und Absatz Einzellogistiken zugeordnet; vgl. Bloech, J. (1984): „Problembereiche der Logistik", in: Schriften zur Unternehmensführung, Bd. 32: Logistik, hrsg. v. H. Jacob, Wiesbaden, S. 5-30; hier: S. 6ff.
[795] Vgl. Panichi (1996): 9.
[796] Vgl. Wöhe (1993): 527.
[797] Allaire, P.A. (1996): „TQM-Auswirkungen auf die Beziehungen zu Lieferanten", in: Mehdorn, H./Töpfer, A. (Hg.): Besser – Schneller – Schlanker. TQM-Konzepte in der Unternehmenspraxis, 2. durchges. Aufl., Neuwied et al., S.431-437; hier: S. 431f.
[798] Vgl. EFQM (1996b): 21.
[799] Vgl. hierzu Oess (1993): 216f.
[800] Vgl. Moerniam, P.A./Commandeur, H.R./Langerak, F. (1996): „Strategische Zusammenarbeit mit industriellen Zulieferern", in: Bullinger, H.-J./Warnecke, H.J. (Hg.): Neue Organisationsformen im Unternehmen. Ein Handbuch für das moderne Management, Berlin et al., S. 453-465; hier: S. 463.
[801] Die Umsetzung von JiT-Konzepten ist allerdings auch von den anderen Subsystemen der Organisation abhängig, auf die hierbei jedoch nicht eingegangen wird, da das EFQM-Modell

ausschließlich die effiziente und effektive Handhabung der Lieferantenbeziehungen und Materialbewirtschaftung anspricht.

[802] Diese Koppelung zur Unternehmenskultur wird innerhalb des Kriteriums *4c. Lieferantenbeziehungen und Materialbewirtschaftung* jedoch nicht abgefragt, da es lediglich um effiziente und effektive Materialbewirtschaftung geht.

[803] Oess (1993): 219f.

[804] Aretz (1999a): 173.

[805] Vgl. Oess (1993): 224.

[806] Vgl. EFQM (1996b): 21.

[807] Vgl. Oess (1993): 224.

[808] Vgl. hierzu auch Zibell, R.M. (1990): Just-in-time. Philosophie, Grundlagen und Wirtschaftlichkeit, München, S. 113.

[809] Vgl. Allaire (1996): 431ff.

[810] Vgl. Steinmann/Schreyögg (1993): 169.

[811] Vgl. Moerniam et al. (1996): 454.

[812] Bietet ein Lieferant bspw. ein zeitlich verbessertes Angebot der Materialbereitstellung durch lokale Nähe zum Hersteller, wird dieser, bei gleicher Qualität, dem vormaligen Zulieferer bevorzugt.

[813] Vgl. EFQM (1999x): 25.

[814] Vgl. Unterkriterium *4c. Gebäude, Einrichtungen und Material.*

[815] Vgl. EFQM (1999x): 25.

[816] Vgl. Gulati, R./Nohria, N./Zaheer, A. (2000): „Strategic Networks", in: *Strategic Management Journal*, Vol. 21, Special Issue, S. 203-216; hier: S. 203f.

[817] Vgl. auch Radtke/Wilmes (2000): 64f.

[818] Vgl. hierzu auch die Bewertungsvorschläge: EFQM (2000a): 19.

[819] Vgl. Heß, G. (1991): Marktsignale und Wettbewerbsstrategie. Theoretische Fundierung und Fälle aus der Unternehmenspraxis, Stuttgart, S. 170ff.

[820] Vgl. auch Kap. 5.4.5.

[821] Vgl. Eberhardt (1998): 256.

[822] Vgl. hierzu auch die Bewertungsvorschläge: EFQM (2000a): 19.

[823] EFQM (2000a): 19.

[824] Vgl. EFQM (2000a): 19.

[825] Zahn, E. (2001): „Lernen in Allianzen", in: Bellmann, K. (Hg.): Kooperations- und Netzwerkmanagement. Festgabe für Gert v. Kortzfleisch zum 80. Geburtstag (= Abhandlungen aus dem Industrieseminar der Universität Mannheim; Hft. 56), Berlin, S. 11-29; hier: S. 11

[826] Vgl. Wildemann, H. (1996b): „Management von Produktions- und Zuliefernetzwerken", in: Wildemann, H. (Hg.): Produktions- und Zuliefernetzwerke (= Tagungsband zur Sitzung der Wissenschaftlichen Kommission Produktionswirtschaft am 28./29. September 1995 in München), München, S. 15-45; hier: S. 18f.

[827] Es finden sich allerdings noch zahlreiche andere Bezeichnungen wie bspw. Stakeholder- oder Stakeholder-Value-Ansatz, Supply Chain Management, Issues Management, Crisis Management, Public Affairs Management; vgl. Thommen (1996): 28f.; Stoelzle (2000): 2f. Einen ausführlichen Überblick über das Beziehungsmanagement und den Stand der Forschung geben: Eberhardt (1998), und Schwaner, J. (1996): Integration von Kunden und Lieferanten. Analyse langfristiger Geschäftsbeziehungen auf Businessmärkten (= Neue betriebswirtschaftliche Forschung; Bd. 205), Diss., Wiesbaden.

[828] Vgl. Wildemann, H. (1995): „Kooperation über die Wertschöpfungskette", in: Handbuch Unternehmungsführung, hrsg. v. H. Corsten und M. Reiß, Wiesbaden, S. 743-751.

[829] Stoelzle (2000): 3.

[830] Vgl. zu dieser thematischen Einordnung und insbesondere zu theoretischen Erklärungsmustern des Beziehungsmarketing: Wirtz, B.W. (1999): „Stand und Entwicklungsperspektiven der empirischen Beziehungsmarketingforschung im Business-to-Business-Bereich", in: *Jahrbuch der Absatz- und Verbrauchsforschung*, 45. Jg., Hft. 4, S. 380-401. Ein Überblick zu transaktionskostentheoretischen Ansätzen findet sich bei Stoelzle, W. (1999): Industrial Relationships, München, S. 34-50.
[831] Bsp. entnommen aus: Radtke/Wilmes (2000): 65.
[832] Vgl. Werani, T. (1999): „Die Stabilität kooperativer Geschäftsbeziehungen in industriellen Märkten. Ergebnisse einer empirischen Untersuchung unter besonderer Berücksichtigung des Beziehungswert-Konzeptes", in: Engelhard, J./Sinz, E.J. (Hg.): Kooperation im Wettbewerb. Neue Formen und Gestaltungskonzepte im Zeichen von Globalisierung und Informationstechnologie, Wiesbaden, S. 326-345; hier: S. 328f.
[833] Bsp. entnommen aus: IMP-Group (1990): „An Interaction Approach", in: Ford, D. (Hg.): Understanding Business Markets. Interaction, Relationships and Networks, London, S. 7-26; hier: S. 12f.
[834] Vgl. EFQM (2000a): 19. Zum „Kooperationscontrolling" vgl. z .B. Kraege, R. (1997): Controlling strategischer Unternehmenskooperationen. Aufgaben, Instrumente und Gestaltungsempfehlungen, München/Mering, und Jehle, E./Stüllenberg, F. (2001): „Kooperationscontrolling am Beispiel eines Logistikdienstleisters", in: Bellmann, K. (Hg.) (2001): Kooperations- und Netzwerkmanagement. Festgabe für Gert v. Kortzfleisch zum 80. Geburtstag (= Abhandlungen aus dem Industrieseminar der Universität Mannheim; Hft. 56), Berlin, S. 209-230.
[835] Vgl. IMP-Group (1990): 12ff.
[836] § 247 Abs. 2 HGB; Zitat entnommen aus: o.V. (1998b): Handelsgesetzbuch 1, 31. überarb. Aufl., Stand: 1. November 1997 (= Beck-Texte im dtv), München, S. 58.
[837] Vgl. Wöhe (1993): 1025.
[838] Die Verwendung der deutschen handelsrechtlichen Bilanzvorschriften kann hierbei nur dazu dienen, den Begriff des Anlagevermögens grob abzugrenzen und nicht definitorisch festzulegen, da es sich bei dem EFQM-Modell um ein europaweites Rahmenmodell handelt, so dass länderspezifische Begriffsauffassungen berücksichtigt werden müssen. Allerdings wird in der deutschsprachigen Version der EFQM-Broschüren bei diesem Kriterium ausdrücklich das Anlagevermögen angesprochen (vgl. EFQM (1996a): 24.), während die englischsprachigen Ausführungen lediglich von „assets", d.h. vom allgemeinen Vermögen der Unternehmung, und eben nicht von „fixed assets" (Anlagevermögen) ausgehen; vgl. EFQM (1996b): 22. Aufgrund dessen kann an dieser Stelle nicht eindeutig bestimmt werden, ob das Kriterium *4d. Gebäude, Einrichtungen und anderes Anlagevermögen* das Anlagevermögen nach der o.g. Definition meint und sich somit spezifisch auf die Begriffsauffassung des deutschen Handelsrechts bezieht.
[839] Wöhe (1993): 1025; Hervorh. i.O. Inwieweit das Finanzanlagevermögen ein Bestandteil dieses Kriteriums *4d.* ist oder ob diese Vermögensgegenstände in die finanziellen Ressourcen des Kriteriums *4a. Finanzielle Ressourcen* fallen, kann an dieser Stelle aufgrund der fehlenden Erläuterung innerhalb der EFQM-Broschüren nicht beurteilt werden.
[840] Vgl. Zink (1995): 149. TPM stellt ein in Japan entwickeltes System dar, das zur Sicherung und Verbesserung der Qualität durch vorbeugende Instandhaltung, insbesondere durch die Beseitigung maschinenbedingter Störungen, beiträgt. Zur Methodik des TPM vgl. insbes. Nakajima, S. (1988): Introduction to TPM, Cambridge, S. 48ff., und Schonberger, R.J. (1988): Produktion auf Weltniveau. Wettbewerbsvorteile durch integrierte Fertigung, Frankfurt/New York, S. 245f.

[841] Vgl. auch den Bewertungsvorschlag der *EFQM*: „... how the organisation [...] manages the maintenance and utilisation of assets to improve total asset life cycle performance [...].“; aus: EFQM (1996b): 22; Hervorh. wegg.
[842] Vgl. EFQM (1996b): 22.
[843] Vgl. Jacobi, H.-J. (1993): „Unterschiedliche Ansätze zur Realisierung von Total Productive Maintenance (TPM)“, in: Biedermann, H. (Hg.): Instandhaltungsmanagement im Wandel, Köln, S. 112-116.
[844] Vgl. ibid., S. 20.
[845] Vgl. European Foundation for Quality Management (Hg.) (1999f): Criterion 4 – Partnerships and Resources, http://ww.efqm.org/imodel/change4.htm (Stand 02.08.1999).
[846] „Some of the companies which began a ‘comprehensive TQM-programme’ were less successful because they optimised their processes for the sake of process-optimisation, and thereby purely and simply forgot about product innovations.“; aus: Zink (1995): 152.
[847] Vgl. EFQM (1996b): 22.
[848] Zink (1995): 152.
[849] Vgl. Aretz (1999a): 170.
[850] Zur Bewertung des Nutzens von Technologien haben *Pfeiffer et al.* ein Technologie-Portfolio entwickelt, das dazu beitragen soll, neue oder alternative Technologien zu identifizieren und in Relation zu ihrem Beitrag zum Unternehmenserfolg zu bewerten; vgl. Pfeiffer, W./Dögl, R./Schneider, W. (1989): „Das Technologie-Portfolio-Konzept als Tool zur strategischen Vorsteuerung von Innovationsaktivitäten“, in: *Das Wirtschaftsstudium (WISU)*, 18. Jg., Hft. 8/9, S. 486-503.
[851] EFQM (1996b): 22; Hervorh. wegg.
[852] Vgl. Zink (1995): 152.
[853] Vgl. Radtke/Wilmes (2000): 70.
[854] Vgl. dazu die Bewertungsvorschläge der EFQM (2000a): 19. Hier wird der Auffassung von *Radtke/Wilmes* (2000: 70), dieses Unterkriterium behandele zusätzlich den Schutz von geistigem Eigentum und Patenten, nicht gefolgt, da die *EFQM* selbst diese Aspekte in das jetzige Unterkriterium *4e. Information und Wissen* einordnet; vgl. EFQM (1999f).
[855] Vgl. EFQM (2000a): 20; vgl. auch Radtke/Wilmes (2000): 70f.
[856] Vgl. Radtke/Wilmes (2000): 71.
[857] Vgl. Wunderer et al. (1997): 28.
[858] Vgl. Zink (1995): 155.
[859] Wunderer et al. (1997): 12.
[860] Schlechte Ergebnisse geben dabei einen Hinweis darauf, dass die verwendeten Methoden oder die Prozessgestaltung ungeeignet sind und verändert werden müssen. Auf der anderen Seite weisen Erfolge auf die richtige Methodenwahl hin; vgl. Hummel/Malorny (1997): 95.
[861] Gaitanides, M. (1983): Prozeßorganisation. Entwicklung, Ansätze und Programme prozeßorientierter Organisationsgestaltung, München, S. 64.
[862] *Wöhe* weist darauf hin, dass es sich bei dieser in der deutschen, betriebswirtschaftlichen Literatur üblichen Unterscheidung zwischen Aufbau- und Ablauforganisation um einen wissenschaftlichen „Kunstgriff“ zur unterschiedlichen Betrachtungsweise ein und desselben Tatbestands handele, dessen Anwendung fragwürdig sei, da in „der Realität“ die Organisationsstruktur und die darin vollzogenen Abläufe untrennbar miteinander verbunden seien und sich gegenseitig beeinflussten; aus: Wöhe (1993): 182f. Gleichwohl sie sich wechselseitig bedingen, beschreibt die Ablauforganisation die jeweiligen Instanzen und Stellen einer Organisation, die horizontal und vertikal miteinander verbunden sind, während die Ablauforganisation – unabhängig von der Hierarchiestufe der ausführenden Stelle – einzelne Vorgänge erfasst und sie unter einer bestimmten Reihenfolge in einen Prozess integriert; vgl. auch Gaitanides (1983): 150.

[863] Braun (1996b): 7f.; Hervorh. wegg.

[864] Die Einordnung der einzelnen betrieblichen Funktionen in das AGIL-Schema ist dabei von der jeweiligen Betrachtungsweise abhängig. Wird bspw. der Entscheidungsprozeß als solcher betrachtet, dann besteht auch dieser aus einzelnen Tätigkeitsschritten, die zusammen einen in sich geschlossen Gesamtprozess bilden. Entscheidungsstrukturen dienen aber auch der Funktion der Zielerreichung, so dass sie aus diesem Blickwinkel Bestandteil des G-Systems sind.

[865] Zur Langfristigkeit von Prozessverbesserungen vgl. Teufel, P. (1996): „Der Prozeß der ständigen Verbesserung (Kaizen) und dessen Einführung", in: Bullinger, H.-J./Warnecke, H.J. (Hg.): Neue Organisationsformen im Unternehmen. Ein Handbuch für das moderne Management, Berlin et al., S. 526-547; hier: S. 527f.

[866] Vgl. Kap. 3.3.2.

[867] Vgl. Schildknecht (1992): 131.

[868] Vgl. Teufel (1996): 527.

[869] Hummel/Malorny (1997): 95.

[870] Vgl. Aretz (1999a): 147f.

[871] Vgl. Abb. 3-7.

[872] Vgl. Kap. 3.2.3.

[873] Vgl. Zeller (1996): 112f.

[874] Vgl. auch Kap. 3.3.2.

[875] Nippa, M. (1996a): „Anforderungen an das Management prozeßorientierter Unternehmen", in: Nippa, M./Picot, A. (Hg.): Prozeßmanagement und Reengineering. Die Praxis im deutschsprachigen Raum, 2. Aufl., Frankfurt a.M./New York, S. 39-60; hier: S. 48.

[876] Vgl. auch Malorny (1999): 256.

[877] Vgl. zu dieser Unterscheidung auch Kirstein (1994): 18.

[878] Vgl. EFQM (1999p): 22.

[879] Vgl. Radtke/Wilmes (2000): 21.

[880] So weist auch *Corsten* darauf hin, dass ein Prozessmanagement Konzepte wie Produktmanagement nicht ersetzt. Vgl. Corsten, H. (1997a): „Geschäftsprozessmanagement – Grundlagen, Elemente und Konzepte ", in: Corsten, H. (Hg.): Management von Geschäftsprozessen. Theoretische Ansätze – praktische Beispiele, Stuttgart et al., S. 9-57; hier: S. 49. Vgl. auch Reiß, M. (1992): „Integriertes Projekt-, Produkt- und Prozessmanagement", in: *Führung und Organisation*, 61. Jg., Hft. 2, S. 25-31; hier: S. 25ff.; Elšik, W. (1996): „Prozessorganisation im Marketing", in: *Marktforschung & Management*, 40. Jg., S. 22-29; hier: S. 26.

[881] Vgl. hierzu auch Schnetzer/Soukup (2001): 13.

[882] Vgl. Hansen, U./Jeschke, K. (1995): „Nachkaufmarketing – Ein neuer Trend im Konsumgütermarketing?", in: Hansen, U. (Hg.): Verbraucher- und Umweltorientiertes Marketing, Stuttgart, S. 254-271, und Pfeifer (2001): 14. Im Folgenden wird der Begriff Produkt auch für immaterielle Güter, also Dienstleistungen angewendet, da bei einer weiteren Auslegung des Produktionsbegriffes jede Art betrieblicher Leistungserstellung verstanden wird, ohne dafür die Materialität von Gütern als einschränkendes Kriterium zu begreifen. Vgl. zu dieser Begriffsauffassung: Kern, W. (1990): Industrielle Produktionswirtschaft (= Sammlung Poeschel; P 5), 4. neu bearb. und erw. Aufl., Stuttgart, S. 1. Mit dieser Interpretation lassen sich Produktionsprozesse in allen Wirtschaftszweigen beobachten, und diese Auffassung entspricht so auch der Intention des EFQM-Modells, das sich bekanntlich weder auf eine Branche beschränkt noch den tertiären Sektor ausklammert. Wird die Dienstleistung gesondert aufgeführt, so ist ein Zusatz-Service gemeint, der über die reine Produktherstellung und -lieferung hinausgeht, wie bspw. Reparaturen.

[883] EFQM (1999p): 22.

[884] Vgl. hierzu auch Radtke/Wilmes (2000): 21.
[885] Nach *Wunderer et al.* meint das EFQM-Modell hier vor allem solche Prozesse, die eng mit der Leistungserstellung verknüpft sind, und die Prozesse der eigentlichen Leistungserstellung, was die indus-triespezifische Ausrichtung des Modells zeige und einer Revision bedürfe; vgl. Wunderer et al. (1997): 54.
[886] *Schmidt* merkt an, im Idealfall seien sämtliche Aktivitäten einer Unternehmung an den Kundenanforderungen ausgerichtet und somit „Kern-Geschäftsprozesse"; vgl. Schmidt, H.-J. (1996): 1024. Zudem reicht es nicht aus, lediglich einzelne Prozesse zu optimieren, sondern es ist ein ganzheitlicher Ansatz erforderlich, um Abhängigkeiten zu berücksichtigen und Suboptima zu vermeiden; vgl. Nippa, M. (1996b): „Bestandsaufnahme des Reengineering-Konzepts. Leitgedanken für das Management", in: Nippa, M./Picot, A. (Hg.): Prozeßmanagement und Reengineering. Die Praxis im deutschsprachigen Raum, 2. Aufl., Frankfurt a.M./New York, S. 61-77; hier: S. 71. Die Angaben, die hierbei von der *EFQM* gefordert werden, beziehen sich jedoch ausschließlich auf Schlüsselprozesse, so dass keine Betrachtung des Gesamtunternehmens bzw. kompletter Geschäftsprozesse erfolgt.
[887] Vgl. EFQM (1996b): 23.
[888] Vgl. ibid. Durch den Abgleich der Prozesse entsprechend ihrer Bedeutung für die Erfüllung der Kundenanforderungen und der unternehmensstrategischen Ziele lassen sich Prozesse in vier Kategorien klassifizieren: Schlüsselprozesse, Prozesse mit Hebelwirkung, opportunistische und unterstützende Prozesse; vgl. Kreuz, W. (1996): „'Transforming the Enterprise'. Die nächste Generation des Business Process Engineering", in: Nippa, M./Picot, A. (Hg.): Prozeßmanagement und Reengineering. Die Praxis im deutschsprachigen Raum, 2. Aufl., Frankfurt a.M./New York, S. 93-107; hier: S. 99.
[889] Zink (1995): 156.
[890] Vgl. Nippa (1996a): 48.
[891] Vgl. ibid., S. 51.
[892] Vgl. Stöger (1996): 382.
[893] Vgl. Gerpott, T.J./Wittkemper, G. (1996): „Business Process Design. Der Ansatz von Booz Allen & Hamilton", in: Nippa, M./Picot, A. (Hg.): Prozeßmanagement und Reengineering. Die Praxis im deutschsprachigen Raum, 2. Aufl., Frankfurt a.M./New York, S. 144-164; hier: S. 152.
[894] Vgl. Kreuz (1996): 98.
[895] Vgl. Kap. 2.2.
[896] Vgl. EFQM (1996b): 23.
[897] Vgl. Zink (1995): 163.
[898] Vgl. Zink (1994c): 208f.
[899] Vgl. Jung, M. (1996): „Business Process Management: Eine TQM-Voraussetzung", in: Mehdorn, H./Töpfer, A. (Hg.): Besser – Schneller – Schlanker. TQM-Konzepte in der Unternehmenspraxis, 2. durchges. Aufl., Neuwied et al., S. 137-163; hier: S. 152f.
[900] Vgl. Herp, T./Brand, S. (1996): „Reengineering aus Management-Sicht", in: Nippa, M./Picot, A. (Hg.): Prozeßmanagement und Reengineering. Die Praxis im deutschsprachigen Raum, 2. Aufl., Frankfurt a.M./New York, S. 126-143; hier: S. 134.
[901] Vgl. Gerpott/Wittkemper (1996): 156f.
[902] Zur Entwicklung eines optimalen Fertigungsprozesses als Grundlage weiterer Prozessverbesserungsschritte vgl. Oess (1993): 130ff.
[903] Vgl. EFQM (1996b): 24.
[904] Vgl. Zink (1995): 162.
[905] Bei dem Begriff „Prozessverantwortlicher" handelt es sich um die Übersetzung des im Englischen gebräuchlichen und von der *EFQM* verwendeten „process owner" und ist von dem Prozess*eigentümer* zu unterscheiden. Letzterer ist Mitglied der obersten Führungsebene der

Unternehmung und delegiert die Verantwortung für Teilprozesse an Prozessverantwortliche, denen er auch fachlich vorgesetzt ist. Vgl. Neumann, S./Probst, C./Wernsmann, C. (2002): „Kontinuierliches Prozessmanagement", in: Becker, J./Kugeler, M./Rosemann, M. (Hg.): Prozessmanagement. Ein Leitfaden zur prozessorientierten Organisationsgestaltung, mit 150 Abbildungen und 37 Tabellen, 3. vollst. neubearb. und erw. Aufl., Berlin et al., S. 297-324; hier: S. 319.

[906] Vgl. Striening, H.-D. (1994): „Qualität im indirekten Bereich durch Prozeß-Management", in: Zink, K.J. (Hg.): Qualität als Managementaufgabe. Total Quality Management, 3. Aufl., Landsberg/Lech, S. 153-184; hier: S. 163ff.

[907] Vgl. Zink (1994c): 31f. Schnittstellen bezeichnen „Übergabepunkte" zwischen zwei Leistungseinheiten, d.h. zwischen den Verantwortungsbereichen zweier Personen oder Abteilungen innerhalb und außerhalb des Unternehmens. Sie lassen sich auch als Kommunikations- und Kooperationsbedarf und damit häufig als Probleme in der Zusammenarbeit von Stellen oder Abteilungen definieren; vgl. Töpfer/Mehdorn (1995): 133.

[908] Vgl. Jung (1996): 143f.

[909] Vgl. Töpfer/Mehdorn (1995): 134f.

[910] Vgl. EFQM (1996b): 23.

[911] Vgl. hierzu Gerpott/Wittkemper (1996): 157f.

[912] Vgl. EFQM (1996b): 24.

[913] Vgl. ibid., S. 24.

[914] Vgl. Nippa (1996a): 55.

[915] Diese Kompetenzen sind insbesondere Team-, Kommunikations- und Kooperationsfähigkeit; vgl. hierzu Malorny (1999): 431ff.

[916] Vgl. EFQM (1996b): 24.

[917] So ermöglichen bspw. Informationstechnologien neue Formen der Zusammenarbeit (Teleko-operation, Telearbeit, Änderungen des Zentralisierungsgrads) und wirken damit als Hebel für gezielte Verbesserungsmaßnahmen; vgl. Nippa (1996a): 54. Aber auch Informationen über beobachtete Schnittstellen von Kunden oder Lieferanten sowie eingereichte Verbesserungsvorschläge der Mitarbeiter können dazu genutzt werden, um Verbesserungsmaßnahmen einzuleiten; vgl. Herp/Brand (1996): 134.

[918] Vgl. EFQM (1996b): 24.

[919] Vgl. ibid., S. 24.

[920] Es soll an dieser Stelle nochmals daran erinnert werden, dass sich das ehemals gültige Unterkriterium *5a. PROZESSIDENTIFIZIERUNG* im jetzigen Kriterium *2d. Umsetzung von Politik und Strategie durch Schlüsselprozesse* befindet. Zudem wurde die Bestimmung von Prozess-Verantwortlichen aus *5b. PROZESSFÜHRUNG* in das o.g. Unterkriterium *2d.* integriert.

[921] Vgl. hierzu auch Corsten (1997a): 23, und Gaitanides, M./Scholz, R./Vrohlings, A. (1994): „Prozeßmanagement – Grundlagen und Zielsetzungen", in: Gaitanides, M. et al.: Prozeßmanagement. Konzepte, Umsetzungen und Erfahrungen des Reengineering; mit 89 Bildern und 20 Tabellen, München/Wien, S. 1-20; hier: S. 6.

[922] Vgl. EFQM (1999p): 22; European Foundation for Quality Management (Hg.) (1999l): Determining Excellence. A Questionnaire Approach, Brüssel, S. 22.

[923] Zu dieser Begriffsabgrenzung vgl. Becker, J./Kahn, D. (2002): „Der Prozess im Fokus", in: Becker, J./Kugeler, M./Rosemann, M. (Hg.): Prozessmanagement. Ein Leitfaden zur prozessorientierten Organisationsgestaltung, mit 150 Abbildungen und 37 Tabellen, 3. vollst. neubearb. und erw. Aufl., Berlin et al., S. 3-15; hier: S. 7. Vgl. auch Wildemann, H. (1999): „Kundenorientierung durch modulare Organisationsstrukturen und segmentierte Auftragsabwicklungsprozesse", in: Hinterhuber, H.H./Matzler, K. (Hg.): Kundenorientierung, Kundenzufriedenheit, Kundenbindung, Wiesbaden, S. 257-289; hier: S. 262.

[924] Vgl. Hauser, J./Thurmann, F. (1993): „Prozeßmanagement und Systemunterstützung für Concurrent Engineering“, in: *CIM-Management*, 9. Jg., Hft. 2, S. 17-22; hier: S. 21; Reichwald, R./Rohloff, M. (1993): „Alternative zur Gestaltung der industriellen Prozeßorganisation“, in: Scharfenberg, H. (Hg.). Strukturwandel in Management und Organisation. Neue Konzepte sichern die Zukunft, Baden-Baden, S. 413-433; hier: S. 430; Sempf, U. (1993): „Steigerung der organisatorischen Leistungsfähigkeit durch Geschäftsprozeß-Optimierung“, in: Scharfenberg, H. (Hg.). Strukturwandel in Management und Organisation. Neue Konzepte sichern die Zukunft, Baden-Baden, S. 365-381; hier: S. 370.

[925] Vgl. Binner, H.F. (1997): Integriertes Organisations- und Prozeßmanagement (= REFA-Fachbuchreihe Unternehmensentwicklung), München/Wien, S. 1-11f.

[926] EFQM (1999p): 22.

[927] Zu dieser Definition vgl. bspw. Engelmann, T. (1995): Business Process Reengineering. Grundlagen – Gestaltungsempfehlungen – Vorgehensmodell, Wiesbaden, S. 158ff.; Hammer, M./Champy, J. (1993): Reengineering the Corporation: A Manifesto for Business Revlution, New York, S. 154ff.; Schuh, G:/Katzy, B.R./Dresse, S. (1995): Prozessmanagement erfolgreich einführen“, in: *io Management,* 64. Jg., Hft. 12, S. 64-67; hier: S. 66; Zink, K.J. (1994b): „Prozeßorientierung – ein Baustein umfassender Veränderungskonzepte“, in: Zülch, G. (Hg.): Vereinfachen und verkleinern: Die neuen Strategien in der Produktion, Stuttgart, S. 53-83; hier: S. 73.

[928] EFQM (1999p): 22.

[929] Vgl. hierzu Binner (1997): 1-11f.

[930] Vgl. EFQM (2000a): 20f.

[931] Vgl. auch EFQM (1999p): 22. Zu einem Vergleich der DIN EN ISO 9000 mit dem *EFQM-Modell für Excellence* vgl. Kirstein, H. (2000f): ISO 9000 – Von ISO zu TQM, http://www.deutsche-efqm.de/iso9000/iso_tqm.html (Stand 31.10.2000).

[932] Vgl. Deutsches Institut für Normung e. V. (Hg.) (2000): DIN EN ISO 9001. Qualitätsmanagementsysteme – Anforderungen (ISO 9001:2000-09); Ausgabe: 2000-12, Dreisprachige Fassung EN ISO 9001:2000, Berlin/Wien/Zürich. Die Messung, Analyse und Verbesserung von Prozessen als generelles Vorgehen, das hier mit den Unterkriterien *5a.* und *5b.* korrespondiert, erfolgt allerdings im gleichnamigen Kapitel *8. Messung, Analyse und Verbesserung* der DIN EN ISO-Norm.

[933] Zitiert nach: Pepels (1999): 15. Einen Überblick über die vielfältigen Begriffsdefinitionen zum Marketing gibt ibid., S. 11ff.

[934] Vgl. Wöhe (1993): 630.

[935] Vgl. Jarke et al. (1996a): 17f.

[936] Die weiteren Phasen sind: 2. Entwicklung und Konstruktion, 3. Produktionsvorbereitung, 4. Beschaffung, 5. Fertigung und Montage, 6. Versand, Inbetriebnahme und Service, 7. Nutzung und 8. Entsorgung; vgl. Jarke et al. (1996a): 18f.

[937] Vgl. EFQM (2000a): 21, und Radtke/Wilmes (2000): 80f.

[938] Vgl. zu der Vielzahl von Marketing-Literatur bspw. Meffert, H. (2000): Marketing. Grundlagen marktorientierter Unternehmensführung; Konzepte, Instrumente, Praxisbeispiele; mit neuer Fallstudie VW Golf, 9. überarb. und erw. Aufl., Wiesbaden; Schwedler, E. (2000): Kompaktwissen Marketing. Grundlagen für Studium und Praxis (= Gabler-Lehrbuch), Wiesbaden; Pepels, W. (2000): Marketing. Lehr- und Handbuch, 3. völlig überarb. Aufl., München et al; Bagozzi, R.P. (2000): Marketing-Management (= Internationale Standardlehrbücher der Wirtschafts- und Sozialwissenschaften), München et al; Kuß, A. (2001): Marketing-Einführung. Grundlagen, Überblick, Beispiele, Wiesbaden; Zerres, M. P. (2000): Marketing (= Klausur-Intensivtraining BWL; Bd. 10), Stuttgart/Berlin/Köln; Bruhn, M. (2001): Marketing. Grundlagen für Studium und Praxis, 5. überarb. Aufl., Wiesbaden; Scharf, A./Schubert, B. (2001): Marketing. Einführung in Theorie und Praxis (= Sammlung Poeschel,

Bd. 159), 3. überarb. und erw. Aufl., Stuttgart. Vgl. zu anderen Ansätzen des Marketing-Mix den Überblick bei Pepels (1998): 315ff.

[939] Vgl. hierzu Eggert, A. (2001): „Die zwei Perspektiven des Kundenwerts: Darstellung und Versuch einer Integration", in: Günter, B./Helm, S. (Hg.): Kundenwert. Grundlagen – Innovative Konzepte – Praktische Umsetzungen, Wiesbaden, S. 39-55; hier: S. 41.

[940] Ho, S.K.M./Fung, C.K.H. (1994): „Developing a TQM Excellence Model", in: *The TQM Magazine*, Vol. 6, No. 6, S. 24-30; hier: S. 25.

[941] Wöhe (1993): 630: „Der einzelne Betrieb hat nur ein Ziel: Planerfüllung."

[942] Vgl. Kern (1990): 127.

[943] Vgl. hierzu auch Hausschildt, J. (1997): Innovationsmanagement (= Vahlens Handbücher der Wirtschafts- und Sozialwissenschaften), 2. völlig überarb. und erw. Auflage, München, S. 182f.

[944] Vgl. Wöhe (1993): 629.

[945] Zu dieser Chronologie vgl. Wöhe (1993): 631.

[946] Vgl. EFQM (2000a): 21.

[947] Vgl. Thommen (1996): 23ff. *Thommen* bezieht die Anspruchsgruppenanalyse allerdings nicht auf die Produktentwicklung, sondern auf eine allgemeine systematische Überwachung von Bezugsfeldern der Unternehmung; vgl. ibid.

[948] Schröder, H.-H. (1998): „Erfolgreiche Produktentwicklung aus der Sicht der empirischen Forschung", in: Wildemann, H. (Hg.): Strategien zur Marktführerschaft. Die Kundenanforderungen von morgen gestalten, Frankfurt a.M., S. 149-166; hier: S. 156.

[949] Vgl. Kap. 5.2.3.

[950] Vgl. Jarke et al. (1996a): 18f.

[951] Vgl. EFQM (2000a): 21.

[952] Vgl. Kern (1990): 102.

[953] EFQM (2000a): 21.

[954] Vgl. Wildemann, H. (1994): Fertigungsstrategien. Reorganisationskonzepte für eine schlanke Produktion und Zulieferung, 2. Aufl., München, S. 325ff.

[955] Vgl. Pfeifer (2001): 454; Wildemann, H. (1996b): 15.

[956] Vgl. zu den Phasen des Produktlebenszyklus nochmals Jarke et al. (1996a): 17f.

[957] Vgl. hierzu auch den Bewertungsvorschlag der *EFQM*: „Produkte und Dienstleistungen gemäß Design und Entwicklung herstellen oder erwerben [...]."; aus: EFQM (2000a): 21.

[958] Vgl. Kern (1990): 10.

[959] Vgl. hierzu nochmals Kern (1990): 10f.

[960] Vgl. hierzu nochmals den o.g. EFQM-Bewertungsvorschlag.

[961] Vgl. auch Kern (1990): 11f. und 148.

[962] Vgl. EFQM (2000a): 21.

[963] Vgl. ibid., S. 21.

[964] Vgl. EFQM (2000a): 21.

[965] Vgl. Haynes, A./Lackman, C./Guskey, A. (1999): „Comprehensive Brand Presentation: Ensuring Consistent Brand Image", in: *Journal of Product & Brand Management*, Vol. 8, No. 4, S. 28-300; hier: S. 293.

[966] Vgl. Plötner, O. (1995): Vertrauen des Kunden. Relevanz, Aufbau und Steuerung auf industriellen Märkten (= Neue betriebswirtschaftliche Forschung; 156), Diss., Wiesbaden, S. 785ff.

[967] Vgl. EFQM (2000a): 21.

[968] Vgl. ibid., S. 22f.

[969] Vgl. hierzu auch Kap. 5.4.5f.

[970] Zu den angeführten Beispielen vgl. EFQM (2000a): 21.

[971] Vgl. Helm/Günter (2001): 5.

[972] Vgl. Eggert (2001): 42.

[973] Vgl. Helm/Günter (2001): 5, und Krüger, S. (1997): Profitabilitätsorientierte Kundenbindung durch Zufriedenheitsmanagement. Kundenzufriedenheit und Kundenwert als Steuerungsgröße für die Kundenbindung in marktorientierten Dienstleistungsunternehmen (= Schriftenreihe Schwerpunkt Marketing; Bd. 47), Diss., München, S. 104.
[974] Vgl. hierzu die Bewertungsvorschläge der *EFQM*: EFQM (2000a): 21.
[975] Vgl. Schemuth, J. (1996): Möglichkeiten und Grenzen der Bestimmung des Wertes eines Kunden für ein Unternehmen der Automobilindustrie, München, S. 19; Cornelsen, J. (2000): Kundenwertanalysen im Beziehungsmarketing, Nürnberg, S. 38.
[976] Vgl. Rudolf-Sipötz, E./Tomczak, T. (2001): Kundenwert in Forschung und Praxis (= Thexis Fachbericht für Marketing, Hft. 2), St. Gallen, S. 15.
[977] Zu verschiedenen Kundenbindungsstrategien vgl. Eggert, A. (2000): „Konzeptualisierung und Operationalisierung der Kundenbindung aus Kundensicht", in: *Marketing – Zeitschrift für Forschung und Praxis*, 22. Jg., Hft. 2, S. 119-130.
[978] Vgl. hierzu vor allem Reichheld, F.F./Sasser, W.E. (1991): „Zero-Migration: Dienstleister im Sog der Qualitätsrevolution", in: *Harvard Manager*, 13. Jg., Hft. 4, S. 108-116; Reichheld, F.F. (1993): „Treue Kunden müssen auch profitabel sein", in: *Harvard Manager*, 15. Jg., Hft. 3, S. 106-114; Reichheld, F.F. (1996): The Loyalty Effect. The Hidden Force Behind Growth, Profits, And Lasting Value, Boston, MA; Tomczak, T./Reinecke, S./Finsterwalder, J. (2000): „Kundenausgrenzung", in: Bruhn, M./Stauss, B. (Hg.): Jahrbuch Dienstleistungsmanagement 2000, S. 399-422.
[979] Einen Überblick über verschiedene Ansätze und Literatur zum Relationship Marketing geben: O'Malley, L./Tynan, C. (2000): „Relationship Marketing in Consumer Markets", in: *European Journal of Marketing*, Vol. 34, No. 7, S. 797-815, und Harker, M.J. (1999): „Relationship Marketing Defined? An Examination of Current Relationship Marketing Definitions", in: *Marketing Intelligence & Planning*, Vol. 17, No. 1, S. 13-20.
[980] Vgl. Pepels (1999): 24f.
[981] Zu den hier aufgeführten Intentionen des Relationship Marketing vgl. Pepels (1999): 99.
[982] EFQM (2000a): 23.
[983] Dabei geht es primär um das Vorhandensein nachhaltig positiver Trends und/oder guter Leistungen, die sich eindeutig auf das Vorgehen der Organisation zurückführen lassen sollen, sowie eindeutiger Benchmarks. Zum Vorgang der Punktebewertung der Ergebnisse vgl. ausführlich: EFQM (1996a): 11 und 25f.
[984] Betrachtet man eine Organisation im Kontext ihrer Umwelt, ließen sich die Ergebniskomponenten eindeutig den verschiedenen Systemebenen zuordnen. Hierbei soll jedoch auf eine derartige Betrachtungsweise verzichtet werden.
[985] Vgl. Lenzen (1996): 43ff.
[986] Widmer, H. (1976): „Steuerung und Korrektur des Corporate-Images durch Elemente der Corporate-Identity", in: *Werbe-Woche*, Hft. 7, S. 13; zitiert nach Lenzen (1996): 43. Die Unternehmensidentität wird dabei als die „Persönlichkeit" eines Unternehmens verstanden, als Parallele zur „Ich-Identität" auf einer organischen Ebene, die sich in einem Selbstwertgefühl und -verständnis kollektiver Erfahrungsprozesse entwickelt in dem Sinne, dass „... das Ich wesentliche Schritte in Richtung auf eine greifbare kollektive Zukunft zu machen lernt und sich zu einem definierten Ich innerhalb einer sozialen Realität entwickelt."; aus: Erikson, E.H. (1980): Identität und Lebenszyklus. Drei Aufsätze, 6. Aufl., Frankfurt a.M., S. 17f. In Analogie dazu kann hierbei die Unterscheidung zwischen „I" und „Me" von *Mead* herangezogen werden, wobei das „Me" – hierbei das Unternehmens*image* – die „Haltungen der anderen, die man selbst einnimmt und die das eigene Verhalten beeinflussen" und „die organisierten gesellschaftlichen Haltungen [...] repräsentieren" bildet; vgl. Mead, G.H. (1995): Geist, Identität und Gesellschaft aus der Sicht des Sozialbehaviorismus, 10. Aufl., Frankfurt a.M., S. 221 und 309.

[987] Vgl. EFQM (1996b): 9. Inwieweit die von der EFQM angeführten Ergebnisfaktoren vollständig und zweckmäßig sind und tatsächlich die erfolgreiche Umsetzung des Modells messen, soll an dieser Stelle nicht weiter erörtert werden. Zu einer Kritik der *Ergebnisse* vgl. Wunderer et al. (1997): 15ff.

[988] Bspw. ist der unter dem Kriterium *9b. GESCHÄFTSERGEBNISSE* anzugebende relative Marktanteil (vgl. EFQM (1996b): 32.) nur im Verhältnis zum relevanten Marktsegment, d.h. zur Unternehmensumwelt bestimmbar und wird auch durch diese konstituiert. Der Marktanteil ist somit Bestandteil des relevanten Marktes, demnach der Organisationsumwelt. Ein anderes Beispiel liefert die Einstufung der Kreditwürdigkeit (vgl. ibid.): Diese wird durch unternehmensfremde Organisationen festgelegt und stellt ebenso ein *Fremdbild* dar. Gerade durch das bei den Ergebniskriterien explizit geforderte Benchmarking-Verfahren (vgl. EFQM (1996a): 16) werden die erzielten Ergebnisse einer Unternehmung im Verhältnis zum Wettbewerb ausgedrückt. Die messbaren Leistungen sind dann Bestandteil der Unternehmensumwelt und können nur in Relation zu dieser beurteilt werden, nicht aber ausschließlich durch die Organisation selbst.

[989] Vgl. Staehle (1994): 239.

[990] Vgl. Kap. 4.1. Zur Selbstbewertung ausführlich: EFQM (1996b).

[991] Vgl. European Foundation for Quality Management (Hg.) (1999s): Introducing Excellence, Brüssel, S. 5ff.

[992] Vgl. auch Abb. 4-3.

[993] *Wunderer et al.* bezeichnen dieses Verfahren als „right-left approach"; vgl. Wunderer et al. (1997): 19. Hierbei sei nochmals angemerkt, dass die *EFQM* von der Annahme ausgeht, die Verbesserung der *Befähiger* führe unmittelbar zu verbesserten Geschäftsergebnissen; vgl. auch EFQM (1999s): 5.

[994] Vgl. Wunderer et al. (1997): 15.

[995] Bei dieser Unterscheidung handelt es sich um soziale Prozesse der organisationalen Wissengenerierung bzw. um ein Konzept der „lernenden Organisation", das *Aretz* gemäß des hier vorliegenden theoretischen Bezugsrahmens in vier analytische Systemdimensionen unterteilt. Ausführlich: Aretz (1999a): 53ff. In dem EFQM-Modell werden dabei die oben beschriebenen sozialen Prozesse der Wissensgenerierung favorisiert, während eine „[s]innhafte Interpretation, Konstruktion und Memorierung" sowie eine „Dissemination, Integration und Diffusion von Information/Wissen" vernachlässigt werden.

[996] Solange nicht die Qualität der Ergebnisse als solche gemessen wird, d.h. z.B. der Grad der Kundenzufriedenheit ausschlaggebendes Kriterium ist, sondern die Methoden und Verfahren mit Hilfe derer erhoben werden, und ob *überhaupt* Daten aus der Systemumwelt gesammelt werden und Benchmarking betrieben wird, ist dies eine organisationale Anpassungsleistung.

[997] Die angegeben Werte innerhalb des EFQM-Modells dienen in erster Linie zur messbaren Erfassung der Qualitätsbemühungen und deren Resultate bei der Vergabe an die „Beste" der sich bewerbenden Organisationen. Im Rahmen der Selbstbewertung sind diese Zahlenangaben nicht bindend, können jedoch als Vergleich zu anderen Unternehmen dienen, die bereits einen Preis gewonnen haben und deren Bewertungen von der *EFQM* veröffentlicht werden; vgl. EFQM (1996b).

[998] So ist bspw. das Kriterium *3b. AUFRECHTERHALTUNG UND WEITERENTWICKLUNG VON MITARBEITERFÄHIGKEITEN* durch ein Personalmanagement konstituiert, das auch Angaben zur Personalbeschaffung enthalten *kann*. Letztere werden jedoch durch die *EFQM* nicht explizit gefordert, so dass der Primat auch unter diesem Aspekt dem G-System zu geben ist.

[999] Da die Ergebniskriterien nicht in die zugrunde liegende Variante des AGIL-Schema einzuordnen sind (vgl. Kap. 5.6), entsprechen die 500 Punkte, die den Befähigerkriterien zukommen, einhundert Prozent. Dabei wurde die Gewichtung des EFQM-Modells für die einzelnen Unterpunkte übernommen; vgl. hierzu EFQM (1996a): 23ff.

[1000] Dabei sind 53,8% genuin Elemente des G-Systems, während weiteren 18,2% der Primat auf dem Managementsystem (= kursiv dargestellte Unterpunkte der Abb. 4-13) zu geben ist. Würde man von einer *ausschließlich* managerialen Logik ausgehen, kann hierbei dennoch von einer Dominanz des Managementsystems gesprochen werden, da die absolute Mehrheit der Kriterienwerte (53,8%) auf diesem Subsystem liegt: 3% der Kriterien verteilten sich auf das L-System (Primat auf L), 9,6% auf L- und G-System, 8,6% auf I- und G-System, 21% auf A- und G-System und 4% auf L-, A- und G-System, so dass die relative Verteilung ebenso von einer Domäne des Managementsystems gegenüber den umliegenden Subsystemen zeugt.

[1001] Auf diese Differenzierung der Unterpunkte und deren partielle Einordnung in das AGIL-Schema wird hierbei jedoch verzichtet, da es sich um eine willkürliche Aufteilung der von der *EFQM* festgesetzten Punktwerte handeln würde. Diese stellen eine Einheit dar, so dass die Gültigkeit der Werte nicht gegeben wäre, da nicht beurteilt werden kann, wie die Punktegewichtung bei der einer Spaltung der Unterpunkte verteilt wäre.

[1002] Die einzelnen Unterkriterien einer Kategorie werden im *EFQM-Modell für Excellence* – wie auch bei seinem Vorgängermodell – untereinander gleich gewichtet: Damit fällt bspw. auf jedes der vier Unterkriterien von *1. Führung* ein Viertel der gesamten Punktzahl für diese Kategorie. Lediglich bei den Ergebniskriterien, die aber aus vorher erläuterten Gründen nicht aufgenommen werden, wird eine nochmalige Gewichtung der Unterkriterien vorgenommen. Vgl. EFQM (2000b): 16f.

[1003] So befindet sich etwa in *2. Politik und Strategie* kein neues Unterkriterium, denn diese Kategorie wurde zwar um ein Teilkriterium erweitert, jedoch resultiert der Unterschied lediglich daraus, dass ein ehemaliges Unterkriterium *(2a. INFORMATIONEN ALS BASIS DER POLITIK- UND STRATEGIEFORMULIERUNG)* in zwei neue (*2a. Entwicklung von Politik und Strategie auf den Bedürfnissen der Interessengruppen* und *2b. Politik und Strategie beruhen auf datenorientierter Basis*) aufgeteilt wurde, ohne dass sich Änderungen der Aussage ergeben hätten. Vgl. hierzu nochmals Kap. 5.2.1.

[1004] Vgl. Malorny (1999): 275. *Schnetzer/Soukup* merken an, dass „Excellence-Unternehmen" bei ca. 600-700 Punkten der insgesamt erreichbaren 1000 Punkte liegen; Schnetzer/Soukup (2001): 47.

[1005] Die Kundenorientierung wird bspw. als Mittel zum Zweck gesehen, während die Kundenzufriedenheit und -bindung das anzustrebende Ziel darstellt. Vgl. hierzu auch Bruhn, M./Georgi, D. (1999): Kosten und Nutzen des Qualitätsmanagements. Grundlagen, Methoden, Fallbeispiele, München/Wien, S. 73; Pfeifer (2001): 13.

[1006] Zu dieser Variante der Systemtheorie vgl. Luhmann (1994a); (1994b).

[1007] Thommen (1996): 16.

[1008] Vgl. auch Wunderer et al. (1997): 27f.

[1009] Im *EFQM-MODELL FÜR BUSINESS EXCELLENCE* werden ein systematisches Wissens-, Produkt- und Dienstleistungsmanagement allerdings nicht behandelt, sondern nur bei seinem Nachfolger, dem *EFQM-Modell für Excellence*. Die Ursache für das fehlende Produktmanagement im Vorgängermodell kann in dem Konzept des TQM gesehen werden, da die Produktqualität als „natürliche Folge" der Prozessqualität angenommen wird; vgl. zu Letzterem Hummel/Malorny (1997): 95.

[1010] Vgl. hierzu insbes. die Kriterien *1b.-1c. FÜHRUNG*, *2b. ENTWICKLUNG VON POLITIK UND STRATEGIE* und *4b. EFFIZIENTE UND EFFEKTIVE HANDHABUNG VON INFORMATIONSRESSOURCEN*.

[1011] Eine Unternehmung existiert stets in einer Umwelt, deren übergeordneten kulturellen Wertmuster sie in ihre eigenen Grundmuster implementiert bzw. institutionalisiert hat (normative Interpenetration); vgl. hierzu auch Miebach (1984): 211.

[1012] Franzpötter (1997): 95.

[1013] Ibid.

[1014] Das Kriterium *2c. Kommunikation und Implementierung von Politik und Strategie* bspw. thematisiert das Herunterbrechen und Ableiten von Zielen und Maßnahmen auf alle Ebenen und Bereiche der Unternehmung.
[1015] In Anlehnung an: Aretz (1999a): 66.
[1016] Vgl. bspw. Pfeifer (2001): 18.
[1017] Vgl. auch Conti (1999): 30; Bungard, W./Jöns, I. (1998): Der European Quality Award als Herausforderung für das Personalmanagement, http://www.psychologie.uni-mannheim.de/psycho1/ mabei/98-02/98_2_01.pdf (Stand 25.09.2001), S. 12; auch erschienen in: Regnet, E./Hofmann, L.M. (1998): Personalmanagement in Europa, Göttingen.
[1018] Vgl. auch Frese (1995): 297f.
[1019] Vgl. McAdam/O'Neill (1999): 192. Vgl. auch Conti (1999): 19.
[1020] Die Partizipation der Mitarbeiter dabei wird im EFQM-Modell nicht gefordert.
[1021] Vgl. hierzu Aretz (1999a): 65f.
[1022] So merken auch *Wunderer et al.* an, das EFQM-Modell könne und solle von seiner Ausrichtung her zu einem Unternehmensführungskonzept entwickelt werden; vgl. Wunderer et al. (1997): 32.
[1023] Vgl. auch Meier (1997): 252.
[1024] Vgl. hierzu auch Kap. 4.1.
[1025] Vgl. Malorny (1999): 329, Anm. 439.
[1026] Vgl. hierzu Kap. 3.2.1.
[1027] Bereits *Max Weber* hat auf die Folgen einer ausschließlich zweckrationalen Orientierung in Organisationen hingewiesen und mit dem Begriff des „ehernen Gehäuses" der Bürokratie, aus dem der Geist entwichen sei, umrissen; vgl. Weber, M. (1985 [1921]): Wirtschaft und Gesellschaft. Grundriß der verstehenden Soziologie, Tübingen.
[1028] Dabei ist ein alltägliches wie wissenschaftliches Denken in Zweck-Mittel-Relationen selbst wiederum in Bezug auf Organisationen in Frage zu stellen; vgl. auch Luhmann, N. (1988): „Organisation", in: Küpper, W./Ortmann, G. (Hg.): Mikropolitik. Rationalität, Macht und Spiele in Organisationen, Opladen, S. 165-185. Die Ziele einer Organisation sind dabei auch stets schon durch normative Orientierungen geprägt; vgl. hierzu auch die Ausführungen des Kap. 3.1.1.
[1029] Greene (1997): 67.
[1030] In Anlehnung an Aretz (1999a): 61.
[1031] In Anlehnung an ibid., S. 75f.
[1032] So wird zwar z.B. festgelegt, über welche Fähigkeiten neu zu rekrutierendes Personal in Anbetracht spezieller Ziele verfügen muss und auf welchen Märkten es wie beschafft werden soll, jedoch sind diese Spezifikationen nicht generell gültig. Die Anforderungen an potentielle Mitarbeiter sowie ihre stellenmäßige und -mengenmäßige Zuordnung muss von Fall zu Fall neu festgelegt werden. Generell gültige Standards, wie z.B. eine gewisse Servicebereitschaft oder Kommunikationsfähigkeit, auch bei relativ höheren Gehaltsforderungen, an denen sich die Personalbeschaffung durchweg orientiert, werden Außeracht gelassen, so dass ein optimaler Leistungsaustausch zwischen den einzelnen Subsystemen, insbesondere von konkreten Situationen unabhängig, nicht gewährleistet ist.
[1033] In Anlehnung an Aretz (1999a): 65ff.
[1034] So bspw. in den Unterkriterien *4c. Gebäude, Einrichtungen und Material* und *4d. Technologie*, in denen der Nachweis gefordert wird, Alternativen in Betracht zu ziehen, um Verschwendungen und Umweltverschmutzungen zu vermeiden.
[1035] Zum Konzept der dynamischen Kundenorientierung vgl. Wildemann, H. (1998a): „Entwicklungsstrategien zur Marktführerschaft", in: Wildemann, H. (Hg.): Strategien zur Marktführerschaft. Kundenanforderungen von morgen gestalten, Frankfurt a.M., S. 17-39.
[1036] Vgl. hierzu insbes. Kap. 3.3.5.1.

[1037] Vgl. hierzu Unterkriterium *3e. EFFEKTIVER DIALOG ZWISCHEN ORGANISATION UND MITARBEITERN* und *3d. Dialog zwischen Organisation und Mitarbeitern.*
[1038] Vgl. Habermas, J. (1983): „Diskursethik – Notizen zu einem Begründungsprogramm", in: Habermas, J.: Moralbewusstsein und kommunikatives Handeln, Frankfurt a.M., S. 53-125; hier: S. 98ff., und Kambartel, F. (1974): „Moralisches Argumentieren – Methodische Analysen zur Ethik", in: Kambartel, F. (Hg.): Praktische Philosophie und konstruktive Wissenschaftstheorie, Frankfurt a.M., S. 54-72; hier: S. 66f.
[1039] „Wirtschaftliches Handeln unterliegt heute in immer größerem Umfang einer diskursiven Beweislast."; aus: Münch, R. (1991): Dialektik der Kommunikationsgesellschaft (= Suhrkamp-Taschenbuch; 880), Frankfurt a.M., S. 89.
[1040] *Steinman/Löhr* nennen die Beispiele der Diskussion von Verkaufsmethoden und Lohngerechtigkeit; vgl. Steinmann, H./Löhr, A. (1991): Grundlagen der Unternehmensethik (= Sammlung Poeschel; SP 131), Stuttgart, S. 102f.
[1041] Vgl. Habermas, J. (1997a): 458.
[1042] Zu dieser Unterscheidung vgl. Thommen (1996): 50.
[1043] Vgl. hierzu auch Zink (1995): 135.
[1044] Zu dieser Variante der Konsensfindung vgl. auch Habermas (1997a), und (1997b).
[1045] Vgl. hierzu Kriterium *1a. ENGAGEMENT FÜR EINE TQM-KULTUR.*
[1046] Vgl. Schein, E.H. (1984): „Coming to a New Awareness of Organizational Culture", in: *Sloan Management Review*, Winter 1984, Vol. 25, No. 2, S. 3-16; hier: S. 3.
[1047] Franzpötter (1997): 94.
[1048] Vgl. Aretz (1999a): 99.
[1049] Vgl. Verbeck (1998): 112.
[1050] Ulrich, P. (1990): „'Symbolisches Management'. Ethisch-kritische Anmerkungen zur gegenwärtigen Diskussion über Unternehmenskultur", in: Lattmann, C. (Hg.): Die Unternehmenskultur. Ihre Grundfragen und ihre Bedeutung für die Führung der Unternehmung, Heidelberg, S. 277-302; hier: S. 293; Hervorh. d. Verf. *Marré* weist zudem darauf hin, dass der Einfluss unmittelbarer Vorgesetzter auf Verhaltensänderungen der Mitarbeiter eher gering sei und somit auch nicht direkt zu einer Internalisierung und Identifikation führe; vgl. Marré, R. (1997): Die Bedeutung der Unternehmenskultur für die Personalentwicklung, Diss., Frankfurt a.M. et al., S. 77.
[1051] *May* differenziert Symbole im Rahmen einer Organisationskultur nach drei Ebenen: in die kognitiven Ebene von Sprache und Weltbildern, von Handlungen und Interaktionen sowie von Objekten und Artefakten; vgl. May, T. (1997): Organisationskultur. Zur Rekonstruktion und Evaluation heterogener Ansätze in der Organisationstheorie (= Studien zur Sozialwissenschaft, Bd. 189), Opladen, S. 69.
[1052] Vgl. ibid., S. 72.
[1053] Bea, F.X./Haas, J. (1995): Strategisches Management (= Uni-Taschenbücher; Grundwissen der Ökonomik: Betriebswirtschaftslehre), Stuttgart/Jena, S. 183.
[1054] In Anlehnung an Aretz (1999a): 101.
[1055] *Allaire* und *Firsirotu* schlagen bspw. folgende Fragestellungen zur Erfassung einer Unternehmenskultur vor: „What are the tacit background assumptions and expectations in the corporation? Where do they come from? [...] What stories, legends, myths circulate concerning the corporation's history, its past and present leaders? How are its successes and misfortunes explained? [..] What are valued behaviour, promotion paths, and critical skills for success in the corporation?"; aus: Allaire, Y./Firsirotu, M. (1987): „How to Implement Radical Strategies in Large Organizations", in: Schein, E.H. (Hg.): The Art of Managing Human Resources (= Sloan Management Review), New York/Oxford, S. 187-206; hier: S. 198f. Eine detaillierte Analyse der Unternehmenskultur zur Erreichung eines „Strategie-Kultur-Fit" schlagen auch verschiedene andere Autoren vor; vgl. bspw. Greipel, B. (1988): Strategie und Kultur.

Grundlagen und mögliche Handlungsfelder im kulturbewußten strategischen Management, Berlin; Scholz (1987): 90ff.; Heinen (1997): 27f.; Schreyögg, G. (1989): „Zu den problematischen Konsequenzen starker Unternehmenskulturen“, in: *Zeitschrift für betriebswirtschaftliche Forschung*, 41. Jg., S. 94-113; hier: S. 94ff.; Deal, T.E./Allen, A. (1982): Corporate Cultures. The Rites and Rituals of Corporate Life, Reading, S. 7ff.

1056 Kirstein (1994): 69.

1057 EFQM (1996a): 12.

1058 Erst in der Begleitdokumentation der Bewerbungsunterlagen anhand des Kriterienkatalogs findet die Bewertung durch die *EFQM* statt. Schwachstellen und Verbesserungspotentiale werden auch innerhalb einer Selbstbewertung ausschließlich anhand des Kriterienrasters ermittelt. Die o.g. Angaben sollen der *EFQM* lediglich als Orientierungsrahmen dienen und einen allgemeinen Überblick über die Organisation liefern; vgl. auch Verbeck (1988): 85f.

1059 Vgl. zu dieser Kritik auch Conti (1999): 102f.

1060 Vgl. Finney, M./Mitroff, I.I. (1986): „Strategic Plan Failures“, in: Sims, H.P. Jr./Gioia, D.A. (Hg.): The Thinking Organization, San Francisco et al., S. 317-335; hier: S. 329ff.

1061 Vgl. auch Schreyögg (1989): 97; Heinen (1997): 27.

1062 Vgl. hierzu nochmals bspw. Peters/Waterman (1994); Deal, T.E./Kennedy, A. (1987): Unternehmenserfolg durch Unternehmenskultur, Bonn.

1063 Steinmann/Löhr (1991): 125.

1064 Vgl. Osterloh, M. (1989): „Unternehmensethik und Unternehmenskultur“, in: Steinmann, H./Löhr, A. (Hg.): Unternehmensethik, Stuttgart, S. 143-161; hier: S. 154. Vgl. zu dieser Thematik auch Mayring, P. (1990): Einführung in die qualitative Sozialforschung. Eine Anleitung zum qualitativen Denken, München; Ulrich, P. (1984): „Systemsteuerung und Kulturentwicklung“, in: *Die Unternehmung*, 38. Jg., S. 303-325. Auch *Martensen/Dahlgaard* bemängeln die fehlende Beachtung der Unternehmenskultur im EFQM-Modell und schlagen als ersten Schritt die Identifizierung der bestehenden Ist-Kultur vor. Vgl. Martensen, A./Dahlgaard, J.J. (1999): „Strategy And Planning for Innovation Management – A Business Excellence Approach“, in: *International Journal of Quality & Reliability Management*, Vol. 16, No. 8, S. 734-755; hier: S. 736ff.; Dale, B.G. (1994): „A Framework for the Introduction of a Process of Quality Improvement in Retail Organizations”, in: *International Journal of Retail & Distribution Management*, Vol. 22, No. 8, S. 25-32; hier: S. 26.

1065 Das Kriterium *2b. ENTWICKLUNG VON POLITIK UND STRATEGIE* schließt die Beteiligung der Organisationsmitglieder bei der Formulierung der Werte, Mission und Vision nicht aus („... how the organisation [..] develops its values, mission and vision“; aus: EFQM (1996b): 18; Hervorh. wegg.), jedoch wäre die Annahme einer partizipativen Formulierung eine äußerst optimistische Interpretation. Bei diesem Unterpunkt geht es vielmehr darum, Politik und Strategie unter der Berücksichtigung relevanter Informationen und Wettbewerbsvorteile sowie dem Einbezug von TQM-Prinzipien zu formulieren.

1066 Vgl. Unterkriterium *3a. PLANUNG, MANAGEMENT UND VERBESSERUNG DER MITARBEITERRESSOURCEN.*

1067 Vgl. Heppner (1997): 181.

1068 Vgl. bspw. Mollenhauer, M. (1994): „Total Quality Management und Markeneinführung“, in: Bruhn, M. (Hg.): Handbuch Markenartikel, Bd. 3, Stuttgart, S. 1403-1429; hier: S. 1426.

1069 Vgl. Malorny (1999): 388, und Herbst (1998): 95f.

1070 Vgl. Seidler, D. (1997): Unternehmenskultur, Unternehmenskommunikation & Unternehmenskulturmanagement (= Beiträge zur Wirtschaftskommunikation, Bd. 17), Tostedt, S. 85.

1071 Aretz (1999a): 93.

1072 Vgl. Kriterium *1c. BEMÜHUNGEN DER FÜHRUNGSKRÄFTE UM EXTERNE AKTEURE.*

1073 Vgl. Herbst (1998): 37.

[1074] Vgl. zu den Instrumenten der Corporate Communications ausführlicher: Ibid., S. 50ff.
[1075] Vgl. *5e. Erstellung und Betreuung von Produkten und Dienstleistungen.*
[1076] Vgl. Beyer, R. (2001): „Der Weg ist das Ziel. Wissensbasierte Dienstleistungsunternehmen definieren Qualitätsziele neu", in: *Qualität und Zuverlässigkeit*, 46. Jg., Hft. 2, S. 162-165; hier: S. 162ff.
[1077] Vgl. Thommen (1996): 54f.
[1078] Eine derartige Arbeit in Teams zeichnet sich dadurch aus, dass eine Gesamtaufgabe übertragen wird, deren Ausführung intern autonom geregelt wird. Dadurch sind gruppeninterne Tätigkeiten und Aktivitäten selbstgesetzten Normen unterworfen. Vgl. Zink (1994a): 247f.
[1079] Vgl. Kap. 3.3.5.1.
[1080] Vgl. hierzu Unterkriterium *3c. Mitarbeiterbeteiligung und -ermächtigung.*
[1081] Beispiele entnommen aus: Binner (1997): 7-8f.
[1082] *Becker/Kahn* merken an, dass Branchenbeste nicht selten den höchsten Integrationsgrad der im Prozess beteiligten Personen und Gruppen hätten. Becker/Kahn (2002): 9.
[1083] Die Veränderung bestehender Routinen ist allerdings noch von verschiedenen anderen Faktoren abhängig wie bspw. von der Art und Bedeutung des die Änderung anstoßenden Ereignisses und dem Beharrungsvermögen der zu ersetzenden Routine. Vgl. Gersick, C./Hackmann, J.R. (1990): „Habitual Routines in Task-Performing Groups", in: *Organizational Behaviour and Human Decision Processes*, Vol. 47, S. 65-97; hier: S. 83ff.
[1084] Vgl. Nelson, R.R./Winter, S.G. (1982): An Evolutionary Theory of Economic Change, Cambridge et al., S. 14; Levitt, B./March, J.G. (1988): "Organizational Learning", in: *Annual Review in Sociology*, Vol. 4, S. 319-340; hier: S. 319f.
[1085] Vgl. Cohen, M.D./Bacdayan, P. (1994): „Organizational Routines Are Stored as Procedural Memory. Evidence from a Laboratory Study", in: *Organization Science*, Vol. 5, S. 554-568; hier: S. 558.
[1086] Einen Überblick zu empirischen Studien der Routinisierung und Standardisierung der Aufgabenerfüllung geben: Kubicek, H./Welter, G. (1985): Messung der Organisationsstruktur, Stuttgart, S. 562ff.
[1087] Vgl. Wildemann (1996a): 35.
[1088] „Damit Normen als stabile Rahmenbedingungen des Handelns gelten können, müssen sie in eine kollektive Tradition überführt werden, die dann als soziale 'Selbstverständlichkeit' eben nicht Gegenstand rationaler Kalkulationen und diskursiver Problematisierungen ist und einer völlig anderen Handlungslogik folgt. Diese Umstellung des Reproduktionsmechanismus des instrumentell/strategischen und diskursiven Handelns auf Routine [...] geschieht nach Durkheim dadurch, daß solche Regelungen in der Gemeinschaft, im Kollektivbewußtsein der Akteure verankert sind und entsprechend der 'Logik der Gemeinschaft' auf einer nicht-rationalen (affektiven) Fundierung beruhen."; aus: Aretz (1999b): 32.
[1089] Conti (1999): 103. *Conti* bezeichnet das Kriterium *3. Mitarbeiter* konsequenterweise dann auch als „Humankapital", während das Kriterium *4. Partnerschaften und Ressourcen* die Überschrift „Andere Ressourcen" erhält, vgl. ibid., S. 112.
[1090] Vgl. Adams (1994): 131f. *Drumm* bezieht diesen Sachverhalt insbesondere auf ein Personalmanagement: „Personalwirtschaftliches Handeln findet in jedem Land eines Kulturkreises vor einem spezifisch sozio-kulturellen und rechtlichem Hintergrund statt. Spezifische methodische oder konzeptionelle Lösungen in einem Land eines anderen Kulturkreises sind daher keinesfalls uneingeschränkt auf deutsche Verhältnisse übertragbar; oft haben sie bestenfalls nur heuristischen Nutzen."; aus: Drumm (1995): 3.
[1091] So z.B. Personalentwicklungsmaßnahmen, Informationsmanagement und Anerkennungssysteme.
[1092] Nach *Töpfer* und *Mehdorn* zeigt sich ein derartiges in Verhalten überführtes Qualitätsdenken bspw. im Umgang der Mitarbeiter mit Kundenreklamationen. Hierbei könne

aufgedeckt werden, ob der Inhalt der Unternehmenskultur im Denken und Handeln von Führungskräften und Mitarbeitern ihren Niederschlag gefunden haben; vgl. Töpfer/Mehdorn (1995): 31f. Dieses tatsächliche Handeln der Organisationsmitglieder wird durch das EFQM-Modell jedoch nicht erfragt.

1093 Vgl. hierzu Aretz (1999a): 44f.

1094 Lietz, J.H. (1994): „Von der Zweck-Gemeinschaft zur Sinn-Gemeinschaft", in: Kamiske, G.F. (Hg.): Die Hohe Schule des Total Quality Management, Berlin/Heidelberg, S. 111-130; hier: S. 116.

1095 In Anlehnung an Aretz (1999a): 77.

1096 Vgl. Bogaschewsky, R. (2000): „Informations- und Kommunikationssysteme zur Unterstützung des Beziehungsmanagements", in: Hildebrandt, H./Koppelmann, U. (Hg.) (2000): Beziehungsmanagement mit Lieferanten. Konzepte, Instrumente, Erfolgsnachweise (= Schriftenreihe der Schmalenbach-Gesellschaft für Betriebswirtschaft e.V.), Stuttgart, S. 137-163; hier: S. 143.

1097 Träger der Integrationsfunktion in den traditionellen Organisationstheorien sind zudem die Spezialisten.

1098 Vgl. Jarke et al. (1996a): S. 21f.

1099 Vgl. Pfeifer (2001): 136.

1100 Vgl. Jarke et al. (1996a): 24ff.

1101 Pfeifer (2001): 11.

1102 EFQM (2000a): 21.

1103 Vgl. bspw. Ho/Fung (1994): 26; Martensen/Dahlgaard (1999): 741; McAdam/O'Neill (1999): 192.

1104 Vgl. Unterkriterium *3a. Planung, Management und Verbesserung der Mitarbeiterressourcen.*

1105 Vgl. Kap. 3.3.5.1.

1106 Koerber (1996): 56f.; Hervorh. d. Verf.

1107 Vgl. Zink (1994c): 27f.

1108 Vgl. hierzu Kap. 5.5.7.

1109 Ebeling, J. (2000): „Die sieben elementaren Werkzeuge der Qualität", in: Kamiske, G.F. (Hg.): Unternehmenserfolg durch Excellence, überarb. Neufassung, München/Wien, S. 277-307; hier: S. 301.

1110 Vgl. Elgass, P./Krcmar, H. (1993): "Computergestützte Geschäftsprozeßplanung", in: *Information Management,* 8. Jg., Hft. 1, S. 42-49; hier: S. 42.

1111 Vgl. Weiß, E. (1996): „Optimierung von Produktionsnetzwerken auf der Basis des ‚Wirtschaftsglobus-Modells'", in: Wildemann, H. (Hg.): Produktions- und Zuliefernetzwerke (= Tagungsband zur Sitzung der Wissenschaftlichen Kommission Produktionswirtschaft am 28./29. September 1995 in München), München, S. 105-144; hier: S. 125ff.

1112 Vgl. Kamiske/Brauer (1995): 123.

1113 Aus der Fähigkeit und Stabilität folgt die Beherrschtheit der Prozesse; vgl. Pfeifer (2001): 531f.

1114 Vgl. hierzu die Unterkriterien *2d. Umsetzung von Politik und Strategie durch Schlüsselprozesse, 5a. Prozessgestaltung und Management* und *5b. Prozessverbesserung.*

1115 Hier werden die Prozessstruktur- und Prozessleistungstransparenz angesprochen; vgl. hierzu Scholz, R./Vrohlings, A. (1994): „Prozeß-Struktur-Transparenz", in: Gaitanides, M. et al.: Prozeßmanagement. Konzepte, Umsetzungen und Erfahrungen des Reengineering; mit 89 Bildern und 20 Tabellen, München/Wien, S. 37-56.

1116 Vgl. Becker/Kahn (2002): 11.

1117 Vgl. Gaitanides (1983): 10ff.

[1118] Zur Notwendigkeit einer vollständigen Betrachtung der organisationalen Prozesse vgl. auch Abts, D./Mülder, W. (1998): Grundkurs Wirtschaftsinformatik. Eine kompakte und praxisorientierte Einführung, 2. Aufl., Braunschweig/Wiesbaden, S. 258.
[1119] In Anlehnung an Corsten (1997a): 20.
[1120] Vgl. Ammon, J./Weiand, A./Lange, K. (1998): „Vorgehen zur flächendeckenden Implementierung des gruppenbezogenen kontinuierlichen Verbesserungsprozesses (KVP)", in: Howaldt, J./Kopp, R./Winther, M. (Hg.) (1998): Kontinuierlicher Verbesserungsprozeß. KVP als Motor lernender Organisation, Köln, S. 43-50; hier: S. 45.
[1121] Vgl. Kap. 4.4.
[1122] Vgl. Kriterium *2c. KOMMUNIKATION UND IMPLEMENTIERUNG VON POLITIK UND STRATEGIE bzw. Kommunikation und Einführung von Politik und Strategie.* .
[1123] Vgl. Kriterium *5e. PROZESSÄNDERUNG UND -BEWERTUNG* bzw. *5b. Prozessverbesserung.*
[1124] Vgl. Oliver, R.L. (1997): Satisfaction. A Behavioral Perspective on the Customer (= McGraw-Hill Series in Marketing), New York et al., S. 98ff.; Schütze, R. (1992): Kundenzufriedenheit. After-Sales-Marketing auf industriellen Märkten (= Neue betriebswirtschaftliche Forschung; 91), Diss., Wiesbaden, S. 128.
[1125] Vgl. Kriterium *3e. EFFEKTIVER DIALOG ZWISCHEN ORGANISATION UND MITARBEITERN* bzw. *3d. Dialog zwischen Organisation und Mitarbeitern.*
[1126] Vgl. hierzu die Kriterien *5b.-5e. Prozesse.*
[1127] „Damit jeder Prozeß zu möglichst optimalen Ergebnissen führt, müssen diese Funktionen zeitlich und sachlich richtig dosiert und eingesetzt werden und ihr Zusammenwirken optimal aufeinander abgestimmt und koordiniert werden."; aus: Jung (1996): 139f.
[1128] Vgl. Anderson, E.W./Fornell, C./Lehmann, D.R. (1994): „Customer Satisfaction, Market Share, and Profitability – Findings from Sweden", in: *Journal of Marketing*, Vol. 58, No. 3, S. 53-66; hier: S. 61. Vgl. auch Dittmar, M. (2000): Profitabilität durch das Management von Kundentreue, Wiesbaden, S. 14f.
[1129] Zur Bedeutung des Preises als Qualitätsindikator vgl. Simon, H. (1992): Preismanagement. Analyse, Strategie, Umsetzung, 2. Aufl., Wiesbaden, S. 7ff.
[1130] Vgl. Pfeifer (2001): 225.
[1131] Vgl. Kamiske/Brauer (1995): 33.
[1132] Dale et al (2000): 9.
[1133] *Conti* führt seine Kritik hierzu in ähnlicher Weise aus, vgl. Conti (1999): 17.
[1134] Vgl. ibid., S. 17 und 45f.
[1135] Vgl. Malorny (1999): 15.
[1136] So ist bspw. eine „Gesellschaftsorientierung" im Wesentlichen durch eine dialog- und mitwirkungsorientierte Öffentlichkeitsarbeit gekennzeichnet, welche die Unternehmensqualität nach außen kommuniziert; Kamiske/Malorny (1994): 6. Dieser Punkt wird von der *EFQM* jedoch nicht thematisiert. *Kirstein* sieht in dem Aufbau des EFQM-Modells allerdings einen „echte[n] TQM-Ansatz", da es drei wesentliche Elemente von TQM verwende (bessere *Ergebnisse* durch Einbezug *aller Mitarbeiter* zu fortlaufender Verbesserung der *Prozesse*; vgl. auch Abb. 4-1); vgl. Kirstein (1994): 167. Das Problem hierbei besteht darin, dass TQM ein hochkomplexes Konzept darstellt, dessen Mehrdimensionalität und Vielfalt nicht auf die Abhandlung dreier Elemente reduziert werden kann.
[1137] Vgl. Zink (1997): 129; Töpfer/Mehdorn (1995): 134; Lübbe (1994): 12.
[1138] So weist auch *Kirstein* darauf hin, dass zur Umstellung auf das neue Modell keine besondere Eile geboten sei, denn es gebe eine hohe Übereinstimmung in Darstellung und Ausprägung der Hauptkriterien und ihrer Bewertung. Zwingend sei eine Umstellung nur bei der Bewerbung um den *EQA*, für die Selbstbewertung sei eine gleitende Umstellung nach eigenem Ermessen vollkommen ausreichend. Vgl. Kirstein, H. (2000c): EFQM-Modell 2000.

Das neue EFQM Excellence Modell für das Jahr 2000, http://www.deutsche-efqm.de/efqm/modell2000-4.htm (Stand 31.10.2000).

[1139] Die *EFQM* beschreibt ihr eigenes Modell selbst zudem als „holistic, covering all aspects of an organisation's activities and results"; aus: EFQM (1999u).

[1140] *2d. Umsetzung von Politik und Strategie* und *2e. Kommunikation und Einführung von Politik und Strategie* heißen nun 2d. „Policy and strategy are communicated and deployed through a framework of key processes"; Sommerhoff, B. (2003): Das EFQM-Modell für Excellence, http://deutsche-efqm.deinhseiten/247.htm (Stand 10.02.2003).

[1141] Wunderer et al. (1997): 14ff.

[1142] Dazu zählen bspw. Öffentlichkeitsarbeit, diskursive Prozesse, spezifische kulturelle Muster, aber auch informelle Regeln und Strukturen, (abteilungsübergreifende) Teamarbeit, interne und externe Kunden-Lieferanten-Beziehungen, Status der Prozessintegration und Kundenausrichtung der Abläufe, Betriebsklima, qualitätsorientiertes Handeln der Mitarbeiter etc.

[1143] Hierbei muss nochmals betont werden, dass die Umsetzung von TQM zwar zwingend auf das Management- und Ressourcensystem angewiesen, jedoch nicht ausschließlich darauf reduzierbar ist.

[1144] Hier sei nur ein Beispiel erwähnt, mit dem die Autoren die Wirkungsrelationen und Erfolgsfaktoren des Unternehmens *Yellow Pages*, einem *EQA*-Gewinner aus dem Jahr 1999, erörtern: „Die Mitarbeiterorientierung ist beachtenswert: Jeder Geschäftsbericht wird systematisch mit allen (3445!) Mitarbeitern besprochen. In jedem Geschäftsbericht sind alle (3445!) Mitarbeiter namentlich erwähnt. Dies führt nicht nur zu einer hervorragenden Mitarbeiterzufriedenheit, sondern auch zu Kundenzufriedenheit und Geschäftserfolg." Entnommen aus: Schnetzer/Soukup (2001): 59.

[1145] Die Frage nach der Bedeutung einzelner Kriterien, insbesondere für die betriebliche Umsetzung stellen sich auch: Bungard/Jöns (1998).

[1146] Vgl. hierzu auch Bading, A./Frech, J. (1999): Umfassendes Qualitätsmanagement und das EFQM Excellence Modell. Relevanz und Implementierung in Unternehmen in Deutschland, Eine empirische Studie, Stuttgart.

[1147] Vgl. zu dieser Kritik auch McAdam/O'Neill (1999): 192.

[1148] Das AGIL-Schema dient darüber hinaus auch zur Standortbestimmung in empirischen Unternehmen.